工业和信息化部“十二五”规划教材

JISUANJI FANGZHEN JISHU

计算机仿真技术

（第3版）

吴旭光　牛　云　杨惠珍　编著

西北工业大学出版社

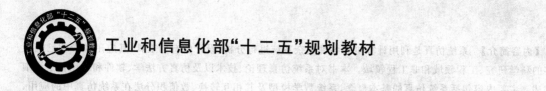

【内容简介】 系统仿真是利用计算机对各种复杂系统进行分析、设计的有力工具，其应用和影响已遍及众多的科学研究、工程领域和非工程领域。本书对系统仿真理论、技术以及仿真方法学、软件和应用做了详细的讲述。主要内容包括系统仿真的基本概念、系统数学模型及其相互转换、数值积分法在系统仿真中的应用、面向微分方程的仿真程序设计、面向结构图的数字仿真法、快速数字仿真法、控制系统参数优化及仿真、MATLAB/Simulink 建模和仿真、半实物仿真技术基础、现代仿真技术和仿真应用技术等。

本书可以作为高等理工院校自动化、自动控制理论、电子、系统工程、兵器等各学科的本科生和研究生的教材，也可供从事系统控制、系统仿真的科研人员和工程师参考。

图书在版编目(CIP)数据

计算机仿真技术/吴旭光，牛云，杨惠珍编著. —3 版 . —西安：西北工业大学出版社，2015.11
工业和信息化部“十二五”规划教材
ISBN 978-7-5612-4639-9

Ⅰ.①计… Ⅱ.①吴…②牛…③杨… Ⅲ.①计算机仿真—高等学校—教材 Ⅳ.①TP391.9

中国版本图书馆 CIP 数据核字(2015)第 253942 号

出版发行：西北工业大学出版社
通信地址：西安市友谊西路 127 号　　**邮编**：710072
电　　话：(029)88493844　88491757
网　　址：www.nwpup.com
印 刷 者：兴平市博闻印务有限公司
开　　本：787 mm×1 092 mm　1/16
印　　张：21
字　　数：507 千字
版　　次：2015 年 12 月第 3 版　2015 年 12 月第 1 次印刷
定　　价：55.00 元

第3版前言

本书根据前两版的读者反馈及工信部“十二五”教材编写规划，针对系统仿真理论、技术以及仿真方法学、仿真软件和应用的最新进展做了详细的修订。修订后的主要内容分为四部分：

第一部分为计算机仿真的经典理论与技术，包括系统仿真的基本概念、系统数学模型及其相互转换、数值分析法在数值仿真中的应用、面向结构图的数字仿真法、快速数字仿真法、控制系统参数寻优及仿真等。

第二部分为本次修订的重点部分，基于目前最为普及的系统仿真设计、分析工具 MATLAB/Simulink 探究全数字仿真及半实物仿真的实现及调试方法，具体内容包括 Simulink 仿真基础、自定义仿真、S 函数扩展 Simulink、Simulink 命令行仿真及回调函数、半实物仿真基础、快速控制原型、硬件在回路仿真、MATLAB/RTW实时仿真工具箱应用技术等。

第三部分主要讲述现代仿真技术，包括分布交互仿真技术、虚拟现实技术、建模与仿真的 VV&A 技术、人工智能与仿真技术等。

第四部分为实验指导书，提供与本书内容相关的全数字及半实物综合仿真实验若干，并配有参考程序，用于提高读者解决实际仿真工程问题的能力。

本书的第 1,4,5,6 章及实验一至四由吴旭光编写，第 2,3,7,8 章及实验五、六由牛云编写，第 9 章由杨惠珍编写。全书由吴旭光统稿。

本书配有电子教案、实验指导书、实验程序等，使用本书作为教材的教师可以通过电子邮件 xuguangw@nwpu. edu. cn 索取。

本版的编写，在力求理清计算机仿真技术概念和原理的基础上，添加更多的仿真应用实例，更加注重计算机仿真技术在实际工程中的应用。由于水平有限，书中疏漏和不妥之处在所难免，殷切希望读者批评指正。

编　者

2015 年 2 月于西北工业大学

第2版前言

本书第1版于2005年8月由化学工业出版社出版，使用至今，受到读者欢迎，也被国内许多高校作为计算机仿真技术课程的教材。第2版是根据目前计算机仿真技术的最新发展，以及许多读者的反馈意见和国家“十一五”教材编写规划而重新编写的，并被教育部批准为普通高等教育“十一五”国家级规划教材。

第2版力求体现面向21世纪教学内容与课程体系改革的要求，反映现代计算机仿真技术发展的先进水平和最新研究成果。第2版力求做到突出重点、联系工程实际、深入浅出，注重计算机仿真技术的概念和原理的讲解，更加注重计算机仿真技术的实际工程应用的培养，避免冗长的数学推导，以利于读者全面掌握计算机仿真技术的基本理论和技术，快速地将计算机仿真技术应用到实际的工程项目中。

第2版与第1版的最大改动之处是第9章。我们将原9.1,9.2和9.3节精简为一节。在本章中新增了9.2节“快速控制原型”和9.3节“MATALB/RTW实时仿真工具箱”。这是因为目前嵌入式系统正在成为计算机应用的一个主要领域，其技术也得到快速的发展，并已经在各个工程领域中得到非常成功的应用。社会对从事嵌入式系统开发的人员需求量也正在增大。为此我们在这两节给读者介绍这两方面的内容，不但可以使读者更加深刻地理解计算机仿真技术的发展方向和应用领域，而且对于从事嵌入式系统的开发人员也具有较大的参考价值。

本版内容虽有所改进，但由于我们的水平有限，书中错误和不妥之处在所难免，殷切希望使用本教材的师生和其他读者给予批评指正。

编 者

2008年6月于西北工业大学

第1版前言

系统仿真技术是建立在系统科学、系统辨识、控制理论、计算方法和计算机技术等学科上的一门综合性很强的技术科学。它以计算机和专用实验设备为工具，以物理系统的数学模型为基础，通过数值计算方法，对已经存在的或尚不存在的系统进行分析、研究和设计。目前，计算机仿真技术不但是科学研究的有力工具，也是分析、综合各类工程系统或非工程系统的一种研究方法和有力的手段。

本书的前身是笔者在1990年为西北工业大学工业自动化和控制理论等专业编写的《控制系统计算机仿真》讲义，并在1993年再次修改。为了使计算机仿真技术能更好地为系统分析、研究、设计服务，笔者在1998年对讲义又做了全面修改，并补充了许多新内容，编写成《计算机仿真技术与应用》一书，由西北工业大学出版社出版。该讲义和书不但一直作为西北工业大学自动化专业的教材，也得到国内其他院校的选用。笔者还将其用作为航空集团公司和船舶集团公司所属的部分研究所和工厂的工程师教材。

这次我们在西北工业大学教务处和化学工业出版社的大力支持下，对原书做了较大的修改。考虑到MATLAB和Simulink在目前科学计算和仿真中的应用日益普及，我们在本书的许多部分都增加了相应的篇幅，例如：2.1.3，2.3.3，2.4.3，3.1.4，3.4.4小节和6.7节，并特别增加了第七章Simulink建模和仿真。近二十年来，由于计算机技术、网络技术和其他相关技术的发展，大大推动了计算机技术的发展。在这次出版过程中，我们将原教材的7-6节（面向对象仿真技术）、7-8节（灵境仿真技术）、8-3节（模型的确认与验证）这三部分重新编写，并形成第八章现代仿真技术。因此这本教材更加适合目前的教学大纲要求。

全书共分九章。第1章绪论，概括地从横向和纵向两个方面介绍了系统仿真的基本概念、内容、应用和发展。第2章系统数学模型及其相互转换，介绍了系统仿真所使用的各类数学模型的表示以及相互间的转换。第3章数值积分法在系统仿真中的应用，主要介绍了在计算机仿真技术中主要使用的微分方程数值解法，包括在系统仿真中常用的数值积分法、刚性系统的特点及算法、实时仿真算法、分布参数系统的数字仿真和面向微分方程的仿真程序设计。第4章面向结构图的数字仿真法是本书的重点，讲解了结构图离散相似法仿真、非线性环节的数字仿真和连续系统的结构图仿真及程序。第5章快速数字仿真法，介绍了几种在满足工程精度条件下提高线性连续系统仿真速度的方法，并讲解了计算机控制系统的仿真技术。仿真技术和优化理论是紧密联系的，它们的结合是计算机辅助分析和计算机辅助设计的基础，在第6章控制系统参数优化及仿真中，我们向读者介绍了参数优化与函数优化、单变量寻优技术、多变量寻优技术、寻优过程对限制条件的处理、函数寻优和MATLAB优化工具箱。MATLAB和Simulink是目前科学研究学者和工程技术人员使用最多的软件，因此在第7章我们向读者简单介绍了Simulink建模和仿真，包括Simulink的概述和基本操作、Simulink的基本模块、建模方法、子系统和子系统的封装、回调和S函数等内容。第8章现代仿真技术力图反映现代仿真技术的最新进展，其内容包括面向对象仿真技术、分布交互仿真技术、虚拟现实技术、建模与仿真的VV&A技术等。第9章讨论了仿真应用技术，涉及仿真语言及其发展、一体化仿真技术、人工智能与仿真技术、数学模型和建模方法学。在本章最后还向读者介绍了仿真实验的计划制订和实施。

计算机仿真是一门涉及面较广的学科，就仿真所使用的设备来看，可分为全数字计算机仿真、物理仿真和半物理仿真等。本书仅介绍数字计算机仿真技术。就仿真使用的对象模型而言，又有连续系统仿真、离散事件系统仿真和复合系统仿真。本书主要讲述连续系统的计算机仿真理论和技术。但考虑到离散事件系统仿真的发展和重要性，本书在第一章里向读者简单介绍了离散事件系统仿真方法。

本书的第1,3,6,7,9章由吴旭光编写，第2,4,5章和习题由王新民编写，第8章由杨惠珍编写。全书由吴旭光统稿。

在本书的编写和使用过程中，西北工业大学自动化教研室和自动控制理论教研室的许多老师都曾给予了极大的帮助，许多使用过此书前身的研究所的工程师也提出过许多具体和中肯的意见。尤其是笔者的研究生赵勋峰、苏娟、陈兴隆、张竞凯等也都参与了本书的编写，在此虽不能一一列举他们的名字，但我们将表示衷心的感谢。许多使用过本教材的学生也曾经提出过许多宝贵的意见，我们向他们也表示深深的谢意。

本书的编写参考了大量的文献，在此我们向这些引用文献的作者表示感谢。

最后，第一作者还要感谢他的夫人和女儿对他的教学和科研工作给予的支持和鼓励。

由于水平有限，经验不足，错误和缺点在所难免，敬请读者给予批评指正。

本书有电子教案、实验指导书、实验程序等。使用本书作为教材的教师可以通过电子邮件 xuguangw@nwpu. edu. cn 索取。

编　者

2005年2月于西北工业大学

目　录

第1章 绪 论

本章将介绍系统仿真的基本概念，它所包括的内容以及发展状况，即从横向和纵向来阐述系统仿真的内涵。所有这些内容将为学习计算机仿真技术和以后更进一步的研究建立一个基础。

1.1 系统仿真的基本概念

一、系统与模型

系统就是一些具有特定功能的、相互间以一定规律联系着的物体所组成的一个总体。显然，系统是一个广泛的概念，毫无疑问它在现代科学研究和工程实践中扮演着重要的角色。不同领域的问题均可以用系统的框架来解决。但究竟一个系统是由什么构成的，这取决于观测者的观点。例如，这个系统可以是一个由一些电子部件组成的放大器；或者是一个可能包括该放大器在内的控制回路；或者是一个有许多这样回路的化学处理装置；或者是一些装置组成的一个工厂；或者是一些工厂的联合作业形成的系统，而世界经济就是这个系统的环境。

一个系统可能非常复杂，也可能很简单，因此很难给“系统”下一个确切的定义。但无论什么系统，一般均具有4个重要的性质，即整体性、相关性、有序性和动态性。

首先，必须明确系统的整体性。也就是说，它作为一个整体，各部分是不可分割的。就好像人体，它由头、身躯、四肢等多个部分组成，如果把这些部分拆开，就不能构成完整的人体。至于人们熟悉的自动控制系统，其基本组成部分(控制对象、测量元件、控制器等)同样缺一不可。整体性是系统的第一特性。

其次，要明确系统的相关性。相关性是指系统内部各部分之间相互以一定的规律联系着，它们之间的特定关系形成了具有特定性能的系统。有时系统各要素之间的关系并不是简单的线性关系，而呈现出复杂的非线性关系。也正是由于这种非线性，才构成了我们这个多彩的世界。对于复杂的非线性关系，必须研究其复杂性与整体性。再以人体为例，人的双眼视敏度是单眼视敏度的6～10倍。此外，双眼有立体感，而单眼却无此特点。这就是一种典型的非线性特征，因此相关性是系统的第二特性，也是目前系统研究的主要问题。

除整体性和相关性外，系统还具有有序性和动态性。比如，生命体是一种高度有序的结构，它所具有的复杂功能组织，与现代化大工业生产的“装配线”非常相似，这是一种结构上的有序性，对任何系统都是适用的。又如图1.1.1所示，一个非平衡系统如果经过分支点A,B到达C，那么对C态的解释就必须暗含着对A态和B态的了解。这就是系统的动态性。

建立系统概念的目的在于深入认识并掌握系统的运动规律。因此不仅要定性地了解系统，还要定量地分析、综合系统，以便能更准确地解决工程、自然界和现代社会中的种种复杂问题。定量地分析、综合系统最有效的方法是建立系统的模型，并使用高效的数值计算工具和算法对系统的模型进行解算。

采用模型法分析系统的第一步是建立系统的数学模型。所谓数学模型就是把关于系统的本质部分信息,抽象成有用的描述形式,因此抽象是数学建模的基础。数学在建模中扮演着十分重要的角色,马克思说过:“一种科学只有在成功地运用数学时,才算达到完善的地步。”例如集合的概念是建立在抽象的基础上的,共同的基础使集合论对于建模过程非常有用。这样,数学模型可以看成是由一个集合构造的。

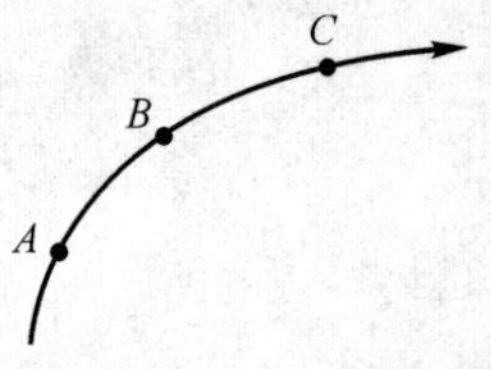

图 1.1.1　系统的动态性

数学模型的应用无论是在纯科学领域还是在实际工程领域中都有着广泛的应用,但通常认为一个数学模型有两个主要的用途:首先,数学模型可以帮助人们不断地加深对实际物理系统的认识,并且启发人们去进行可以获得满意结果的实验;其次,数学模型有助于提高人们对实际系统的决策和干预能力。

数学模型按建立方法的不同可分为机理模型、统计模型和混合模型。机理模型采用演绎、推理方法,运用已知定律建立数学模型;统计模型采用归纳法,它根据大量实测或观察的数据,用统计的规律估计系统的模型;混合模型是理论上的逻辑推理和实验观测数据的统计分析相结合的模型。按所描述的系统运动特性和运用的数学工具特征,数学模型可分为线性、非线性、时变、定常、连续、离散、集中参数、分布参数、确定、随机等系统模型。

本书将在 9.4 节介绍系统的数学模型、建模方法学和模型的确认与验证。9.4 节仅从概念上和方法论的角度介绍系统建模,有关系统建模的具体理论和方法是自动化学科的一门专门课程。

二、仿真

随着科学技术的进步,尤其是信息技术和计算机技术的发展,“仿真”的概念不断得以发展和完善,因此给予仿真一个清晰和明了的定义是非常困难的。但一个通俗的系统仿真基本含义是指:设计一个实际系统的模型,对它进行实验,以便理解和评价系统的各种运行策略。而这里的模型是一个广义的模型,包含数学模型、非数学模型、物理模型等等。显见,根据模型的不同,有不同方式的仿真。从仿真实现的角度来看,模型特性可以分为连续系统和离散事件系统两大类。由于这两类系统的运动规律差异很大,描述其运动规律的模型也有很大的不同,因此相应的仿真方法不同,分别对应为连续系统仿真和离散事件系统仿真。

1. 连续系统仿真

连续系统是指物理系统状态随时间连续变化的系统,一般可以使用常微分方程或偏微分方程组描述。需要特别指出的是,这类系统也包括用差分方程描述的离散时间系统。对于工科院校,因为主要研究的对象是工业自动化和工业过程控制,因此本书主要介绍连续系统仿真。

2. 离散事件系统仿真

离散事件系统是指物理系统的状态在某些随机时间点上发生离散变化的系统。它与连续系统的主要区别在于:物理状态变化发生在随机时间点上,这种引起状态变化的行为称为“事件”,因而这类系统是由事件驱动的。离散事件系统的事件(状态)往往发生在随机时间点上,并且事件(状态)是时间的离散变量。系统的动态特性无法使用微分方程这类数学方程来描述,而只能使用事件的活动图或流程图来描述。因此对离散事件系统的仿真的主要目的是对系统事件的行为作统计特性分析,而不像连续系统仿真的目的是对物理系统的状态轨迹作出分析。

考虑到知识的完整性，以及离散事件系统仿真技术的深入发展和广泛应用，本书在 1.3 节对离散事件系统仿真做了扼要的介绍。

本书讲授的是连续系统的计算机仿真，因此仿真的基础是建立在系统的数学模型基础上的，并以计算机为工具对系统进行实验研究。仿真，就是模仿真实的事物，也就是用一个模型来模仿真实系统。既然是模仿，两者就不可能完全等同，但是最基本的内容应该相同，即模型必须至少反映系统的主要特征。

随着现代工业的发展，科学研究的深入与计算机软、硬件的发展，仿真技术已成为分析、综合各类系统，特别是大系统的一种有效研究方法和有力研究工具。

1.2　连续系统仿真技术

一、基本原理分类

除了可按模型的特性分为连续系统仿真和离散事件系统仿真类型外，还可以从不同的角度对系统仿真进行分类。比较典型的分类方法有以下几种：

(1)根据模型的种类可将系统仿真分为 3 种：物理仿真、数学仿真和半实物仿真。

(2)根据使用的仿真计算机也可将系统仿真分为 3 种：模拟计算机仿真、数字计算机仿真和数字模拟混合仿真。

(3)根据仿真时间钟和实际物理系统时间钟的比例关系，常将仿真分为实时仿真和非实时仿真。

本节根据仿真的主要理论依据——相似论来研究仿真的分类。所谓相似，是指各类事物间某些共性的客观存在。相似性是客观世界的一种普遍现象，它反映了客观世界中不同物理系统和物理现象具备某些共同的特性和规律。采用相似理论建立物理系统的相似模型，这是相似理论在系统仿真中最基本的体现。上一节讲过，仿真就是模仿一个真实系统，所遵循的基本原则就是相似原理。根据相似论的研究方法和仿真技术的研究方法，在建立物理系统的模型时，认为物理系统和模型应该满足几何相似、环境相似和性能相似中的一种或几种。

(1)几何相似，就是把真实系统按比例放大或缩小，其模型的状态向量与原物理系统的状态完全相同。土木建筑、水利工程、船舶、飞机制造多采用几何相似原理进行各种仿真实验。

(2)环境相似，就是人工在实验室里产生与所研究对象在自然界中所处环境类似的条件，比如飞机设计中的风洞，鱼雷设计中的水洞、水池等等。

(3)性能相似，则是用数学方程来表征系统的性能，或者利用数据处理系统来模仿该数学方程所表征的系统。性能相似原理也是仿真技术遵循的基本原理。

根据仿真所遵循的相似原则基本含义，大致可将仿真分为三大类：

(1)物理仿真：主要是运用几何相似、环境相似条件，构成物理模型进行仿真。其主要原因可能是由于原物理系统是昂贵的，或是无法实现的物理场，或是原物理系统的复杂性难以用数学模型描述。

(2)数字仿真：运用性能相似条件，将物理系统全部用数学模型来描述，并把数学模型变换为仿真模型，在计算机上进行实验研究。

(3)半物理仿真:综合运用以上 3 个相似原则,把数学模型、实体模型、相似物理场组合在一起进行仿真。这类仿真技术又称为硬件在回路中的仿真(hardware in the loop simulation)。由于现代工业和科学技术的发展,单一的物理仿真和数字仿真往往不能满足其研究的要求,而这类物理仿真和数字仿真的结合则可满足其要求。

本书的重点是向读者介绍数字仿真。

二、半实物仿真

半实物仿真是一种通俗而习惯的叫法。按前述的定义应该是:在全部仿真系统中,一部分是实际物理系统或与实际等价的物理场,另一部分是安装在计算机里的数学模型。半实物仿真在科学研究和工程应用中扮演着非常重要的角色,从某种意义上讲,半实物仿真技术的难度和实际应用性均超过全数字仿真。这主要是因为:

(1)对于一个大型的仿真系统,有时系统中的某一部分很难建立其数学模型,或者建立这部分的数学模型的代价昂贵,精度也难以保证。例如,在红外制导系统仿真时,其红外制导头以及各种物理场的模型建立是相当困难的。为了能准确地仿真系统,这部分将以实物的形式直接参与仿真系统,从而避免建模的困难和过高的建模费用。

(2)利用半实物仿真系统,可以检验系统中的某些部件的性能。例如,为了检验航行器的性能,可以将设计的控制部件以实物的形式进入仿真系统。

(3)利用半实物仿真,可以进一步校正系统的数学模型。一个复杂的系统在完成初步设计以及分部件逐个研制出来后,为了验证和鉴定系统性能或检验定型产品,利用系统的半实物仿真可以从总体上更准确地检测外界因素的变化对系统的影响,更深入地暴露系统的内在矛盾,从而在实验室内能较全面地检验和评定系统设计的合理性和各部件工作的协调性,进而修改和完善设计。

(4)在 1.4 节介绍的仿真器中,半实物仿真是必需的。因为在这类仿真器中为了逼近物理系统的实际效应,许多部件必须以实物方式介入仿真系统中。例如,飞行驾驶员训练器,为了使飞行器有真实感,座舱往往是以实物的方式介入系统的。

由以上原因可以看出,半实物仿真是一种更有实际意义的仿真实验,其技术难度和投资也往往大于全数字仿真。图 1.2.1 是某航行器指令制导半实物仿真系统的原理框图。

三、数字仿真

数字仿真的前提是系统的数学模型,数字仿真的工具是数字计算机,而其主要内容是数值计算方法、仿真程序、仿真语言以及上机操作。通常将计算机称为仿真的硬件工具,而将仿真计算方法和仿真程序称为仿真软件。数字仿真的工作流程如图 1.2.2 所示,数字仿真的过程一般有如下 5 步:

(1)描述问题,建立数学模型。对待研究的真实系统进行调查研究,建立能够描述问题的数学模型。如有可能,还应给出评估系统有关性能的准则。

(2)准备仿真模型。其主要任务是根据物理系统的特点、仿真的要求和仿真计算机的性能,对系统的数学模型进行修改、简化,选择合适的算法等。当采用所选择的算法时,必须保证计算的稳定性、计算精度和计算速度等要求。

(3)画出实现仿真模型的流程图,并用通用语言或仿真语言编成计算机程序。

(4)校核和验证模型。这一步的目的是确定仿真和数学模型是否符合要求。若仿真结果与数学模型所得到的结果基本一致或误差在容许范围内，则仿真模型可用。

(5)运行仿真模型。在不同初始条件和参数下验证系统的响应或预测系统对各种决策变量的响应。

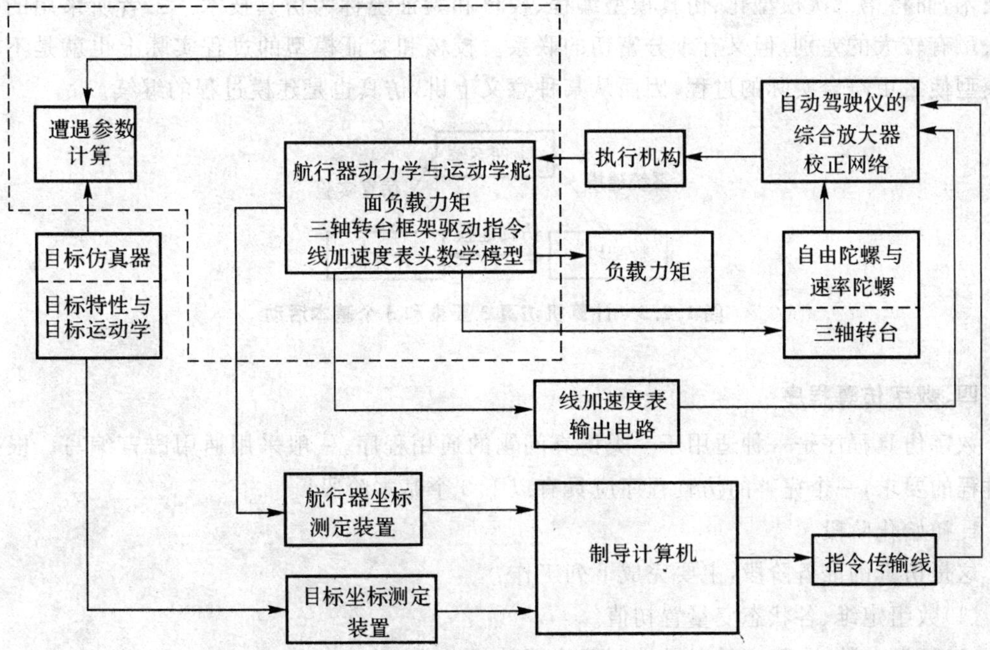

图 1.2.1　某航行器指令制导半实物仿真系统原理框图

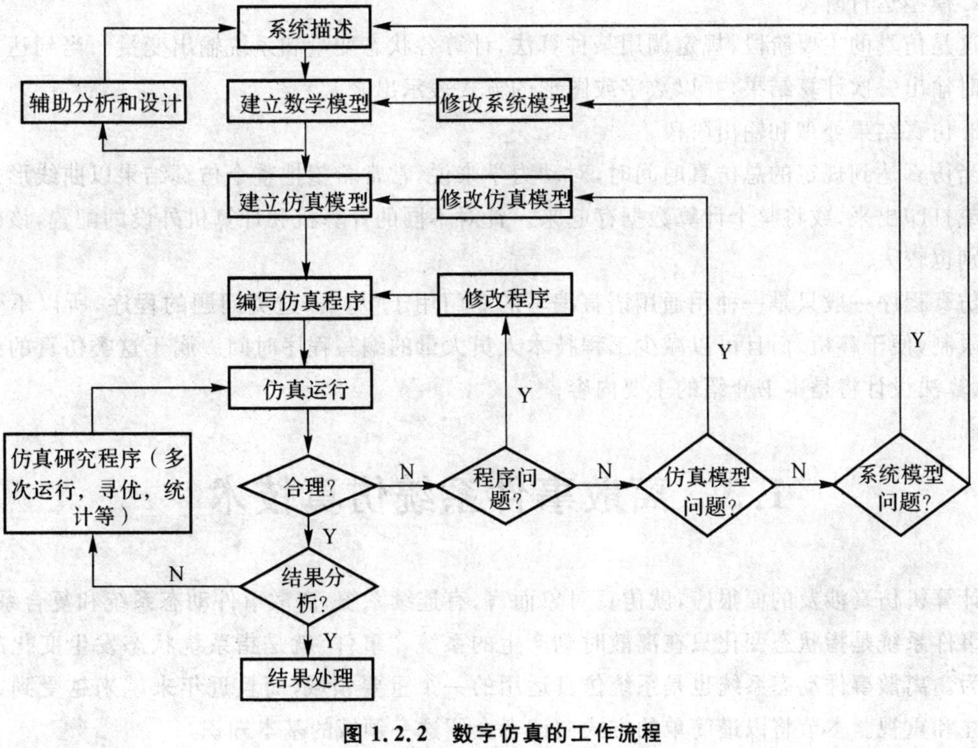

图 1.2.2　数字仿真的工作流程

从以上仿真过程可以看到，这里涉及3个具体的部分（物理系统、数学模型、计算机）和3个具体的活动（系统建模、仿真建模、仿真实验），如图1.2.3所示。第一次模型化是将实际系统变成数学模型，第二次是将数学模型变成仿真模型。通常将一次模型化的技术称为系统辨识技术，而将第二次模型化、仿真模型编程、校核和验证统称为仿真技术。二者所采用的研究方法虽有较大的差别，但又有十分密切的联系。校核和验证模型的过程实际上也就是不断修改模型使之更符合实际的过程，因而从某种意义上讲，仿真也是建模过程的继续。

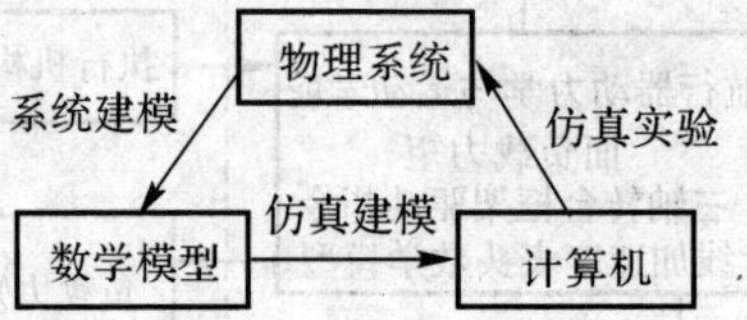

图1.2.3　计算机仿真3要素和3个基本活动

四、数字仿真程序

数字仿真程序是一种适用于一类仿真问题的通用程序，一般采用通用语言编写。根据仿真过程的要求，一个完整的仿真程序应具有以下3个基本阶段。

1. 初始化阶段

这是仿真的准备阶段，主要完成下列工作：

(1)数组定维、各状态变量置初值。

(2)可调参数、决策变量以及控制策略等的建立。

(3)仿真总时间、计算步距、打印间隔、输出方式等的建立。

2. 模型运行阶段

这是仿真的主要阶段，规定调用某种算法，计算各状态变量和系统输出变量。当到达打印间隔时输出一次计算结果，并以数字或图形的方式表示出来。

3. 仿真结果处理和输出阶段

当仿真达到规定的总仿真时间时，对动力学来说，常常希望把整个仿真结果以曲线形式再显示或打印出来，或将整个计算数据存起来。针对不同的计算机和计算机外设的配置，该阶段的差别也较大。

仿真程序一般只是一种用通用语言编写的专门用于“仿真”这类问题的程序，所以不受机型的限制，便于移植，而且可以减少工程技术人员大量的编写程序时间。属于这类仿真的程序编写、算法设计将是本书介绍的主要内容。

1.3　离散事件系统仿真技术

计算机仿真涉及的面很广，就仿真对象而言，有连续系统、离散事件动态系统和复合系统。离散事件系统是指状态变化只在离散时刻产生的系统，“事件”就是指系统状态发生变化的一种行为。离散事件动态系统也是系统仿真运用的一个重要领域，而且近年来越来越受到人们的关注和重视。本节将以最简单的方式向读者介绍这一领域的基本知识。

离散事件系统和连续系统不同，它包含的事件的发生过程在时间和空间上都是离散的。例如交通管理、生产自动线、计算机系统和社会经济系统都是离散事件系统。在这类系统中，各事件以某种顺序或在某种条件下发生，并且大都属于随机性的。

例 1.3.1 某个理发馆，设上午 9:00 开门，下午 7:00 关门。显然，在这个理发馆系统中，存在理发师和顾客两个实体，也存在顾客到达理发馆的事件和理发师为顾客服务的事件。因此描述该系统的状态是理发师（服务台）的状态（忙或闲）、顾客排队等待的队长、理发师的服务方式（如对某些特殊顾客的优先服务）。显然，这些状态变量的变化只能在离散的随机时间点上发生。

类似的例子很多，如定票系统、库存系统、加工制造系统、交通控制系统、计算机系统等等。

在连续系统的数字仿真中，时间通常被分割为均匀的间隔，并以一个基本时间间隔计时。而离散系统的数字仿真则经常是面向事件的，时间并不需要按相同的增量增加。

在连续系统仿真中，系统动力学模型是由系统变量之间关系的方程来描述的。仿真的结果是系统变量随时间变化的时间历程。在离散系统仿真中，系统变量是反映系统各部分之间相互作用的一些事件，系统模型则是反映这些事件状态的数的集合，仿真结果是产生处理这些事件的时间历程。

由于离散时间系统固有的随机性，对这类系统的研究往往十分困难。经典的概率论、数理统计和随机过程理论虽然为这类系统的研究提供了理论基础，并能对一些简单系统提供解析解，但对工程实际中的大量系统，只有依靠计算机仿真技术才能提供较为完整的和可靠的结果。

1.3.1 离散事件系统的数学模型

一、基本概念

1.实体或设备

离散事件系统有多种类型，但它们的主要组成部分基本相同。首先，它有一部分是活动的，叫“实体”。例如，生产自动线上待加工的零件，计算机系统待处理的信息，以及商店或医院中排队等待的顾客，等等。系统的工作过程实质上就是这种“实体”流动和接受加工、处理和服务的过程。其次，系统中还有一部分是固定的，叫“设备”。这些设备用于对实体进行加工、处理或服务，它们相当于连续系统中的各类对信息进行交换处理的元件。这些“设备”可能是机床、电话交换系统、营业员或者医生等。所以此处“设备”的含义是广泛的。实体按一定规律不断地到达（产生），在设备作用下通过系统，接受服务，最后离开系统。整个系统呈现出动态过程。

目前通用方法是将实体和设备通称为“实体”，但前者称为“临时实体”，后者称为“永久实体”。

2.事件

描述离散事件系统的第二个重要概念是“事件”。事件是引起系统状态发生变化的行为。例如，在例 1.3.1 中，可以定义“顾客到达”为一类事件，而这个事件的发生引起系统的状态——理发师的状态从“闲”变成“忙”，或者引起系统的另外一个状态——顾客的排队人数发生变化。同样，一个顾客接受服务完毕后离开系统也可以定义为一类事件。

在离散事件仿真模型中，由于是依靠事件来驱动，除了系统中固有事件外，还有所谓"程序事件"，它用于控制仿真进程。例如要对例 1.3.1 的系统进行从上午 9:00 开门到下午 7:00 关门这一段时间内的动态过程仿真，则可以定义"仿真时间达到 10 小时后停止仿真"作为一个程序事件，当该事件发生时即结束仿真模型的执行。

3. 活动

离散事件系统中的活动，通常用于表示两个可以区分的事件之间的过程，它标志着系统状态的转移。在例 1.3.1 中，顾客的到达事件与该顾客开始接受服务事件之间可称为一个活动，该活动使系统的状态(队长)发生变化；顾客开始接受服务到该顾客服务完毕后离开也可以视为一个活动，它使队长减 1。

4. 进程

进程由若干个有序事件及若干有序活动组成，一个进程描述了它所包括的事件及活动间的相互逻辑关系及时序关系。如例 1.3.1 中，一个顾客到达系统，经过排队、接受服务，到服务完毕后离去可以称为一个进程。

事件、活动、进程三者之间的关系可用图 1.3.1 来描述。

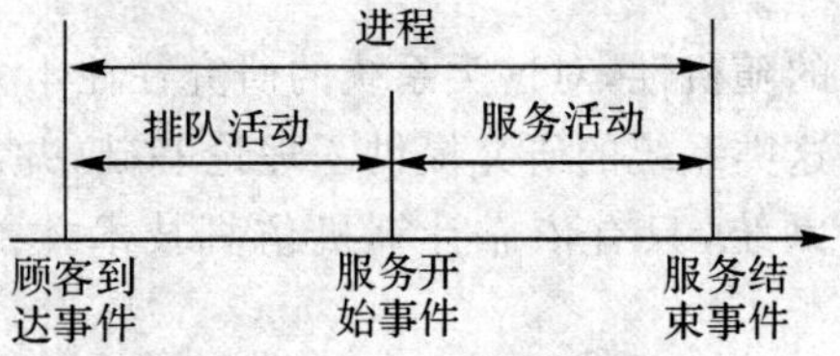

图 1.3.1　事件、活动、进程之间的关系

5. 仿真钟

仿真钟用于表示仿真时间的变化。在离散事件仿真中，由于引起状态变化的事件发生的时间是随机的，因此仿真钟的推进步长也完全是随机的。而且，两个相邻发生的事件之间系统状态不会发生任何变化，因而仿真钟可以跨过这些"不活动"周期。从一个事件发生时刻推进到下一事件发生时刻，仿真钟的推进呈现跳跃性，推进速度具有随机性。可见，在离散事件仿真模型中事件控制部件是必不可少的，以便按一定规律来控制仿真钟的推进。

6. 统计计数器

离散事件系统的状态随事件的不断发生也呈现出动态变化过程，但仿真的主要目的不是要得到这些状态是如何变化的。由于这种变化是随机的，某一次仿真运行得到的状态变化过程只不过是随机过程的一次取样。如果进行另一次独立的仿真运行，所得到的状态变化过程可能完全是另一种情况。它们只有在统计意义下才有参考价值。

在例 1.3.1 中，由于顾客到达的时间间隔具有随机性，理发师为每一个顾客服务的时间长度也是随机的，因而在某一时刻，顾客排队的队长或理发师的忙闲情况完全是不确定的。在分析该系统时，感兴趣的可能是系统的平均队长、顾客的平均等待时间或者是理发师的利用率等。在仿真模型中，需要有一个统计计数部件，以便统计系统中的有关变量。

二、模型

离散事件系统既然主要由实体、设备和各类事件、活动、进程组成，那么系统状态的变化也是由这些实体的活动引起的。描述这类系统的数学模型可以分为以下 3 个部分。

1. 到达模型

设实体1到达系统的时刻为 t_1，实体2到达系统的时刻为 t_2，则实际相互到达的时间为 $T_\alpha = t_2 - t_1$，相互到达的速度为 $\lambda = 1/T_\alpha$。在离散事件系统中，T_α 用概率函数来定义，并用相互到达时间大于时间 t 的概率来表示到达模型，称为到达分布函数，用 $A_0(t)$ 表示。如果已知到达时间的积累分布函数 $F(t)$，则 $A_0(t)$ 与 $F(t)$ 之间有如下关系：

$$A_0(t) = 1 - F(t) \tag{1.3.1}$$

如果实体到达完全随机，只受给定的平均到达速度的限制，即下一实体到达与上一实体到达时间无关，而在时间 $(t, t+\Delta t)$ 区间内到达的概率与 Δt 成正比，与 t 无关，则在这些条件下，系统在 t 时刻到达 n 个实体的概率满足泊松分布模式，即

$$P_n(t) = \frac{(\lambda t)^n \mathrm{e}^{-\lambda t}}{n!} \quad n = 0, 1, 2, \cdots \tag{1.3.2}$$

其中，λ 为单位时间到达的实体数。

泊松分布是一种很重要的概率分布，在实际排队系统中有不少到达模式属于这种分布。例如电话交换系统中的呼叫次数、计算机信息处理系统中信息的到达、商店和医院等服务机构中人的到达次数等等。

2. 服务模型

它是用来描述设备为实体服务的时间模型。假定系统中同时为实体服务的设备有 n 个，且设备为单个实体服务所需要的时间为 T_s，T_s 一般也用概率函数来描述。定义服务分布函数 $S_0(t)$，它是服务时间 T_s 大于时间 t 的概率。若设 $F_0(t)$ 为服务时间积累分布函数，则有

$$S_0(t) = 1 - F_0(t) \tag{1.3.3}$$

$S_0(t)$ 与 $F_0(t)$ 关系就称为服务模型。

若服务过程满足：① 在不重叠的时间区间内；② 各个服务时间是相互独立的，服务时间平均值是一常值；③ 在 $(t, t+\Delta t)$ 区间内完成为一个实体服务的概率正比于时间间隔 Δt，则服务时间的概率分布和实体到达时间间隔的概率分布相同，即为负指数分布，概率密度函数为

$$g(t) = \mu \mathrm{e}^{-\mu t} \tag{1.3.4}$$

3. 排队模型

它是用来描述在服务过程中当出现排队现象时，系统对排队的处理规则。当设备的服务速度低于实体互相到达速度时，在设备前就会出现排队现象。对一个服务系统来讲，出现一定的排队现象是正常的，但是，不希望排队过长。一旦出现排队现象，实体将按照一定的规则接受服务。一般有如下规则：

(1) 先到先服务：即按到达顺序接受服务，这是最通常的情形。

(2) 后到先服务：如使用电梯的顾客是后入先出的，计算机系统中存放信息的压栈处理等。

(3) 随机服务：当设备空闲时，从等待的实体中随机地选一名进行服务，如电话交换接通呼唤的服务等。

(4) 优先服务：如医院中急诊病人优先得到治疗，机场跑道优先对需要降落的飞机提供服务等。

由上述可知，离散事件系统的模型一般不能用一组方程来描述，而是要用一些逻辑条件或流程图来描述，这与连续系统模型有很大的不同。正因为这一点，离散事件系统的仿真具有它

本身的特殊性。

1.3.2 离散事件系统的仿真方法

在一个较为复杂的离散事件系统中，一般都存在诸多实体，这些实体之间相互联系，相互影响，然而其活动的发生都统一在同一时间基上。建立起各类实体之间的逻辑关系，这是离散事件系统仿真学的重要内容之一，有时称之为仿真算法或仿真策略。如同连续系统仿真一样，即使同一系统，不同算法下的仿真模型的形式也是不同的，仿真策略决定仿真模型的结构。在此仅向读者简单介绍目前比较成熟的3种仿真方法。

1. 事件调度法

离散事件系统中最基本的概念是事件，事件的发生引起系统状态的变化。用事件的观点来分析真实系统，通过定义事件及每个事件触发的系统状态变化，并按时间顺序执行与每个事件相关联的逻辑关系，这就是事件调度法的基本思想。

按这种策略建立模型时，所有事件均放在事件表中。模型中设有一个时间控制部分，该部分从事件表中选择具有最早发生时间的事件，并将仿真钟修改到该事件发生的时间，再调用与该事件相应的事件处理模块。该事件处理完后返回时间控制部分。这样，事件的选择与处理不断地进行，直到仿真终止的条件或程序事件产生为止。

2. 活动扫描法

如果事件的发生不仅与时间有关，而且与其他条件也有关，即只有满足某些条件时事件才会发生，在这种情况下，采用事件调度法策略建模则显示出这种算法的弱点。原因在于，这类系统活动持续时间不确定，因而无法预定活动的开始和终止时间。

活动扫描法的基本思想：系统由成分组成，而成分包含着活动，这些活动的发生必须满足某些条件；每一个主动成分有一个相应的活动子例程；在仿真过程中，活动的发生时间也作为条件之一，而且是较之其他条件具有更高的优先权。

3. 进程交互法

进程由若干个事件及若干活动组成，一个进程描述了它所包括的事件及活动间的相互逻辑关系及时序关系。

进程交互法采用进程描述系统，它将模型中的主动成分历经系统时所发生的事件及活动按时间顺序进行组合，从而形成进程表。一个成分一旦进入进程，它将完成全部活动。

以上讨论的3种仿真方法在离散事件系统仿真中均得到广泛的应用。有些仿真语言采用某一种方法，有的则允许用户在同一个仿真语言中用多种方法，以适应不同用户的需要。显然，选择何种方法依赖于被研究的系统的特点。一般来说，如果系统中的各个成分相关性较少，宜采用事件调度法；相反宜采用活动扫描法；如果系统成分的活动比较规则，则宜采用进程交互法。

图1.3.2～图1.3.4是以出纳员队列模型为例列出的这3种方法的流程图，由图可清楚地看到它们之间的关系。

离散事件系统仿真研究的一般步骤与本书要讲述的连续系统仿真是类似的，它包括系统建模、确定仿真模型、选择仿真算法、设计仿真程序、运行仿真程序、输出仿真结果并进行分析，其内容与1.2节类似，同样可以用图1.2.2所示的流程图描述。

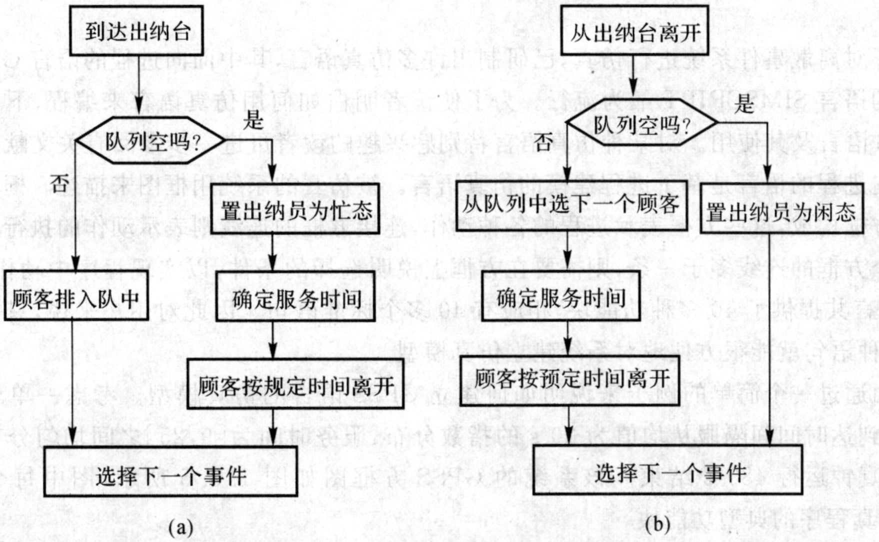

图 1.3.2　出纳员队列模型

(a)顾客到达事件流程图；(b)顾客离开事件流程图

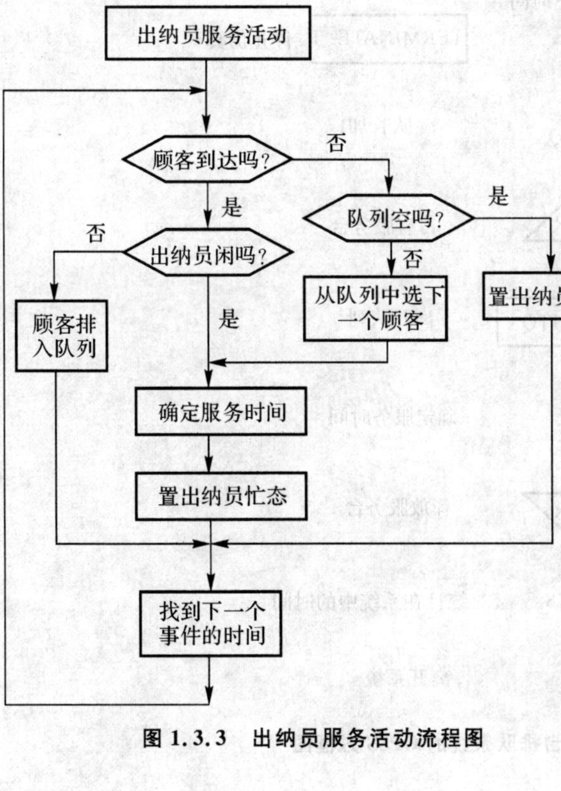

图 1.3.3　出纳员服务活动流程图

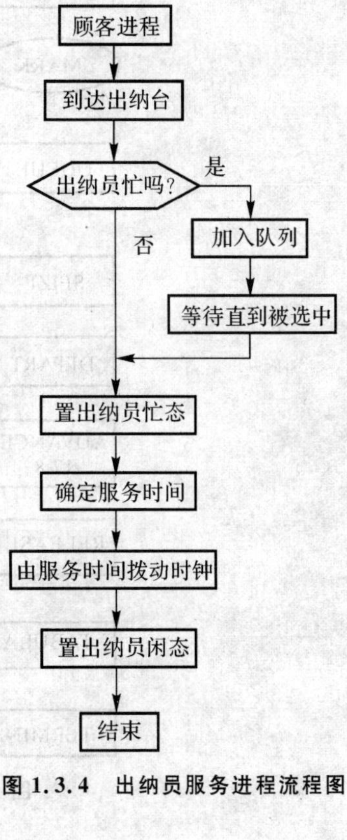

图 1.3.4　出纳员服务进程流程图

1.3.3 离散事件系统仿真语言

为了对离散事件系统进行仿真，已研制出许多仿真语言，其中面向进程的语言 GPSS 及面向事件的语言 SIMSCRIPT 最为流行。为了使读者明白如何用仿真语言来编程，下面介绍一下 GPSS 语言及其使用。对某种仿真语言特别感兴趣的读者可进一步参阅有关文献。

面向进程的语言是基于进程建模的仿真语言。被仿真的系统用框图来描述。框图由相互连接的方框构成，这些方框表示进程的各种动作，连接方框的连线则表示动作的执行顺序。若离开一个方框的连线多于一条，则需要在方框上说明选择的条件，以实现程序中动作的选择。GPSS 语言共提供了 40 多种功能块，相应有 40 多个标准语句。因此对用户来说，只需要掌握这 40 余种语句就能很方便地对系统建立仿真模型。

下面通过一个简单的例子来说明如何建立 GPSS 语言的仿真模型。考虑一单台服务系统，顾客到达时间间隔服从均值为 20 s 的指数分布，服务时间为[9,25]之间均匀分布的随机变量，仿真钟运行 480 s 结束。该系统的 GPSS 方框图如图 1.3.5 所示，图中每个块均为 GPSS 仿真程序的典型功能块。

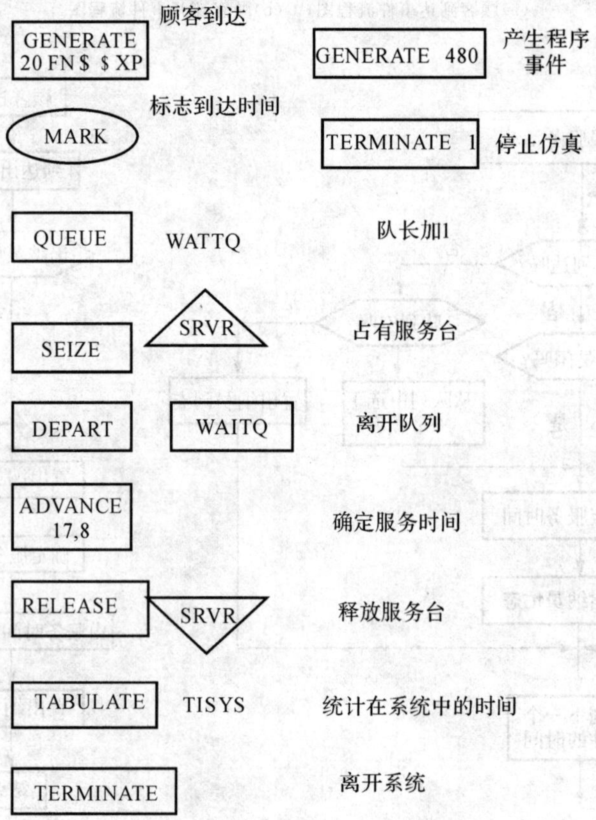

图 1.3.5　单台排队系统的 GPSS 方框图

实现图 1.3.5 所示方块图的 GPSS 源程序如下：

```
1  SIMULATE
2  XP  FUNCTION  RN1，024
3  0.0，0.0/0.1，0.104/0.2，0.222/0.3，0.355/0.4，0.509
4  0.5，0.69/0.6，0.915/0.7，1.2/0.75，1.38.0.8，1.6/0.84，1.83
5  0.88，2.12/0.9，2.3/0.92，2.52/0.94，2.81/0.95，2.99/0.96，3.2
6  0.97，3.5/0.98，4.0/0.99，4.6/0.995，5.3/0.998，6.2/0.999，7.0
7  0.997，8.0
8   *
9  TISYS  TABLE  MP1，0，5，20
10  * MODEL  SEGMENT
11  GENERRATE 20，  FN$XP
12  MARK  P1
13  QUEUE  WAITQ
14  SEIZE  SRVR
15  DEPART  WAITQ
16  ADVANCE 17，8
17  RELEASE  SRVR
18  TABULATE  TISYS
19  TERMINATE
20 *  TIMING SEGMENT
21  GENERATE 480
22  TERMINATE 1
23 *  CONTROL CARDS
24  START 1
25  END
```

上面程序中的每一行最前面的数字是语句标号。

第 1 号语句标志 GPSS 仿真程序开始；第 2 号语句定义了一个随机变量函数 XP，该函数的取值由第 3 号到第 7 号语句中的 24 对数据构成，由 1 号随机数发生器(RN1)对该函数取样，得到的随机变量是均值为 1s 的指数随机变量。

从第 10 号语句开始到第 19 号语句为模型段，每一句按顺序与图 1.3.5 中的方块一一对应。例如，第 11 句的功能就是产生均值为 20s 的指数随机变量；第 16 句表示为顾客服务的时间均值为 17s，区间半长为 8 的均匀分布随机变量；第 19 句则表示仿真程序到此结束。从第 21 句到第 22 句是仿真时间控制，从中可以看到，仿真钟推进 480 个单位时产生一个程序来终止仿真，说明该模型的仿真钟时间单位为 1s。

GPSS 程序处理器对上述语句进行逐行翻译，在翻译第 24 句后即开始进行仿真。

虽然本例只引用了 GPSS 功能块的一个子集，但却说明了它的建模基本框架。

1.4 仿真技术的应用

系统仿真技术是分析、综合各类系统的一种有力的工具和手段。它目前已被广泛地应用于几乎所有的科学技术领域。

本节仅从科学的角度出发，对接触最多、发展最快、比较重要的几个方面作一概括的介绍。

1.4.1 系统仿真技术在系统分析、综合方面的应用

各技术领域控制系统的分析、设计以及系统测试、改造都在应用系统仿真技术。在工程系统方面，例如，在设计开始阶段，利用仿真技术论证方案，进行经济技术比较，优选合理方案；在设计阶段，系统仿真技术可帮助设计人员优选系统合理结构，优化系统参数，以期获得系统最优品质和性能；在调试阶段，利用仿真技术分析系统响应与参数关系，指导调试工作，可以迅速完成调试任务；对已经运行的系统，利用仿真技术可以在不影响生产的条件下分析系统的工作状态，预防事故发生，寻求改进薄弱环节，以提高系统的性能和运行效率。

对设计任务重、工作量大的系统，可建立系统设计仿真器或系统辅助设计程序包，使设计人员节省大量的设计时间，提高工作效率。

在非工程系统方面，企业管理、经济分析、市场预测、商品销售等也都应用仿真技术。例如，用仿真技术可以建立商品生产和公司经营与市场预测模型，如图 1.4.1 所示。从图可见，根据市场信息，公司做出决策，工厂生产的产品投放市场，再对市场信息进行分析，如此组成经济预测、生产模型。其他如交通、能源、生态、环境等方面的大系统分析都应用仿真技术。例如，人口方面的分析也应用仿真预估今后人口发展的合理结构，制定人口政策。又如，研究区域动力模型，分析整个区域中人口增长、工业化速度、环境污染、粮食生产、社会福利、教育等因素的相互平行关系应当按什么样的比例发展较为合适的问题。

图 1.4.1 经济模型粗框图

1.4.2 系统仿真技术在仿真器方面的应用

系统仿真器(system simulator)是模仿真实系统的实验研究装置，它包括计算机硬件、软件以及模仿对象的某些类似实物所组成的一个仿真系统。仿真器分为培训仿真器和设计仿真器。培训仿真器一般是由运动系统、显示系统、仪表、操作系统以及计算机硬件、软件组成类似实物的模拟装置。例如，培训飞机驾驶员的航线起落飞行仿真器就包括座舱与其运动系统、视景系统、音响系统、计算机系统以及指挥台等，此外还有电源、液压源，以保证实验条件。

推广应用培训仿真器，无论在培训技术和经济效益方面都会带来明显效果。例如，飞机驾驶员培训仿真器可以实现异常技术训练，训练在事故状态飞行、排除故障的技能，允许飞行员错误操作，这样可以提高飞行技术。使用飞行仿真器可以减少危险，确保安全，节省大量航空

汽油，减少环境污染。例如，波音 747 仿真器按每天 20 小时架次训练，一年可节省 30 万吨汽油，可见经济效益十分明显。培训仿真器在航空、航天、航海、核能工业、电力系统、坦克、汽车等方面都有应用，并取得了较显著的技术经济效益。

设计仿真器，一般包括计算机硬件、软件和由研究系统的应用软件以及大量设计公式和参数等所构成的设计程序包。例如，轧钢机多级计算机控制系统的设计，从方案选择到参数规定，甚至绘图等工作都可以在设计仿真器上由计算机完成，以提高效率。此外，在电机、变压器或其他具有大量计算工作量而且规格众多的系列化产品设计方面，均可利用计算机辅助设计仿真器（或称设计程序包），以提高工作效率。

综上所述，系统仿真技术在仿真器方面的应用将会带来明显的技术和经济效益。

1.4.3　系统仿真技术在技术咨询和预测方面的应用

根据系统的数学模型，利用仿真技术输入相应数据，经过运算后即可输出结果，这种技术目前用在很多方面，如专家系统、技术咨询和预测、预报方面。

专家系统是一种计算机软件系统，事先将有关专家的知识、经验总结出来，形成规律后填入表格或框架，然后存入计算机，建立知识库，设计管理软件，根据输入的原始数据，按照规定的专家知识推理、判断，给用户提供咨询。由于这种软件是模拟专家思考、分析、判断的，实际上起到专家的作用，所以被称为专家系统。我国目前研究比较多的是中医诊断系统，它是将医疗经验丰富、诊脉医术准确的医生的一套知识和经验加以规律化后编出程序，存入计算机，在临床诊断时起到专家的作用。除医疗之外，如农业育种专家系统，它自动计算选择杂交的亲本，预测杂交后代的性状，给出生产杂交第二代、第三代的配种方案，起到咨询的作用。

预测技术在很多领域得到应用，例如，利用地震监测模型模拟根据监测数据预报地震情况；森林火警模型根据当地气温、风向、湿度等条件预报火警；人口模型预测今后人口结构。

应用系统仿真技术，可以对反应周期长，且难以观察、实验或消耗巨额资金的自然环境、生态、人口结构、生理、育种、导弹、军事、国防等系统，在短期容易实现的模型上进行分析、实验后预报结果。这是仿真技术所具有的独特功能，所以在这些方面的应用逐渐扩大，极有发展前途。此外，对于有些在实际物理世界不可能存在或难以实现，但有必要研究的系统，仿真技术也扮演着极其重要的角色。

1.5　仿真技术的现状与发展

从 20 世纪 50 年代以来，随着计算机的发展，系统仿真技术逐渐形成了一门新兴科学技术。例如，仿真计算机经过模拟计算机、数字计算机、混和计算机、全数字并行处理计算机的演变过程，相继出现了模拟仿真、数字仿真、混和仿真、全数字并行处理仿真技术。仿真软件也由数值计算方法、仿真语言逐步扩大丰富。时至今日，仿真技术已经应用在各技术领域、各学科内容和各工程部门。想要比较全面地介绍仿真技术的现状和发展，不是简单的叙述就可以说清楚的，本节只针对仿真技术中发展较快并引人注目的一些主要问题进行简单介绍。

1.5.1 仿真计算机的现状及发展

我国仿真技术的发展，早从20世纪50年代就已开始，主要是在航空、国防单位，以模拟仿真技术为主。数字仿真技术是从70年代开始在一些科研机关、设计院(所)以及高等院校逐渐发展起来的。目前所使用的计算机主要都是从国外引进的一些大中型计算机，如FLEX-256，M-150，ACOS-400等，此外，多数单位还使用国产100系列机和一些引进的各种类型的微型机。混合机方面多用国产的TCMJ-1，HMJ-200，以及DJM300/DJS130，HAP-2A/DJS130等。全数字并行处理计算机YH-F1已研制成功。

国外仿真计算机已应用大型高速全数字并行处理计算机，以适应大型、实时、准确、快速的要求。例如，AD-10，AP-120，BMAP-300，这些计算机具有极快的处理速度和较多的处理功能。混合机正向混合多处理机系统方面发展。

从大型实时仿真系统的发展来看，仿真计算机是向全数字仿真计算机发展。数字计算机技术不断进步，微处理机迅速发展，并行处理技术日趋成熟，促使全数字并行处理机将代替混合计算机而占据仿真计算机的主流。

1.5.2 计算机软件的现状及发展

计算机仿真软件在我国多数是移植国外的仿真程序包和仿真语言，如连续系统仿真语言CSS，MIMIC，CSSL以及DARE-P等，离散系统仿真语言GPSS及GASPIV等。但近年我国自行设计的软件逐渐增多，如SBASIC，SSL-H一类解释功能扩充的语言，SDS-A连续系统仿真程序包，此外还有混合操作语言HYBASIC等。

在国外，仿真软件发展得较早，近年也比较活跃。例如，早期的连续系统语言有MIDAS，MIMIC，CSMP，CSSL，CSSLⅣ，DARE-P，以及近年开发的ACSL等；离散系统仿真语言有GPSS，SIMSCRIPT Ⅲ，GPSS Ⅳ等；在混合机软件方面有ECSSL，HYSHARE等。

但是，上述计算机仿真软件均存在以下不足之处：

(1)对用户的专业知识要求较高，尤其对一些大型的仿真系统，要求仿真工程师应具有良好的训练。

(2)仿真模型的建立和实现过程复杂，难度大。据统计，从用户提出问题，到建立仿真模型，并将它放到计算机上进行实验所需要的时间大约要几周或几个月，建模时间过长会导致新思想和新方案的价值下降。

(3)计算机运行时间较长，这不仅使得出结论的时间较长，而且也增加了仿真的费用。

(4)仿真运行是开环的。仿真只能给出已知系统的响应，无法对结果进行分析，更无法将仿真结果反馈到建模阶段。

(5)通信能力差。这一点反映在人与计算机的对话，计算机与外设之间的通信，计算机与计算机之间的并网，以及仿真中的动画环境等方面。

当前仿真技术研究的主要方向也是针对以上5个不足之处进行的。例如，研究结构化建模的环境与工具；建立模型库及模型开发的专家系统，将专家知识嵌入到仿真软件中去，为的是能减少建模时间；降低对用户过高的专业知识要求；开发一体化仿真软件系统，以便能实现闭环仿真，即将仿真实验结果反馈到建模阶段；将计算机多媒体技术、虚拟技术和动画技术引入仿真软件，以便增加仿真机与领域工程师之间的交流，即发展计算机仿真的“全息”概念。

1.5.3　仿真器的现状与开发

仿真器的开发利用是系统仿真技术的直接应用结果，它带来明显的技术、经济效益。我国目前主要在航空、航天、航海等方面得到应用。例如，从国外引进的波音 707、三叉戟飞机培训仿真器；我国自行研制的航线起落飞行仿真器；CCF－2S 船舶操纵培训仿真器；在设计仿真器方面控制多变量反馈系统设计程序包类的设计仿真器。

由于应用各类仿真器除带来经济效益外，在有些领域中还可以实现特殊功效，所以今后应大力发展仿真器的研制与应用，这也是仿真技术直接应用的一个方面。

本章小结

本章介绍了系统仿真和它包括的主要内容，以及系统仿真技术的发展状况，使读者可从横向和纵向了解到系统仿真的内涵。通过本章的学习，可对系统仿真技术的概念、内容和应用、发展前景等方面有初步的认识。从中可以看出，系统仿真技术涉及面广，内容多，应用范围也相当广泛。例如，从工程系统到非工程系统，从线性系统到非线性系统，从连续系统到离散系统，从系统模型到数值计算方法，从模拟计算机到数字计算机，从混合计算机到全数字并行处理计算机，从硬件到软件，从理论到实践，均涉及。但系统仿真的重要目的之一就是实现一个工程系统或非工程系统的最佳设计和最佳实现。

通过对本章内容的学习，将为更深一步学习以后的各章节，以及在仿真技术领域作更进一步的研究建立一个基础。

习　题

1－1　仿真遵循的基本原则是什么？

1－2　试举例说明连续系统数字仿真的步骤。

1－3　计算机仿真按其使用的设备和面向的对象来分，有哪几类？

1－4　数字仿真程序应具有哪些基本功能？

1－5　举出几个你所遇到的仿真实例。

第 2 章　系统数学模型及其相互转换

仿真研究就是首先根据实际物理系统的数学模型，将它转换成能在计算机上运行的仿真模型，然后利用计算机程序将仿真模型编程到计算机上进行数值计算的过程。从计算方法学中我们知道，微分方程的数值解基本上是针对高阶微分方程组的。而描述系统的数学模型有多种表示形式，这些表示形式之间是可以相互转换的。因此本章对几种常见的表示形式进行归纳，并讨论如何转换成易于仿真的状态空间表达形式。

2.1　系统的数学模型

在控制理论中，表述连续系统的数学模型有很多种，但基本上可以分为连续时间模型、离散时间模型和连续-离散混合模型。本节将对它们的形式作一介绍，并介绍目前在不确定系统分析时经常使用的不确定性模型。考虑到 MATLAB 语言的普及性，在每一部分介绍中还将向读者介绍如何使用 MATLAB 语言来描述这些模型，以及模型之间的转换。

2.1.1　连续系统的数学模型

连续系统的数学模型通常可以用以下几种形式表示：微分方程、传递函数、状态空间表达式。本节仅对这些数学模型作简单介绍，以便于在建立仿真程序时，选择适当的系统数学模型形式。

一、微分方程

一个连续系统可以表示成高阶微分方程，即

$$a_0 \frac{\mathrm{d}^n y}{\mathrm{d}t^n} + a_1 \frac{\mathrm{d}^{n-1} y}{\mathrm{d}t^{n-1}} + a_2 \frac{\mathrm{d}^{n-2} y}{\mathrm{d}t^{n-2}} + \cdots + a_{n-1} \frac{\mathrm{d}y}{\mathrm{d}t} + a_n y = c_1 \frac{\mathrm{d}^{n-1} u}{\mathrm{d}t^{n-1}} + c_2 \frac{\mathrm{d}^{n-2} u}{\mathrm{d}t^{n-2}} + \cdots + c_n u \tag{2.1.1}$$

初始条件为

$$y(t_0) = y_0,\quad \dot{y}(t_0) = \dot{y}_0,\quad \cdots,\quad u(t_0) = u_0,\quad \dot{u}(t_0) = \dot{u}_0,\quad \cdots$$

式中　y—— 系统的输出量；

u—— 系统的输入量。

若引进微分算子 $p = \frac{\mathrm{d}}{\mathrm{d}t}$，则式(2.1.1) 可以写成

$$a_0 p^n y + a_1 p^{n-1} y + \cdots + a_{n-1} p y + a_n y = c_1 p^{n-1} u + c_2 p^{n-2} u + \cdots + c_n u$$

即

$$\sum_{j=0}^{n} a_{n-j} p^j y = \sum_{i=0}^{n-1} c_{n-i} p^i u$$

不失一般性，令 $a_0 = 1$，便可写成

$$\frac{y}{u}=\frac{\sum_{i=0}^{n-1}c_{n-i}p^{i}}{\sum_{j=0}^{n}a_{n-j}p^{j}} \tag{2.1.2}$$

二、传递函数

对式(2.1.1)两边取拉普拉斯变换，假设 y 及 u 的各阶导数(包括零阶)的初值均为零，则有

$$\begin{aligned}&s^{n}Y(s)+a_1s^{n-1}Y(s)+\cdots+a_{n-1}sY(s)+a_nY(s)=\\&\quad c_1s^{n-1}U(s)+c_2s^{n-2}U(s)+\cdots+c_{n-1}sU(s)+c_nU(s)\end{aligned} \tag{2.1.3}$$

式中　$Y(s)$—— 输出量 $y(t)$ 的拉普拉斯变换；

$U(s)$—— 输入量 $u(t)$ 的拉普拉斯变换。

于是系统式(2.1.1)的传递函数描述形式如下：

$$G(s)=\frac{Y(s)}{U(s)}=\frac{c_1s^{n-1}+c_2s^{n-2}+\cdots+c_{n-1}s+c_n}{s^{n}+a_1s^{n-1}+a_2s^{n-2}+\cdots+a_{n-1}s+a_n} \tag{2.1.4}$$

将式(2.1.4)与式(2.1.2)比较可知，在初值为零的情况下，用算子 p 所表示的式子与传递函数 $G(s)$ 表示的式子在形式上是完全相同的。

三、状态空间表达式

线性定常系统的状态空间表达式包括下列两个矩阵方程：

$$\dot{\boldsymbol{x}}(t)=\boldsymbol{Ax}(t)+\boldsymbol{Bu}(t) \tag{2.1.5}$$

$$\boldsymbol{y}(t)=\boldsymbol{Cx}(t)+\boldsymbol{Du}(t) \tag{2.1.6}$$

式(2.1.5)由 n 个一阶微分方程组成，称为状态方程；式(2.1.6)由 l 个线性代数方程组成，称为输出方程。式中，$\boldsymbol{x}(t)\in\mathbf{R}^{n}$ 为 n 维的状态向量；$\boldsymbol{u}(t)\in\mathbf{R}^{m}$ 为 m 维的控制向量；$\boldsymbol{y}(t)\in\mathbf{R}^{l}$ 为 l 维的输出向量；$\boldsymbol{A}$ 为 $n\times n$ 维的状态矩阵，由控制对象的参数决定；$\boldsymbol{B}$ 为 $n\times m$ 维的控制矩阵；$\boldsymbol{C}$ 为 $l\times n$ 维的输出矩阵；$\boldsymbol{D}$ 为 $l\times m$ 维的直接传输矩阵。如果表示该系统的传递函数为严格真分式，则 $\boldsymbol{D}$ 为零。

假如一个连续系统可用微分方程来描述，即

$$\frac{\mathrm{d}^{n}y}{\mathrm{d}t^{n}}+a_1\frac{\mathrm{d}^{n-1}y}{\mathrm{d}t^{n-1}}+a_2\frac{\mathrm{d}^{n-2}y}{\mathrm{d}t^{n-2}}+\cdots+a_{n-1}\frac{\mathrm{d}y}{\mathrm{d}t}+a_ny=u \tag{2.1.7}$$

引入各状态变量

$$\left.\begin{aligned}x_1&=y\\x_2&=\dot{x}_1=\frac{\mathrm{d}y}{\mathrm{d}t}\\x_3&=\dot{x}_2=\frac{\mathrm{d}^{2}y}{\mathrm{d}t^{2}}\\&\vdots\\x_n&=\dot{x}_{n-1}=\frac{\mathrm{d}^{n-1}y}{\mathrm{d}t^{n-1}}\end{aligned}\right\} \tag{2.1.8}$$

则有

$$\dot{x}_n=\frac{\mathrm{d}^{n}y}{\mathrm{d}t^{n}}=-a_1\frac{\mathrm{d}^{n-1}y}{\mathrm{d}t^{n-1}}-a_2\frac{\mathrm{d}^{n-2}y}{\mathrm{d}t^{n-2}}-\cdots-a_{n-1}\frac{\mathrm{d}y}{\mathrm{d}t}-a_ny+u=$$

$$-a_1x_n-a_2x_{n-1}-\cdots-a_{n-1}x_2-a_nx_1+u \tag{2.1.9}$$

将上述 n 个一阶微分方程组写成矩阵形式，可得

$$\dot{\boldsymbol{x}}=\boldsymbol{A}\boldsymbol{x}+\boldsymbol{B}u \tag{2.1.10}$$

$$y=\boldsymbol{C}\boldsymbol{x} \tag{2.1.11}$$

其中

$$\boldsymbol{A}=\begin{bmatrix}0&1&0&\cdots&0\\0&0&1&\cdots&0\\\vdots&\vdots&\vdots&&\vdots\\0&0&0&\cdots&1\\-a_n&-a_{n-1}&-a_{n-2}&\cdots&-a_1\end{bmatrix}\quad \boldsymbol{B}=\begin{bmatrix}0\\0\\\vdots\\0\\1\end{bmatrix}\quad \boldsymbol{C}=[1\quad 0\quad \cdots\quad 0] \tag{2.1.12}$$

状态变量的初值可由引入状态变量的关系式获得

$$x_1(0)=y(0)$$
$$x_2(0)=\dot{y}(0)$$
$$x_3(0)=\ddot{y}(0)$$
$$\vdots$$
$$x_n(0)=y^{(n-1)}(0)$$

即

$$\begin{bmatrix}x_1(0)\\x_2(0)\\\vdots\\x_n(0)\end{bmatrix}=\begin{bmatrix}y(0)\\\dot{y}(0)\\\vdots\\y^{(n-1)}(0)\end{bmatrix} \tag{2.1.13}$$

若系统微分方程中不仅包含输入项 u，而且包含输入项 u 的导数项，如式(2.1.1)所示，则由式(2.1.2)等号右端上、下同乘 x 后得

$$\frac{y}{u}=\frac{\sum_{i=0}^{n-1}c_{n-i}p^ix}{\sum_{j=0}^{n}a_{n-j}p^jx} \tag{2.1.14}$$

由式(2.1.14)分母对应相等得

$$\sum_{j=0}^{n}a_{n-j}p^jx=u$$

令

$$p^jx=x_{j+1}\quad j=0,1,2,\cdots,n-1 \tag{2.1.15}$$

则有

$$\sum_{j=0}^{n-1}a_{n-j}x_{j+1}+a_0p^nx=u$$

由于 $a_0=1$，故有

$$p^nx=-\sum_{j=0}^{n-1}a_{n-j}x_{j+1}+u$$

可得

$$\begin{bmatrix}\dot{x}_1\\\dot{x}_2\\\vdots\\\dot{x}_n\end{bmatrix}=\begin{bmatrix}0&1&0&\cdots&0\\0&0&1&\cdots&0\\\vdots&\vdots&\vdots&&\vdots\\0&0&0&\cdots&1\\-a_n&-a_{n-1}&-a_{n-2}&\cdots&-a_1\end{bmatrix}\begin{bmatrix}x_1\\x_2\\\vdots\\x_{n-1}\\x_n\end{bmatrix}+\begin{bmatrix}0\\0\\\vdots\\0\\1\end{bmatrix}\boldsymbol{u} \tag{2.1.16}$$

由式(2.1.14)分子对应相等得

$$y=\sum_{i=0}^{n-1}c_{n-i}p^j x=c_n x_1+c_{n-1}x_2+\cdots+c_1 x_n$$

即

$$y=[c_n \quad c_{n-1} \quad \cdots \quad c_1]\boldsymbol{x} \tag{2.1.17}$$

由式(2.1.16)、式(2.1.17)与式(2.1.10)、式(2.1.11)比较可见,状态方程的形式仍相同,但输出方程变了,这种表示的结构形式称为可控标准型。

由于 y 不再与状态变量 x_1 直接相等,而是 $x_1,x_2,\cdots,x_n$ 的组合,因此系统输出只是由输入及其各阶导数的初值给定的。由式(2.1.15)可见,各状态变量的初值不能明显地用 y,u 及其各阶导数项表示,因此在这种形式下,用上述可控标准型表示的形式,在计算初值不为零时就不太方便了。下面给出一种易于写出状态变量初值的状态空间表达式。

假设给出的微分方程为

$$\sum_{j=0}^{n}a_{n-j}p^j y=\sum_{i=0}^{n}c_{n-j}p^j u \tag{2.1.18}$$

即

$$a_0 p^n y+a_1 p^{n-1}y+\cdots+a_{n-1}py+a_n y=c_0 p^n u+c_1 p^{n-1}u+c_2 p^{n-2}u+\cdots+c_n u$$

令

$$p^n(a_0 y-c_0 u)+p^{n-1}(a_1 y-c_1 u)+\cdots+p(a_{n-1}y-c_{n-1}u)=px_n$$

则有

$$px_n=p^0(-a_n y+c_n u)=-a_n y+c_n u$$

又令

$$p^{n-1}(a_0 y-c_0 u)+p^{n-2}(a_1 y-c_1 u)+\cdots+p(a_{n-2}y-c_{n-2}u)=px_{n-1}$$

则有

$$px_{n-1}=x_n-a_{n-1}y+c_{n-1}u$$

同理有

$$px_j=x_{j+1}-a_j y+c_j u$$

而

$$x_j=p^{j-1}(a_0 y-c_0 u)+p^{j-2}(a_1 y-c_1 u)+\cdots+p(a_{j-2}y-c_{j-2}u)+(a_{j-1}y-c_{j-1}u) \quad j=1,2,\cdots,n \tag{2.1.19}$$

因此获得如下的状态方程与输出方程(令 $a_0=1$):

$$\begin{bmatrix}\dot{x}_1\\ \dot{x}_2\\ \vdots\\ \dot{x}_{n-1}\\ \dot{x}_n\end{bmatrix}=\begin{bmatrix}-a_1 & 1 & 0 & \cdots & 0\\ -a_2 & 0 & 1 & \cdots & 0\\ \vdots & \vdots & \vdots & & \vdots\\ -a_{n-1} & 0 & 0 & \cdots & 1\\ -a_n & 0 & 0 & \cdots & 0\end{bmatrix}\begin{bmatrix}x_1\\ x_2\\ \vdots\\ x_{n-1}\\ x_n\end{bmatrix}+\begin{bmatrix}c_1-c_0 a_1\\ c_2-c_0 a_2\\ \vdots\\ c_{n-1}-c_0 a_{n-1}\\ c_n-c_0 a_n\end{bmatrix}\boldsymbol{u} \tag{2.1.20}$$

$$y=[1 \quad 0 \quad \cdots \quad 0 \quad 0]\begin{bmatrix}x_1\\ x_2\\ \vdots\\ x_{n-1}\\ x_n\end{bmatrix}+c_0 u \tag{2.1.21}$$

若已知 y,u 及其各阶导数项的初始值，则可由式(2.1.19) 直接求出各个状态变量的初值。这是因为由式(2.1.20)、式(2.1.21) 表示的状态方程的状态变量仅与输入 u 和输出 y 及其各阶导数有关，而与其他状态变量无关。

例 2.1.1 已知微分方程及初值如下，将其化成状态空间表达式，并给出状态变量的初值。

$$\frac{d^3y}{dt^3}+7\frac{d^2y}{dt^2}+12\frac{dy}{dt}=\frac{d^2u}{dt^2}+3\frac{du}{dt}+2u$$

$$y(0)=\dot{y}(0)=\ddot{y}(0)=1,\quad u(0)=2,\quad \dot{u}(0)=4$$

解 据式(2.1.20)、式(2.1.21) 可写出状态空间表达式如下：

$$\begin{bmatrix}\dot{x}_1\\\dot{x}_2\\\dot{x}_3\end{bmatrix}=\begin{bmatrix}-7&1&0\\-12&0&1\\0&0&0\end{bmatrix}\begin{bmatrix}x_1\\x_2\\x_3\end{bmatrix}+\begin{bmatrix}1\\3\\2\end{bmatrix}\boldsymbol{u}$$

$$y=[1\quad 0\quad 0]\begin{bmatrix}x_1\\x_2\\x_3\end{bmatrix}$$

由式(2.1.19)，得

$$x_1(0)=y(0)=1$$

$$x_2(0)=\dot{y}(0)+7y(0)-u(0)=6$$

$$x_3(0)=\ddot{y}(0)+7\dot{y}(0)-\dot{u}(0)+12y(0)-3u(0)=10$$

即

$$\begin{bmatrix}x_1(0)\\x_2(0)\\x_3(0)\end{bmatrix}=\begin{bmatrix}1\\6\\10\end{bmatrix}$$

须注意，由式(2.1.19) 求出的状态变量初值是对应式(2.1.20)、式(2.1.21) 状态空间表达式的状态变量初值，而不是对应式(2.1.16)、式(2.1.17) 可控标准型的状态变量初值。

由上述可见，只要状态变量选取的形式不同，就可以得到不同形式的状态空间表达式。除以上给出的形式外，还可以写出其他各种表示形式。

2.1.2 离散时间模型

假定一个系统的输入量、输出量及其内部状态量是时间的离散函数，即为一个时间序列：$\{u(kT)\},\{y(kT)\},\{x(kT)\}$，其中 T 为离散时间间隔，这样可以使用离散时间模型来描述该系统。读者应注意离散时间模型与前面介绍的离散事件模型的差别。离散时间模型有差分方程、离散传递函数、权序列、离散状态空间模型等形式。

一、差分方程

差分方程的一般表达式为

$$y(n+k)+a_1y(n+k-1)+\cdots+a_ny(k)=b_1u(k+n-1)+\cdots+b_nu(k) \tag{2.1.22}$$

若引入后移算子 q^{-1}，$q^{-1}y(k)=y(k-1)$，则式(2.1.22) 可以改写成

$$\sum_{j=0}^{n} a_j q^{-j} y(n+k) = \sum_{j=1}^{n} b_j q^{-j} u(n+k)$$

即

$$\frac{y(n+k)}{u(n+k)} = \frac{\sum_{j=1}^{n} b_j q^{-j}}{\sum_{j=0}^{n} a_j q^{-j}} \quad 或 \quad \frac{y(k)}{u(k)} = \frac{\sum_{j=1}^{n} b_j q^{-j}}{\sum_{j=0}^{n} a_j q^{-j}} \tag{2.1.23}$$

二、z 传递函数

若系统的初始条件均为零，即 $y(k)=u(k)=0(k<0)$，对式(2.1.22) 两边取 z 变换，则可得

$$(a_0 + a_1 z^{-1} + \cdots + a_n z^{-n}) Y(z) = (b_1 z^{-1} + \cdots + b_n z^{-n}) U(z) \tag{2.1.24}$$

定义

$$G(z) = \frac{Y(z)}{U(z)}$$

$G(z)$ 称为系统的 z 传递函数，则有

$$G(z) = \frac{\sum_{j=1}^{n} b_j z^{-j}}{\sum_{j=0}^{n} a_j z^{-j}} \tag{2.1.25}$$

可见，在系统初始条件均为零的情况下，z^{-1} 与 q^{-1} 等价。

三、权序列

若对一个初始条件均为零的系统施加一个单位脉冲序列 $\delta(k)$，则其响应称为该系统的权序列$\{h(k)\}$，而单位脉冲序列 $\delta(k)$ 定义为

$$\delta(k) = \begin{cases} 1, & k=0 \\ 0, & k \neq 0 \end{cases}$$

若输入序列为任意一个$\{u(k)\}$，则根据卷积公式，可得此时的系统响应 $y(k)$ 为

$$y(k) = \sum_{i=0}^{k} u(i) h(k-i) \tag{2.1.26}$$

可以证明：

$$Z\{h(k)\} = H(z) \tag{2.1.27}$$

四、离散状态空间模型

与连续系统模型类似，以上 3 种模型由于只描述了系统的输入序列和输出序列之间的关系，因此称为外部模型。有时仿真要求采用内部模型，即离散状态空间模型。对式(2.1.22)所表示的模型，若设

$$\sum_{j=0}^{n} a_j q^{-j} x(n+k) = u(k) \tag{2.1.28}$$

并令

$$q^{-j} x(n+k) = x_{n-j+1}(k) \quad (j=1,2,\cdots,n) \tag{2.1.29}$$

则有

$$\sum_{j=1}^{n} a_j q^{-j} x(n+k) + a_0 x(n+k) = u(k)$$

即

$$\sum_{j=1}^{n} a_j x_{n-j+1}(n) + a_0 x(n+k) = u(k)$$

设 $a_0 = 1$,并令 $x(n+k) = x_n(k+1)$,则不难得到

$$x(n+k) = x_n(k+1) = -\sum_{j=1}^{n} a_j x_{n-j+1}(n) + u(k) \tag{2.1.30}$$

根据方程式(2.1.29) 和式(2.1.30),可列出以下 n 个一阶差分方程:

$$\begin{aligned} x_1(k+1) &= x_2(k) \\ x_2(k+1) &= x_3(k) \\ &\vdots \\ x_{n-1}(k+1) &= x_n(k) \\ x_n(k+1) &= -a_n x_1(k) - a_{n-1} x_2(k) - \cdots - a_1 x_n(k) + u(k) \end{aligned} \tag{2.1.31}$$

写成矩阵形式为

$$\boldsymbol{x}(k+1) = \boldsymbol{F}\boldsymbol{x}(k) + \boldsymbol{G}u(k) \tag{2.1.32}$$

式中

$$\boldsymbol{F} = \begin{bmatrix} 0 & 1 & 0 & \cdots & 0 \\ 0 & 0 & 1 & \cdots & 0 \\ \vdots & \vdots & \vdots & & \vdots \\ 0 & 0 & 0 & \cdots & 1 \\ -a_n & -a_{n-1} & -a_{n-2} & \cdots & -a_1 \end{bmatrix} \quad \boldsymbol{G} = \begin{bmatrix} 0 \\ 0 \\ \vdots \\ 0 \\ 1 \end{bmatrix}$$

为了推导状态输出方程,可将方程式(2.1.28) 带入方程式(2.1.22),得

$$\sum_{j=0}^{n} a_j q^{-j} y(k) = \sum_{j=1}^{n} b_j q^{-j} u(k) = \sum_{j=1}^{n} b_j q^{-j} \sum_{j=0}^{n} a_j q^{-j} x(n+k)$$

故有

$$y(k) = \sum_{j=1}^{n} b_j q^{-j} x(n+k) = \sum_{j=1}^{n} b_j x_{n-j+1}(k) = \boldsymbol{\Gamma} x(k) \tag{2.1.33}$$

式中

$$\boldsymbol{\Gamma} = [b_n \quad b_{n-1} \quad \cdots \quad b_1]$$

方程式(2.1.32) 和式(2.1.33) 组成系统的离散时间状态空间模型,如同连续时间的状态空间模型一样,对同一物理系统,该模型也不是唯一的。

2.1.3 MATLAB 语言中的模型表示

在 MATLAB 语言中有丰富的系统模型指令来处理各种不同的问题,最常使用的模型有传递函数模型、零极点增益模型、状态空间模型 3 种形式。下面给出它们的使用方法说明。

(1)指令 ss( ):产生一个状态空间模型,或将模型变换为状态空间模型。

例:sys = ss(A,B,C,D)

产生一个连续时间状态空间模型 sys,模型的参数矩阵为 A,B,C,D。

例:sys = ss(A,B,C,D,Ts)

产生一个离散时间状态空间模型 sys，采样时间是 Ts。

例：sys = ss(sys1)

变换一个线性时不变模型 sys1 为状态空间模型 sys，即计算模型 sys1 的状态空间实现。

例：sys = ss(sys1,'min')

计算模型 sys1 的最小状态空间实现 sys。

(2)指令 tf( )：产生一个传递函数模型，或将模型变换为传递函数模型。

例：sys = tf(NUM,DEN)

根据模型的分子多项式 NUM 和分母多项式 DEN 产生一个连续时间传递函数模型 sys。

例：sys = tf(NUM,DEN,Ts)

根据模型的分子多项式 NUM、分母多项式 DEN 和采样时间 Ts 产生一个离散时间传递函数模型 sys。

指令 tf( )还可以产生有 m 个输入和 p 个输出的多输入和多输出系统。例如：

```
H = tf( {-5 ; [1 -5 6]} , {[1 -1] ; [1 1 0]})
```

或者

```
num={-5 ; [1 -5 6]};
den={[1 -1] ; [1 1 0]};
h=tf(num,den)
```

则传递函数的输出为

$$\begin{bmatrix} \dfrac{-5}{s-1} \\ \dfrac{s^2-5s+6}{s^2+s} \end{bmatrix}$$

该传递函数还可以这样做：

```
h11=tf(-5,[1 -1]);
h21=tf([1 -5 6],[1 1 0]);
H=[h11;h21]
```

(3)指令 zpk( )：产生一个零极点增益模型，或将模型变换为零极点增益模型。

例：sys = zpk(Z,P,K)

根据系统的零点 Z、极点 P 和增益 K 产生一个零极点增益模型 sys。

例：sys = zpk(Z,P,K,Ts)

根据系统的零点 Z、极点 P、增益 K 和采样时间 Ts 产生一个离散时间零极点增益模型 sys。

指令 zpk( )还可以产生有 m 个输入和 p 个输出的多输入和多输出系统。例如：

```
H = zpk( {[];[2 3]} , {1;[0 -1]} , [-5;1] )
```

或者

```
Zeros = {[];[2 3]};
Poles = {1;[0 -1]};
Gains = [-5;1];
H = zpk(Zeros,Poles,Gains)
```

则产生的传递函数为

$$\begin{bmatrix} \dfrac{-5}{s-1} \\ \dfrac{(s-2)(s-3)}{s(s+1)} \end{bmatrix}$$

(4)指令 dss( ):产生一个描述符状态空间模型,可以是连续时间模型,也可以是离散时间模型。

例:sys = dss(a,b,c,d,e)

产生一个连续时间的描述符状态空间模型

$$\boldsymbol{E}\dot{\boldsymbol{x}} = \boldsymbol{A}\boldsymbol{x} + \boldsymbol{B}\boldsymbol{u}$$
$$\boldsymbol{y} = \boldsymbol{C}\boldsymbol{x} + \boldsymbol{D}\boldsymbol{u}$$

其中 $\boldsymbol{E}$ 是非奇异的。如果 $\boldsymbol{E}$ 是奇异的,则系统称为广义系统,需要另外的处理方法。

例:sys = dss(a,b,c,d,e,Ts)

产生一个离散时间的描述符状态空间模型

$$\boldsymbol{E}\boldsymbol{x}(n+1) = \boldsymbol{A}\boldsymbol{x}(n) + \boldsymbol{B}\boldsymbol{u}(n)$$
$$\boldsymbol{y}(n) = \boldsymbol{C}\boldsymbol{x}(n) + \boldsymbol{D}\boldsymbol{u}(n)$$

采样时间是 Ts。

2.1.4 不确定模型

描述实际物理系统的数学模型往往是通过近似和简化得到的,因此对于状态空间模型

$$\left.\begin{aligned} \boldsymbol{E}\dot{\boldsymbol{x}}(t) &= \boldsymbol{A}\boldsymbol{x}(t) + \boldsymbol{B}\boldsymbol{u}(t) \\ \boldsymbol{y}(t) &= \boldsymbol{C}\boldsymbol{x}(t) + \boldsymbol{D}\boldsymbol{u}(t) \end{aligned}\right\} \tag{2.1.34}$$

系统式(2.1.34)的系数矩阵 $\boldsymbol{E},\boldsymbol{A},\boldsymbol{B},\boldsymbol{C},\boldsymbol{D}$ 已经不再是常数矩阵,而往往是依赖不确定参数的不确定矩阵,其对应的模型被称为不确定系统。在鲁棒控制中,不确定模型的概念是相当重要的。在 MATLAB 语言中引入两类不确定模型。

一、多胞型模型

多胞型模型是以下一类时变系统模型:

$$\left.\begin{aligned} \boldsymbol{E}(t)\dot{\boldsymbol{x}}(t) &= \boldsymbol{A}(t)\boldsymbol{x}(t) + \boldsymbol{B}(t)\boldsymbol{u}(t) \\ \boldsymbol{y}(t) &= \boldsymbol{C}(t)\boldsymbol{x}(t) + \boldsymbol{D}(t)\boldsymbol{u}(t) \end{aligned}\right\} \tag{2.1.35}$$

该系统的系统矩阵为

$$\boldsymbol{S}(t) = \begin{bmatrix} \boldsymbol{A}(t) + j\boldsymbol{E}(t) & \boldsymbol{B}(t) \\ \boldsymbol{C}(t) & \boldsymbol{D}(t) \end{bmatrix} \tag{2.1.36}$$

在以下一个给定的矩阵多胞型模型中取值,即

$$\boldsymbol{S}(t) \in Co\{\boldsymbol{S}_1,\cdots,\boldsymbol{S}_k\} = \left\{\sum_{i=1}^{k}\alpha_i\boldsymbol{S}_i : \alpha_i \geqslant 0,\ \sum_{i=1}^{k}\alpha_i = 1\right\} \tag{2.1.37}$$

其中,$\boldsymbol{S}_1,\cdots,\boldsymbol{S}_k$ 是已知的矩阵

$$\boldsymbol{S}_1 = \begin{bmatrix} A_1 + jE_1 & B_1 \\ C_1 & D_1 \end{bmatrix},\cdots,\boldsymbol{S}_k = \begin{bmatrix} A_k + jE_k & B_k \\ C_k & D_k \end{bmatrix} \tag{2.1.38}$$

$\alpha_1,\cdots,\alpha_k$ 是不确定参数。注意这些不确定参数未必是系统的物理参数。因此这种不确定性模

型的表示也称为是参数不确定性的隐式表示。在有些文献中，多胞型模型也称为多胞型线性微分包含。

多胞型模型在鲁棒控制理论中起着重要的作用，因为它可以描述许多实际系统，例如：

(1) 一个系统的多胞型模型表示，其中的每一个模型表示系统在一个特定运行条件下的状况。例如，一个飞机模型按不同的飞行高度作的线性化模型。

(2) 表示一个非线性系统，例如 $\dot{x}=(\sin x)x$，其状态矩阵 $\boldsymbol{A}=\sin x$ 位于多胞型模型 $A\in Co\{-1,1\}=[-1,1]$。

(3) 描述一类仿射依赖时变参数的状态空间模型。

多胞型模型可以通过其系统矩阵所在多胞型的焦点 $\boldsymbol{S}_1,\cdots,\boldsymbol{S}_k$ 来描述。MATLAB 中的 LMI 工具箱提供了函数 psys 来描述多胞型模型。

二、仿射参数依赖模型

一个含有不确定参数的线性系统可以有以下的表示：

$$\left.\begin{aligned}\boldsymbol{E}(p)\dot{\boldsymbol{x}}(t)&=\boldsymbol{A}(\boldsymbol{p})\boldsymbol{x}(t)+\boldsymbol{B}(\boldsymbol{p})\boldsymbol{u}(t)\\ \boldsymbol{y}(t)&=\boldsymbol{C}(\boldsymbol{p})\boldsymbol{x}(t)+\boldsymbol{D}(\boldsymbol{p})\boldsymbol{u}(t)\end{aligned}\right\}\tag{2.1.39}$$

其中系数矩阵 $\boldsymbol{A}(\boldsymbol{p}),\boldsymbol{B}(\boldsymbol{p}),\boldsymbol{C}(\boldsymbol{p}),\boldsymbol{D}(\boldsymbol{p}),\boldsymbol{E}(\boldsymbol{p})$ 是参数向量 $\boldsymbol{p}=[p_1\ \ \cdots\ \ p_n]$ 的已知矩阵函数。这类模型常常出现在运动、空气动力学、电路等系统中。

如果模型中的系数矩阵仿射依赖于参数向量 $\boldsymbol{p}$，即

$$\left.\begin{aligned}\boldsymbol{A}(\boldsymbol{p})&=\boldsymbol{A}_0+p_1\boldsymbol{A}_1+\cdots+p_n\boldsymbol{A}_n\\ \boldsymbol{B}(\boldsymbol{p})&=\boldsymbol{B}_0+p_1\boldsymbol{B}_1+\cdots+p_n\boldsymbol{B}_n\\ \boldsymbol{C}(\boldsymbol{p})&=\boldsymbol{C}_0+p_1\boldsymbol{C}_1+\cdots+p_n\boldsymbol{C}_n\\ \boldsymbol{D}(\boldsymbol{p})&=\boldsymbol{D}_0+p_1\boldsymbol{D}_1+\cdots+p_n\boldsymbol{D}_n\\ \boldsymbol{E}(\boldsymbol{p})&=\boldsymbol{E}_0+p_1\boldsymbol{E}_1+\cdots+p_n\boldsymbol{E}_n\end{aligned}\right\}\tag{2.1.40}$$

其中 $\boldsymbol{A}_i,\boldsymbol{B}_i,\boldsymbol{C}_i,\boldsymbol{D}_i,\boldsymbol{E}_i$ 是已知的常数矩阵，则这种模型称为仿射参数依赖模型。仿射参数依赖模型的特点，使得 Lyapunov 方法可以有效地用于这类模型的分析和综合。如果记

$$\boldsymbol{S}(\boldsymbol{p})=\begin{bmatrix}\boldsymbol{A}(\boldsymbol{p})+j\boldsymbol{E}(\boldsymbol{p}) & \boldsymbol{B}(\boldsymbol{p})\\ \boldsymbol{C}(\boldsymbol{p}) & \boldsymbol{D}(\boldsymbol{p})\end{bmatrix},\quad \boldsymbol{S}_i=\begin{bmatrix}\boldsymbol{A}_i+j\boldsymbol{E}_i & \boldsymbol{B}_i\\ \boldsymbol{C}_i & \boldsymbol{D}_i\end{bmatrix}\tag{2.1.41}$$

则仿射参数依赖模型的系统矩阵可以表示成

$$\boldsymbol{S}(\boldsymbol{p})=\boldsymbol{S}_0+p_1\boldsymbol{S}_1+\cdots+p_n\boldsymbol{S}_n\tag{2.1.42}$$

因此，$\boldsymbol{S}_0,\cdots,\boldsymbol{S}_n$ 完全刻画了所要描述的仿射参数依赖模型。注意，这里的 $\boldsymbol{S}_0,\cdots,\boldsymbol{S}_n$ 并不代表有物理意义的实际系统。有时为了处理的方便，可以通过适当的变换将不确定参数标准化，即将 $\boldsymbol{S}(\boldsymbol{p})$ 表示成 $\boldsymbol{S}(\delta)=\tilde{\boldsymbol{S}}_0+\delta_1\tilde{\boldsymbol{S}}_1+\cdots+\delta_n\tilde{\boldsymbol{S}}_n$，$|\delta_i|\leqslant 1$。

例如：系统 $\dot{x}=-\alpha x$，$\alpha\in[0.1,0.7]$，这样一个不确定系统可以表示成

$$\dot{x}=(-0.4+0.3\delta)x,\quad |\delta|\leqslant 1$$

这时，参数 δ 已经没有具体的物理意义。

根据这一表示，MATLAB 中的 LMI 工具箱提供的函数 psys 可以用来描述一个仿射参数依赖模型。函数 pdsimul 则给出了仿射参数依赖模型时间响应的仿真。

下面通过一个例子来说明如何使用 MATLAB 语言来描述多胞型模型和仿射参数依赖

模型。

例 2.1.2 考虑由以下方程描述的一个电路：

$$L\frac{d^2i}{dt^2}+R\frac{di}{dt}+Ci=V$$

其中的电感 L、电阻 R、电容 C 是不确定参数，它们的容许变化范围分别是

$$L\in[10,20],\quad R\in[1,2],\quad C\in[100,150]$$

该系统在无驱动下的一个状态空间模型可表示为

$$\boldsymbol{E}(L,R,C)\dot{\boldsymbol{x}}=\boldsymbol{A}(L,R,C)\boldsymbol{x}$$

其中

$$\boldsymbol{x}=[i\quad di/dt]^{\mathrm{T}}$$

$$\boldsymbol{A}(L,R,C)=\begin{bmatrix}0 & 1\\ -R & -C\end{bmatrix}=\begin{bmatrix}0 & 1\\ 0 & 0\end{bmatrix}+L\times 0+R\begin{bmatrix}0 & 0\\ -1 & 0\end{bmatrix}+C\begin{bmatrix}0 & 0\\ 0 & -1\end{bmatrix}$$

$$\boldsymbol{E}(L,R,C)=\begin{bmatrix}1 & 0\\ 0 & L\end{bmatrix}=\begin{bmatrix}1 & 0\\ 0 & 0\end{bmatrix}+L\begin{bmatrix}0 & 0\\ 0 & 1\end{bmatrix}+R\times 0+C\times 0$$

这个仿射系统模型可以用函数 psys 描述如下：

```
a0=[0 1;0 0];e0=[1 0;0 0]; s0=ltisys(a0,e0)
aL=zeros(2); eL=[0 0;0 1]; sL=ltisys(aL,eL)
aR=[0 0;-1 0]; sR=ltisys(aR,0)
aC=[0 0;0 -1]; sC=ltisys(aC,0)

pv=pvec('box',[10 20;1 2;100 150])
pds=psys(pv,[s0,sL,sR,sC])
```

所得到的系统可以用函数 psinfo 和 pvinfo 来检验：

```
>> psinfo(pds)
    Affine parameter-dependent model with 3 parameters (4 systems)
    Each system has 2 state(s), 0 input(s), and 0 output(s)
>> pvinfo(pv)
    Vector of 3 parameters ranging in a box
```

对于 L,R,C 的一组给定的值，可以利用函数 psinfo 求得对应的确定系统。例如对于 $L=15,R=1.2,C=150$，其对应的确定性系统的系统矩阵可以用如下指令得到：

```
sys=psinfo(pds,'eval',[15 1.2 150]);
[A,B,C,D]=ltiss(sys)
```

由得到的仿射系统模型通过使用函数 aff2pol 也可以得到一个多胞型模型表示：

```
>> pols=aff2pol(pds);
>> psinfo(pols)
    Polytopic model with 8 vertex systems
    Each system has 2 state(s), 0 input(s), and 0 output(s)
```

2.2 实现问题

因为状态方程是一阶微分方程组，所以非常适宜用数字计算机求其数值解。如果一个物理系统已用状态空间表达式来描述，则可以直接用这个表达式来编制仿真程序。然而许多物理系统中的数学模型大多采用传递函数的表达形式，为便于使用面向一阶微分方程组的仿真程序，就有必要将传递函数表示形式转换成状态空间表达式。根据已知的系统传递函数 $G(s)$ 求相应的状态空间表达式称为实现问题。对于一个可实现的传递函数或传递函数矩阵，其实现不是唯一的。这一节仅介绍几种有代表性的实现。

一、可控标准型

将式(2.1.4) 改写为

$$G(s)=\frac{Y(s)}{U(s)}=\frac{c_1s^{n-1}+c_2s^{n-2}+\cdots+c_{n-1}s+c_n}{s^n+a_1s^{n-1}+a_2s^{n-2}+\cdots+a_{n-1}s+a_n}=\frac{Z(s)}{U(s)}\frac{Y(s)}{Z(s)} \tag{2.2.1}$$

再将式(2.2.1) 取拉氏反变换，可得

$$\frac{\mathrm{d}^n z(t)}{\mathrm{d}t^n}+a_1\frac{\mathrm{d}^{n-1}z(t)}{\mathrm{d}t^{n-1}}+a_2\frac{\mathrm{d}^{n-2}z(t)}{\mathrm{d}t^{n-2}}+\cdots+a_{n-1}\frac{\mathrm{d}z(t)}{\mathrm{d}t}+a_nz(t)=u(t)$$

$$y(t)=c_1\frac{\mathrm{d}^{n-1}z(t)}{\mathrm{d}t^{n-1}}+c_2\frac{\mathrm{d}^{n-2}z(t)}{\mathrm{d}t^{n-2}}+\cdots+c_{n-1}\frac{\mathrm{d}z(t)}{\mathrm{d}t}+c_nz(t)$$

取一组状态变量为

$$x_1=z\quad x_2=\dot{z}\quad\cdots\quad x_n=z^{(n-1)}$$

便可得到可控标准型实现

$$\left.\begin{aligned}\dot{\boldsymbol{x}}&=\boldsymbol{Ax}+\boldsymbol{Bu}\\ \boldsymbol{y}&=\boldsymbol{Cx}\end{aligned}\right\} \tag{2.2.2}$$

其中 $\boldsymbol{A}$ 和 $\boldsymbol{B}$ 同式(2.1.12) 一样，$\boldsymbol{C}$ 可表示为

$$\boldsymbol{C}=[c_n\quad c_{n-1}\quad\cdots\quad c_2\quad c_1]$$

在具体应用中实现的中间步骤无须一一写出，式(2.2.2) 可对应式(2.2.1) 直接写出。

二、可观标准型

这一部分研究当物理系统的初始值不为零时其可观标准型实现问题。设式(2.2.1) 可化为高阶微分方程

$$\begin{aligned}&\frac{\mathrm{d}^n}{\mathrm{d}t^n}y(t)+a_1\frac{\mathrm{d}^{n-1}}{\mathrm{d}t^{n-1}}y(t)+a_2\frac{\mathrm{d}^{n-2}}{\mathrm{d}t^{n-2}}y(t)+\cdots+a_{n-1}\frac{\mathrm{d}}{\mathrm{d}t}y(t)+a_ny(t)=\\ &\qquad c_1\frac{\mathrm{d}^{n-1}}{\mathrm{d}t^{n-1}}u(t)+c_2\frac{\mathrm{d}^{n-2}}{\mathrm{d}t^{n-2}}u(t)+\cdots+c_{n-1}\frac{\mathrm{d}}{\mathrm{d}t}u(t)+c_nu(t)\end{aligned} \tag{2.2.3}$$

考虑式(2.2.3) 的非零初始条件下的拉氏变换

$$L\left[\frac{\mathrm{d}^n}{\mathrm{d}t^n}y(t)\right]=s^nY(s)-s^{n-1}y(0)-s^{n-2}\dot{y}(0)-\cdots-sy^{(n-2)}(0)-y^{(n-1)}(0)$$

取式(2.2.3) 非零初始条件的拉氏变换，并将 s 同次项合并整理，便得

$$Y(s)=\frac{c_1s^{n-1}+c_2s^{n-2}+\cdots+c_{n-1}s+c_n}{s^n+a_1s^{n-1}+a_2s^{n-2}+\cdots+a_{n-1}s+a_n}u(s)+$$

$$\frac{1}{s^n + a_1 s^{n-1} + a_2 s^{n-2} + \cdots + a_{n-1} s + a_n} \{y(0)s^{n-1} + [\dot{y}(0) + a_1 y(0) - c_1 u(0)]s^{n-2} +$$
$$[\ddot{y}(0) + a_1 \dot{y}(0) + a_2 y(0) - c_1 \dot{u}(0) - c_2 u(0)]s^{n-3} + \cdots +$$
$$[y^{(n-1)}(0) + a_1 y^{(n-2)}(0) + \cdots + a_{n-1} y(0) - c_1 u^{(n-2)}(0) - \cdots - c_{n-1} u(0)]\}$$

$$(2.2.4)$$

若取一组状态变量

$$x_n = y$$
$$x_{n-1} = \dot{y} + a_1 y - c_1 u = \dot{x}_n + a_1 x_n - c_1 u$$
$$x_{n-2} = \ddot{y} + a_1 \dot{y} + a_2 y - c_1 \dot{u} - c_2 u = \dot{x}_{n-1} + a_2 x_n - c_2 u$$
$$\vdots$$
$$x_1 = y^{(n-1)} + a_1 y^{(n-2)} + \cdots + a_{n-1} y - c_1 u^{(n-2)} - c_2 u^{(n-3)} - \cdots - c_{n-1} u =$$
$$\dot{x}_2 + a_{n-1} x_n - c_{n-1} u$$
$$x_0 = y^{(n)} + a_1 y^{(n-1)} + \cdots + a_{n-1} \dot{y} + a_n y - c_1 u^{(n-1)} - c_2 u^{(n-2)} - \cdots -$$
$$c_{n-1} \dot{u} - c_n u = \dot{x}_1 + a_n x_n - c_n u$$

$$(2.2.5)$$

将其写成矩阵形式则为

$$\left.\begin{aligned} \dot{x} &= Ax + Bu \\ y &= Cx \end{aligned}\right\}$$

$$(2.2.6)$$

式中

$$A = \begin{bmatrix} 0 & 0 & \cdots & 0 & -a_n \\ 1 & 0 & \cdots & 0 & -a_{n-1} \\ 0 & 1 & \cdots & 0 & -a_{n-2} \\ \vdots & \vdots & & \vdots & \vdots \\ 0 & 0 & \cdots & 1 & -a_1 \end{bmatrix}, \quad B = \begin{bmatrix} c_n \\ c_{n-1} \\ \vdots \\ c_2 \\ c_1 \end{bmatrix}, \quad C = \begin{bmatrix} 0 & 0 & \cdots & 0 & 1 \end{bmatrix}$$

式(2.2.6)即是可观标准型实现,其状态变量初始值由式(2.2.5)可直接得到,其矩阵表达式为

$$\begin{bmatrix} x_1(0) \\ x_2(0) \\ x_3(0) \\ \vdots \\ x_{n-1}(0) \\ x_n(0) \end{bmatrix} = \begin{bmatrix} a_{n-1} & a_{n-2} & \cdots & a_1 & 1 \\ a_{n-2} & a_{n-3} & \cdots & 1 & 0 \\ a_{n-3} & a_{n-4} & \cdots & 0 & 0 \\ \vdots & \vdots & & \vdots & \vdots \\ a_1 & 1 & \cdots & 0 & 0 \\ 1 & 0 & \cdots & 0 & 0 \end{bmatrix}_{n \times n} = \begin{bmatrix} y(0) \\ \dot{y}(0) \\ \ddot{y}(0) \\ \vdots \\ y^{(n-2)}(0) \\ y^{(n-1)}(0) \end{bmatrix}_{n \times 1} +$$

$$\begin{bmatrix} -c_{n-1} & -c_{n-2} & \cdots & -c_2 & -c_1 \\ -c_{n-2} & -c_{n-3} & \cdots & -c_1 & 0 \\ -c_{n-3} & -c_{n-4} & \cdots & 0 & 0 \\ \vdots & \vdots & & \vdots & \vdots \\ -c_1 & 0 & \cdots & 0 & 0 \\ 0 & 0 & \cdots & 0 & 0 \end{bmatrix}_{n \times (n-1)} \begin{bmatrix} u(0) \\ \dot{u}(0) \\ \ddot{u}(0) \\ \vdots \\ u^{(n-3)}(0) \\ u^{(n-2)}(0) \end{bmatrix}_{(n-1) \times 1}$$

$$(2.2.7)$$

例 2.2.1 设一物理系统为

$$\frac{\mathrm{d}^3 y}{\mathrm{d}t^3}+7\frac{\mathrm{d}^2 y}{\mathrm{d}t^2}+12\frac{\mathrm{d}y}{\mathrm{d}t}=\frac{\mathrm{d}^2 u}{\mathrm{d}t^2}+3\frac{\mathrm{d}u}{\mathrm{d}t}+2u(t)$$

$$y(0)=\dot{y}(0)=\ddot{y}(0)=1\quad u(0)=2\quad \dot{u}(0)=4$$

求其可观标准型实现并给出状态变量初值。

解　据式(2.2.6)可直接写出可观标准型实现为

$$\begin{bmatrix}\dot{x}_1\\ \dot{x}_2\\ \dot{x}_3\end{bmatrix}=\begin{bmatrix}0 & 0 & 0\\ 1 & 0 & -12\\ 0 & 1 & -7\end{bmatrix}\begin{bmatrix}x_1\\ x_2\\ x_3\end{bmatrix}+\begin{bmatrix}2\\ 3\\ 1\end{bmatrix}\boldsymbol{u}$$

其对应的状态变量初值可由式(2.2.7)求得，即

$$\begin{bmatrix}x_1(0)\\ x_2(0)\\ x_3(0)\end{bmatrix}=\begin{bmatrix}12 & 7 & 1\\ 7 & 1 & 0\\ 1 & 0 & 0\end{bmatrix}\begin{bmatrix}1\\ 1\\ 1\end{bmatrix}+\begin{bmatrix}-3 & -1\\ -1 & 0\\ 0 & 0\end{bmatrix}\begin{bmatrix}2\\ 4\end{bmatrix}=\begin{bmatrix}10\\ 6\\ 1\end{bmatrix}$$

三、对角标准型

当传递函数式(2.1.4)的特征方程

$$s^n+a_1 s^{n-1}+a_2 s^{n-2}+\cdots+a_{n-1}s+a_n=0$$

有 n 个互异特征值 $\lambda_1,\lambda_2,\cdots,\lambda_n$ 时，$G(s)$ 可展开成如下部分分式：

$$G(s)=\frac{c_1 s^{n-1}+c_2 s^{n-2}+\cdots+c_{n-1}s+c_n}{(s-\lambda_1)(s-\lambda_2)\cdots(s-\lambda_n)}=\frac{r_1}{(s-\lambda_1)}+\frac{r_2}{(s-\lambda_2)}+\cdots+\frac{r_n}{(s-\lambda_n)}\tag{2.2.8}$$

式中

$$r_i=\lim_{s\to\lambda_i}(s-\lambda_i)G(s)\quad i=1,2,\cdots,n$$

设

$$\frac{X_1(s)}{U(s)}=\frac{1}{s-\lambda_1},\cdots,\frac{X_n(s)}{U(s)}=\frac{1}{s-\lambda_n}\tag{2.2.9}$$

对式(2.2.9)进行拉氏反变换，并取 $x_1,x_2,\cdots,x_n$ 为一组状态变量，便可求得对角标准型实现，即

$$\left.\begin{aligned}\dot{\boldsymbol{x}}&=\boldsymbol{Ax}+\boldsymbol{Bu}\\ \boldsymbol{y}&=\boldsymbol{Cx}\end{aligned}\right\}\tag{2.2.10}$$

式中　$\boldsymbol{A}=\mathrm{diag}(\lambda_1,\lambda_2,\cdots,\lambda_n)$　$\boldsymbol{B}=[1\quad 1\quad \cdots\quad 1]^{\mathrm{T}}$　$\boldsymbol{C}=[r_1\quad r_2\quad \cdots\quad r_n]$

四、约旦标准型

当传递函数的特征方程有重根时，其部分分式展开比较复杂，为了简单起见，设 λ_1 为 k 重特征值，其余 $(n-k)$ 个特征值互异，则 $G(s)$ 的部分分式展开为

$$G(s)=\frac{c_1 s^{n-1}+c_2 s^{n-2}+\cdots+c_{n-1}s+c_n}{(s-\lambda_1)^k(s-\lambda_{k+1})\cdots(s-\lambda_n)}=$$

$$\frac{r_{11}}{(s-\lambda_1)^k}+\frac{r_{12}}{(s-\lambda_1)^{k-1}}+\cdots+\frac{r_{1k}}{(s-\lambda_1)}+\frac{r_{k+1}}{(s-\lambda_{k+1})}+\cdots+\frac{r_n}{(s-\lambda_n)}\tag{2.2.11}$$

式中，留数

$$r_{1i}=\frac{1}{(i-1)!}\lim_{s\to\lambda_1}\frac{\mathrm{d}^{i-1}}{\mathrm{d}s^{i-1}}[(s-\lambda_1)^k G(s)]\quad i=1,2,\cdots,k$$

$$r_j=\lim_{s\to\lambda_j}(s-\lambda_j)G(s)\quad j=k+1,k+2,\cdots,n$$

令

$$\left.\begin{aligned}
&\frac{X_1(s)}{U(s)}=\frac{1}{(s-\lambda_1)^k}\\
&\frac{X_2(s)}{U(s)}=\frac{1}{(s-\lambda_1)^{k-1}}\\
&\quad\vdots\\
&\frac{X_k(s)}{U(s)}=\frac{1}{s-\lambda_1}\\
&\frac{X_j(s)}{U(s)}=\frac{1}{s-\lambda_j}\\
&j=k+1,k+2,\cdots,n
\end{aligned}\right\}\tag{2.2.12}$$

取 $x_1,x_2,\cdots,x_n$ 为一组状态变量，便可求得约旦标准型实现，即

$$\left.\begin{aligned}\dot{\boldsymbol{x}}&=\boldsymbol{Ax}+\boldsymbol{Bu}\\ \boldsymbol{y}&=\boldsymbol{Cx}\end{aligned}\right\}\tag{2.2.13}$$

式中

$$\boldsymbol{A}=\begin{bmatrix}\lambda_1 & 1 & & & & & 0\\ & \lambda_1 & 1 & & & & \\ & & \ddots & \ddots & & & \\ & & & \ddots & 1 & & \\ & & & & \lambda_1 & & \\ & & & & & \lambda_{k+1} & \\ & & & & & & \ddots \\ & 0 & & & & & \lambda_n\end{bmatrix}\text{第 } k \text{ 行}$$

$\boldsymbol{B}=[0\quad\cdots\quad 0\quad 1\quad 1\quad\cdots\quad 1]^{\mathrm{T}}\quad \boldsymbol{C}=[r_{11}\quad r_{12}\quad\cdots\quad r_{1k}\quad r_{k+1}\quad\cdots\quad r_n]$

例 2.2.2 设 $G(s)=\dfrac{4s^2+17s+16}{s^3+7s^2+16s+12}$，求其约旦标准型实现。

解 将 $G(s)$ 按分母因式展开成部分分式，由式(2.2.2)得

$$G(s)=\frac{r_{11}}{(s+2)^2}+\frac{r_{12}}{s+2}+\frac{r_{13}}{s+3}$$

$$r_{11}=\lim_{s\to-2}(s+2)^2G(s)=\lim_{s\to-2}\frac{4s^2+17s+16}{s+3}=-2$$

$$r_{12}=\lim_{s\to-2}\frac{\mathrm{d}}{\mathrm{d}s}[(s+2)^2G(s)]=\lim_{s\to-2}\frac{\mathrm{d}}{\mathrm{d}s}\left[4s+5+\frac{1}{s+3}\right]=3$$

$$r_{13}=\lim_{s\to-2}(s+3)G(s)=1$$

由式(2.2.13)可得

$$\begin{bmatrix}\dot{x}_1\\ \dot{x}_2\\ \dot{x}_3\end{bmatrix}=\begin{bmatrix}-2 & 1 & 0\\ 0 & -2 & 0\\ 0 & 0 & 3\end{bmatrix}\begin{bmatrix}x_1\\ x_2\\ x_3\end{bmatrix}+\begin{bmatrix}0\\ 1\\ 1\end{bmatrix}\boldsymbol{u}$$

$$y=\begin{bmatrix}-2 & 3 & 1\end{bmatrix}\begin{bmatrix}x_1\\x_2\\x_3\end{bmatrix}$$

由上述可见，对于同一个系统，实现不是唯一的。因此在进行数字仿真研究时，可以根据具体情况选择适当的形式。当给定初值为状态变量 $x_1(0),\cdots,x_n(0)$ 时，选用可控标准型比较方便；而当给定初值为输入和输出量的各阶导数 $u(0),\dot{u}(0),\cdots,u^{(n-2)}(0),y(0),\dot{y}(0),\cdots,y^{(n-1)}(0)$ 时，选用可观标准型比较方便。

五、MATLAB 中的模型转换指令

MATLAB 的控制工具箱提供了一个系统标准型转换函数 canon( )，该函数的调用格式为

[As,Bs,Cs,Ds,T]＝canon(sys,type)

其中 sys 为原系统模型，而返回的 As,Bs,Cs,Ds 为指定的标准型的状态方程模型，T 为变换矩阵。这里的 type 为变换类型，有两个选项：

"modal"：模型标准型为对角标准型。

"companion"：模型标准型为伴随标准型。

例如，对于例 2.2.2 的系统，采用 MATLAB 语言的指令

```
num=[4 17 16];
den=[1 7 16 12];
sys=tf(num,den);
canon(sys1,'companion')
```

可以得到

$$\boldsymbol{A}_s=\begin{bmatrix}0 & 0 & -12\\1 & 0 & -16\\0 & 1 & -7\end{bmatrix},\quad \boldsymbol{B}_s=\begin{bmatrix}1\\0\\0\end{bmatrix},\quad \boldsymbol{C}_s=\begin{bmatrix}4 & -11 & 29\end{bmatrix},\quad \boldsymbol{D}_s=0$$

2.3　从系统结构图向状态方程的转换

在系统设计过程中经常遇到的情况是，已知系统的动态结构图，并且其中某些环节的参数已知，要求确定一些环节的参数或者改变一些环节的形式（如校正网络），使系统的性能满足要求。此时若用结构图化简求出等效的闭环传递函数，再由上节方法将其转换成状态空间的形式，就显得不方便了。其主要缺点：

(1)系统经常是由许多环节组成的，并且系统中常有许多小环节，如果用传递函数仿真计算，就必须由研究人员事先将小闭环的传递函数求出，然后求出总的开环或闭环传递函数，这项工作显然是十分麻烦的。

(2)既然写出了总的传递函数，系统中某个环节或某个小闭环中的参数对系统传递函数的影响将是复杂的，这样研究参数变化对系统性能的影响是十分不方便的。

(3)若系统中含有非线性环节，利用这种方法也很难处理。

为了解决这些实际问题，就很自然地想到，能否将结构图不经化简或略作变换或直接对应写出状态空间表达式。显然，这样处理，由于输入的数据是各环节的参数，因此，要研究某些参数对系统性能的影响将是十分方便的。这一节所讨论的问题也是第 4 章面向结构图仿真技术的基础。

2.3.1 系统模拟结构图转换为状态方程

所谓模拟结构图，就是将整个系统的动态环节全部用积分环节及比例环节来表示。采用这种方法，首先要将结构图变换成模拟结构图的形式，然后根据积分环节选择状态变量，积分环节的个数便为状态方程的阶数，由各环节连接关系可方便地得到状态方程和输出方程。

现以图 2.3.1 所示系统为例来说明该方法的使用。

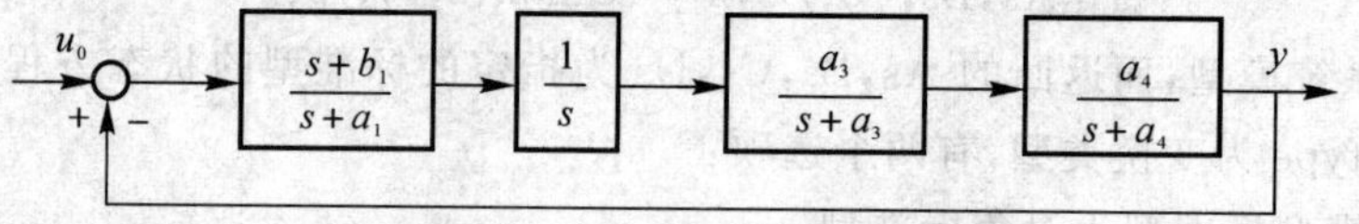

图 2.3.1 系统动态结构图

首先将图 2.3.1 系统转换为模拟结构图的图形，如图 2.3.2 所示。

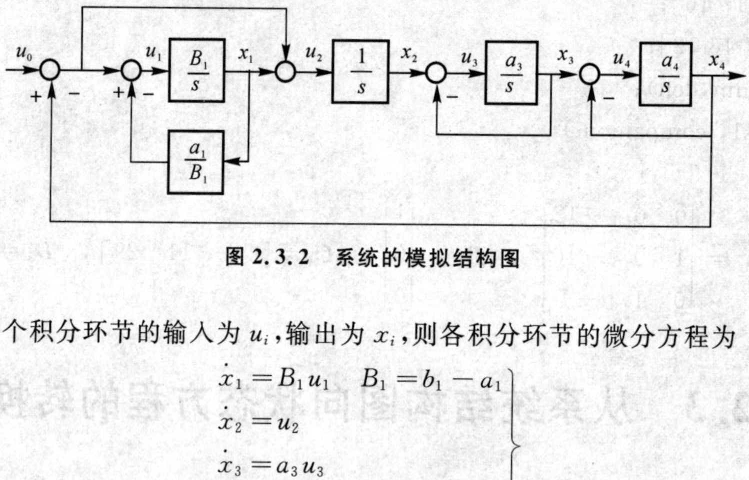

图 2.3.2 系统的模拟结构图

若选取每个积分环节的输入为 u_i，输出为 x_i，则各积分环节的微分方程为

$$\left.\begin{aligned}\dot{x}_1 &= B_1 u_1 \quad B_1 = b_1 - a_1 \\ \dot{x}_2 &= u_2 \\ \dot{x}_3 &= a_3 u_3 \\ \dot{x}_4 &= a_4 u_4\end{aligned}\right\} \tag{2.3.1}$$

$$\begin{aligned}u_1 &= -x_4 - \frac{a_1}{B_1}x_1 + u_0 \\ u_2 &= x_1 + (u_0 - x_4) \\ u_3 &= x_2 - x_3 \\ u_4 &= x_3 - x_4\end{aligned}$$

若用矩阵表示，则有

$$\left.\begin{aligned}\dot{\boldsymbol{x}} &= \boldsymbol{K}\boldsymbol{u} \\ \boldsymbol{u} &= \boldsymbol{W}\boldsymbol{x} + \boldsymbol{W}_0\boldsymbol{u}_0\end{aligned}\right\} \tag{2.3.2}$$

式中，$\boldsymbol{K}$ 是一个 4×4 维的对角方阵，即

$$\boldsymbol{K}=\mathrm{diag}(B_1,1,a_3,a_4)$$

$\boldsymbol{W}$ 及 $\boldsymbol{W}_0$ 为连接矩阵，分别为

$$\boldsymbol{W}=\begin{bmatrix}-a_1/B_1 & 0 & 0 & -1\\ 1 & 0 & 0 & -1\\ 0 & 1 & -1 & 0\\ 0 & 0 & 1 & -1\end{bmatrix}\quad \boldsymbol{W}_0=\begin{bmatrix}1\\1\\0\\0\end{bmatrix}$$

若将 $\boldsymbol{u}$ 代入 $\dot{\boldsymbol{x}}$ 中，则得

$$\dot{\boldsymbol{x}}=\boldsymbol{KWx}+\boldsymbol{KW}_0\boldsymbol{u}_0=\boldsymbol{Ax}+\boldsymbol{Bu}_0 \tag{2.3.3}$$

式中

$$\boldsymbol{A}=\boldsymbol{KW}\quad \boldsymbol{B}=\boldsymbol{KW}_0$$

式(2.3.1)是一个典型的状态方程。由图 2.3.2 可见，输出量 $y=x_4$，于是输出方程可写为

$$\boldsymbol{y}=\boldsymbol{Cx} \tag{2.3.4}$$

式中

$$\boldsymbol{C}=[0\quad 0\quad 0\quad 1]$$

在实际应用中，无须先写出式(2.3.1)，再写出式(2.3.2)，因为$\boldsymbol{K}$是一个 n 维对角方阵，对角线上元素的值即为对应积分环节的增益。连续矩阵$\boldsymbol{W}$是一个$n\times n$维方阵，每个元素 W_{ij} 表示第 j 个环节对第 i 个环节的连接系数；若无连接关系则写为零。图 2.3.2 中，$W_{11}=-a_1/B_1$，$W_{13}=W_{21}=0$，$W_{14}=-1$，这表示第二、第三个环节与第一个环节没有连接关系，而第一、第四个环节与第一个环节有连接关系。连接系数分别为 $-a_1/B_1$，-1。另外，$\boldsymbol{W}_0$ 表示输入信号与系统的连接情况，W_{0j} 表示输入信号作用在第 j 个环节上的连接系数。由于现在假定系统是单输入系统，所以 $\boldsymbol{W}_0$ 是一个列向量。图 2.3.2 所示的系统，输入信号作用在第一、第二个环节上，故 $W_{01}=1$，$W_{02}=1$，其他各元素为零。

通过上述例子，总结利用模拟结构图转换为状态方程的步骤如下：

(1) 将结构图变换成模拟结构图的形式；

(2) 确定状态变量，每个积分环节选做一个状态变量并编号；

(3) 根据模拟结构图写出积分环节增益矩阵 $\boldsymbol{K}$；

(4) 根据各环节输入与输出之间的关系写出连接矩阵 $\boldsymbol{W}$,$\boldsymbol{W}_0$；

(5) 根据式(2.3.3)、式(2.3.4) 写出状态方程。

上述方法是针对单输入单输出系统讨论的，它使用起来比较简单。其基本思想可以推广到多输入多输出系统，采用仿真矩阵的方法来实现。

2.3.2 系统动态结构图转换为状态方程

采用模拟结构图向状态方程转换的主要缺点是，当系统比较复杂时，要将系统中各个环节都用积分器及比例器代替需要一定的技巧，并且较为复杂。任何一个控制系统常常是由一些简单的元部件按一定的方式连接的，这些简单元部件的动态特性常常是可用一些典型的一阶、二阶等环节表示的，如图 2.3.1 所示，将系统的这种表示称为动态结构图。这样就存在一个如何将系统动态结构图转换为状态方程进行仿真计算的问题。这里讨论两种可能的方法。

一、由典型环节组成的结构图的变换

一般来说，控制系统常常是由下述典型环节组成的。

· 积分环节：$\dfrac{K}{s}$；

· 一阶超前-滞后环节：$K\dfrac{T_1s+1}{T_2s+1}$；

· 比例加积分环节：$K_1+\dfrac{K_2}{s}$；

· 二阶振荡环节：$\dfrac{K}{Ts^2+2\xi Ts+1}$；

· 惯性环节：$\dfrac{K}{Ts+1}$。

为了减少典型环节的数目和计算机输入格式的标准化，常常用一阶超前-滞后环节，即

$$\frac{X_i(s)}{U_i(s)}=G_i(s)=\frac{C_i+D_is}{A_i+B_is} \tag{2.3.5}$$

作为唯一的典型环节，通过选择不同的 C_i,D_i,A_i 及 B_i 来形成各种一阶环节；而二阶环节可以用两个这种环节加一个负反馈来实现。

下面来确定式(2.3.5)这种典型环节的系统状态方程。根据式(2.3.5)，有

$$(A_i+B_is)X_i(s)=(C_i+D_is)U_i(s)$$

式中，$i=1,2,\cdots,n$。将上式写成矩阵形式，则得

$$(\boldsymbol{A}+\boldsymbol{B}s)X(s)=(\boldsymbol{C}+\boldsymbol{D}s)\boldsymbol{U}(s) \tag{2.3.6}$$

式中，$\boldsymbol{A},\boldsymbol{B},\boldsymbol{C},\boldsymbol{D}$ 均为对角矩阵，且

$$\boldsymbol{A}=\mathrm{diag}(A_1,A_2,\cdots,A_n) \quad \boldsymbol{B}=\mathrm{diag}(B_1,B_2,\cdots,B_n)$$
$$\boldsymbol{C}=\mathrm{diag}(C_1,C_2,\cdots,C_n) \quad \boldsymbol{D}=\mathrm{diag}(D_1,D_2,\cdots,D_n)$$

如果各典型环节的连接方式仍由式(2.3.2)表示，则将该式代入式(2.3.6)，可得

$$(\boldsymbol{A}+\boldsymbol{B}s)\boldsymbol{X}(s)=(\boldsymbol{C}+\boldsymbol{D}s)(\boldsymbol{WX}+\boldsymbol{W}_0\boldsymbol{U}_0)$$

稍加整理，上式变为

$$\boldsymbol{Q}(s\boldsymbol{X}(s))=\boldsymbol{RX}(s)+\boldsymbol{V}_1\boldsymbol{U}_0+\boldsymbol{V}_2s\boldsymbol{U}_0 \tag{2.3.7}$$

式中

$$\left.\begin{aligned}\boldsymbol{Q}&=\boldsymbol{B}-\boldsymbol{DW}\\ \boldsymbol{R}&=\boldsymbol{CW}-\boldsymbol{A}\\ \boldsymbol{V}_1&=\boldsymbol{CW}_0\\ \boldsymbol{V}_2&=\boldsymbol{DW}_0\end{aligned}\right\} \tag{2.3.8}$$

如果 $\boldsymbol{Q}$ 矩阵有逆矩阵存在，对式(2.3.7)两边左乘 $\boldsymbol{Q}^{-1}$，并作拉氏变换，则得

$$\dot{\boldsymbol{x}}(t)=\boldsymbol{Q}^{-1}\boldsymbol{Rx}(t)+\boldsymbol{Q}^{-1}\boldsymbol{V}_1\boldsymbol{u}_0(t)+\boldsymbol{Q}^{-1}\boldsymbol{V}_2\dot{\boldsymbol{u}}_0(t) \tag{2.3.9}$$

这便是转换所得的状态方程组。

由式(2.3.9)可知，这个方程右端两项与所加作用函数有关，一项为 $\boldsymbol{Q}^{-1}\boldsymbol{V}_1\boldsymbol{u}_0(t)$，另一项为 $\boldsymbol{Q}^{-1}\boldsymbol{V}_2\dot{\boldsymbol{u}}_0(t)$。这表明为了计算右端函数，不仅要知道外加作用函数 $\boldsymbol{u}_0(t)$ 本身，还要知道它的导函数 $\dot{\boldsymbol{u}}_0(t)$。显然，若外加函数为阶跃函数，那么必须限制外加作用函数的那个环节，使其 $D_i=0$，即该环节不能有微分作用。

另外，若系统中有纯微分环节或纯比例环节时，就有可能发生 $\boldsymbol{Q}^{-1}$ 不存在的问题，因此系统中尽量不要采用纯微分环节或纯比例环节作为一个独立的环节。这样可以避免 $\boldsymbol{Q}^{-1}$ 不存在

的情况。

以图 2.3.1 所示系统动态结构图为例，采用式(2.3.5)，写出其状态方程。首先确定状态变量与输入量编号，如图 2.3.3 所示。

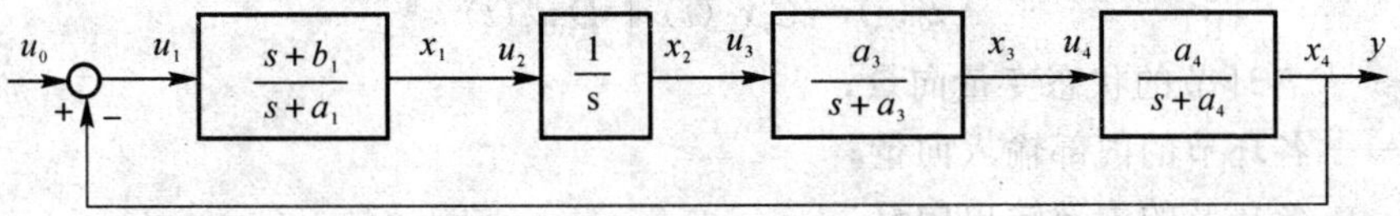

图 2.3.3　系统动态结构图

然后写出 $\boldsymbol{A},\boldsymbol{B},\boldsymbol{C},\boldsymbol{D}$ 矩阵如下：

$$\boldsymbol{A}=\text{diag}(a_1,0,a_3,a_4)\quad \boldsymbol{B}=\boldsymbol{I}_4\quad \boldsymbol{C}=\text{diag}(b_1,1,a_3,a_4)\quad \boldsymbol{D}=\text{diag}(1,0,0,0)$$

根据图 2.3.3 写出连接矩阵 $\boldsymbol{W},\boldsymbol{W}_0$ 分别为

$$\boldsymbol{W}=\begin{bmatrix}0&0&0&-1\\1&0&0&0\\0&1&0&0\\0&0&1&0\end{bmatrix}\quad \boldsymbol{W}_0=\begin{bmatrix}1\\0\\0\\0\end{bmatrix}$$

根据式(2.3.8) 计算 $\boldsymbol{Q},\boldsymbol{R},\boldsymbol{V}_1,\boldsymbol{V}_2$ 得

$$\boldsymbol{Q}=\begin{bmatrix}1&0&0&1\\0&1&0&0\\0&0&1&0\\0&0&0&1\end{bmatrix}\quad \boldsymbol{R}=\begin{bmatrix}-a_1&0&0&-b_1\\1&0&0&0\\0&a_3&-a_3&0\\0&0&a_4&-a_4\end{bmatrix}\quad \boldsymbol{V}_1=\begin{bmatrix}b_1\\0\\0\\0\end{bmatrix}\quad \boldsymbol{V}_2=\begin{bmatrix}1\\0\\0\\0\end{bmatrix}$$

$$\dot{\boldsymbol{x}}(t)=\boldsymbol{Q}^{-1}\boldsymbol{R}\boldsymbol{x}(t)+\boldsymbol{Q}^{-1}\boldsymbol{V}_1\boldsymbol{u}_0(t)+\boldsymbol{Q}^{-1}\boldsymbol{V}_2\dot{\boldsymbol{u}}_0(t)$$

$$\dot{\boldsymbol{x}}=\begin{bmatrix}-a_1&0&-a_4&a_4-b_1\\1&0&0&0\\0&a_3&-a_3&0\\0&0&a_4&-a_4\end{bmatrix}\boldsymbol{x}(t)+\begin{bmatrix}b_1\\0\\0\\0\end{bmatrix}\boldsymbol{u}_0(t)+\begin{bmatrix}1\\0\\0\\0\end{bmatrix}\boldsymbol{u}(t)$$

上式就是本例转换所得的状态方程。

二、一般动态结构图的转换

很多系统常常并不是用上述典型环节来表示的，而是如图 2.3.4 所示，各个环节的传递函数是以任意阶次的传递函数给出的。对这种一般的结构图，若它转换成系统状态方程又如何处理呢？一种最基本的方法就是，首先将这种一般的动态结构图转换成模拟结构图(这种转换可以用计算机程序自动完成)，然后利用模拟结构图转换为状态方程。基于这种思路，可以采用下述步骤处理。

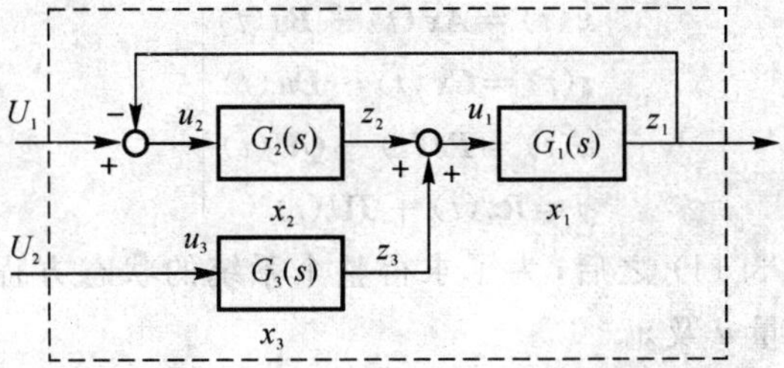

图 2.3.4　一般系统的动态结构图

(1) 首先,将给定的系统各动态环节的传递函数,利用前述方法转换成状态方程,分别求出各环节的状态方程及输出方程。

$$\dot{\boldsymbol{x}}_i(t) = A_i\boldsymbol{x}_i(t) + B_i\boldsymbol{u}_i(t)$$
$$\boldsymbol{z}_i(t) = C_i\boldsymbol{x}_i(t) + D_i\boldsymbol{u}_i(t)$$

式中 $\boldsymbol{x}_i$—— 各环节的状态变量向量;

$\boldsymbol{u}_i$—— 各环节的内部输入向量;

$\boldsymbol{z}_i$—— 各环节的内部输出向量。

(2) 依据给定的顺序及所求得的 A_i, B_i, C_i, D_i 形成系统的状态方程及内部输出方程组。

$$\dot{\boldsymbol{x}}(t) = \boldsymbol{A}\boldsymbol{x}(t) + \boldsymbol{B}\boldsymbol{u}(t) \tag{2.3.10}$$
$$\boldsymbol{z}(t) = \boldsymbol{C}\boldsymbol{x}(t) + \boldsymbol{D}\boldsymbol{u}(t) \tag{2.3.11}$$

式中

$$\boldsymbol{x} = [x_1 \quad x_2 \quad \cdots \quad x_n]^{\mathrm{T}}$$
$$\boldsymbol{u} = [u_1 \quad u_2 \quad \cdots \quad u_n]^{\mathrm{T}}$$
$$\boldsymbol{z} = [z_1 \quad z_2 \quad \cdots \quad z_n]^{\mathrm{T}}$$

$\boldsymbol{A}, \boldsymbol{B}, \boldsymbol{C}, \boldsymbol{D}$ 均为对角矩阵,即

$$\boldsymbol{A} = \mathrm{diag}(A_1, A_2, \cdots, A_n) \quad \boldsymbol{B} = \mathrm{diag}(B_1, B_2, \cdots, B_n)$$
$$\boldsymbol{C} = \mathrm{diag}(C_1, C_2, \cdots, C_n) \quad \boldsymbol{D} = \mathrm{diag}(D_1, D_2, \cdots, D_n)$$

n 为系统动态环节的数目。

(3) 依据动态结构图各环节的连接关系以及各环节与外部输入信号的关系,组成各个环节的内部输入方程。

$$\boldsymbol{u}_i(t) = \boldsymbol{Q}_i\boldsymbol{U}_i(t) + \boldsymbol{P}_i\boldsymbol{z}(t)$$

式中 $\boldsymbol{U}_i$—— 系统的第 i 个外部输入;

$\boldsymbol{Q}_i$—— 第 i 个环节输入向量与外部输入向量之间的关系矩阵;

$\boldsymbol{P}_i$—— 第 i 个环节输入向量与其他各环节输出向量的关系矩阵。

整个系统的内部输入方程可以写成为

$$\boldsymbol{u}(t) = \boldsymbol{Q}\boldsymbol{U}(t) + \boldsymbol{P}\boldsymbol{z}(t) \tag{2.3.12}$$

式中

$$\boldsymbol{U} = [U_1 \quad U_2 \quad \cdots \quad U_n]^{\mathrm{T}} \quad \boldsymbol{Q} = [Q_1 \quad Q_2 \quad \cdots \quad Q_n]^{\mathrm{T}} \quad \boldsymbol{P} = [P_1 \quad P_2 \quad \cdots \quad P_n]^{\mathrm{T}}$$

(4) 根据动态结构图给定的关系,写出整个系统的输出响应方程,这里用 $\boldsymbol{y}$ 表示为

$$\boldsymbol{y} = \boldsymbol{R}\boldsymbol{z}(t) + \boldsymbol{T}\boldsymbol{U}(t) \tag{2.3.13}$$

式中 $\boldsymbol{R}$—— 系统响应输出与各环节响应输出之间的关系矩阵;

$\boldsymbol{T}$—— 系统响应输出与外部输入之间的关系矩阵。

(5) 依据上述各步所得的方程式(2.3.10) ~ 式(2.3.13) 可以组成下述矩阵方程:

$$\left.\begin{aligned}
\dot{\boldsymbol{x}}(t) &= \boldsymbol{A}\boldsymbol{x}(t) + \boldsymbol{B}\boldsymbol{u}(t) \\
\boldsymbol{z}(t) &= \boldsymbol{C}\boldsymbol{x}(t) + \boldsymbol{D}\boldsymbol{u}(t) \\
\boldsymbol{u}(t) &= \boldsymbol{P}\boldsymbol{z}(t) + \boldsymbol{Q}\boldsymbol{U}(t) \\
\boldsymbol{y} &= \boldsymbol{R}\boldsymbol{z}(t) + \boldsymbol{T}\boldsymbol{U}(t)
\end{aligned}\right\} \tag{2.3.14}$$

在获得了方程式(2.3.14) 之后,为了求得整个系统的状态方程及输出方程,需要从式(2.3.14) 中消去中间变量 $\boldsymbol{u}$ 及 $\boldsymbol{z}$。

为了具体说明上述过程，针对图 2.3.4 所示系统再做些具体计算。假定系统各个动态环节的传递函数分别为

$$G_1(s)=\frac{1}{0.008s+1}=\frac{125}{s+125}$$

$$G_2(s)=\frac{0.037s+1}{0.0125s+1}=2.96-\frac{156.8}{s+80}$$

$$G_3(s)=\frac{0.001\,35s^2+0.011\,63s+1}{0.001\,417s^2+0.142\,9s+1}=0.952\,7-\frac{87.87s-33.38}{s^2+100.85s+705.72}$$

为求得整个系统的状态方程，第一步应将上述传递函数转化为状态方程，利用可控标准型写出各动态环节的状态方程及输出方程为

$$\dot{x}_1(t)=-125x_1(t)+u_1(t)$$

$$z_1(t)=125x_1(t)$$

$$\dot{x}_2(t)=-80x_2(t)+u_2(t)$$

$$z_2(t)=-156.8x_2(t)+2.96u_2(t)$$

$$\dot{x}_3(t)=\begin{bmatrix}0 & 1\\ -705.72 & -100.85\end{bmatrix}x_3(t)+\begin{bmatrix}0\\1\end{bmatrix}u_1(t)$$

$$z_3(t)=[33.38\quad -87.87]\,x_3(t)+0.952\,7u_1(t)$$

对该系统

$$\boldsymbol{A}=\begin{bmatrix}-125 & 0 & 0 & 0\\ 0 & -80 & 0 & 1\\ 0 & 0 & 0 & 1\\ 0 & 0 & -705.72 & -100.85\end{bmatrix}\quad \boldsymbol{B}=\begin{bmatrix}1 & 0 & 0\\ 0 & 1 & 0\\ 0 & 0 & 0\\ 0 & 0 & 1\end{bmatrix}$$

$$\boldsymbol{C}=\begin{bmatrix}80 & 0 & 0 & 0\\ 0 & -156.8 & 0 & 0\\ 0 & 0 & 33.38 & -87.87\end{bmatrix}\quad \boldsymbol{D}=\begin{bmatrix}0 & 0 & 0\\ 0 & 2.96 & 0\\ 0 & 0 & 0.952\,7\end{bmatrix}$$

根据给定的结构图可以求得下述各个环节的输入方程：

$$u_1=z_2(t)+z_3(t)$$

$$u_2=U_1(t)-z_1(t)$$

$$u_3=U_2(t)$$

或写成矩阵形式

$$\boldsymbol{u}(t)=\boldsymbol{Pz}+\boldsymbol{Qu}$$

式中

$$\boldsymbol{P}=\begin{bmatrix}0 & 1 & 1\\ -1 & 0 & 0\\ 0 & 0 & 0\end{bmatrix}\quad \boldsymbol{Q}=\begin{bmatrix}0 & 0\\ 1 & 0\\ 0 & 1\end{bmatrix}$$

该系统给定的外部输出响应为

$$y=z_1(t)$$

写出矩阵形式为

$$\boldsymbol{y}=\boldsymbol{Rz}+\boldsymbol{TU}$$

式中 $\boldsymbol{R}=[1\quad 0\quad 0]\quad \boldsymbol{T}=[0\quad 0]$

最后，将上述 $\boldsymbol{A},\boldsymbol{B},\boldsymbol{C},\boldsymbol{D},\boldsymbol{P},\boldsymbol{Q},\boldsymbol{R},\boldsymbol{T}$ 代入式(2.3.14)，消去中间变量 $\boldsymbol{u}$ 及 $\boldsymbol{z}$，便组成所要求的状态方程。

2.3.3 利用MATLAB语言对控制系统的结构图进行描述和转换

一般情况下，已知控制系统都是由简单系统通过一定的连接方式组合而成的，MATLAB语言提供了丰富的指令来计算由子系统组合而成的复杂系统的结构图。最常见的简单组合方式是系统串联、系统并联和负反馈系统。

设分别有子系统 sys1 和 sys2，则它们的简单连接计算为：

串联连接：sys=series(sys1,sys2)，或 sys=sys1 * sys2。

并联连接：sys=parallel(sys1,sys2)，或 sys=sys1+sys2。

负反馈连接：sys=feedback(sys1,sys2)，其中 sys2 为反馈环节系统。如果是正反馈，则可以采用指令 sys=feedback(sys1,sys2,+1)。

如果一个系统如图2.3.4所示，则为了对之进行整体处理，可以使用MATLAB语言中的指令 append( )和 connect( )来处理。

设系统共有 M 个子系统 sys1,sys2,…,sysM，首先使用指令

```
sys = append(sys1,sys2,…,sysM)
```

形成一个具有 M 个对角块的、非最后形式的系统 sys。其次使用指令

```
sysc = connect(sys,Q,input,output)
```

将各子系统进行连接，计算出最终的系统 sysc。指令中的可选参量 Q,input 和 output 含义如下：

- 矩阵 Q：矩阵 Q 表示了结构图各子系统的相互连接，每个子系统的每个输入对应该矩阵的一行。每行的第一个元素是该输入的标号，其他元素是同该输入端相联的各子系统输出端标号。例如输入端 7 是由输出 2,6 和 15 相加得到的，其中输出端 15 是负的，则相应的行为 [7　2　−15　6]。为了矩阵 Q 的整齐，参数少的行后补充 0。
- 系统的输入 input：input 为一向量，其元素是作为全系统外部输入的输入端标号。
- 系统的输入 output：output 为一向量，其元素是作为全系统外部输出的输出端标号。

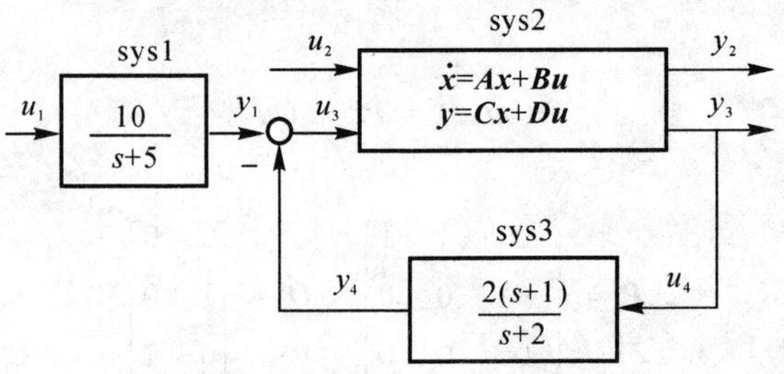

图 2.3.5　系统动态结构图

例 2.3.1　考虑图2.3.5所示系统。子系统 2 的状态空间模型参数矩阵为

$\boldsymbol{A}=[-9.0201\quad 17.7791\quad -1.6943\quad 3.2138]$

$\boldsymbol{B}=[-0.5112\quad 0.5362\quad -0.002\quad -1.8470]$

$\boldsymbol{C}=[-3.2897\quad 2.4544\quad -13.5009\quad 18.0745]$

$\boldsymbol{D}=[-0.5476\quad -0.1410\quad -0.6459\quad 0.2958]$

解　首先按图 2.3.5 所示标出各子系统的输入和输出端口的标号。写出使用指令 connect 所需要的连接矩阵 $\boldsymbol{Q}$,input 和 output 为

$$\boldsymbol{Q}=[3\quad 1\quad -4\quad 4\quad 3\quad 0]$$
$$\text{input}=[1\quad 2]$$
$$\text{output}=[2\quad 3]$$

然后编写以下 MATLAB 指令：

```
A = [ -9.0201 17.7791;-1.6943 3.2138 ];
B = [ -0.5112 0.5362;-0.002 -1.8470];
C = [ -3.2897 2.4544;-13.5009 18.0745];
D = [-0.5476 -0.1410;-0.6459 0.2958 ];
sys1 = tf(10,[1 5],'inputname','uc');
sys2 = ss(A,B,C,D,'inputname',{'u1' 'u2'},'outputname',{'y1' 'y2'});
sys3 = zpk(-1,-2,2);
sys = append(sys1,sys2,sys3);
Q = [3 1 -4;4 3 0];
input = [1 2];
output = [2 3];
sysc = connect(sys,Q,input,output)
```

运行可以得到：

a =

	x1	x2	x3	x4
x1	−5	0	0	0
x2	0.842 2	0.076 64	5.601	0.4764
x3	−2.901	−33.03	45.16	−1.641
x4	0.6571	−12	16.06	−1.628

b =

	u1	u2
x1	4	0
x2	0	−0.076
x3	0	−1.501
x4	0	−0.5739

c =

	x1	x2	x3	x4
y2	−0.2215	−5.682	5.657	−0.1253
y3	0.4646	−8.483	11.36	0.2628

```
d =
          u1          u2
   y2     0           -0.662
   y3     0           -0.4058
Continuous - time model.
```

2.4 连续系统的离散化方程

在上面几节的讨论中，介绍了连续系统的 3 种表示形式：微分方程、传递函数及状态空间表达式。在这 3 种形式中，微分方程形式与传递函数形式之间比较容易相互转换；而状态方程是一阶微分方程组形式，在后面章节介绍中可以知道，它是一种很适合仿真的数学模型。在前两节中讨论了由传递函数向状态方程的转换和由结构图向状态方程的转换。此外，还有一种更适合进行系统仿真的数学模型的形式，它就是差分方程的形式。本节介绍如何由状态方程或传递函数向差分方程转换。

2.4.1 状态方程的离散化

假设连续系统的状态方程为

$$\dot{\boldsymbol{x}} = \boldsymbol{A}\boldsymbol{x} + \boldsymbol{B}\boldsymbol{u} \tag{2.4.1}$$

现在人为地在系统的输入及输出端加上采样开关，同时为了使输入信号复原为原来的信号，在输入端还要加一个保持器，如图 2.4.1 所示。现假定它为零阶保持器，即假定输入向量的所有分量在任意两个依次相连的采样瞬时为常值，比如，对第 n 个采样周期 $u(t) = u(nT)$，其中 T 为采样间隔。

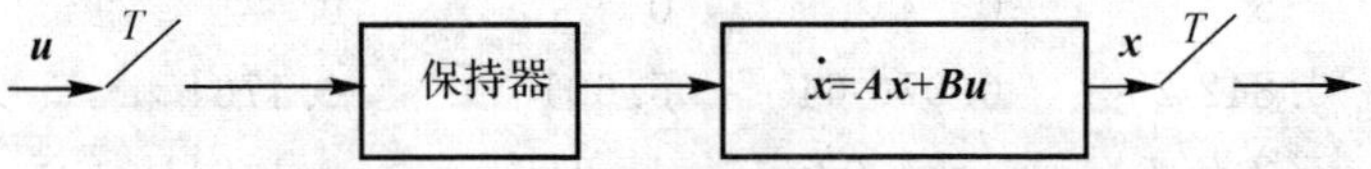

图 2.4.1 采样控制系统结构图

由采样定理可知，当频率 ω_s 和信号最大频率 $\omega_{\max}$ 满足 $\omega_s \geqslant 2\omega_{\max}$ 的条件时，可由采样后的信号唯一地确定原始信号。把采样后的离散信号通过一个低通滤波器，即可实现信号的重构。如果滤波器的频谱特性是理想的矩形，则可不失真地重现原信号。但是这种理想的滤波器实际上是不存在的。常用的滤波器是零阶保持器和一阶保持器，它们具有与理想滤波器近似的特性。

因此研究式(2.4.1)的系统，在一定的条件下可以等效地研究图 2.4.1 所示的系统。值得注意的是，图 2.4.1 所示的采样器和保持器实际上是不存在的，是为了将式(2.4.1)离散化而虚构的。

下面对式(2.4.1)进行求解，对式(2.4.1)两边进行拉普拉斯变换，得

$$s\boldsymbol{X}(s) - \boldsymbol{X}(0) = \boldsymbol{A}\boldsymbol{X}(s) + \boldsymbol{B}\boldsymbol{U}(s)$$

即

$$(s\boldsymbol{I} - \boldsymbol{A})\boldsymbol{X}(s) = \boldsymbol{X}(0) + \boldsymbol{B}\boldsymbol{U}(s)$$

以 $(s\boldsymbol{I}-\boldsymbol{A})^{-1}$ 左乘上式的两边可得

$$\boldsymbol{X}(s)=(s\boldsymbol{I}-\boldsymbol{A})^{-1}\boldsymbol{X}(0)+(s\boldsymbol{I}-\boldsymbol{A})^{-1}\boldsymbol{BU}(s) \tag{2.4.2}$$

考虑到 $L^{-1}[(s\boldsymbol{I}-\boldsymbol{A})^{-1}]=\mathrm{e}^{\boldsymbol{A}t}$，故对式(2.4.2)反变换可得

$$\boldsymbol{x}(t)=\mathrm{e}^{\boldsymbol{A}t}\boldsymbol{x}(0)+\int_0^t \mathrm{e}^{\boldsymbol{A}(t-\tau)}\boldsymbol{Bu}(\tau)\mathrm{d}\tau \tag{2.4.3}$$

式(2.4.3)就是式(2.4.1)的解，下面由此出发推导系统离散化后的解。对 n 及 $n+1$ 两个依次相连的采样瞬间，有

$$\boldsymbol{x}(nT)=\mathrm{e}^{\boldsymbol{A}nT}\boldsymbol{x}(0)+\int_0^{nT} \mathrm{e}^{\boldsymbol{A}(nT-\tau)}\boldsymbol{Bu}(\tau)\mathrm{d}\tau \tag{2.4.4}$$

$$\boldsymbol{x}[(n+1)T]=\mathrm{e}^{\boldsymbol{A}(n+1)T}\boldsymbol{x}(0)+\int_0^{(n+1)T} \mathrm{e}^{[\boldsymbol{A}(n+1)T-\tau]}\boldsymbol{Bu}(\tau)\mathrm{d}\tau \tag{2.4.5}$$

用式(2.4.5)减去式(2.4.4)与 $\mathrm{e}^{\boldsymbol{A}T}$ 之积后得

$$\boldsymbol{x}[(n+1)T]=\mathrm{e}^{\boldsymbol{A}T}\boldsymbol{x}(nT)+\int_{nT}^{(n+1)T} \mathrm{e}^{[\boldsymbol{A}(n+1)T-\tau]}\boldsymbol{Bu}(\tau)\mathrm{d}\tau \tag{2.4.6}$$

将式(2.4.6)右边积分进行变量代换，即令 $\tau=nT+1$，则得

$$\boldsymbol{x}[(n+1)T]=\mathrm{e}^{\boldsymbol{A}T}x(nT)+\int_0^{T} \mathrm{e}^{\boldsymbol{A}(T-t)}\boldsymbol{Bu}(nT+t)\mathrm{d}t \tag{2.4.7}$$

式(2.4.7)的求解困难是方程右边的卷积积分，但考虑到式(2.4.1)经虚拟采样器和保持器后等效于图 2.4.1 所示的系统，若采用零阶保持器，由图 2.4.1 可知，在两个采样点之间输入量可看作常数，即令 $\boldsymbol{u}(nT+t)=\boldsymbol{u}(nT)$，这样式(2.4.7)可写为

$$\boldsymbol{x}[(n+1)T]=\mathrm{e}^{\boldsymbol{A}T}\boldsymbol{x}(nT)+\left[\int_0^{T} \mathrm{e}^{\boldsymbol{A}(T-t)}\boldsymbol{B}\mathrm{d}t\right]\boldsymbol{u}(nT)=\boldsymbol{\phi}(T)\boldsymbol{x}(nT)+\boldsymbol{\phi}_m(T)\boldsymbol{u}(nT) \tag{2.4.8}$$

式中

$$\boldsymbol{\phi}(T)=\mathrm{e}^{\boldsymbol{A}T}$$

$$\boldsymbol{\phi}_m(T)=\int_0^{T} \mathrm{e}^{\boldsymbol{A}(T-t)}\boldsymbol{B}\mathrm{d}t$$

如果图 2.4.1 所示系统采用一阶保持器，则在两个采样点之间输入量可表示为

$$\boldsymbol{u}(nT+t)=\boldsymbol{u}(nT)+\frac{\boldsymbol{u}(nT)-\boldsymbol{u}[(n-1)T]}{T}$$

这样式(2.4.7)可写为

$$\boldsymbol{x}[(n+1)T]=\mathrm{e}^{\boldsymbol{A}T}\boldsymbol{x}(nT)+\left[\int_0^{T} \mathrm{e}^{\boldsymbol{A}(T-t)}\boldsymbol{B}\mathrm{d}t\right]\boldsymbol{u}(nT)+\left[\int_0^{T} t\mathrm{e}^{\boldsymbol{A}(T-t)}\boldsymbol{B}\mathrm{d}t\right]\dot{\boldsymbol{u}}(nT)=$$
$$\boldsymbol{\phi}(T)\boldsymbol{x}(nT)+\boldsymbol{\phi}_m(T)\boldsymbol{u}(nT)+\hat{\boldsymbol{\phi}}_m(T)\dot{\boldsymbol{u}}(nT) \tag{2.4.9}$$

式中，$\boldsymbol{\phi}(T)$，$\boldsymbol{\phi}_m(T)$ 同式(2.4.8)。

$$\hat{\boldsymbol{\phi}}_m(T)=\int_0^{T} t\mathrm{e}^{\boldsymbol{A}(T-t)}\boldsymbol{B}\mathrm{d}t$$

$\boldsymbol{\phi}(T)$，$\boldsymbol{\phi}_m(T)$，$\hat{\boldsymbol{\phi}}_m(T)$ 统称为系统的离散系数矩阵。式(2.4.8)或式(2.4.9)便是所要求转换成的差分方程。

2.4.2　传递函数的离散化

研究离散系统除用状态空间离散化方法，人们还常常采用古典的 Z 变换法。因此对连续

系统进行数字仿真也可以先在系统中加入虚拟的采样器和保持器，如图 2.4.2 所示，然后利用 Z 变换的方法求出系统的脉冲传递函数，再从脉冲传递函数求出系统的差分方程。

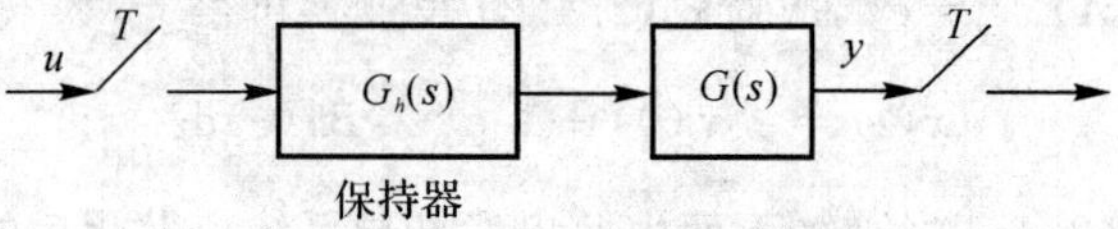

图 2.4.2　连续系统的离散化

比较图 2.4.2 与图 2.4.1 两者之间的差别，仅在于一个被离散化的对象是传递函数的形式，另一个是状态方程形式。状态方程离散化是在时域中进行的，它是在式(2.4.7) 到式(2.4.8) 的推导中考虑到了图 2.4.1 所示系统经采样保持后的特点而导出的。但这里采用的离散化方法却有所不同，它是对图 2.4.2 利用 Z 变换的方法来求出对应于 $G(s)$ 的差分方程。但有一点值得强调的是，图 2.4.2 中所示的采样器和保持器仍是虚构的。为保证离散化后的系统能等效于连续域中的系统特性，虚拟的采样频率仍要满足采样定理，且保持器的选择也要满足接近理想滤波器的要求。

下面来确定加了虚拟采样器及保持器后的脉冲传递函数 $G(z)$。根据图 2.4.2，有

$$G(z)=\frac{Y(z)}{U(z)}=Z[G_h(s)G(s)] \tag{2.4.10}$$

式中，$G_h(s)$ 为保持器的传递函数。若选择不同的保持器，则可得不同的 $G(z)$，见表 2.4.1。

表 2.4.1　不同保持器的 $G(z)$

保持器的传递函数 $G_h(s)$	脉冲传递函数 $G(z)$
零阶：$\frac{1-e^{-Ts}}{s}$	$\frac{z-1}{z}Z\left[\frac{G(s)}{s}\right]$
一阶：$\frac{1+Ts}{T}\left(\frac{1-e^{-Ts}}{s}\right)^2$	$\left(\frac{z-1}{z}\right)^2 Z\left[\frac{G(s)(1+Ts)}{Ts^2}\right]$
三角形：$\frac{(1-e^{-Ts})^2e^{Ts}}{Ts^2}$	$\frac{(z-1)^2}{z}Z\left[\frac{G(s)}{Ts^2}\right]$

表 2.4.1 中的 $G(z)$ 要求对 $\frac{G(s)}{s}$ 或 $\frac{G(s)(1+Ts)}{Ts^2}$ 等进行 Z 变换，这样做有时不太方便，如果能对 $G(s)$ 直接进行 Z 变换就方便多了。因此，对表 2.4.1 中的各式在必要时还可以进一步加以简化，得出二次加入虚拟采样器和保持器的脉冲传递函数。

例如，当采用零阶保持器时，要对 $\frac{G(s)}{s}$ 进行 Z 变换，它相当于图 2.4.3(a) 所示的模型。

由图 2.4.3(a) 可知，这是 $G(s)$ 与 $\frac{1}{s}$ 串联，若在积分环节 $\frac{1}{s}$ 之前再加一个虚拟采样器和保持器，如图 2.4.3(b) 所示，那么就可以对 $G(s)$ 及 $\frac{1}{s}$ 分别求出脉冲传递函数，然后相乘，即

$$Z\left[\frac{G(s)}{s}\right]=Z[G(s)]Z\left[\frac{1-e^{-Ts}}{s}\ \frac{1}{s}\right]=\frac{T}{z-1}Z[G(s)]$$

因此加二次虚拟采样器、零阶保持器后的脉冲传递函数为

$$G(z)\approx\frac{T}{z}Z[G(s)] \tag{2.4.11}$$

从上述可看出，虚拟采样器和保持器可以不止一次地使用。在必要的地方加入，可为求脉冲传递函数带来方便。但须注意，由于保持器并非理想，所以每加一次采样器和保持器都会带来误差。因此，式(2.4.11)较之表2.4.1中的式子误差要大些，所以要尽量减少虚拟采样器和保持器的使用。

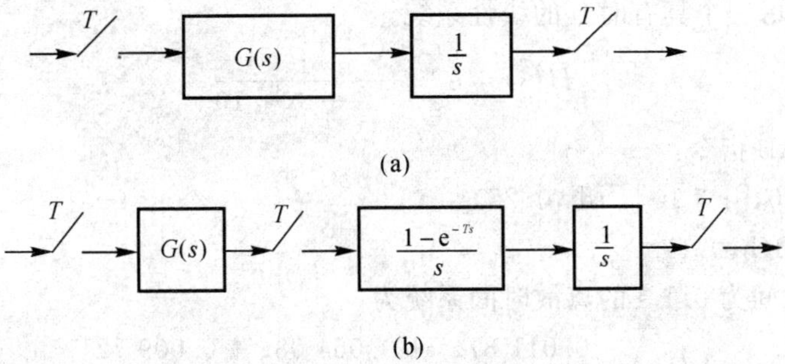

图 2.4.3　加二次虚拟采样器的离散化

下面举例说明其使用方法。若

$$G(s)=\frac{K}{s+a}$$

则根据表 2.4.1，当加零阶保持器时，可得

$$G(z)=\frac{z-1}{z}Z\left[\frac{K}{s(s+a)}\right]=\frac{K(1-\mathrm{e}^{-aT})}{a(z-\mathrm{e}^{-aT})}$$

所以得差分方程为

$$y_n=\mathrm{e}^{-aT}y_{n-1}+\frac{K}{a}(1-\mathrm{e}^{-aT})u_{n-1} \tag{2.4.12}$$

也可根据式(2.4.11)来求 $G(z)$：

$$G(z)=\frac{T}{z}Z[G(s)]=\frac{T}{z}\,\frac{Kz}{z-\mathrm{e}^{-aT}}=\frac{KT}{z-\mathrm{e}^{-aT}}$$

其对应的差分方程为

$$y_n=\mathrm{e}^{-aT}y_{n-1}+KTu_{n-1} \tag{2.4.13}$$

式(2.4.12)或式(2.4.13)是按加入一次和二次虚拟采样器及保持器时求得的差分方程。式(2.4.13)较之式(2.4.12)误差要大些。

有了上面的知识，不难将其推广应用到结构图表示的系统，求其等效的差分方程。在此不再多述。

2.4.3　利用 MATLAB 语言进行离散化处理

MATLAB 语言中的 Control 工具箱给出了丰富的系统离散化指令，简介如下。

调用格式：sysd = c2d(sys,Ts)

　　　　　sysd = c2d(sys,Ts,method)

调用说明：sys 是将要离散化的系统；Ts 是采样时间；method 是采用的离散化算法，如果不具体指定，则隐含为 zoh。MATLAB 给出以下离散化方法：

- zoh:零阶零极点保持器。
- foh:三角形保持器。
- tustin:双线性变换(tustin)法。
- Prewarp:具有频率予翘曲的双线性变换(tustin)法。

例 2.4.1 考虑一个具有时延的线性系统

$$H(s)=e^{-0.25s}\frac{10}{s^2+3s+10}$$

编写 MATLAB 指令:

```
h = tf(10,[1 3 10],'td',0.25)
hd = c2d(h,0.1)
```

则得到具有采用时间为 0.1 s 的离散时间系统为

$$hd(z)=\frac{0.011\,87z^2+0.064\,08z+0.009\,721}{z^5-1.655z^4+0.740\,8z^3}$$

在 MATLAB 语言中还提供了离散系统的连续化运算,简介如下。

调用格式:sysc = d2c(sysd)

sysc = d2c(sysd,method)

调用说明:sysd 是将要连续化的离散时间系统;method 是采用的离散化算法,其功能与 c2d()指令一样。

例 2.4.2 考虑离散时间系统

$$H(z)=\frac{(z+0.2)}{(z+0.5)(z^2+z+0.4)}$$

系统的采样时间是 0.1 s。编写 MATLAB 指令:

```
H = zpk(-0.2,-0.5,1,Ts) * tf(1,[1 1 0.4],Ts)
Hc = d2c(H)
```

则 MATLAB 的响应为

Warning: Model order was increased to handle real negative poles.

Zero/pole/gain:

$$Hc(s)=\frac{-33.655\,6(s-6.273)(s^2+28.29s+1\,041)}{(s^2+9.163s+637.3)(s^2+13.86s+1\,035)}$$

MATLAB 语言还提供了一个可以改变离散时间系统的采样周期的指令,将在 5.4 节介绍。

本章小结

(1)一个物理系统可以用任意阶微分方程来描述,适当地选择变量还可以用一阶微分方程组来表示,而微分方程数值解能处理的正是一阶微分方程组。因此本章研究的重点是将物理系统的数学描述转化为一阶微分方程组。对线性系统就是求其状态空间表达式。

(2)当仅仅研究线性系统输入-输出关系时,可用传递函数。所谓传递函数,是当物理系统的所有初始值为零时,其输出和输入的拉普拉斯变换之比。为了便于使用面向一阶微分方程的仿真程序，就有必要研究根据已知的系统传递函数求相应的状态空间表达式，即实现问题。值得注意的是，实现问题不是唯一的。

(3)在系统设计和分析过程中，经常遇到的是已知系统的结构图，要求研究系统中某个或某些参数的变化对系统的影响。本章研究的内容之一，就是对系统结构图不作简化而直接写出对应的状态空间表达式。

(4)离散时间系统在仿真技术中扮演着重要角色，因此本章也将连续系统的离散化方法作为一个重点，扼要地介绍了状态方程和传递函数的差分方程求法。

习　　题

2-1　已知系统微分方程为

$$\frac{d^3y}{dt^3}+5\frac{d^2y}{dt^2}+8\frac{dy}{dt}+4y=2\frac{d^3u}{dt^3}+10\frac{d^2u}{dt^2}+17\frac{du}{dt}+11u$$

将其转换成状态空间表达式。

2-2　已知系统微分方程为

$$\frac{d^3y}{dt^3}+7\frac{d^2y}{dt^2}+12\frac{dy}{dt}=\frac{d^2u}{dt^2}+3\frac{du}{dt}+2u$$

$$y(0)=\dot{y}(0)=\ddot{y}(0)=1,\quad u(0)=2,\quad \dot{u}(0)=4$$

将其转换成状态空间表达式，并求出状态变量的初值。

2-3　系统传递函数为

$$G(s)=\frac{s^2+2s+15}{3s^3+6s^2+9s+15}$$

求其可控标准型及可观标准型实现。

2-4　系统传递函数为

$$G(s)=\frac{s^2+4s+5}{(s+1)(s^2+5s+6)}$$

求其对角标准型实现。

2-5　系统传递函数为$\frac{Y(s)}{U(s)}=\frac{2}{s^2+3s+2}$，已知初始条件为$y(0)=-1$，$\dot{y}(0)=0$。将其转换成状态空间表达式，并求出状态变量的初值。

2-6　系统传递函数为$G(s)=\frac{1}{(s+1)^3}$，求其约旦标准型实现。

2-7　已知系统结构图如下所示，求其状态空间表达式。

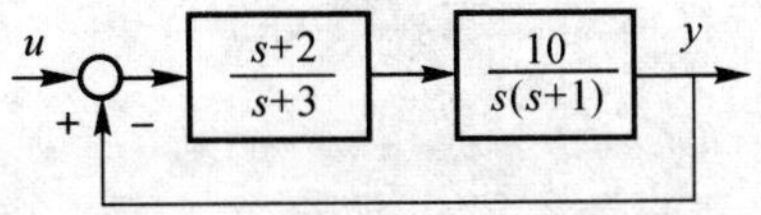

习题 2-7 图

2-8　已知状态空间方程为

$$\begin{bmatrix}\dot{x}_1\\ \dot{x}_2\\ \dot{x}_3\end{bmatrix}=\begin{bmatrix}-1 & 0 & 0\\ 0 & -2 & 0\\ 0 & 0 & -3\end{bmatrix}\begin{bmatrix}x_1\\ x_2\\ x_3\end{bmatrix}+\begin{bmatrix}3\\ -6\\ 3\end{bmatrix}\boldsymbol{u}$$

求其对应的离散系统矩阵 $\boldsymbol{\phi}(T)$，$\boldsymbol{\phi}_m(T)$。

2-9　求出 $G(s)=\dfrac{2}{s^2+3s+2}$ 对应的差分方程。

第3章　数值积分法在系统仿真中的应用

从控制理论中可知，对于一个连续时间系统，可以在时域、频域中描述其动态特性。然而，在工程和科学研究中所遇到的实际问题往往很复杂，在很多情况下都不可能给出描述动态特性的微分方程解的解析表达式，多数只能用近似的数值方法求解。随着计算机硬件、软件的发展和数值理论的进展，微分方程的数值解方法已成为当今研究、分析、设计系统的一种有力工具。即使频域中的系统模型，也可以将其变换为时域中的模型。

本章重点讨论数值积分法在系统仿真中的应用，介绍其仿真算法及仿真程序的设计。3.1节介绍在系统仿真中常用的几种数值积分法，并由此引出数值积分法的误差分析方法。3.2节讨论刚性系统的概念与仿真时要注意的问题。3.3节研究实时仿真算法，它在半实物仿真中是至关重要的。3.4节讨论分布参数系统仿真的数值积分算法。3.5节研究面向微分方程的仿真程序设计。

3.1　在系统仿真中常用的数值积分法

3.1.1　欧拉法和改进的欧拉法

欧拉法是最简单的单步法，它是一阶的，精度较差，但由于公式简单，而且有明显的几何意义，有利于初学者在直观上学习数值解 $y(t_n)$ 是怎样逼近微分方程的精确解 $y(t)$ 的，所以在讨论微分方程初值问题的数值解时通常先讨论它。

1.递推方程

考虑初值问题

$$\frac{\mathrm{d}y}{\mathrm{d}t}=f(t,y)\quad y(t_0)=y_0 \tag{3.1.1}$$

对式(3.1.1)所示的初值问题，其解 $y(t)$ 是一连续变量 t 的函数，现在要以一系列离散时刻的近似值 $y(t_1),y(t_2),\cdots,y(t_n)$ 来代替，其中 $t_i=t_0+ih$，h 称为步长，是相邻两点之间的距离。

若把方程式(3.1.1)在 (t_i,t_{i+1}) 区间上积分，则可得

$$y(t_{i+1})-y(t_i)=\int_{t_i}^{t_{i+1}}f(t,y)\mathrm{d}t \tag{3.1.2}$$

上式等号右端的积分，一般是很难求出的，其几何意义为曲线 $f(t,y)$ 在区间 (t_i,t_{i+1}) 上的面积。当 (t_i,t_{i+1}) 充分小时，可用矩形面积来近似代替：

$$\int_{t_i}^{t_{i+1}}f(t,y)\mathrm{d}t=hf(t_i,y(t_i))$$

因此，式(3.1.2)可以近似为

$$y(t_{i+1})=y(t_i)+hf(t_i,y(t_i))$$

写成递推式为

$$y(t_{n+1})=y(t_n)+hf(t_n,y(t_n))\quad n=0,1,2,\cdots,N \tag{3.1.3}$$

已知 $y(0)=y_0$，所以由上式可以求出 $y(t_1)$，然后求出 $y(t_2)$。依次类推，其一般规律为：由前一点 t_i 上的数值 $y(t_i)$ 可以求得后一点 t_{i+1} 上的数值 $y(t_{i+1})$。这种算法称为单步法。又因为式(3.1.3)可以直接由微分方程式(3.1.1)的已知初始值 y_0 作为递推计算时的初值，而不需要其他信息，因此单步法是一种自启动算法。

2. 几何意义

欧拉法的几何意义十分清楚。通过点 (t_0,y_0) 作积分曲线的切线，其斜率为 $f(t_0,y_0)$，如图 3.1.1 所示。此切线与过 t_1 平行于 y 轴的直线交点即为 y_1，再过点 (t_1,y_1) 作积分曲线的切线 $f(t_1,y_1)$，它与过 t_2 平行于 y 轴的直线的交点即为 y_2。这样可得一条过 (t_0,y_0)，(t_1,y_1)，(t_2,y_2)，… 各点的折线，称为欧拉折线。

点 (t_{i+1},y_{i+1}) 位于方程式(3.1.1)的解曲线在点 (t_i,y_i) 的切线上，而不是在初值问题式(3.1.1)的解曲线上，更不是在解曲线 $y(t)$ 在点 $(t_i,y(t_i))$ 的切线上。

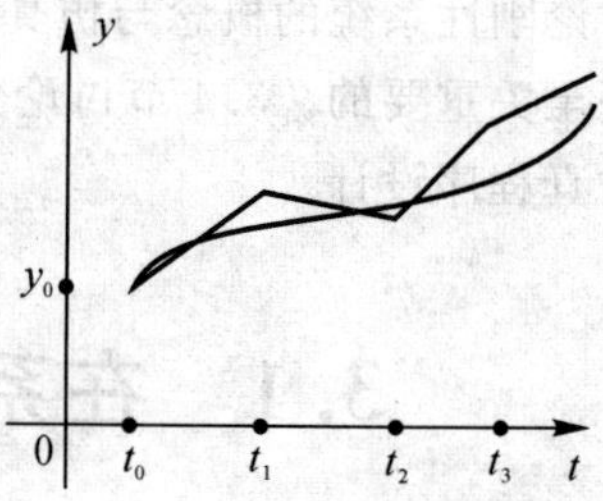

图 3.1.1　欧拉折线

3. 误差分析

理论上由欧拉法所得的解 $y(t_n)$，当 $n\to\infty$ 时收敛于微分方程的精确解 $y(t)$。由于一般都是以一定的步长进行计算的，所以用数值方法求得的解在 t_n 点的近似值 $y(t_n)$ 与微分方程 $y(t)$ 之间就有误差。

数值仿真的误差一般分截断误差和舍入误差两种。截断误差与采用的计算方法有关，而舍入误差则由计算机的字长所决定。

截断误差：将 $y(t_n+h)$ 在 $t=t_n$ 点进行泰勒级数展开，即

$$y(t_n+h)=y(t_n)+hf(t_n,y_n)+\frac{h}{2!}h^2f'(t_n,y_n)+\cdots \tag{3.1.4}$$

将式(3.1.4)在 $R_n=\frac{1}{2!}h^2f'(t_n,y_n)+\cdots$ 以后截断，即得式(3.1.3)的欧拉公式。R_n 称为局部截断误差，它与 h^2 成正比，即

$$R_n=O(h^2) \tag{3.1.5}$$

另外，解以 $t=0$ 开始继续到 $t=t_n$，所积累的误差称为整体误差。一般情况整体误差比局部误差要大，其值不易估计。欧拉法的整体截断误差与 h 成正比，即为 $O_1(h)$。

舍入误差：舍入误差是由于计算机进行计算时，数的位数有限所引起的，一般舍入误差与 h^{-1} 成正比，即为 $O_2(h^{-1})$。

最后得到欧拉法总误差表示为

$$\varepsilon_n=O_1(h)+O_2(h^{-1}) \tag{3.1.6}$$

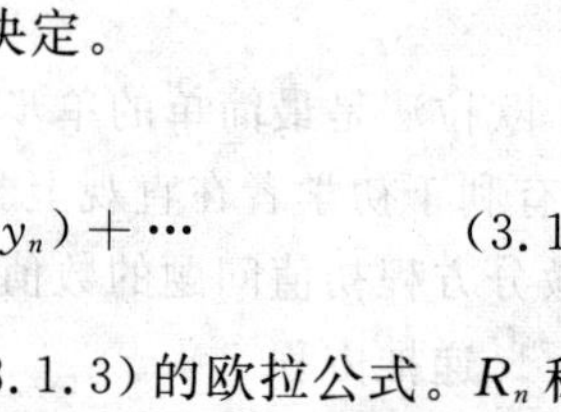

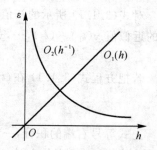

图 3.1.2　欧拉法误差关系

由式(3.1.6)可以看出，步长 h 增加，截断误差 $O_1(h)$ 增加，而舍入误差 $O_2(h^{-1})$ 减小。反之，截断误差 $O_1(h)$ 减小，而舍入误差 $O_2(h^{-1})$ 加大。其关系如图 3.1.2 所示。

4. 稳定性

求解微分方程的另一个重要问题是数值解是否稳定。为了考查欧拉法的稳定性，研究方程$\frac{\mathrm{d}y}{\mathrm{d}t}=\lambda y$，$\lambda$为微分方程的特征根。此方程的欧拉解为

$$y(t_{n+1})=y(t_n)+\lambda hy(t_n)=(1+\lambda h)y(t_n) \tag{3.1.7}$$

显见，方程式(3.1.7)是一个离散时间系统，因此根据离散时间系统的稳定性可知，在区域$|1+\lambda h|\leqslant 1$中，系统式(3.1.7)是稳定的，欧拉法也是绝对稳定的。

如果不满足$|1+\lambda h|\leqslant 1$的条件，尽管原系统微分方程是稳定的，但是利用差分方程式(3.1.7)求得的数值解是不稳定的。所以利用欧拉法保证数值解是稳定的，其步长限制条件是

$$|\lambda h|<2 \tag{3.1.8}$$

分析欧拉法的几何意义、稳定性和误差的基本思想对其他数值积分法也是适用的。

5. 改进的欧拉法(预测-校正法)

对积分公式式(3.1.2)利用梯形面积公式计算其右端积分，得到

$$y(t_{i+1})=y(t_i)+\frac{h}{2}[f(t_i,y(t_i))+f(t_{i+1},y(t_{i+1}))]$$

将上式写成递推差分格式为

$$y_{n+1}=y_n+\frac{h}{2}(f_n+f_{n+1}) \tag{3.1.9}$$

从式(3.1.9)可以看出，用梯形法计算式(3.1.1)时，在计算y_{n+1}中，需要知道f_{n+1}，而$f_{n+1}=f(t_{n+1},y_{n+1})$又依赖于$y_{n+1}$本身。因此，要首先利用欧拉法计算每一个预估的$y_{n+1}^p$，以此值代入原方程式(3.1.1)计算$f_{n+1}^p$，最后利用式(3.1.9)求修正后的$y_{n+1}^c$。所以改进的欧拉法可描述为

预测：
$$y_{n+1}^p=y_n+hf(t_n,y_n)$$

校正：
$$y_{n+1}^c=y_n+\frac{h}{2}[f(t_n,y_n)+f^p(t_{n+1},y_{n+1}^p)]\quad n=0,1,2,\cdots \tag{3.1.10}$$

欧拉法每计算一步只需对f调用一次。而改进的欧拉法由于加入校正过程，计算量较欧拉法增加一倍，付出这种代价的目的是为了提高计算精度。

3.1.2　龙格-库塔法

欧拉法是将$\dot{y}=f(t,y)$，$y(t_1)=y(0)$在t_n点附近的$y(t_n+h)$经泰勒级数展开并截去h^2以后各项得到的一阶一步法，所以精度较低。如果将展开式式(3.1.4)多取几项以后截断，就得到精度较高的高阶数值解，但直接使用泰勒展开式要计算函数的高阶导数。龙格-库塔法是采用间接利用泰勒展开式的思路，即用在n个点上的函数值f的线性组合来代替f的导数，然后按泰勒展开式确定其中的系数，以提高算法的阶数。这样既能避免计算函数的导数，同时又保证了计算精度。由于龙格-库塔法具有许多优点，故在许多仿真程序包中，它是最基本的算法之一。

1. 显式龙格-库塔法

对于初值问题式(3.1.1)，假设其精确解是充分光滑的，故可将其解$y(t)$在t_n附近用泰勒

级数展开,即

$$y(t_n+h)=y(t_n)+h\dot{y}(t_n)+\frac{1}{2!}h^2\ddot{y}(t_n)+\frac{1}{3!}h^3\dddot{y}(t_n)+\cdots \tag{3.1.11}$$

依据偏导数关系

$$\left.\begin{aligned}&\dot{y}=f\\&\ddot{y}=f_y\dot{y}+f_t=f_yf+f_t\\&\dddot{y}=f_{yy}f^2+f_{yt}f+f_yf_yf+f_yf_t+f_{ty}f+f_{tt}=f_{yy}f^2+f_y^2f+2f_{yt}f+f_yf_t+f_{tt}\end{aligned}\right\} \tag{3.1.12}$$

将式(3.1.12)代入式(3.1.11),得

$$y(t_n+h)=y(t_n)+hf+\frac{1}{2!}h^2(f_yf+f_t)+\frac{1}{3!}h^3(f_{yy}f^2+f_y^2f+2f_{yt}f+f_yf_t+f_{tt}+\cdots \tag{3.1.13}$$

又设原问题的数值解公式为

$$\left.\begin{aligned}&y_{n+1}=y_n+\sum_{i=1}^{r}W_iK_i\\&K_i=hf\left(t_n+c_ih,y_n+\sum_{j=1}^{i-1}a_{ij}K_i\right)\end{aligned}\right\} \tag{3.1.14}$$

式中 W_i—— 待定的权因子;

r—— 解公式的阶数;

K_i—— 不同点的导数和步长的乘积;

c_i,a_{ij}—— 待定系数,而且 $c_1=0,i=2,\cdots,r$。

方程式(3.1.13)和式(3.1.14)是两个基本方程,由此可以导出不同阶次的龙格-库塔公式。

当 $r=1$ 时,由式(3.1.13)可得

$$y(t_n+h)=y(t_n)+hf \tag{3.1.15}$$

由式(3.1.14)可得

$$y_{n+1}=y_n+W_1K_1=y_n+W_1hf(t_n,y_n) \tag{3.1.16}$$

比较式(3.1.15)和式(3.1.16)得 $W_1=1$。故1阶龙格-库塔公式为

$$y_{n+1}=y_n+hf(t_n,y_n) \tag{3.1.17}$$

当 $r=2$ 时,由式(3.1.14)可得

$$\left.\begin{aligned}&y_{n+1}=y_n+W_1K_1+W_2K_2\\&K_1=hf(t_n,y_n)\quad K_2=hf(t_n+c_2h,y_n+a_{21}K_1)\end{aligned}\right\} \tag{3.1.18}$$

根据二元函数泰勒公式,可将 K_2 在 (t_n,y_n) 附近展开为

$$K_2=hf(t_n,y_n)+c_2h^2f_t+a_{21}K_1hf_y$$

将 K_1,K_2 代入式(3.1.18)的 y_{n+1} 中,整理得

$$y_{n+1}=y_n+(W_1+W_2)hf(t_n,y_n)+W_2c_2h^2f_t+W_2a_{21}h^2ff_y$$

将所得各项与式(3.1.13)同类项的系数比较,有

$$W_1+W_2=1\quad W_2c_2=\frac{1}{2}\quad W_2a_{21}=\frac{1}{2}$$

取 $c_2=1$，得

$$W_1=W_2=\frac{1}{2}\qquad a_{21}=1$$

故得 2 阶龙格-库塔法计算公式为

$$\left.\begin{aligned}&y_{n+1}=y_n+\frac{1}{2}(K_1+K_2)\\&K_1=hf(t_n,y_n)\quad K_2=hf(t_n+h,y_n+K_1)\end{aligned}\right\}\tag{3.1.19}$$

由于式(3.1.13)中只取了 h,h^2 两项，而将 h^2 以上的高阶项忽略了，所以这种计算方法的截断误差正比于 h^3。

图 3.1.3 所示是 2 阶龙格-库塔法的几何表示。图中：L_1 是过点(t_n,y_n)的切线，其斜率为 f_n；L_2 是过点(t_n+h,y_n+hf_n)以 $f(t_n+h,y_n+hf_n)$为斜率作的直线，现取 $\frac{1}{2}[f_n+f(t_n+h,y_n+hf_n)]$为斜率，过点$(t_n,y_n)$作切线 L，则 t_{n+1} 处的近似解位于切线 L 上。

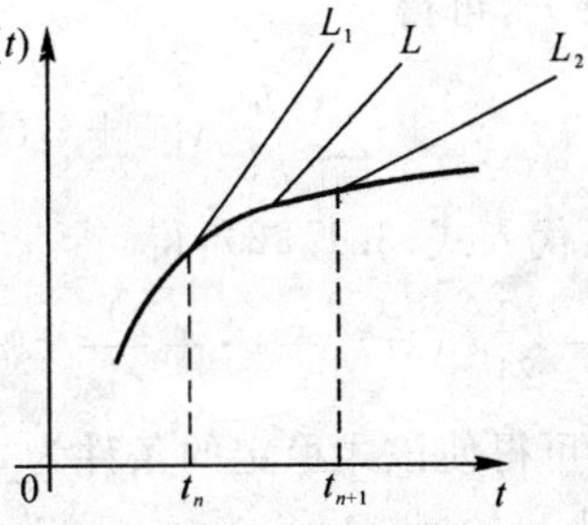

图 3.1.3　2 阶龙格-库塔法几何表示

显然，由于下一时刻的变化量并不是取前一时刻的变化率与步长的乘积，而是取了 t_n 及 t_{n+1} 两时刻的斜率平均值与步长相乘，所以计算精度比欧拉法高。

利用式(3.1.14)仿照上述完全相同的方法，对式(3.1.1)给出的初值问题，可得 3 阶、4 阶龙格-库塔公式。

3 阶龙格-库塔公式：

$$\left.\begin{aligned}&y_{n+1}=y_n+\frac{1}{6}(K_1+4K_2+K_3)\\&K_1=hf(t_n,y_n)\\&K_2=hf\left(t_n+\frac{h}{3},y_n+\frac{K_1}{3}\right)\\&K_3=hf\left(t_n+\frac{2}{3}h,y_n+\frac{2}{3}K_2\right)\end{aligned}\right\}\tag{3.1.20}$$

4 阶龙格-库塔公式：

$$\left.\begin{aligned}
&y_{n+1}=y_n+\frac{1}{6}(K_1+2K_2+2K_3+K_4)\\
&K_1=hf(t_n,y_n)\\
&K_2=hf\left(t_n+\frac{h}{2},y_n+\frac{K_1}{2}\right)\\
&K_3=hf\left(t_n+\frac{h}{2},y_n+\frac{K_2}{2}\right)\\
&K_4=hf(t_n+h,y_n+K_3)
\end{aligned}\right\}\tag{3.1.21}$$

对于大部分实际工程问题，4 阶龙格-库塔公式已可满足要求，它的截断误差正比于 h^5。4 阶龙格-库塔法除了计算精度较高外，还具有一些其他的优点，如编程容易，稳定性好，能自启动等，故在系统仿真中得以广泛应用。

2. 龙格-库塔法的稳定区域

前面，以一阶微分方程为例，研究了欧拉法的稳定区域。现在仍采用 $\dot{y}=\lambda y$ 一阶方程，用类似的方法分析各阶龙格-库塔公式的稳定区域。

将方程 $\dot{y}=\lambda y$ 作泰勒级数展开，可得

$$y_{n+1}=y_n+\sum_{j=1}^{r}\frac{h^j}{j\,!}y_n^{(j)}+O(h^{r+1})\tag{3.1.22}$$

当 $\dot{y}=\lambda y$ 时，有 $y^{(j)}=\lambda^{(j)}y$，代入式(3.1.22)，得

$$y_{n+1}=\left[1+\lambda h+\frac{1}{2!}(\lambda h)^2+\cdots+\frac{1}{r!}(\lambda h)^r\right]y_n+O(h^{r+1})\tag{3.1.23}$$

令 $\bar{h}=\lambda h$，代入式(3.1.23)，可得使该式稳定的条件为

$$\lambda_1=\left|1+\bar{h}+\frac{1}{2!}\bar{h}^2+\cdots+\frac{1}{r!}\bar{h}^r\right|<1\tag{3.1.24}$$

使用龙格-库塔公式时，选取步长 h 应使 $\bar{h}$ 落在稳定区域内。如果选用的步长 h 超出了稳定区域，在计算过程中会产生很大的误差，从而得到不稳定的数值解。这种对积分步长有限制的数值积分法称为条件稳定积分法。另外，还可以看出，步长 h 的大小除与所选用算法的阶数有关外，还与方程本身的性质有关。从 4 阶龙格-库塔法稳定条件 $\lambda h=-2.78$ 可以得出，系统的特征根越大，需要的积分步长就越小。这一点可以作为选择步长 h 的依据。数值积分步长的选择是一个重要的问题，又是一个较为复杂的问题，在很大程度上取决于仿真工程师的经验。

3.1.3 线性多步法

以上所述的数值解法均为单步法。在计算中只要知道 y_n，$f_n(t_n,y_n)$ 的值，就可递推算出 y_{n+1}。也就是说，根据初始条件可以递推计算出相继各时刻的 y 值，所以这种方法都可以自启动。这里要介绍的是另一类算法，即多步法。用这类算法求解时，可能需要 y 及 $f(t,y)$ 在 t_n，t_{n-1}，t_{n-2}，… 各时刻的值。显然多步法计算公式不能自启动，并且在计算过程中占用的内存较大，但可以提高计算精度和速度。

一、亚当斯-贝希霍斯显式多步法

为了解决式(3.1.2) 中的积分问题，采用亚当斯-贝希霍斯显式多步法(简称亚当斯法)，

它利用一个插值多项式来近似代替 $f(t,y(t))$。在 t_n 点以前的 k 个节点上，用多项式 $P_{k,n}(t)$ 近似表示 $f(t,y(t))$，k 称为多项式阶数。根据牛顿后插公式

$$P_{k,n}(t)=f_n+\frac{(t-t_n)}{h}\nabla f_n+\cdots+\frac{(t-t_n)(t-t_{n-1})\cdots(t-t_{n+1-k})}{h^k k!}\nabla^k f_n \tag{3.1.25}$$

式中

$$\left.\begin{aligned}&\nabla^0 f_n=f_n\\&\nabla f_n=f_n-f_{n-1}\\&\nabla^2 f_n=\nabla(f_n-f_{n-1})=f_n-2f_{n-1}+f_{n-2}\\&\cdots\cdots\\&\nabla^k f_n=\nabla^{k-1}f_n-\nabla^{k-1}f_{n-1}\end{aligned}\right\} \tag{3.1.26}$$

并设 $t-t_n=sh$，用 $P_{k,n}(t)$ 近似代替式(3.1.2)中的 $f(t,y)$，经过简单的推导，可得亚当斯法的计算公式为

$$y(t_{n+1})=y(t_n)+h\sum_{i=0}^{k-1}\upsilon_i\nabla^i f_n \tag{3.1.27}$$

式中

$$\left.\begin{aligned}&\upsilon_0=1\\&\upsilon_i=\frac{1}{it}\int_0^1 s(s+1)\cdots(s+i-1)\,\mathrm{d}s\quad i\geqslant 1\end{aligned}\right\} \tag{3.1.28}$$

在式(3.1.27)中，当 $k=1$ 时，可得欧拉公式

$$y(t_{n+1})=y(t_n)+h\int_0^1 f_n\mathrm{d}s=y(t_n)+hf_n$$

当 $k=2$ 时，得到 2 阶亚当斯多步法的计算公式，式(3.1.28)各系数为

$$\upsilon_0=1\quad \upsilon_1=\int_0^1 s\mathrm{d}s=\frac{1}{2}$$

将 υ_0,υ_1 代入式(3.1.27)，得

$$y(t_{n+1})=y(t_n)+\frac{1}{2}h(3f_n-f_{n-1}) \tag{3.1.29}$$

当 $k=3$ 时，式(3.1.29)的系数 υ_2 为

$$\upsilon_2=\frac{1}{2!}\int_0^1 s(s+1)\mathrm{d}s=\frac{5}{12}$$

故可得 3 阶亚当斯公式

$$y(t_{n+1})=y(t_n)+hf_n+\frac{1}{2}h\nabla f_n+\frac{5}{12}h\nabla^2 f_n$$

整理上式得

$$y(t_{n+1})=y(t_n)+\frac{1}{12}h(23f_n-16f_{n-1}+5f_{n-2}) \tag{3.1.30}$$

由式(3.1.29)和式(3.1.30)可看出，如果在 t_n 点已知 y_n,f_n,f_{n-1},f_{n-2}，那么以后求得的 y_{n+1} 的值是 $k-1$ 步以前各导数的线性组合，各导数都以显式形式出现在式(3.1.29)或式(3.1.30)中，所以称为显式线性多步法。

图 3.1.4 所示是 2 阶亚当斯公式的程序框图，并给出用C语言编写的程序，使用时，只需编写主程序和求导数的子程序。

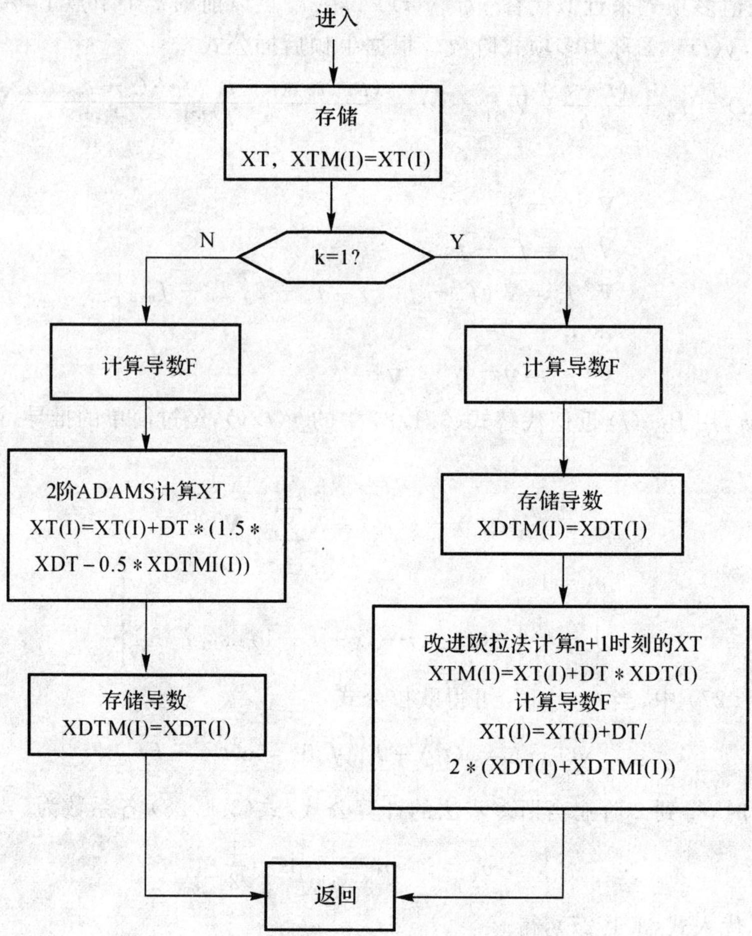

图 3.1.4　2 阶亚当斯程序框图

ADAMS 子程序：

```
for(i=1;i<=N;i++)
  XTMI(i)=X(i);
if(k==1)
{diff ( );/＊计算导数子程序＊/
  for(i=1;i<=N;i++)
       {XDTI(i)=XDT(i);X(i)=X(i)+DT＊XDT(i);}
  diff ( );
  for(i=1;i<=N;i++)
    X(i)=XTMI(i)+0.5＊DT＊(1/XDT(i)+XDT(i));
  return;
}
    else {
      diff ( );
```

```
        for(i=1;i<=N;i++)
       {XT(i) = XT (i) + DT * (1.5*XDT(i)-0.5*XDTI(i)); XDTI (i) =
XDT(i);}
       return;
    }
```

二、亚当斯-莫尔顿隐式多步法

根据插值理论可以得出，插值节点的选择对精度有直接的影响。同样阶数的内插公式比外插公式更为精确。牛顿前插公式为

$$P_{k,n}(t)=f_{n+1}+\frac{(t-t_{n+1})}{h}\nabla f_{n+1}+\cdots+\frac{(t-t_{n-1})(t-t_n)\cdots(t-t_{n+2-k})}{h^k k}\nabla^k f_{n+1} \tag{3.1.31}$$

式中，∇f_n 为向前插分算子，定义为

$$\left.\begin{aligned}&\nabla^0 f_{n+1}=f_{n+1}\\&\nabla^1 f_{n+1}=f_{n+1}-f_n\\&\cdots\cdots\\&\nabla^i f_{n+1}=\nabla(\nabla^{i-1}f_{n+1})=\nabla^{i-1}f_{n+1}-\nabla^{i-1}f_n\end{aligned}\right\} \tag{3.1.32}$$

用牛顿前插公式近似代替式(3.1.2)中的 $f(t,y(t))$，仿照显式多步法的推导过程，可以得到亚当斯-莫尔顿隐式多步法的计算公式

$$y_{n+1}=y_n+h\sum_{i=0}^{k-1}\beta_{k,i}f_{n-i+1} \tag{3.1.33}$$

式中，系数 $\beta_{k,i}$ 的值见表 3.1.1。

表 3.1.1　隐式多步法系数表

k	β	0	1	2	3	4	5
0	β_{0i}	1					
1	$2\beta_{1i}$	1	1				
2	$12\beta_{2i}$	5	8	−1			
3	$24\beta_{3i}$	9	19	−5	1		
4	$720\beta_{4i}$	251	646	−264	106	−19	
5	$1440\beta_{5i}$	475	1427	−789	482	−173	27

如果将亚当斯方法的显式公式与隐式公式联合使用，前者提供预测值，后者将预测值加以校正，使其更精确，这就是预测-校正法。常用的 4 阶亚当斯预测-校正法的计算公式为

预测：
$$y_{n+1}^p=y_n+\frac{h}{24}(55f_n-59f_{n-1}+37f_{n-2}-9f_{n-3}) \tag{3.1.34}$$

校正：
$$y_{n+1}^c=y_n+\frac{h}{24}(9f_{n+1}+19f_n-5f_{n-1}+f_{n-2}) \tag{3.1.35}$$

计算步骤为：

(1) 利用单步法计算式(3.1.34)中的附加值 $f_{n-3}, f_{n-2}, f_{n-1}, f_n$。

(2) 计算预测值 y_{n+1}^p。

(3) 计算 $f_{n+1}^{p}=f(t_{n+1},y_{n+1}^{p})$。

(4) 计算 y_{n+1}^{c}。

预测-校正法的程序框图如图 3.1.5 所示。

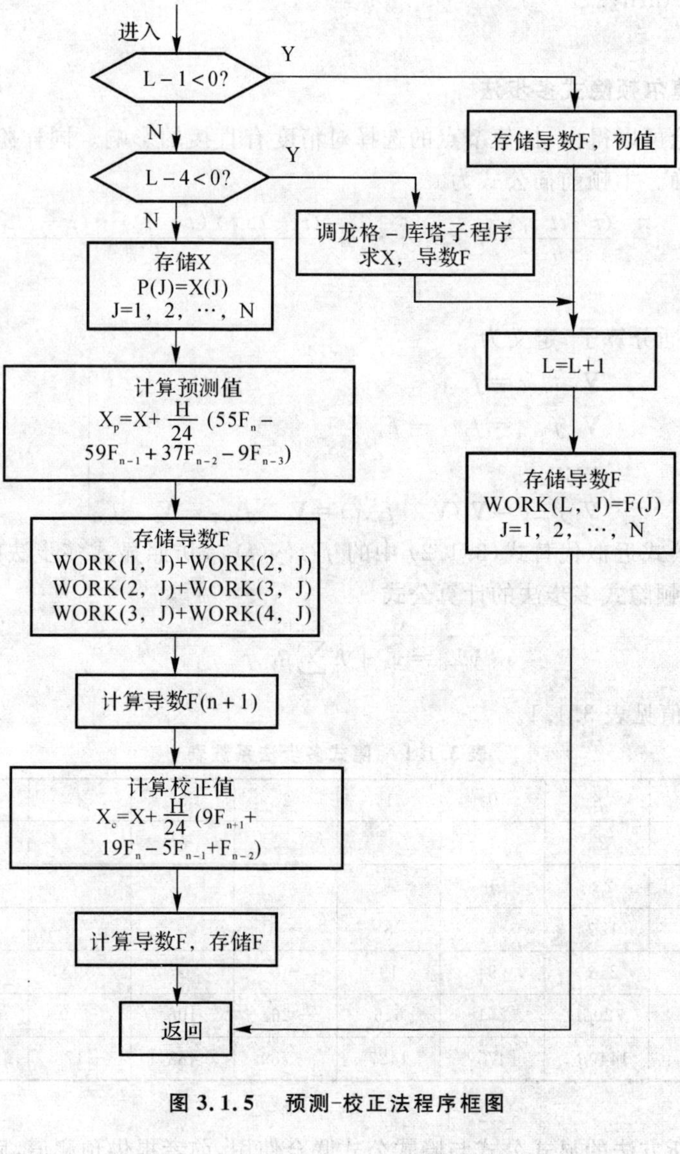

图 3.1.5　预测-校正法程序框图

3.1.4　MATLAB 语言中的常微分方程求解指令和使用方法

在 MATLAB 语言中提供了许多求解各种类型常微分方程的不同算法，如 ode23，ode45，ode23s 等。命令 ode45 采用由德国学者 Felhberg 对龙格-库塔方法的改进算法，它经常称为 5 阶龙格-库塔-费尔别格法。它的计算公式为一个 5 阶 6 级方法，即在每一个计算步长内对右函数进行 6 次求值，以保证更高的精度和数值稳定性。另外用一个 4 阶 5 级方法求 y_{m+1}，就是用 $\hat{y}_{m+1}-y_{m+1}$ 来估计误差。这一套计算公式被认为是对非刚性系统进行仿真最为有效的方法之一。由于它是 5 阶精度、4 阶误差，因此称为 4 阶 /5 阶龙格-库塔-费尔别格 (RKF)方法，简称为 RKF45 法 。对方程式(3.1.1)，假设当前的步长为 h_k，则定义下面的 6 个 K_i 变量：

$$K_i = f(x_k + \sum_{j=1}^{i-1} \beta_{ij} K_j, t_k + \alpha_i h), \quad i = 1,2,\cdots,6 \tag{3.1.36}$$

式中，t_k 为当前计算时刻，而中间参数 α_i，β_{ij} 及其他参数由表 3.1.2 给出。这样，下一步状态变量可以由下式求出：

$$x_{k+1} = x_k + h \sum_{i=1}^{6} \gamma_i K_i$$

当然直接采用这一方法是定步长方法，而在 MATLAB语言中使用的 ode45 指令采用的是变步长解法，并引入误差量

$$E_m = \hat{y}_{m+1} - y_{m+1} = h \sum_{i=1}^{6} (\gamma_i - \gamma_i^*) K_i \tag{3.1.37}$$

来控制步长的大小。

表 3.1.2　4 阶/5 阶 RKF 算法系数表

α_i	β_{ij}					γ_i	γ_i^*
0						16/135	25/216
1/4	1/4					0	0
3/8	3/35	9/32				6 656/12 825	1 408/2 565
12/13	1 932/2 197	−7 200/2 197	7 296/2 197			28 561/56 430	2 197/4 104
1	439/216	−8	3 680/513	−845/4 104		−9/50	−1/5
1/2	−8/27	2	−3 544/2 565	1 859/4 104	−11/40	2/55	0

1978 年，Shampine 提出一套改进的龙格-库塔公式，它每步只计算 4 次右函数，却能够获得 4 阶精度与 3 阶误差估计，简称为 RKS34 算法。具体公式如下：

$$y_{m+1} = y_m + \frac{1}{8} h (K_1 + 3K_2 + 3K_3 + K_4) \tag{3.1.38}$$

式中

$$K_1 = f(t_m, y_m)$$

$$K_2 = f\left(t_m + \frac{h}{3}, y_m + \frac{h}{3} K_1\right)$$

$$K_3 = f\left(t_m + \frac{2h}{3}, y_m + \frac{h}{3}(-K + 3K_2)\right)$$

$$K_4 = f(t_m + h,\ y_m + h(K_1 - K_2 + K_3))$$

另外，引入了一个 3 阶公式

$$\hat{y}_{m+1} = y_m + \frac{h}{32}(3K_1 + 15K_2 + 9K_3 + K_4 + 4K_5)$$

式中　$$K_5 = f(t_m + h,\ y_m + \frac{h}{8}(K_1 + 3K_2 + 3K_3 + K_4))$$

K_5 正好是下一次计算 y_{m+1} 时的 K_1，因此只是在第一步要多计算一次右函数 f，以后仍每步计算 4 次右函数 f。RKS34 算法的误差估计为

$$E_m = \hat{y}_{m+1} - y_{m+1} = \frac{h}{32}(-K_1 + 3K_2 - 3K_3 - 3K_4 + 4K_5) \quad (3.1.39)$$

MATLAB 的常微分方程求解指令主要包括求解函数、参数选择函数和输出函数。解函数用于指定数值积分的算法，参数选择函数用于指定最大、最小步长、残差容忍度等与数值积分计算相关的选择，输出函数用于计算结果的图形化显示。具体指令如下：

(1)ODE 解函数：

· Ode45：此方法被推荐为首选方法。

· Ode23：这是一个比 ode45 低阶的方法。

· Ode113：用于更高阶或大的标量计算。

· Ode23t：用于解决难度适中的问题。

· Ode23s：用于解决难度较大的微分方程组，对于系统中存在常量矩阵的情况也有用。

· Ode15s：与 ode23 相同，但要求的精度更高。

· Ode23tb：用于解决难度较大的问题，对于系统中存在常量矩阵的情况也有用。

其实，对常微分方程来说，初值问题的数值解法是多种多样的，除了这里介绍的 RKF 方法外，比较常用的还有 Euler 法、Adams 法、Gear 法，它们的侧重应用范围不一样，一些方法侧重于一般问题的仿真，而另一些方法侧重刚性方程的仿真。在 Simlink 环境中，以内部函数的方式实现了其中一些仿真算法。相关的算法将在以后介绍。

(2)参数选择函数：

· odeset：产生/改变参数结构。

· odeget：得到参数数据。

有许多设置对 odeset 控制的 ODE 解是非常有用的，读者可以参见该指令的帮助文件。

(3)输出函数：

· odeplot：时间列输出函数。

· odephas2：二维相平面输出函数。

· odephas3：三维相平面输出函数。

· odeprint：命令窗打印输出函数。

例 3.1.1　利用 ode45 求解下面方程组：

$$\dot{x}_1 = x_1 - 0.1x_1x_2 + 0.01t \quad x_1(0) = 30$$
$$\dot{x}_2 = -x_2 + 0.02x_1x_2 + 0.04t \quad x_2(0) = 20$$

分析　这个方程组用在人口动力学中。可以认为是单一化的捕食者-被捕食者模式。例如，狐狸和兔子。x_1 表示被捕食者，x_2 表示捕食者。如果被捕食者有无限的食物，并且不会出现捕食者。于是有 $\dot{x}_1 = x_1$，这个式子是以指数形式增长的。大量的被捕食者将会使捕食者的数量增长；同样，越来越少的捕食者会使被捕食者的数量增长。

解　创建 fun 函数，将此函数保存在 M 文件 fun.m 中：

```
function fun=fun(t,x)
fun=[x(1)-0.1*x(1)*x(2)+0.01*t; -x(2)+0.02*x(1)*x(2)+0.04*t];
```

然后在 MATLAB 的命令窗口中调用 ode45 指令或类似指令和画出解的图形：

```
[t,x]=ode45('fun',[0,20],[30;20]);
plot(t,x);
```

```
xlabel('time t0=0,tt=20');
ylabel('x values x1(0)=30,x2(0)=20');
grid
```

得到图 3.1.6。

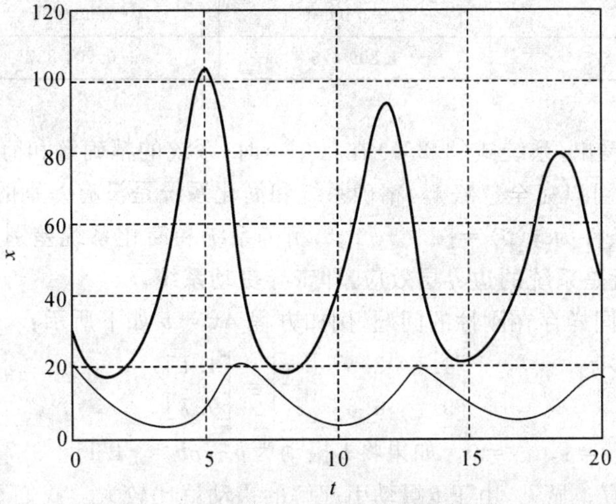

图 3.1.6　由函数 fun 定义的微分方程解的图形

3.2　刚性系统的特点及算法

在工程实践中，在研究化工系统、电子网络、控制系统中，常常会碰见这样的情形：一个高阶系统中常由不同的时间常数相互作用着。以惯性导航为例，修正回路时间常数大，稳定回路时间常数小。导弹、鱼雷等航行器的运动也是如此，质点加减速运动较慢，偏航与俯仰运动较快。所有这些现象，主要是由于系统模型中的一些小参数，如小时间常数、小质量等存在而引起的。描述这种系统的微分方程，在数学上常常称为刚性方程，这种系统就称为刚性系统。

现以二阶微分方程组为例，讨论刚性系统以及它在数值求解上的特点。

$$\begin{bmatrix}\dfrac{\mathrm{d}y_1}{\mathrm{d}t}\\[2mm]\dfrac{\mathrm{d}y_2}{\mathrm{d}t}\end{bmatrix}=\boldsymbol{A}\begin{bmatrix}y_1\\y_2\end{bmatrix}\begin{bmatrix}998 & 1\,998\\-999 & -1\,999\end{bmatrix}\begin{bmatrix}y_1\\y_2\end{bmatrix}\tag{3.2.1}$$

A 的两个特征值为 $\lambda_1=-1,\lambda_2=-1\,000$。

满足初始条件 $\boldsymbol{y}(0)=[1\quad 0]^{\mathrm{T}}$ 的解为

$$\left.\begin{aligned}y_1(t)&=2\mathrm{e}^{-t}-\mathrm{e}^{-1\,000t}\\y_2(t)&=-\mathrm{e}^{-t}+\mathrm{e}^{-1\,000t}\end{aligned}\right\}\tag{3.2.2}$$

于是方程式(3.2.2)的解由对应于 λ_1 和 λ_2 的分量组成，但由于 λ_2 对应系统的最小时间常数，它很快地便无足轻重。表 3.2.1 给出了系统式(3.2.1)的解方程式(3.2.2)的具体数值。其中 y_1^*,y_2^* 表示忽略最小时间常数 λ_2 时，系统的简化解。

表 3.2.1　系统式(3.2.1)的解

t	$y_1(t)=2e^{-t}-e^{-1\,000t}$	$y_1^*(t)=2e^{-t}$	$y_2(t)=-e^{-t}+e^{-1\,000t}$	$y_2^*(t)=-e^{t}$
0	1	2	0	−1
0.001	1.63	1.998	−0.631 121	−0.990
0.01	1.980 05	1.980 099 6	−0.990 00	−0.990 05
0.1	1.809 675	1.809 675	−0.904 837	−0.904 837

从表3.2.1可以看出，系统式(3.2.1)在0.01 s时，系统的精确解和简化解几乎一致，也就是说，在0.01 s以后，可以完全忽略λ_2，精确系统和简化系统是没有差别的。但在$t=0$初始时刻，简化系统的初始条件为$\boldsymbol{y}(0)=[2\quad -1]^{\mathrm{T}}$，精确系统和简化系统差别是非常大的，不能够忽略$\lambda_2$的影响。这就是系统的边界层效应，即奇异摄动系统。

对于代数方程也同样存在刚性的问题，例如方程$\boldsymbol{Ax}=\boldsymbol{b}$如下所示：

$$\begin{bmatrix}4.1 & 2.8\\ 9.7 & 6.6\end{bmatrix}\begin{bmatrix}x_1\\ x_2\end{bmatrix}=\begin{bmatrix}4.1\\ 9.7\end{bmatrix} \tag{3.2.3}$$

该方程的解为：$x_1=1$，$x_2=0$。如果将$\boldsymbol{b}$摄动为$\boldsymbol{b}+\delta\boldsymbol{b}=[4.11\quad 9.7]^{\mathrm{T}}$，则方程的解就变为$x_1=0.34$，$x_2=0.97$。显见，由于$\boldsymbol{b}$摄动引起解的摄动就比较大。我们看方程的系数矩阵的特征值为$-0.009\,34$和-10.709，两个特征值的比很大。

一个刚性系统可以这样描述，对于n阶微分方程组

$$\frac{\mathrm{d}\boldsymbol{y}}{\mathrm{d}t}=\boldsymbol{f}(t,\boldsymbol{y})\qquad \boldsymbol{y}(\alpha)=\boldsymbol{\eta} \tag{3.2.4}$$

式中，$\boldsymbol{y}=[y_1\quad\cdots\quad y_2]^{\mathrm{T}}$，$\boldsymbol{f}=[f_1\quad\cdots\quad f_n]^{\mathrm{T}}$，$\boldsymbol{\eta}=[\eta_1\quad\cdots\quad\eta_n]^{\mathrm{T}}$为$n$维向量，其系统的雅可比矩阵定义为

$$\frac{\partial f}{\partial y}=\begin{bmatrix}\dfrac{\partial f_1}{\partial y_1} & \cdots & \dfrac{\partial f_n}{\partial y_1}\\ \vdots & & \vdots\\ \dfrac{\partial f_1}{\partial y_n} & \cdots & \dfrac{\partial f_n}{\partial y_n}\end{bmatrix}=\boldsymbol{J}$$

$\boldsymbol{J}$的特征值实部表示系统衰减的速率，其最大特征值和最小特征值实部之比，即

$$\rho=\max_{1\leqslant k\leqslant n}|\mathrm{Re}\,\lambda_k|/\min_{1\leqslant k\leqslant n}|\mathrm{Re}\,\lambda_k| \tag{3.2.5}$$

作为系统刚性程序的度量。当ρ的值很大时系统称为刚性系统，或称为 stiff 系统。但ρ值具体多大才称系统为刚性系统，要根据具体的物理系统和仿真算法来定。

从3.1节可知，从数值解稳定性的要求出发，希望计算步长比较小，即$|\lambda_i h|$需要小于一个小量，而这个λ_i应该是系统的最大特征值。例如，对于欧拉法来说，这个量就是1 000，所以$|1\,000h|<2$，因此h的最大值只能为1/500。虽然对于对应λ_2的解分量，h很快就没有实际价值了，但是在整个积分区间，由于受到绝对稳定的限制，h又必须取得很小。而解的总时间又取决于最小的特征值λ_1。因此当一个系统的矩阵的特征值范围变化很大时，数值求解会引起很大的困难。

由此可以看到，对这样的系统做作字仿真，其最大的困难是，积分步长由最大的特征值来确定，最小的特征值决定数值求解总的时间。例如，一个系统的$\max|\mathrm{Re}\,\lambda_k|=10^6$，

$\min|\text{Re}\,\lambda_k|=1$，则用 4 阶龙格-库塔法求解步长 $h<\frac{2.7}{10^6}$，即积分 1 s 需要的步数 $M>\frac{10^6}{2.7}$，这样大的计算工作量将带来很大的舍入误差。所以刚性方程在实践中的普遍性和重要性已得到广泛的重视，这种方程的数值解已成为常微分方程数值求解研究的重点。

微分方程数值解中对步长 h 的限制并不是物理本质上的原因，它仅是为保证数值解稳定而采取的措施。而刚性方程求数值解时，要解决稳定性和计算次数的矛盾，就应对 h 不加限制。

到目前为止，已提出不少解刚性方程的数值方法，基本上分为：显式公式、隐式公式和预测校正型。

显示公式常用雷纳尔法。其着眼点是，在保证稳定的前提下，尽可能地扩大稳定区域。这一方法的优点是，它是显式的，所以便于程序设计。对一般条件好的方程，它就还原为 4 阶龙格-库塔方法，而对刚性方程它又有增加稳定性的好处。

众所周知，隐式方程都是稳定的，故都适合于解描述刚性系统的方程组，如隐式的龙格-库塔法。但这种方法每计算一步都需要进行迭代，故计算量大，在工程上使用有一定困难。因此在解刚性方程时，常采用 Rosenbrock 提出的半隐式龙格-库塔法。

预测-校正型中常用的解刚性方程的方法是 Gear 算法。Gear 首先引进刚性稳定性的概念，它可以满足稳定性，而降低对 h 的要求。Gear 方法是一个通用的方法，它不仅适用于解刚性方程组，也适用于解非刚性方程组。

关于以上方程的详细描述可参看有关资料。

3.3　实时仿真算法

前两节介绍的微分方程数值积分法，主要是针对非实时仿真应用的。但是在半实物仿真和计算机控制中，有实物介入整个仿真系统，因此要求计算机中的仿真模型的仿真时间，必须与所介入的实物运行时间一致。这时，计算机接收动态输入，并产生实时动态输出。计算机的输入与输出通常为固定采样步长 h 的数列。假设在计算机上仿真的连续动力学系统由下列非线性常微分方程描述：

$$\frac{\mathrm{d}y}{\mathrm{d}t}=f(y,u,t)\quad y(t_0)=y_0 \tag{3.3.1}$$

其计算机的输入序列是 u，由实物经计算机的输入接口输入给计算机 $u=u(kh)$，$k=0,1,2,\cdots$。计算机从时刻 kh 开始，根据用户所采用的不同仿真算法，利用 $y(kh)$，$u(kh)$ 和 kh 时刻以前的数值计算出 $y_{k+1}=y(kh+h)$。很明显，实物仿真算法的第一个要求是计算机求解方程式(3.3.1)一步解 y_{k+1} 所需要的实际时间必须少于或等于 h 秒，以便与实物的运行时间同步。第二是计算机在 kh 时刻求解方程时，不能要求从实物上取得 kh 时刻的值，即计算机的输入也必须满足实时仿真的条件，这是必需的。比如，前面介绍的龙格-库塔法仿真计算公式是不适用于实时仿真的。

对系统式(3.3.1)采用 2 阶龙格-库塔公式求解，其递推方程可写为

$$\left.\begin{aligned}y_{n+1}&=y_n+\frac{1}{2}(k_1+k_2)\\k_1&=hf(t_n,y_n)\\k_2&=hf(t_n+h,y_n+k_1)\end{aligned}\right\}\qquad(3.3.2)$$

式中，f 为函数，外部输入为 $u(t)$。由于算法在一个仿真步长中计算两次右函数，所以可假定在 $\frac{h}{2}$ 时间内计算机正在计算右函数 $f(0)$。因此，整个计算流程如图 3.3.1 所示。即由于当 $t_n+h=t_{n+1}$ 时才具备计算 k_2 的条件，所以 y_{n+1} 要到 $t_{n+1}+\frac{h}{2}$ 时才能计算出来，并输入到外部设备。也就是说，计算机输出要迟后半个计算步距。

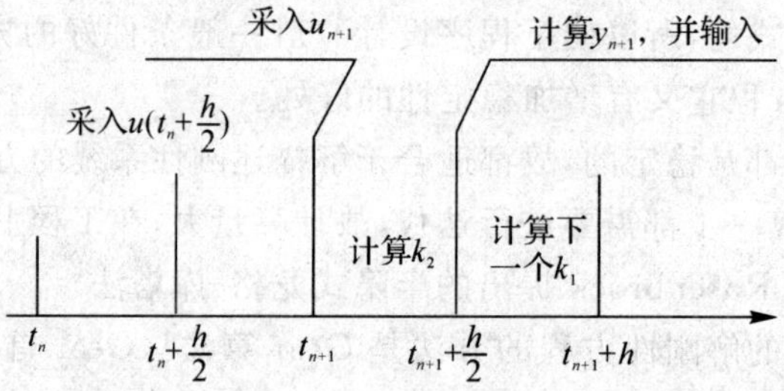

图 3.3.1　RK-2 的计算流程

与此类似，4 阶龙格-库塔公式也不适用于实时仿真。读者可自行分析。

为了适用于实时仿真计算，一般经常采用以下方法：

(1) 选择 Adams 多步法。因为在这类算法中，为计算 y_{n+1}，只要求知道 t_n 和 t_n 以前的各类右函数。对于 t_n 以前的各类右函数值，可以事先存储于内存中；而 t_n 时刻的右函数和外部输入，均可在 t_n+h 这一段时间内计算出来，或由外部设备输入给计算机，所以 y_{n+1} 不会被延迟。如果用隐式算法，可用显式法计算预估值。

(2) 合理地选择龙格-库塔计算公式中的系数，使之适用于实时仿真。在方程式(3.1.18)中，令 $W_1=0$，可得 $W_2=1, c_2=\frac{1}{2}, a_{21}=\frac{1}{2}$，此时，式(3.3.2) 化为

$$\left.\begin{aligned}y_{n+1}&=y_n+hk_2\\k_1&=f(t_n,y_n)\\k_2&=f\left(t_n+\frac{h}{2},y_n+\frac{h}{2}k_1\right)\end{aligned}\right\}\qquad(3.3.3)$$

其计算流程图如图 3.3.2 所示。

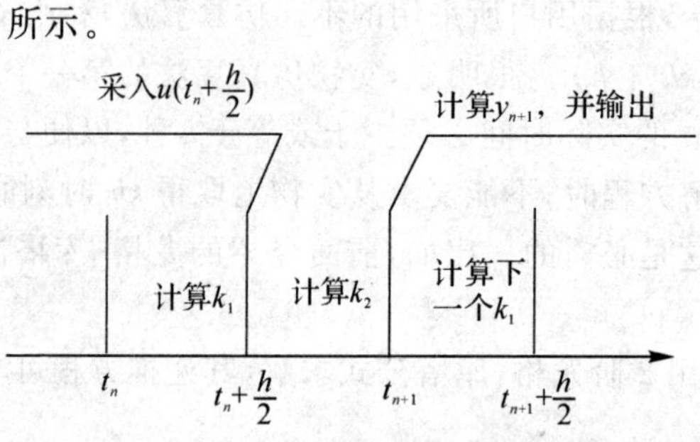

图 3.3.2　实时 RK-2 的计算流程

下面给出一个高阶的龙格-库塔法计算公式，供读者选用：

$$\left.\begin{aligned}
&y_{n+1}=y_n+\frac{h}{24}(-k_1+15k_2-5k_3+5k_4+10k_5)\\
&k_1=f(t_n,y_n)\\
&k_2=f\left(t_n+\frac{h}{5},y_n+\frac{h}{5}k_1\right)\\
&k_3=f\left(t_n+\frac{2h}{5},y_n+\frac{2h}{5}k_1\right)\\
&k_4=f\left(t_n+\frac{2h}{5},y_n-\frac{2h}{5}k_1+hk_2\right)\\
&k_5=f\left(t_n+\frac{4h}{5},y_n+\frac{3h}{10}k_1+\frac{h}{2}k_4\right)
\end{aligned}\right\}\tag{3.3.4}$$

(3) 利用已知取得的值进行外推。例如，在 2 阶龙格-库塔公式式(3.3.2)中，为避免$\frac{h}{2}$的迟后，可以在 t_n 时利用 $u(t_n)$ 和 $u(t_{n-1})$ 等值来外推 $\hat{u}(t_{n+1})$。若 $\hat{u}(t_{n+1})$ 能在 $t_n+\frac{h}{2}$ 时刻外推出来，那么 y_{n+1} 就可以在 t_{n+1} 时计算出来。有关外推算法计算公式很多，读者可参看有关的计算方法书籍。为了便于读者选用，在此给出几个递推公式：

$$\left.\begin{aligned}
&\hat{u}(t_m+ah)=u(t_m)+a[u(t_m)-u(t_{m-1})]\\
&\hat{u}(t_m+ah)=u(t_m)+ahu(t_m)\\
&\hat{u}(t_m+ah)=[1+(3/2)a+(1/2)a^2]u(t_m)-(2a+a^2)u(t_{m-1})+\\
&\qquad[(1/2)a+(1/2)a^2]u(t_{m-2})\\
&\hat{u}(t_m+ah)=(1-a^2)u(t_m)+a^2u(t_{m-1})+(a+a^2)hu(t_m)
\end{aligned}\right\}\tag{3.3.5}$$

采用外推算法不仅会带来附加误差，还要增加计算量，所以比较下来还是选择实时算法为佳。

由于实时仿真一般不采用变步长方法，即不采用估计每步误差，去控制计算机步长，而是采用定步长，所以，某一计算方法在选取某一步长后，应对所可能引起的动态误差作定量的分析，以判断所选用算法的阶次和步长是否合适。这种动态误差分析是一件非常困难的工作，尤其是对非线性系统。有兴趣的读者可参考有关文献。

3.4　分布参数系统的数字仿真

前面介绍的是常微分方程(ODE)的数字仿真以及模型，它们属于集中参数性质。但是有相当一类动力学问题属于分布参数性质，比如热传导问题，振动问题等，描述这类问题需要用偏微分方程(PDE)形式。本书除介绍 PDE 模型的基本性质外，还将介绍 PDE 的数值解法及其仿真等内容。

3.4.1　模型形式和性质

研究 PDE 的人，最先感受到的是两点：

首先是 PDE 形式比 ODE 形式更为自然,对物理世界的描述能力更强。事实上,物理世界是由空间和时间组成的,因而其特性将随着这些变量而变化。在 ODE 描述的集中系统理论中,则认为物理世界是由一个以某种特定方式相互连接的不同元素的阵列组成的。元素的物理维数和位置并不直接影响系统性能分析。但在有一些情况下,却不能用简便的集中元素思想,而必须考虑真实世界系统的分布特性,即空间和时间的分布,如电磁学结构分析、热和质量的传递、大地勘探、天气预报等。

其次是 PDE 形式的复杂性。必须认识到,分布参数系统问题比集中系统问题在处理上难得多。在 ODE 情况下,人们可以借助于计算机技术来解决难以分析的问题。而对于 PDE,现有的计算能力还差得很远。除早期的有限插分法外,近年来,又研究出许多其他方法。线上法是将 PDE 变换成一组 ODE 来求解。模型逼近法是将 PDE 的解看成由一个无限级数所组成。此外还有近似变换法、数值积分法等。但尽管如此,由于 PDE 是建立在物理世界的时空观基础上的,计算能力还是受到维数太大的影响。例如,天气预报,必须在一个二维的地球表面范围内,在许多高度上、许多时间间隔上,求解天气方程组。若将近似网格折半,就意味着表面点数呈 4 倍、时间间隔点数呈 2 倍、高度平面点数呈 2 倍的计算法复杂性上升。研究一个 433 km 网格的半球 24 h 的天气预报问题,平均需要约10^{11}次数值运算。若将近似网格再折半,其计算量将再增加 16 倍。由此可见 PDE 的计算工作量之大。

若只用 1 阶微分,对于确定的情况,其 PDE 具有如下的形式:

$$F_0(\phi,p,z,t)\frac{\partial\phi}{\partial t}+\sum_{i=1}^{k}F_i(\phi,p,z,t)\frac{\partial\phi}{\partial z_i}=f(\phi,p,u,z,t) \tag{3.4.1}$$

从方程式(3.4.1)可明显地看出,除了时间变量外,还有 k 个空间独立变量,即 $z\in Z\in\mathbf{R}^k$。该开连通集 Z 称为“场”,虽然场对物理世界的描述更自然些,但其解法令人望而生畏。限于本书的研究范围,我们仅考虑由下式所描述的系统仿真问题,其他问题可类似求解。

$$\frac{\partial u}{\partial t}-b\frac{\partial^2 u}{\partial x^2}=0 \quad 0<x<l,\quad 0<t<T \tag{3.4.2}$$

$$u\big|_{t=0}=\phi(x) \quad 0<x<l \tag{3.4.3}$$

$$u\big|_{x=0}=u_1(t) \quad u\big|_{x=1}=u_2(t) \quad 0<t<T \tag{3.4.4}$$

显然,也应满足相容性条件,即

$$\phi(0)=u_1(0) \quad \phi(1)=u_2(0)$$

此问题也经常称为热传导的第一边值问题。

3.4.2 差分解法

为了对由 PDE 所描述的分布参数系统进行仿真,核心问题是对 PDE 进行数值求解。差分解法是常用的方法之一。它是在时间与空间两个方向将变量离散化,因而得到一组代数方程。若利用已经给出的初始条件及边界条件逐排求解,则可将系统中的状态任意时刻、任一空间位置上的值全部计算出来。

以式(3.4.2)为例,为了用有限差分法求解上述问题,将求解区域 G:$0<x<1$,$0<t<T$ 用二族平行于坐标轴的直线

$$\left.\begin{aligned} x=x_j=jh \quad & j=0,1,2,\cdots,N \\ t=t_n=n\tau \quad & n=0,1,2,\cdots,J \end{aligned}\right\} \tag{3.4.5}$$

分割成矩形网格 $G_{n,\tau}$，如图 3.4.1 所示，其中 h,τ 分别为 x 方向和 t 方向的步长，交点 (x_j,t_n) 称为节点。在 $t=t_n$ 上，全体节点 $\{|(x_j,t_n)|_{j=0,1,\cdots,N}\}$ 称为差分网格的第 n 层。

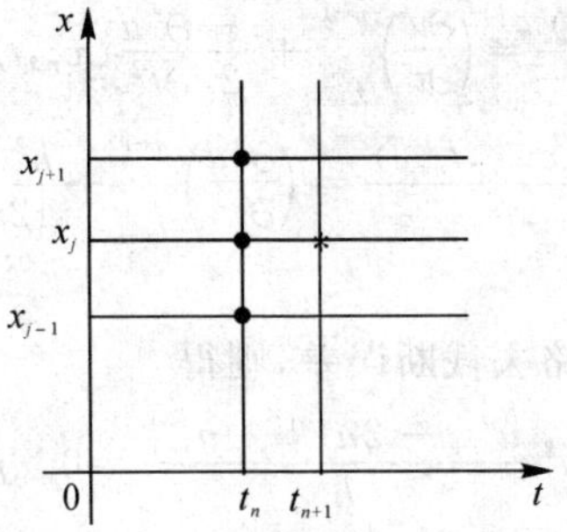

图 3.4.1　$x-t$ 平面矩阵网格图

假定对所要求的解 $u(x,t)$ 有足够的光滑性，用 $u_j^n, \left(\frac{\partial u}{\partial t}\right)_j^n, \left(\frac{\partial^2 u}{\partial x^2}\right)_j^n$ 分别表示边值问题式(3.4.2) 的解 $u(x,t)$ 及其偏导数 $\frac{\partial u}{\partial t}, \frac{\partial^2 u}{\partial x^2}$ 在节点 (x_j,t_n) 处的值。构造逼近式(3.4.2) 的差分格式的一种简单方法是根据泰勒展开的"逐项逼近法"，即用适当的差商逐项去逼近式(3.4.2) 中相应的微商。

一、显式差分格式

如果逼近式取

$$\frac{u(x_j,t_{n+1})-u(x_j,t_n)}{\tau}=\left(\frac{\partial u}{\partial t}\right)_j^n+\frac{\tau}{2}\frac{\partial^2 u}{\partial t^2}(x_j,t_n+\theta\tau_1)\quad 0<\theta_1<1 \tag{3.4.6}$$

$$\frac{u(x_{j+1},t_n)-2u(x_j,t_n)+u(x_{j-1},t_n)}{h^2}=\left(\frac{\partial^2 u}{\partial t^2}\right)_j^n+\frac{h^2}{12}\frac{\partial^4 u}{\partial x^4}(x_j+\theta_2 h,t_n)\quad -1<\theta_2<1 \tag{3.4.7}$$

将式(3.4.6)、式(3.4.7) 代入式(3.4.2)，并舍去截断误差项，则得差分方程

$$\frac{1}{\tau}(u_j^{n+1}-u_j^n)-\frac{b^2}{n^2}(u_{j+1}^n-2u_j^n+u_{j-1}^n)=0\quad j=1,2,\cdots,N-1 \tag{3.4.8}$$

这一差分方程的逼近误差为 $O(\tau+h^2)$，称此逼近关于 τ 是 1 阶的，关于 h 是 2 阶的。初始条件和边界条件式(3.4.2) 也需相应的逼近，即

$$u_j^0=\phi(x_j)\quad j=1,2,\cdots,N-1 \tag{3.4.9}$$

$$\left.\begin{aligned}u_0^n&=u_1(n\tau)\\u_N^n&=u_2(n\tau)\end{aligned}\right\}\quad N=0,1,2,\cdots,J \tag{3.4.10}$$

于是，式(3.4.9)、式(3.4.10) 构成逼近边值问题式(3.4.2)、式(3.4.3) 的差分格式。由式(3.4.8) 可解出

$$u_j^{n+1}=ru_{j+1}^n+(1-2r)u_j^n+ru_{j-1}^n\quad j=1,2,\cdots,N-1 \tag{3.4.11}$$

式中，$r=a^2\tau/h^2$。

由式(3.4.11) 可以看出，第 $n+1$ 层任一内节点处的值 u_j^{n+1} 可以由 3 个相邻节点处的值 $u_{j-1}^n, u_j^n, u_{j+1}^n$ 决定，如图 3.4.1 所示。显然，方程组可以按 t 方向逐层求解。由于这种格式关于 u_j^{n+1} 可以明显解出来，因此称为显格式。

二、隐式差分格式

如果在节点(x_j,t_{n+1})作如下逼近：

$$\frac{u(x_j,t_{n+1})-u(x_j,t_n)}{\tau}=\left(\frac{\partial u}{\partial t}\right)_j^{n+1}+\frac{\tau}{2}\frac{\partial^2 u}{\partial t^2}(x_j,t_{n+1}+\theta_1\tau)\quad 0<\theta_1<1 \tag{3.4.12}$$

$$\frac{u(x_{j+1},t_{n+1})-2u(x_j,t_{n+1})+u(x_{j-1},t_{n+1})}{h^2}=\left(\frac{\partial^2 u}{\partial t^2}\right)_j^{n+1}+\frac{h^2}{12}\frac{\partial^4 u}{\partial x^4}(x_j+\theta_2 h,t_{n+1})\quad -1<\theta_2<1 \tag{3.4.13}$$

将它们代入式(3.4.2)并略去截断误差，则得

$$\frac{u_j^{n+1}-u_j^n}{\tau}-a^2\frac{u_{j+1}^{n+1}-2u_j^{n+1}+u_{j-1}^{n+1}}{h^2}=0\quad j=1,2,\cdots,N-1 \tag{3.4.14}$$

这一格式的逼近误差为$O(\tau+h^2)$。它同式(3.4.9)、式(3.4.10)联立即第二种差分格式，与式(3.4.9)～式(3.4.11)一样可以简写为

$$\left.\begin{aligned}&-ru_{j-1}^{n+1}+(1+2r)u_j^{n+1}-ru_{j+1}^{n+1}=u_j^n\\&u_j^0=\phi(x_j)\quad j=1,2,\cdots,N-1\\&\left.\begin{aligned}&u_0^n=u_1(n\tau)\\&u_N^n=u_2(n\tau)\end{aligned}\right\}\quad n=0,1,2,\cdots,J\end{aligned}\right\} \tag{3.4.15}$$

式(3.4.9)、式(3.4.10)、式(3.4.15)是关于$n+1$层上未知量$u_1^{n+1},u_2^{n+1},\cdots,u_{N-1}^{n+1}$的联立线性方程组，它的求解不像显格式那样简单，需用求解线性代数方程组的办法(例如追赶法)去解。由于这种格式不能直接明显地解出u_j^{n+1}，因此称为隐格式。

以后将看到，隐格式的最大优点是无条件稳定的，如把它与显格式式(3.4.10)、式(3.4.11)相结合，还可以构成无条件稳定，而且逼近阶次更高的六点对称格式。

三、六点对称格式

如果把差分方程式(3.4.7)和式(3.4.14)结合起来，作它们的线性组合，可得一新的差分方程

$$\frac{u_j^{n+1}-u_j^n}{\tau}=\theta a^2\frac{u_{j+1}^{n+1}-2u_j^{n+1}+u_{j-1}^{n+1}}{h^2}+(1-\theta)a^2\frac{u_{j+1}^n-2u_j^n+u_{j-1}^n}{h^2} \tag{3.4.16}$$

此差分方程用到相邻两层6个节点上的函数值，通常叫六点差分方程，式(3.4.9)、式(3.4.10)、式(3.4.16)称为六点差分格式。当$\theta=\frac{1}{2}$时的情况特别重要，称为六点对称差分格式。这时差分方程式(3.4.16)简化为

$$\frac{u_j^{n+1}-u_j^n}{\tau}=\frac{a^2}{2h^2}(u_{j+1}^{n+1}-2u_j^{n+1}+u_{j-1}^{n+1}+u_{j+1}^n-2u_j^n+u_{j-1}^n) \tag{3.4.17}$$

它可以看作对点作中心差商的结果。由于

$$\frac{u(x_j,t_{n+1})-u(x_j,t_n)}{\tau}=\left(\frac{\partial u}{\partial t}\right)_j^{n+1/2}+O(\tau^2) \tag{3.4.18}$$

因此格式式(3.4.17)的截断误差为$O(\tau^2+h^2)$，即对t的逼近阶次已提高一次。下面还会看到，这种格式还是无条件稳定的，因此得到广泛的应用。

六点对称格式式(3.4.17)、式(3.4.19)、式(3.4.10)可简写为

$$\left.\begin{aligned}&-\frac{r}{2}u_{j-1}^{n+1}+(1+r)u_j^{n+1}-\frac{r}{2}u_{j+1}^{n+1}=\frac{r}{2}u_{j-1}^{n}+(1-r)u_j^{n}+\frac{r}{2}u_{j+1}^{n}\\&u_j^0=\phi(x_j)\quad j=1,2,\cdots,N-1\\&\left.\begin{aligned}&u_0^n=\mu_1(n\tau)\\&u_N^n=\mu_2(n\tau)\end{aligned}\right\}\quad n=0,1,2,\cdots,J\end{aligned}\right\}\tag{3.4.19}$$

它对于 $n=0,1,\cdots,J-1$ 可以用逐次追赶法求解。

四、差分格式算法的稳定性和收敛性

采用差分格式求解 PDE 时，若时间步长 τ 和空间步长 h 选择不合适，就有可能产生数值计算发散的现象，即也存在稳定性问题。对于 PDE 数值解的稳定性问题，可以参照数值积分法中有关稳定性分析的方法来研究。在此不加证明地给出 3 个有关稳定性的定理。

定理 3.4.1　差分格式式(3.4.11)、式(3.4.9)、式(3.4.10) 是稳定的充要条件为 r 满足不等式 $r\leqslant\frac{1}{2}$。

定理 3.4.2　差分格式式(3.4.15)、式(3.4.9)、式(3.4.10) 对任何 $r>0$ 的值都是稳定的，即它是无条件稳定的。

定理 3.4.3　差分格式式(3.4.16)、式(3.4.9)、式(3.4.10)，当 $0\leqslant\theta<\frac{1}{2}$ 时，稳定性条件是 $r\leqslant\frac{1}{2(1-2\theta)}$；而当 $\theta\geqslant\frac{1}{2}$ 时，则它是无条件稳定的。

以下定理是关于差分格式的收敛性的：

定理 3.4.4　假设边值问题式(3.4.2)、式(3.4.3)、式(3.4.4) 的解 $u(x,t)$ 在区域 G 中存在并连续，且具有有界的偏导数 $\frac{\partial^2 u}{\partial x^2},\frac{\partial^4 u}{\partial x^4}$，则差分格式式(3.4.15)、式(3.4.9)、式(3.4.10) 的解 u 收敛于边值问题的解 u。

3.4.3　线上求解法

偏微分方程的另一种解法是线上求解法，或称连续-离散空间法。它是将偏微分方程的空间变量 X 进行离散化，而时间变量仍保持连续，因此可将偏微分方程转化为一组常微分方程。由于对常微分方程可利用已知的数值解法来求解，特别是可以利用已经编制好的各种仿真程序来求解，所以线上求解法被广泛用于分布参数系统的仿真。

仍以方程式(3.4.2) 为例。若将 x 轴以 h 为步长分布 M 份，即 $h=\frac{1}{M}$，则有

$$\left.\frac{\mathrm{d}u}{\mathrm{d}t}\right|_m=b\left.\frac{\partial^2 u}{\partial x^2}\right|_m\quad m=0,1,\cdots,M\tag{3.4.20}$$

共 $M+1$ 个常微分方程。其中 $\frac{\partial^2 u}{\partial t^2}$ 可以用差分来近似，即有

$$\left.\frac{\partial^2 u}{\partial x^2}\right|_m=f_m(u,t)\approx[u_{m+1}(t)-2u_m(t)+u_{m-1}(t)]/h^2\tag{3.4.21}$$

式(3.4.20) 中的 $u_{m+1}=u[(m+1)h,t]$，$u_m(t)=u(mh,t)$，$u_{m-1}(t)=u[(m-1)h,t]$。

将式(3.4.21) 代入式(3.4.20)，可得 $M+1$ 个常微分方程

$$\frac{\mathrm{d}u_m}{\mathrm{d}t}=f_m(u,t) \quad m=0,1,\cdots,M \tag{3.4.22}$$

只要求出 $f_m(u,t)$，就可很方便地解出这 $M+1$ 个常微分方程。比如用欧拉法，则有

$$u_{m,1}=u_{m,0}+\tau f_m(u_{m,0},t_0) \quad u_{m,2}=u_{m,1}+\tau f_m(u_{m,1},t_1) \tag{3.4.23}$$

其中 $u_{m,0}$ 可由初始条件求出，而 $f_m(u_{m,0},t_0)$ 则可由初始条件及边界条件求得。

实际上，只要写出式(3.4.22)的微分方程，则调用任何一种微分方程数值求解程序均可。由于首先是求出 $t_1=t_0+\Delta t$ 这一时刻空间各点($m=0,1,2,\cdots,M$)的值，然后再求出 $t=t_1+\Delta t$ 这一时刻空间各点的值，因此被称为线上求解法。

线上求解法的具体步骤可归结如下：

(1)将空间变量从起始点到终点分成 M 份；

(2)用差分来近似对空间变量求导(这里要利用边界条件)；

(3)从起始时刻开始，利用给定的初始条件用数值积分法求出下一时刻空间各点的函数值；

(4)用差分来近似对空间变量求导；

(5)计算下一时刻空间各点的函数值；

(6)重复(4)(5)两步，直到规定的时刻为止。

可见，采用线上求解法完全可以利用原有的数值积分法和系统仿真程序，而只要增加一些差分计算子程序即可。图 3.4.2 所示是线上求解法仿真程序框图。

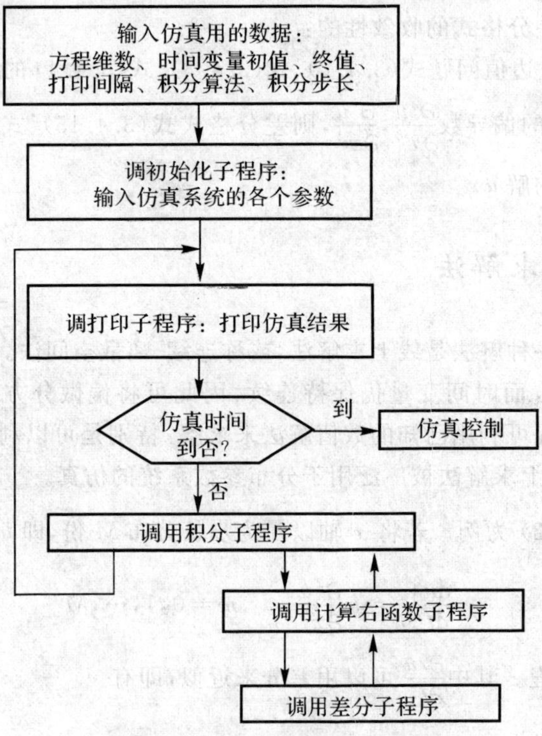

图 3.4.2　线上求解法仿真程序框图

线上求解法的优点是方法直观，程序简单，比较容易被工程技术人员所掌握。但它也有不

足,主要是:

(1)误差不易控制。数值积分法由于有误差估计,可以用改变积分步长使计算精度限制在某个范围,但线上求解法所引起的误差不易估计,所以整个系统仿真的精度就难以控制。

(2)差分公式很多,在使用时选择哪一种公式不仅会影响计算精度,而且会影响计算时间。因此要根据问题的需求和计算机的字长做出选择。

(3)空间离散的间距取多大也是线上求解法的一个重要问题,同样也要根据计算的精度和仿真时间的要求来选择。

总之,线上求解法对于比较熟悉常微分方程系统仿真的工程技术人员来讲,是一种比较简单方便的方法。有兴趣的读者可以参考有关偏微分方程的数值解方面的文献。

3.4.4　MATLAB 语言在偏微分方程解法中的应用

鉴于偏微分方程数值解在科学研究和数学计算中越来越重要的地位,本小节将介绍 MATLAB 中专门用来求解偏微分方程的软件包——PDE Toolbox。由于篇幅所限和教材内容的原因,以及偏微分方程解法本身的复杂性,我们仅对一些简单的、基本的算法和指令给出解法算例。更深入的内容读者可以参考 PDE Toolbox 的帮助文件和其他参考书。

一、偏微分方程组求解

MATLAB 使用指令 pdepe( )求解由方程式(3.4.1)描述的一阶偏微分方程组,但是为了统一,在 MATLAB 语言中将这样的一阶偏微分方程的两点边值问题统一描述为

$$c(x,t,u,\frac{\partial u}{\partial x})\frac{\partial u}{\partial t}=x^{-m}\frac{\partial}{\partial x}\left[x^m f(x,t,u,\frac{\partial u}{\partial x})\right]+s\left(x,t,u,\frac{\partial u}{\partial x}\right) \tag{3.4.24}$$

式中,$m=0,1,2$ 分别对应平面、圆柱和球形;$c(\ )$ 的对角元素为零或正数。利用 MATLAB 指令求解该方程,首先必须建立描述方程式(3.4.24)结构、边界条件和初始条件的 3 个 M 文件。

· 描述偏微分方程的函数。该 M 文件的格式为

function [c,f,s] = pdefun(x,t,u,ux)

其中 ux 是 u 对 x 的偏导数。该文件返回列向量 c,f,s。

· 描述边界条件的函数。方程的边界条件是 $t_0 \leqslant t \leqslant t_f$ 和 $a \leqslant x \leqslant b$,间隔$[a,b]$必须是有限的。如果 $m>0$,则 $a \geqslant 0$。另外必须首先将边界条件写成统一格式,为

$$p(x,t,u)+q(x,t,u)f\left(x,t,u,\frac{\partial u}{\partial x}\right)=0 \tag{3.4.25}$$

描述该边界条件的 M 文件格式为

function [pa,qa,pb,qb] = pdebc(x,t,u,ux)

· 描述初值的函数。因为一般偏微分方程的初始条件仅与方程的状态有关,故描述初值的 M 文件格式为

function u0 = pdein(x)

完成上述 3 个 M 文件后,在调用求解指令前还必须对方程的状态和时间作网格化处理,即

$$a=x_1<x_2<\cdots<x_n=b$$
$$t_0=t_1<t_2<\cdots<t_n=t_f$$

例如：$x = 0:0.05:1$；

$t = 0:0.05:2$；

偏微分方程的求值可以利用指令 pdepe( )，调用格式为

```
sol = pdepe(m,@pdefun,@pdebc,@pdein,x,t);
```

利用绘图指令，如 surf 可以绘出方程式(3.4.24) 的解。

例 3.4.1 利用 MATLAB 语言求解偏微分方程

$$\left.\begin{aligned} \frac{\partial u_1}{\partial t} &= 0.024\frac{\partial^2 u_1}{\partial x^2} - F(u_1 - u_2) \\ \frac{\partial u_2}{\partial t} &= 0.17\frac{\partial^2 u_2}{\partial x^2} + F(u_1 - u_2) \end{aligned}\right\} \tag{3.4.26}$$

其中
$$F(x) = e^{5.73x} - e^{-11.46x}$$

初始条件：$u_1(x,0) = 1,\ u_2(x,1) = 0$；

边界条件：$\frac{\partial u_1}{\partial x}(0,t) = 0,\ u_2(0,t) = 0,\ u_1(1,t) = 1,\ \frac{\partial u_2}{\partial x}(1,t) = 0$。

解 首先将式(3.4.26) 改写为方程式(3.4.24) 描述的标准格式：

$$\begin{bmatrix}1\\1\end{bmatrix}\frac{\partial}{\partial t}\begin{bmatrix}u_1\\u_2\end{bmatrix} = \frac{\partial}{\partial x}\begin{bmatrix}0.024\dfrac{\partial u_1}{\partial x}\\ 0.17\dfrac{\partial u_2}{\partial x}\end{bmatrix} + \begin{bmatrix}-F(u_1-u_2)\\ F(u_1-u_2)\end{bmatrix}$$

显见
$$m = 0$$

并且
$$\boldsymbol{c} = \begin{bmatrix}1\\1\end{bmatrix},\quad \boldsymbol{f} = \begin{bmatrix}0.024\dfrac{\partial u_1}{\partial x}\\ 0.17\dfrac{\partial u_2}{\partial x}\end{bmatrix},\quad \boldsymbol{s} = \begin{bmatrix}-F(u_1-u_2)\\ F(u_1-u_2)\end{bmatrix}$$

描述偏微分方程式(3.4.26)的 MATLAB 的 M 文件函数可以写成

```
function [c,f,s]=pdefun(x,t,u,du)
    c=[1;1];
    y=u(1)-u(2);
    F=exp(5.73*y)-exp(-11.46*y);
    s=F*[-1;1];
    f=[0.024*du(1);0.17*du(2)];
```

再将方程的边界条件写成如式(3.4.25)那样的标准格式。

左边界：$\begin{bmatrix}0\\u_2\end{bmatrix} + \begin{bmatrix}1\\0\end{bmatrix}f = \begin{bmatrix}0\\0\end{bmatrix}$，右边界：$\begin{bmatrix}u_1-1\\0\end{bmatrix} + \begin{bmatrix}0\\1\end{bmatrix}f = \begin{bmatrix}0\\0\end{bmatrix}$。

描述偏微分方程式(3.4.26)的边界条件的 MATLAB 的 M 文件函数可以写成

```
function [pa,qa,pb,qb]=pdebc(xa,ua,xb,ub,t)
pa=[0;ua(2)];
qa=[1;0];
pb=[ub(1)-1;0];
qb=[0;1];
```

方程的初始条件描述函数为

```
function u0=pdein(x)
u0=[1;0];
```

做完上述工作后，在 MATLAB 命令窗口键入以下命令就可以完成计算：

```
x=0:0.05:1;
t=0:0.05:2;
m=0;
sol=pdepe(m,@c7mpde,@c7mpic,@c7mpbc,x,t);
surf(x,t,sol(:,:,1))
```

其中命令 surf 的功能是图形显示，方程式(3.4.26)的解图形如图 3.4.3 所示。

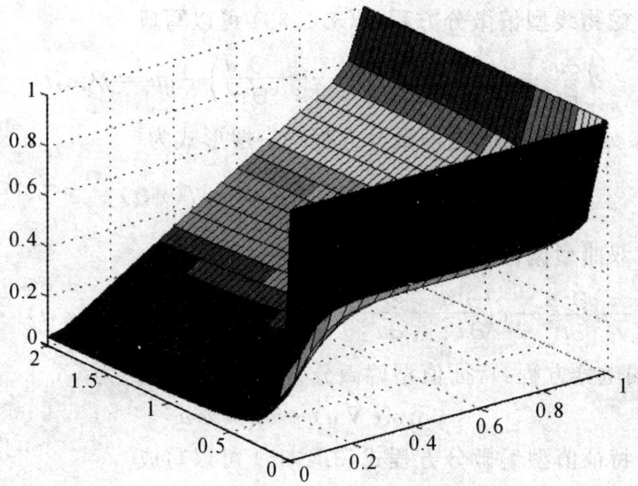

图 3.4.3　方程式(3.4.26)的解图形

二、2 阶偏微分方程的数学描述和求解

1. 2 阶偏微分方程的数学描述

首先使用在场论中经常使用的几个定义：

· 梯度
$$\nabla u=\left[\frac{\partial}{\partial x_1},\frac{\partial}{\partial x_2},\cdots,\frac{\partial}{\partial x_n}\right]u \tag{3.4.27}$$

式中，∇ 称为哈密顿算子。

· 散度
$$\mathrm{div}\boldsymbol{v}=\left(\frac{\partial}{\partial x_1}+\frac{\partial}{\partial x_2}+\cdots+\frac{\partial}{\partial x_n}\right)\boldsymbol{v} \tag{3.4.28}$$

梯度和散度的混合运算可以写成

$$\mathrm{div}(c\,\nabla u)=\left[\frac{\partial}{\partial x_1}\left(c\frac{\partial u}{\partial x_1}\right)+\frac{\partial}{\partial x_2}\left(c\frac{\partial u}{\partial x_2}\right)+\cdots+\frac{\partial}{\partial x_n}\left(c\frac{\partial u}{\partial x_n}\right)\right] \tag{3.4.29}$$

如果 c 为常数，则式(3.4.29)可以简化为

$$\mathrm{div}(c\,\nabla u)=c\left(\frac{\partial^2}{\partial x_1^2}+\frac{\partial^2}{\partial x_2^2}+\cdots+\frac{\partial^2}{\partial x_n^2}\right)u=c\Delta u \tag{3.4.30}$$

式中，Δ 称为 Laplace 算子。

在此定义下再考虑几种常见的偏微分方程的数学描述，其中 a,c,d 为不同型别偏微分方程系数，其可以是常值，也可以是微分向量的函数。

(1) 椭圆型偏微分方程：椭圆型偏微分方程的一般表示形式为

$$-\operatorname{div}(c\nabla u)+au=f(x,t) \tag{3.4.31}$$

式中，$u=u(x_1,x_2,\cdots,x_n,t)=u(x,t)$。

如果 c 为常数，椭圆型偏微分方程式(3.4.31)可以写成

$$-c\left(\frac{\partial^2}{\partial x_1^2}+\frac{\partial^2}{\partial x_2^2}+\cdots+\frac{\partial^2}{\partial x_n^2}\right)u+au=f(x,t) \tag{3.4.32}$$

(2) 抛物线型偏微分方程：抛物线型偏微分方程的一般形式为

$$d\frac{\partial u}{\partial t}-\operatorname{div}(c\nabla u)+au=f(x,t) \tag{3.4.33}$$

如果 c 为常数，抛物线型偏微分方程式(3.4.33)可以写成

$$d\frac{\partial u}{\partial t}-c\left(\frac{\partial^2 u}{\partial x_1^2}+\frac{\partial^2 u}{\partial x_2^2}+\cdots+\frac{\partial^2 u}{\partial x_n^2}\right)+au=f(x,t) \tag{3.4.34}$$

(3) 双曲型偏微分方程：双曲型偏微分方程的一般形式为

$$d\frac{\partial^2 u}{\partial t^2}-\operatorname{div}(c\nabla u)+au=f(x,t) \tag{3.4.35}$$

如果 c 为常数，双曲型偏微分方程式(3.4.35)可以写成

$$d\frac{\partial^2 u}{\partial t^2}-c\left(\frac{\partial^2 u}{\partial x_1^2}+\frac{\partial^2 u}{\partial x_2^2}+\cdots+\frac{\partial^2 u}{\partial x_n^2}\right)+au=f(x,t) \tag{3.4.36}$$

(4) 特征值型偏微分方程：特征值型偏微分方程的一般形式为

$$-\operatorname{div}(c\nabla u)+au=\lambda du \tag{3.4.37}$$

如果 c 为常数，特征值型偏微分方程式(3.4.35)可以写成

$$-c\left(\frac{\partial^2 u}{\partial x_1^2}+\frac{\partial^2 u}{\partial x_2^2}+\cdots+\frac{\partial^2 u}{\partial x_n^2}\right)+au=\lambda du \tag{3.4.38}$$

2. 应用 MATLAB 求解 2 阶偏微分方程的基本方法

利用 MATLAB 求解 2 阶偏微分方程的一般步骤如下：

(1)题目定义：由方程式(3.4.33)和式(3.4.35)可以看出，参量 d,c,a,f 是 2 阶偏微分方程的主要参量，只要这几个参量确定，就可以定下偏微分方程的结构。此外要做的事是确定偏微分方程的求解区域，即边界条件。在 PDE ToolBox 中有许多类似 circleg.m 的 M 文件定义了不同的边界形状，使用前可以借助 help 命令查看，或参考其他资料。

(2)求解域的网格化：通常采用命令 initmesh 进行初始网格化，还可以采用命令 refinemesh 进行网格的细化和修整。这些命令的用法同样可以使用 help 命令，如[p,e,t]=initmesh(g)，这里的参量 p,e,t 提供给下面的问题求解时使用。

(3)问题的求解：在 PDE 工具箱中有许多求解在上面提到的不同类型的 2 阶偏微分方程的指令，主要有：

• assempde

调用格式为：u=assempde(b,p,e,t,c,a,f)

该命令用来求解椭圆型偏微分方程式(3.4.31)，求解的边界条件由函数 b 确定，网格类型由 p,e 和 t 确定，c,a,f 是椭圆型偏微分方程式(3.4.31)的参量。

· hyperbolic

调用格式为：u1＝hyperbolic(u0,ut0,tlist,b,p,e,t,c,a,f,d)

该命令用来求解双曲型偏微分方程式(3.4.35)。

· parabolic

调用格式为：u1＝parabolic(u0,tlist,b,p,e,t,c,a,f,d)

该命令用来求解抛物线型偏微分方程式(3.4.33)。

· pdeeig

调用格式为：[v,l]＝ pdeeig(b,p,e,t,c,a,d,r)

该命令用来求解特征值型偏微分方程式(3.4.37)。

· pdenonlin

调用格式为：[u,res]＝ pdenonlin(b,p,e,t,c,a,f)

该命令使用具有阻尼的 Newton 迭代法，在由参量 p,e,t 确定的网格上求解非线性椭圆型偏微分方程式(3.4.31)。

· poisolv

该命令在一个矩形网格上求解 Poisson 方程。

(4)结果处理：与 MATLAB 的主要特色一样，在 PDE 工具箱中提供了丰富的图形显示，因此用户不但可以对产生的网格进行图形显示和处理，对求解的数据也可以选择多种图形显示和处理方法，甚至包括对计算结果的动画显示。用户可以参考相关资料来使用。

3.应用实例

在这里给出一个简单的例子，来说明利用 PDE 工具箱求解偏微分方程的方法。在 MATLAB 的 PDE 帮助文件中和在线演示中提供了 8 个计算实例，可供读者仔细参考。

例 3.4.2　最小表面问题求解。

最小表面问题方程可以表示为

$$-\nabla\left(\frac{1}{\sqrt{1+\nabla\mid u\mid^{2}\nabla u}}\right)=0$$

边界条件为 $u=x^2$。显见这是一个非线性问题，用命令 pdenonlin 来求解。

```
clc
%     Let's solve the minimal surface problem
%       -div( 1/sqrt(1+grad|u|^2) * grad(u) ) = 0
%     with u=x^2 on the boundary

g='circleg'; % The unit circle
b='circleb2'; % x^2 on the boundary
c='1./sqrt(1+ux.^2+uy.^2)';
a=0;
f=0;
rtol=1e-3; % Tolerance for nonlinear solver
pause % Strike any key to continue.
clc
```

```
%        Generate mesh
[p,e,t]=initmesh(g);
[p,e,t]=refinemesh(g,p,e,t);

%        Solve the nonlinear problem
u=pdenonlin(b,p,e,t,c,a,f,'tol',rtol);

%        Solution
pdesurf(p,t,u);
pause % Strike any key to end.
```

计算结果如图 3.4.4 所示。

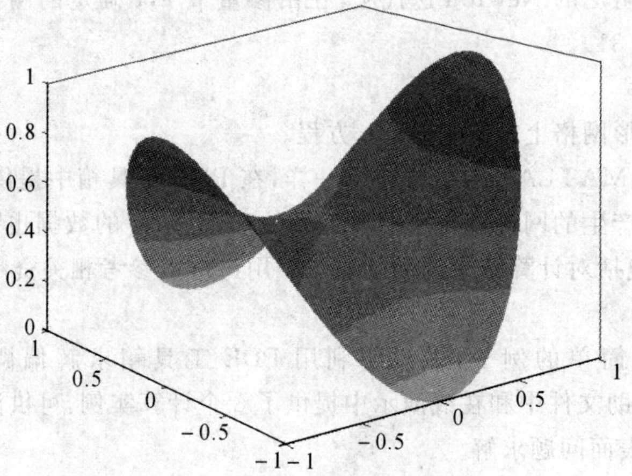

图 3.4.4 最小表面问题求解结果

三、偏微分方程求解界面

在 MATLAB 中的 PDE Toolbox 包括一个图形用户界面(GUI),在 MATLAB 窗口运行 pdetool 就进入 PDE Toolbox,如图 3.4.5 所示。GUI 主要部分是菜单、对话框和工具条。考虑到本书的篇幅和主要内容,读者可以参考 PDE Toolbox 的在线帮助和其他资料,在此不再详述。

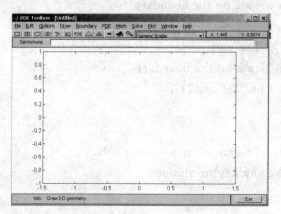

图 3.4.5 PDE Toolbox 用户界面

3.5　面向微分方程的仿真程序设计

一、数字仿真程序的构成

一般来讲，系统设计人员所面临的物理系统的数学模型，可以是微分方程、传递函数或其他形式。如果数学模型是 1 阶微分方程组的形式，设计人员就可以选择前述方法中的一种进行仿真运算，否则还必须作模型变换。为了使系统设计人员摆脱复杂的程序设计工作，而将精力集中于系统性能的研究和分析上，国内外的仿真学者研制成了多种专门用于系统分析的程序包和各种仿真语言。系统设计人员只要熟悉所选的仿真程序的使用方法就可以了。但是由于种种原因，如用户的模型特殊性、通用程序包的计算速度等，也常常需要设计人员来设计适用于自己的仿真程序，或者根据自己问题的需要，修改已有的仿真程序包或仿真语言。组成程序包的一般原则：仿真程序应使设计人员使用方便，便于输入及改变参数，便于观察仿真结果，甚至进行自动设计，选择最佳参数；同时要求所组成的仿真程序应在该专业领域内具有一定的通用性和灵活性，并充分利用计算机的各种外部设备。

一般的仿真程序的组成可以用图 3.5.1 来表示。图中每个方块表示它应具有的功能及相互关系。每个方块的功能大致如下：

(1)主程序：实现对整个仿真计算的逻辑控制。

(2)输入或预制参数块：输入系统的参数初值、计算步长、计算时间等参数。

(3)运行管理块：这是数字仿真程序的核心，对仿真计算进行时间控制，以保证计算机按要求进行计算及输出。

(4)计算块：根据被仿真的系统及所选的仿真方法编写的计算程序。

(5)输出及显示块：将仿真结果以数据或图表的形式输出给用户。

二、面向微分方程的系统仿真程序的组成

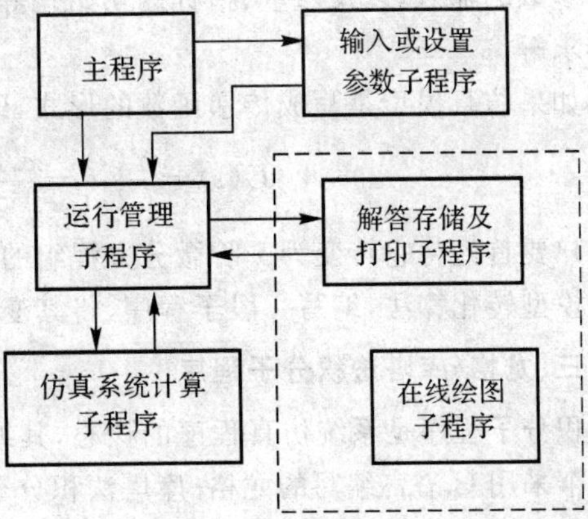

图 3.5.1　简单仿真程序的组成

一个实际的系统在数字计算机上进行仿真计算，一般要经过这样 4 个步骤：

(1)写出实际系统的数学模型。

(2)将它转变成能在计算机上进行运转的仿真模型。

(3)编出仿真程序。

(4)对仿真模型进行修改校核。

这里涉及 3 个实体：实际系统、数学系统、计算机。在 3 个实体间共有两次模型化，见图 3.5.2。第一次是将实际系统抽象为数学模型，常称之为系统建模和系统辨识，它是一门独立的课程。第二次是将数学模型变成计算机可接受的仿真模型，称之为二次模型化，是进行仿真研究的内容之一。常用的数学模型一般有 1 阶微分方程组和传递函数两种形式。如果仿真模型是 1 阶微分方程组，则仿真程序一般直接对方程组求解，即由用户在指定位置上填

写仿真模型。

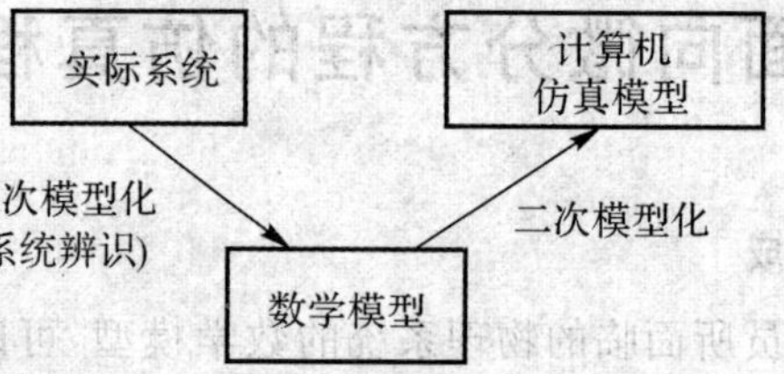

图 3.5.2 仿真数学模型的建立

比如要仿真的系统为

$$\left.\begin{aligned}\dot{x}_1 &= \dot{x}_3\\ \dot{x}_2 &= x_4\\ \dot{x}_3 &= -\frac{k}{x_1^2}+x_1x_4\\ \dot{x}_4 &= -\frac{2x_3x_4}{x_1}\end{aligned}\right\} \tag{3.5.1}$$

假设仿真程序是采用C语言编写的，则用户按以下规格写仿真模型：

```
void differential(float,int)
{d[0]=y[2];
d[1]=y[3];
d[2]=-k/(y[0]*y[0]+y[0]*y[3]);
d[3]=-2*y[2]*y[3]/y[0];
}
```

有了这一子程序，再根据仿真任务的需求，编写主程序。主程序要完成系统参数的输入、仿真参数的输入，以及参量、指针的初始化等功能。联同后面的龙格-库塔法求解子程序，一起编译求解。

如果仿真模型是写成传递函数的形式，即已知

$$G(s)=\frac{Y(s)}{U(s)}=\frac{c_0s^{n-1}+c_1s^{n-2}+\cdots+c_{n-1}}{s^n+a_1s^{n-1}+\cdots+a_n} \tag{3.5.2}$$

则用户要首先将它转变为1阶微分方程组的形式，然后再仿真求解。当然也可以根据控制理论的模型转化算法，编写一段子程序，将其变换过程交与计算机完成。

三、龙格-库塔法积分子程序

积分子程序是系统仿真程序的核心，其编写的质量高低直接影响全部程序的运行，在此介绍一个采用C语言编写的龙格-库塔法积分子程序。

假定系统的数学模型是用向量形式给定的1阶微分方程组，即

$$\frac{\mathrm{d}\boldsymbol{y}}{\mathrm{d}t}=\boldsymbol{F}(\boldsymbol{y},t)\qquad \boldsymbol{y}(t_0)=\boldsymbol{y}(0) \tag{3.5.3}$$

式中 $\boldsymbol{y}=[y_1\quad y_2\quad \cdots\quad y_n]^{\mathrm{T}}$　$\boldsymbol{F}=[f_1\quad f_2\quad \cdots\quad f_n]^{\mathrm{T}}$

此时，4阶龙格-库塔公式可以写成向量形式，即

$$y_{n+1} = y_n + \frac{1}{6}(\boldsymbol{K}_1 + 2\boldsymbol{K}_2 + 2\boldsymbol{K}_3 + \boldsymbol{K}_4) \tag{3.5.4}$$

$$\left.\begin{aligned} \boldsymbol{K}_1 &= hf(y_n, t) \\ \boldsymbol{K}_2 &= hf(t_n + 0.5h, y_n + 0.5\boldsymbol{K}_1) \\ \boldsymbol{K}_3 &= hf(t_n + 0.5h, y_n + 0.5\boldsymbol{K}_2) \\ \boldsymbol{K}_4 &= (t_n + h, y_n + \boldsymbol{K}_3) \end{aligned}\right\} \tag{3.5.5}$$

式中

$$\boldsymbol{K}_1 = [k_{11} \quad k_{12} \quad \cdots \quad k_{1n}]^{\mathrm{T}} \quad \boldsymbol{K}_2 = [k_{21} \quad k_{22} \quad \cdots \quad k_{2n}]^{\mathrm{T}}$$
$$\boldsymbol{K}_3 = [k_{31} \quad k_{32} \quad \cdots \quad k_{3n}]^{\mathrm{T}} \quad \boldsymbol{K}_4 = [k_{41} \quad k_{42} \quad \cdots \quad k_{4n}]^{\mathrm{T}}$$

k_{ij} 表示第 j 个方程式的第 i 个龙格-库塔法计算系数。

对于高阶微分方程式，理论上都可以化为 1 阶常微分方程组式(3.5.3)。根据式(3.5.3)编写的子程序，其计算顺序按式(3.5.4)的顺序，由前一步计算出的 y_n 值，分别算出 $\boldsymbol{K}_1$，$\boldsymbol{K}_2$，$\boldsymbol{K}_3$，$\boldsymbol{K}_4$ 4 个系数，返回时，计算下一步 y_{n+1} 的值。整个计算过程分为 4 个部分，分别为：

(1) 第一次计算导数时采用 t_n，y_n，并计算出 $\boldsymbol{K}_1$ 值，为计算 y_{n+1} 和 $\boldsymbol{K}_2$ 做准备。

(2) 第二次计算导数 f 时，在 $t_n + 0.5h$ 和 $y_n + 0.5\boldsymbol{K}_1$ 处进行计算。由第二次计算的导数值来计算 $\boldsymbol{K}_2$。

(3) 第三次计算导数时，$t = t_n + 0.5h$，$\boldsymbol{y} = y_n + 0.5\boldsymbol{K}_2$，并得到 $\boldsymbol{K}_3$。

(4) 最后一次计算导数时，$t = t_n + h$，$\boldsymbol{y} = y_n + \boldsymbol{K}_3$，由此得到 $\boldsymbol{K}_4$，最后计算出 y_{n+1} 值。

由以上计算过程可以看出，计算导数 f 时的方程全部用 $\dot{y} = f(y, t)$，需要重复计算 4 次给定方程的导数，每次计算，方程不变，只是 $\boldsymbol{y}$ 和 t 发生变化。因此计算导数部分应编写成一个子程序。

本章小结

(1) 系统的动态特性通常是用高阶微分方程或 1 阶微分方程组来描述的。一般讲只有极少数微分方程能用初等方法求得其解析解，多数只能用近似数值法求解。利用数字计算机求解微分方程主要使用数值积分法，它是系统仿真的最基本解法。本章重点讨论了数值积分法在系统仿真中的应用问题。

(2) 在系统仿真中，常用的有常微分方程的数值积分法、欧拉法、龙格-库塔法和线性等分法等。数值积分法的分类方式很多，常用的有单步法和多步法、显式法和隐式法。使用这些解法时，要注意其特点。

(3) 实时仿真解法是半实物仿真所必须满足的条件，但并非所有的解法都适用于实时解法。应用时，必须仔细选择能满足实时要求的解法和公式。

(4) 有相当一类动力学系统无法用常微分方程来描述，而要用偏微分方程来描述，例如，热传导问题、振动问题等，这类系统被称为分布参数系统。这类系统的数值求解更难，主要的解法有差分解法和线上求解法。

习　　题

3-1　设一微分方程为

$$\dot{y}+y^2=0$$

初始条件为 $y(0)=1$。试编写一个程序,用欧拉法求其数值解。

3-2　已知一单位反馈系统,其开环传递函数为

$$G(s)=\frac{10}{s(s+1)(0.5s+1)}$$

输入 $u(t)=1(t)$。试用 4 阶龙格-库塔法编写一个程序,对该系统进行仿真。

3-3　分别用欧拉法及 4 阶龙格-库塔法计算系统

$$G(s)=\frac{100(5s+1)}{(10s+1)(s+1)(0.15s+1)}$$

在阶跃函数下的过渡过程:

(1) 选择相同的步距 $h=0.05$,试比较计算结果。

(2) 选择不同的步距:欧拉法 $h=0.001$,2 阶龙格-库塔法 $h=0.01$,4 阶龙格-库塔法 $h=0.05$,试比较计算结果。

3-4　有一微分方程 $T\dfrac{\mathrm{d}y}{\mathrm{d}t}+y=ku$,列出用欧拉法和 2 阶龙格-库塔法解 $y(t)$ 的差分,并讨论步距应选择在什么范围。若步距选择得比 $2T$ 大,将会产生什么结果?试说明其原因。

3-5　试用 4 阶龙格-库塔法仿真下图所示系统。

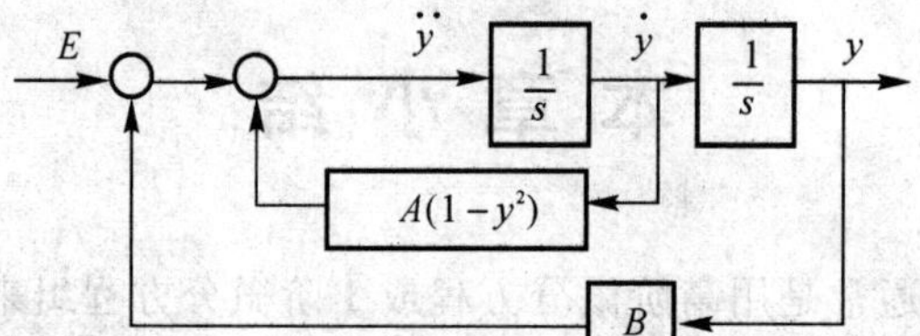

习题 3-5 图

图中:$E=I(t)$,$A=0.1$,$B=1.0$。

已知:步长为 0.001,仿真时间为 5;初始条件为 $y_1(0)=\dot{y}_1(0)=0$,$y_2(0)=\dot{y}_2(0)=0$。

第 4 章　面向结构图的数字仿真法

对一个控制系统进行研究，其中一个很重要的问题就是考察系统中一些参数改变对系统动态性能的影响，面向微分方程的仿真方法很难得到这一点。这主要是由小回路的传递函数得到的全系统大回路的传递函数之间的参数对应关系将变得非常复杂。其次，将复杂系统中诸多小回路化简求出总的系统模型也是十分麻烦的，更何况对于非线性系统，或难以用非数学模型描述的系统，则无法找到系统的总的闭环模型。

本章介绍两种由一些典型环节构成的复杂系统仿真的方法。在这类仿真程序中，先将仿真这些典型环节特性的仿真子程序编制好；在仿真时，只要输入各典型环节的参数以及环节间的连接关系的参数便可以作系统的仿真。这就是面向结构图的数字仿真法，它可以解决上述困难，且具有一些优点：

(1)很容易改变某些参数环节，便于研究各环节参数对系统的影响。

(2)不需要计算出总的传递函数，并且可以直接得到各个环节的动态性能。

(3)系统中含有非线性环节时也比较容易处理。

本章 4.1 节介绍面向结构图仿真各典型环节仿真模型的确定。4.2 节介绍面向结构图模型离散相似法仿真的方法。4.3 节介绍系统中含有典型非线性环节的处理方法。4.4 节介绍连续系统结构图仿真方法、程序的编制及应用。

4.1　典型环节仿真模型的确定

在第 2 章 2.4 节中已经介绍了状态方程离散化的方法，即对一个状态方程加入虚拟的采样器和保持器，当采样频率合适时则可实现信号重构。面向结构图仿真方法，其基本思想就是将结构图化简为由各个典型环节组成，然后在各个典型环节前加入虚拟的采样器和保持器，使各环节独自构成一个便于计算机仿真的差分方程。本节介绍各个典型环节对应的离散状态方程的系数矩阵 $\phi(T)$，$\phi_m(T)$，$\hat{\phi}_m(T)$ 的求解方法。

1. 积分环节

积分环节如图 4.1.1 所示，其传递函数可写为

$$G(s)=\frac{Y(s)}{U(s)}=\frac{a_0}{s} \tag{4.1.1}$$

状态方程为

$$\left.\begin{aligned}\dot{x}&=a_0u\\y&=x\end{aligned}\right\} \tag{4.1.2}$$

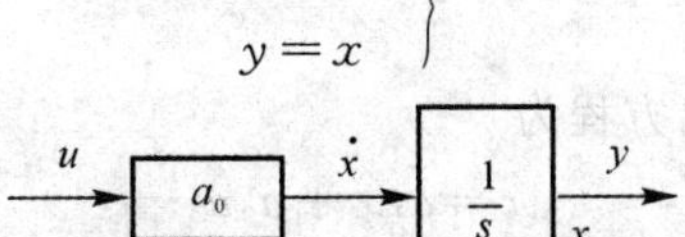

图 4.1.1　积分环节结构图

根据式(2.4.9)可得

$$\phi(T)=e^{At}=1$$

$$\phi_m(T)=\int_0^T e^{A(T-t)}Bd\tau=\int_0^T a_0 d\tau=a_0 T$$

$$\hat{\phi}_m(T)=\int_0^T \tau e^{A(T-t)}Bd\tau=\int_0^T \tau B d\tau=a_0 T^2$$

式中，$A=0, B=a_0$。

离散状态方程为

$$\left.\begin{aligned}x(n+1)&=x(n)+a_0Tu(n)+a_0T^2\dot{u}(n)\quad x(0)=y(0)\\y(n+1)&=x(n+1)\end{aligned}\right\}\tag{4.1.3}$$

2. 比例积分环节

比例积分环节如图4.1.2所示。显见，其状态方程与积分环节一致，不同的是输出方程，传递函数可写为

$$G(s)=\frac{c+ds}{bs}=\frac{a_0}{s}+a_0a_1\tag{4.1.4}$$

式中，$a_0=c/b, a_1=d/c$。

根据式(2.4.9)，比例积分环节的状态方程和输出方程可写为

$$\left.\begin{aligned}\dot{x}&=a_0u\\y&=x+a_0a_1u\end{aligned}\right\}\tag{4.1.5}$$

显见，$\phi(T),\phi_m(T),\hat{\phi}_m(T)$ 同积分环节一样，仅离散状态方程中的输出方程与式(4.1.3)不一样，即

$$\left.\begin{aligned}x(n+1)&=x(n)+a_0Tu(n)+\frac{1}{2}a_0T^2\dot{u}(n)\quad x(0)=y(0)\\y(n+1)&=x(n+1)+a_0a_1u(n+1)\end{aligned}\right\}\tag{4.1.6}$$

3. 惯性环节

惯性环节的结构图如图4.1.3所示，其传递函数可写为

$$G(s)=\frac{c}{a+bs}=\frac{a_0}{s+a_1}\tag{4.1.7}$$

式中，$a_0=c/b,\ a_1=a/b$。

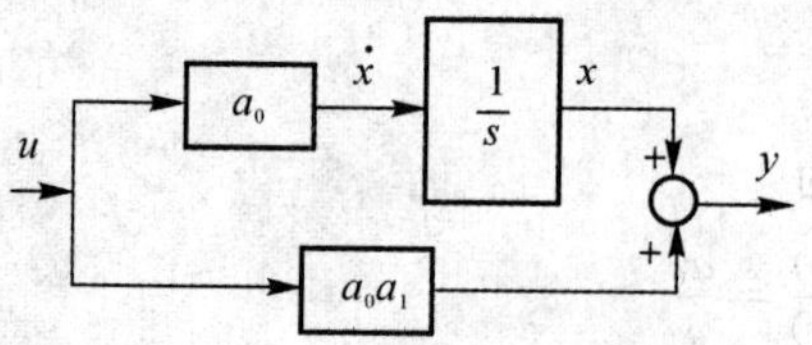

图4.1.2　比例积分环节结构图

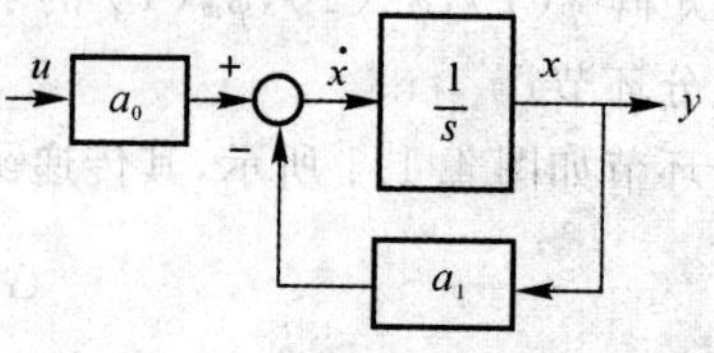

图4.1.3　惯性环节结构图

惯性环节的状态方程和输出方程为

$$\left.\begin{aligned}\dot{x}&=a_1x+a_0u\\y&=x\end{aligned}\right\}\tag{4.1.8}$$

根据式(2.4.9)，其差分方程的各项系数为

$$\phi(T)=\mathrm{e}^{a_1 t}$$

$$\phi_m(T)=\int_0^T a_0\mathrm{e}^{-a_1(T-\tau)}\mathrm{d}\tau=(a_0/a_1)(1-\mathrm{e}^{-a_1 T})$$

$$\hat{\phi}_m(T)=\int_0^T \tau a_0\mathrm{e}^{-a_1(T-\tau)}\mathrm{d}\tau=(a_0/a_1)T+(a_0/a_1^2)(\mathrm{e}^{-a_1 T}-1)$$

离散状态方程为

$$\left.\begin{aligned}&x(n+1)=\phi(T)x(n)+\phi_m(T)u(n)+\hat{\phi}_m(T)\dot{u}(n)\\&y(n+1)=x(n+1)\\&x(0)=y(0)\end{aligned}\right\}\tag{4.1.9}$$

4. 比例惯性环节

比例惯性环节的结构图如图 4.1.4 所示。传递函数可写为

$$G(s)=\frac{c+ds}{a+bs}=a_0+\frac{a_0(a_2-a_1)}{s+a_1}\tag{4.1.10}$$

式中，$a_0=d/b$，$a_1=a/b$，$a_2=c/d$。

状态方程和输出方程为

$$\left.\begin{aligned}&\dot{x}=a_1x+a_0u\\&y=(a_2-a_1)x+a_0u\end{aligned}\right\}\tag{4.1.11}$$

显见状态方程与惯性环节一样，故 $\phi(T)$，$\phi_m(T)$，$\hat{\phi}_m(T)$ 的计算也一样，仅输出方程不一样，故得离散状态方程为

$$\left.\begin{aligned}&x(n+1)=\phi(T)x(n)+\phi_m(T)u(n)+\hat{\phi}_m(T)\dot{u}(n)\\&y(n+1)=(a_2-a_1)x(n+1)+a_0u(n+1)\\&x(0)=(c/d)y(0)\end{aligned}\right\}\tag{4.1.12}$$

除上述几种典型环节外，常用的还有 2 阶环节 $G(s)=\dfrac{b}{a_0s^2+a_1s+a_2}$，它可由图 4.1.5 所示结构组成。

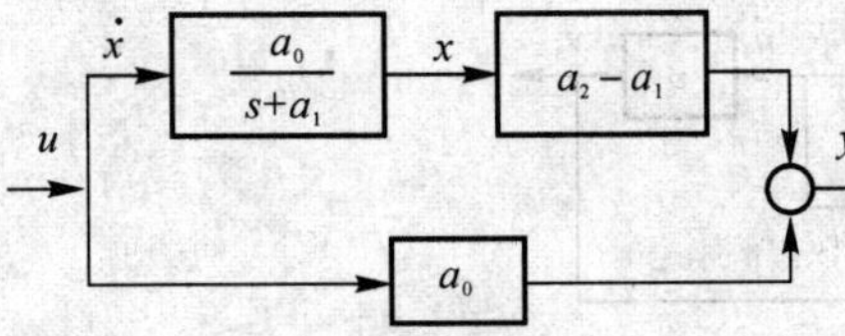

图 4.1.4　比例惯性环节结构图

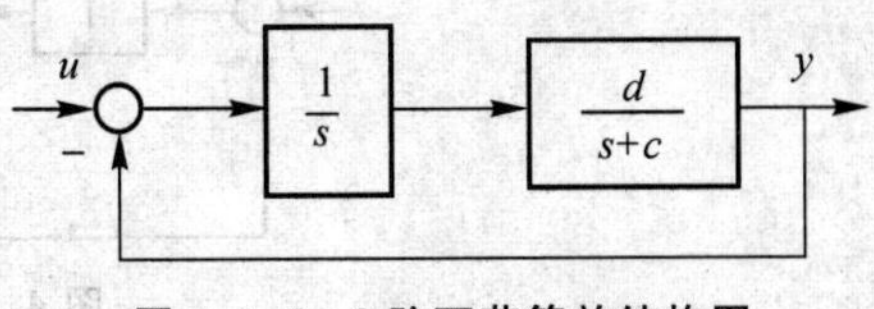

图 4.1.5　2 阶环节等效结构图

可见高阶环节均可用前述几种典型环节获得。

4.2　结构图离散相似法仿真

面向结构图模型的离散相似法仿真除了需要建立典型环节的差分式外，还需要建立能描述系统连接方式的方程。在 4.1 节的基础上，本节将进一步介绍系统连接矩阵的建立和面向结构图模型的离散相似法仿真方法以及计算程序的实现。

一、连接矩阵

4.1节介绍了环节离散化方法以及所得到的差分方程模型的形式，但这仅仅表示了各个单独环节输入和输出之间的关系。为了实现面向结构图离散相似法仿真，还必须把这些环节按照系统结构图的要求连接起来，以保证正确的计算次序。设系统的第 i 个环节输入、输出分别用 $u_i, y_i (i=1,2,\cdots,n)$ 表示，$\boldsymbol{y}_0$ 为系统的外部输入量，则

$$\boldsymbol{U}=\boldsymbol{W}_1\boldsymbol{y}+\boldsymbol{W}_0\boldsymbol{y}_0 \tag{4.2.1}$$

可把式(4.2.1)写成

$$\boldsymbol{U}=[\boldsymbol{W}_0 \quad \boldsymbol{W}_1]\begin{bmatrix}\boldsymbol{y}_0\\ \boldsymbol{y}\end{bmatrix}=\boldsymbol{W}\boldsymbol{Y} \tag{4.2.2}$$

式中，$\boldsymbol{W}$ 是一个 $n\times(n+1)$ 维长方矩阵。这是把表示输入信号与系统连接情况的 $\boldsymbol{W}_0$ 矩阵放在原连接矩阵的第一列，也就是

$$\boldsymbol{W}=\begin{bmatrix}W_{10} & W_{11} & \cdots & W_{1n}\\ W_{20} & W_{21} & \cdots & W_{2n}\\ \vdots & \vdots & & \vdots\\ W_{n0} & W_{n1} & \cdots & W_{nn}\end{bmatrix}$$

W_{ij} 表示第 j 个环节输入之间的连接方式。

而 $\boldsymbol{Y}$ 是一个 $(n+1)\times 1$ 的列矢量，$\boldsymbol{Y}=[y_0 \quad y_1 \quad y_2 \quad \cdots \quad y_n]^{\mathrm{T}}$。例如，有一系统如图4.2.1所示。如果已知各环节的传递函数，则很容易将其离散化，各个环节的输入-输出关系为

$$\begin{bmatrix}u_1\\ u_2\\ u_3\\ u_4\end{bmatrix}=\begin{bmatrix}1 & 0 & 0 & -1 & 0\\ 0 & 1 & 0 & 0 & -1\\ 0 & 0 & 1 & 0 & 0\\ 0 & 0 & 1 & 0 & 0\end{bmatrix}\begin{bmatrix}y_0\\ y_1\\ y_2\\ y_3\\ y_4\end{bmatrix} \tag{4.2.3}$$

$$\boldsymbol{U}=\boldsymbol{W}\cdot\boldsymbol{Y} \tag{4.2.4}$$

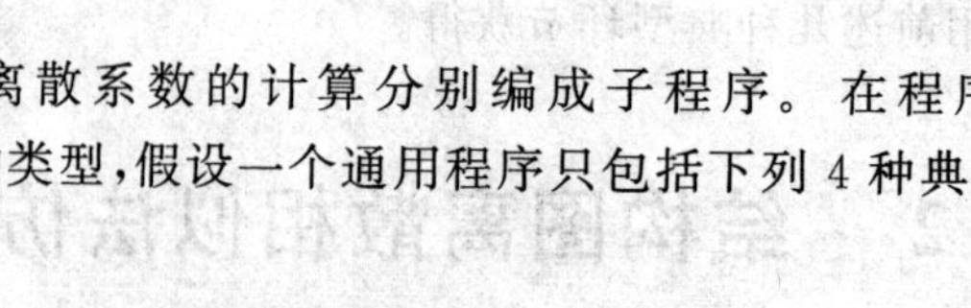

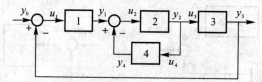

图 4.2.1　系统结构图

二、仿真程序的设计

把不同类型环节的离散系数的计算分别编成子程序。在程序中引入一个标志参数 $H(I)$，表示该典型环节的类型，假设一个通用程序只包括下列4种典型环节，且 $H(I)$ 与典型环节对应关系如下：

当 $H(I)=0$ 时，表示第 I 个环节为积分环节 $\frac{c}{s}$。

当 $H(I)=1$ 时，表示第 I 个环节为比例积分环节 $\frac{c+ds}{bs}$。

当 $H(I)=2$ 时,表示第 I 个环节为惯性环节 $\frac{c}{a+bs}$。

当 $H(I)=3$ 时,表示第 I 个环节为比例惯性环节 $\frac{c+ds}{a+bs}$。

由前述可知,对于 $H(I)=0$ 和 $H(I)=1$ 两种典型环节,计算状态变量 x 的公式相同,只是它们的输出变量计算公式不同。而同样对于 $H(I)=2$ 和 $H(I)=3$ 的典型环节,也是计算状态变量 x 的公式相同,仅仅是输出方程不同。在步长取定后,典型环节的离散系数 $\phi(T)$,$\phi_m(T)$,$\hat{\phi}_m(T)$,就仅是典型环节的参数(时间常数、放大增益)的函数,可以预先根据典型环节的类型分别编成子程序,仿真时即可根据 $H(I)$ 方便地调用。

系统的连接情况,仍用连接矩阵 $\boldsymbol{W}$ 来描述。

面向系统结构图离散化仿真的工作流程图如图 4.2.2 所示。

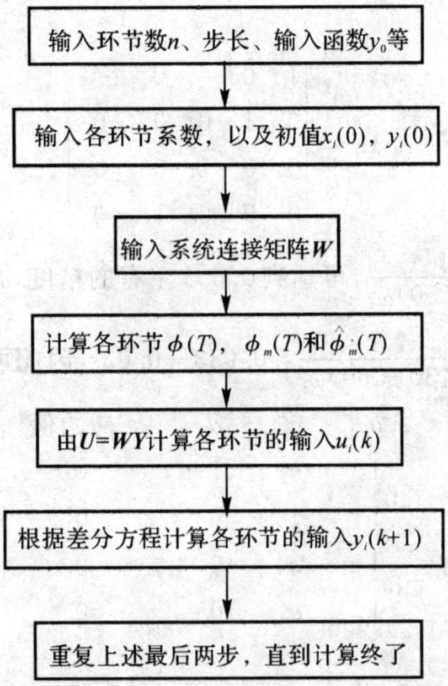

输入环节数n、步长、输入函数y0等
输入各环节系数,以及初值xi(0),yi(0)
输入系统连接矩阵W
计算各环节φ(T),φm(T)和φ̂m(T)
由U=WY计算各环节的输入ui(k)
根据差分方程计算各环节的输入yi(k+1)
重复上述最后两步,直到计算终了

图 4.2.2　仿真流程图

按系统的典型环节离散化仿真,其主要优点:

(1) 各个环节的离散状态方程系数计算简单,而且可以一步求出,不像龙格-库塔法那样,每一步都要重新计算龙格-库塔系数,因而计算量相对来说较小。

(2) 由于各个环节的输入量 u_i、输出量 y_i 每一步都可求出,所以很容易推广到含有非线性环节的系统仿真中去。

该方法的主要缺点是计算精度低。因为每个环节的输入实际上都是使用了它们的近似值(矩形近似或梯形近似),故仅有 1 阶或 2 阶精度,这会带来计算误差,而且环节越多,误差越大。这一点下面还将进一步分析。另外,需要指出的是,当输入采用梯形近似法时,需要用到 $u(n+1)$ 来求取 $\dot{u}(n)$,$\dot{u}(n)=[u(n+1)-u(n)]/T$,这通常是难以办到的。于是在仿真中有时只得采用简单的向后差分的方法来计算 $\dot{u}(n)$,即 $\dot{u}(n)=[u(n)-u(n-1)]/T$。由于 $\dot{u}(n)$ 本来的定义是表示在 $nT\sim(n+1)T$ 区间输入信号的平均变化速度,所以用向后差分的方法来

计算 $\dot{u}(n)$，实际上是用前一个周期 $(n-1)T \sim nT$ 的输入信号的平均变化速度来近似代替周期 $nT \sim (n+1)T$ 的输入信号变化速度，相差一个采样周期。这显然会使计算误差增大。

三、仿真算例及分析

用该程序求某 4 阶系统（结构图见图 4.2.3）在阶跃函数作用下的过渡过程。

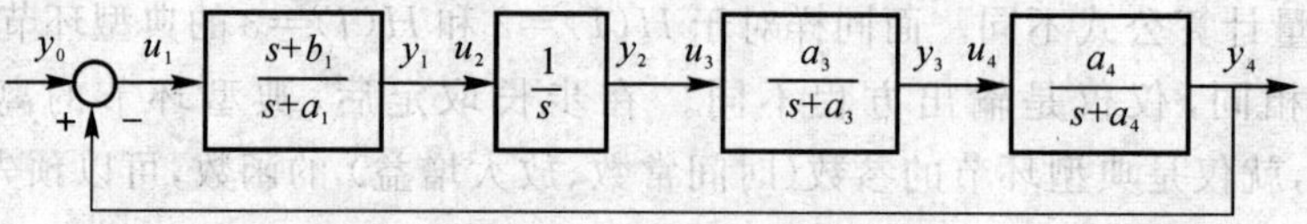

图 4.2.3　4 阶系统结构图

首先，确定典型环节类型和环节编号，本例从左到右顺序排号，第一块类型号 $H(1)=3$，第二块类型号 $H(2)=0$，第三块类型号 $H(3)=2$，第四块类型号 $H(4)=2$，根据图 4.2.3 所示可写出连接矩阵为

$$\boldsymbol{W}=\begin{bmatrix}1 & 0 & 0 & 0 & -1\\0 & 1 & 0 & 0 & 0\\0 & 0 & 1 & 0 & 0\\0 & 0 & 0 & 1 & 0\end{bmatrix}$$

根据经验公式 $T=\frac{1}{(30-50)\omega_c}$，可达到 0.5% 左右的精度，$\omega_c$ 为系统开环频率特性的剪切频率。在此例中，$\omega_c=1$，$T=\frac{1}{(30-50)\omega_c}=0.033-0.02s$，因此可选 $T=0.025s$。输入数据有：

环节序号	a	b	c	d	x 初始值	y 初始值
1	a_1	1	b_1	1	0	0
2	0	1	1	0	0	0
3	a_3	1	a_3	0	0	0
4	a_4	1	a_4	0	0	0

连接矩阵

$$\boldsymbol{W}=\begin{bmatrix}1 & 0 & 0 & 0 & -1\\0 & 1 & 0 & 0 & 0\\0 & 0 & 1 & 0 & 0\\0 & 0 & 0 & 1 & 0\end{bmatrix}$$

仿真参数

采样周期	仿真时间	打印、显示时间间隔	输出环节号 1…
0.01	10	1	1

输入以上 3 组参数后，便可在计算机上仿真。

四、采用补偿器提高模型精度和稳定性的方法

系统的离散化过程，就是在连续系统中加入虚拟的采样开关和保持器。由于保持器不可能完整无误地将连续信号重构出来，因此必然会产生仿真误差。一般来讲，采样间隔越大，仿真的误差也就越大。为了减少误差，很自然地就想到是否能在这个仿真模型中加入校正补偿环节。一般所加入的补偿器应尽可能好地抵消经过采样-保持器所造成的失真。补偿器常常

采用超前的 $\lambda e^{\gamma sT}$ 的形式，其中 λ,γ 可以根据实际情况选取。整个仿真模型如图 4.2.4 所示。

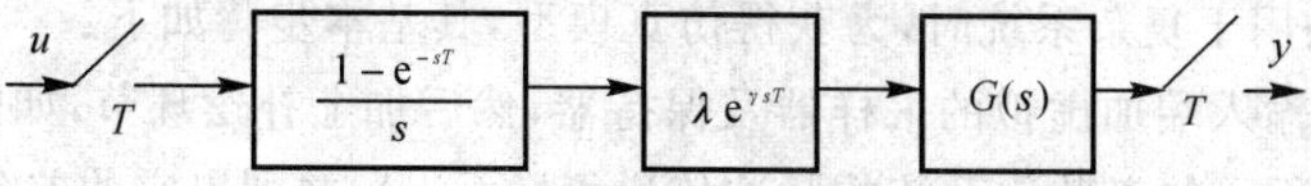

图 4.2.4　加校正的数字仿真模型

下面以积分环节为例来说明这种方法的基本原理。

假定 $G(s)=\frac{1}{s}$，则按图 4.2.4 所示构成的仿真模型的 $G(z)$ 为

$$G(z)=Z\left(\frac{1-e^{-sT}}{s}e^{\gamma sT}\ \frac{\lambda}{s}\right)=\left(\frac{z-1}{z}\right)\lambda Z\left(\frac{e^{\gamma sT}}{s^2}\right) \tag{4.2.5}$$

对 $e^{\gamma sT}$ 作一次近似，即取

$$e^{\gamma sT}\approx 1+\gamma Ts \tag{4.2.6}$$

则式(4.2.5)变成

$$G(z)=\left(\frac{z-1}{z}\right)\lambda Z\left(\frac{1+\gamma sT}{s^2}\right)=\left(\frac{z-1}{z}\right)\lambda\left[\frac{Tz}{(z-1)^2}+\frac{\gamma Tz}{z-1}\right]=T\lambda\left[\frac{\gamma z+(1-\lambda)}{z-1}\right] \tag{4.2.7}$$

写成差分方程为

$$y_n=y_{n-1}+\lambda T[\gamma u_n+(1-\gamma)u_{n-1}] \tag{4.2.8}$$

选择不同的 γ 和 λ，可得各种不同数值积分公式。比如：

选 $\lambda=1,\gamma=0$，则有 $y_n=y_{n-1}+Tu_{n-1}$(欧拉公式)；

选 $\lambda=1,\gamma=\frac{1}{2}$，则有 $y_n=y_{n-1}+\frac{T}{2}(u_n+u_{n-1})$(梯形公式)；

选 $\lambda=1,\gamma=1$，则有 $y_n=y_{n-1}+Tu_n$(超前欧拉公式)。

在梯形公式及超前欧拉公式中都有 y_n 项，一般它是未知的，在计算 y_n 时只知道 y_{n-1}。为此，可以先对输入信号加一拍延滞，然后再加大 γ，补偿这种延滞所造成的误差。如图 4.2.5 所示，则有

$$G(s)=T\lambda\left[\frac{\gamma+(1-\gamma)z^{-1}}{z-1}\right] \tag{4.2.9}$$

$$y_n=y_{n-1}+T\lambda[\gamma u_n+(1-\gamma)u_{n-1}] \tag{4.2.10}$$

选 $\lambda=1,\gamma=\frac{2}{3}$，根据式(4.2.10)可得

$$y_n=y_{n-1}+\frac{T}{2}(3u_{n-1}-u_{n-2}) \tag{4.2.11}$$

这就是亚当斯公式。

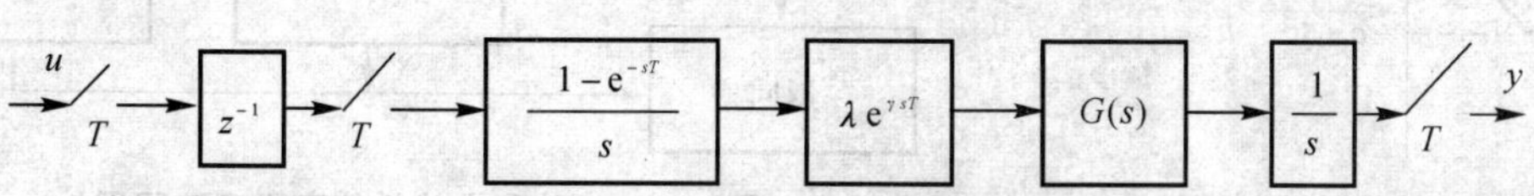

图 4.2.5　补偿延滞造成的误差

由于 λ,γ 可调，故将式(4.2.8)及式(4.2.10)称为可调整的数值积分公式。把这种方法用于复杂系统的快速仿真，就可以得出允许较大步距、又有一定精度的仿真模型。通常将这种方

法称为可调的数值积分法。

当将这种方法用于复杂系统时，为获得仿真模型，其基本步骤如下：

(1) 在系统的输入端加虚拟的采样器及保持器，然后加上补偿环节，如图 4.2.4 所示。

(2) 求出该图所示的离散化系统的脉冲传递函数 $G(z)$，并列出它的差分方程，这就是仿真模型。

(3) 用高阶的龙格-库塔法计算该系统的响应，将它作为一个标准解，然后给出不同的 λ，γ，计算仿真模型的响应，并将它与标准解进行比较，直到误差达到最小为止。

利用上述步骤仅仅是计算出了系统的输入量 y。如果不仅对 y 感兴趣，而且对于系统中的其他变量也有兴趣，那么就必须将系统分成几个部分，每部分都要加虚拟的采样器及保持器。至于校正补偿环节则按一般系统的校正原则，可以对每一个小闭环加一个 $\lambda e^{\gamma sT}$。调整时，一般是先调外环的。调整的目标是要求所获得的仿真模型在较大的计算步距时仍能最好地与实际模型相接近。λ，γ 的选取可采用第 6 章所介绍的参数寻优程序来确定。

4.3 非线性系统的数字仿真

在 4.2 节中曾提到，利用离散相似法编制的仿真程序虽然精度低，但是却可以十分方便地推广应用到这类非线性系统中去，其主要原因是在仿真计算程序中，每走一步，各个环节的输入量及输出量都将重新计算一次。因此非线性环节子程序很容易加入到仿真程序中去。下面首先介绍典型的非线性环节的仿真。

一、非线性环节仿真子程序

1. 饱和非线性

完成图 4.3.1 所示饱和非线性特性输入、输出之间的仿真程序，可采用图 4.3.2 所示的仿真流程图，并相应地编制子程序在使用中调用。

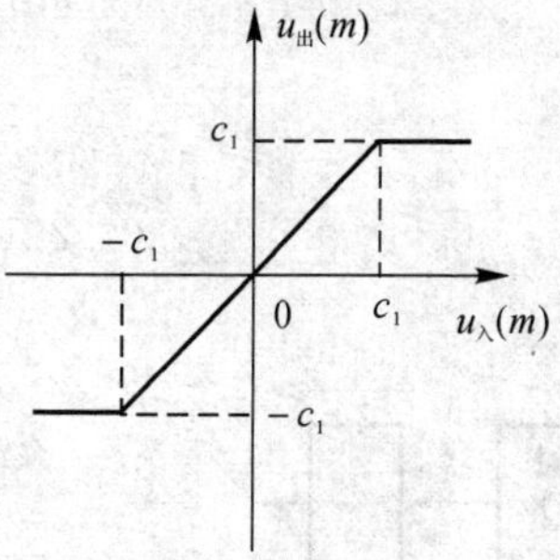

图 4.3.1 饱和非线性特性

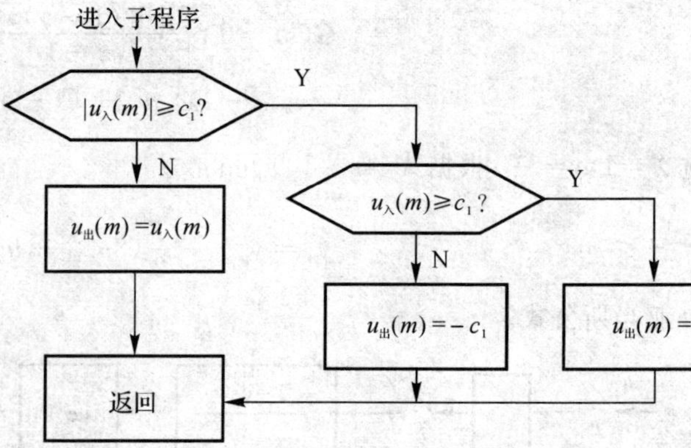

图 4.3.2 饱和非线性仿真程序流程图

2. 失灵区非线性

图 4.3.3 所示的失灵区非线性特性输入、输出之间的仿真流程图如图 4.3.4 所示。

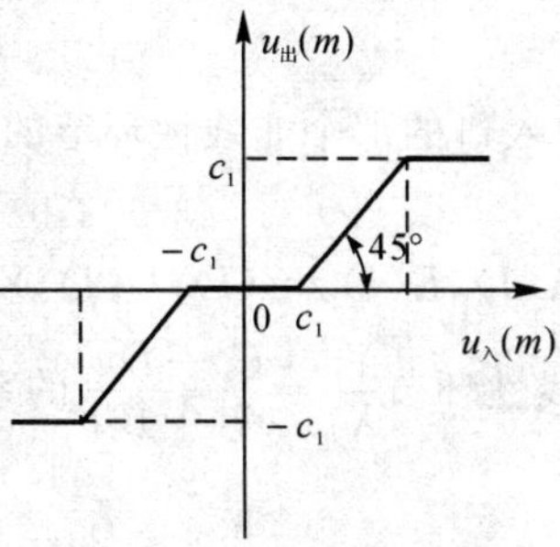

图 4.3.3　失灵区非线性特性

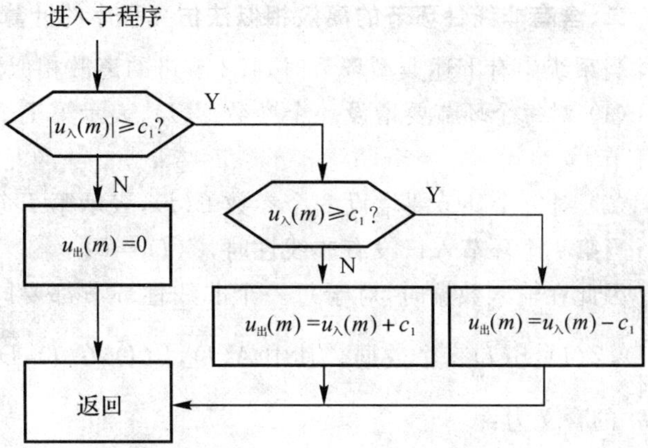

图 4.3.4　失灵区非线性仿真程序流程图

3. 齿轮间隙(磁滞回环)非线性(见图 4.3.5)

设 $u_入^0(m)$ 为上一次的输入,$u_出^0(m)$ 为上一次的输出。若 $u_入^0(m)-u_出^0(m)>0$,且 $u_出^0(m)\leqslant u_入^0(m)-C_1$,则

$$u_出^0(m)=u_入^0(m)-C_1$$

即,若只满足前一个条件,而不满足后一个条件,则是工作在由左边的特性过渡到右边的特性上。

若 $u_入^0(m)-u_出^0(m)<0$,且 $u_出^0(m)\geqslant u_入^0(m)+C_1$,则

$$u_出^0(m)=u_入^0(m)+C_1$$

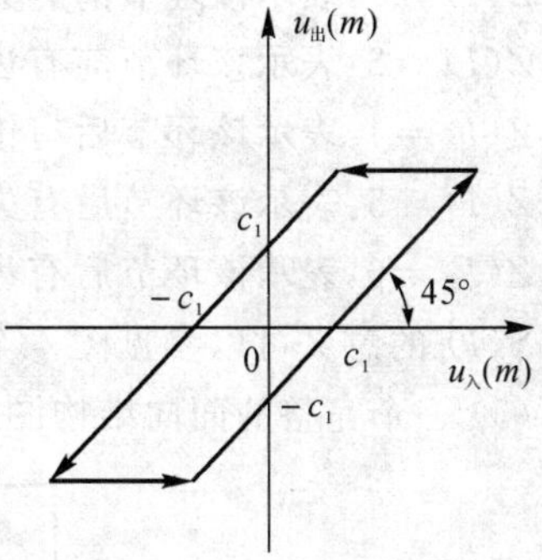

图 4.3.5　齿轮间隙非线性特性

其他情况,$u_出(m)=u_出^0(m)$,即输出维持不变,正好在走间隙这一段。程序流程图见图4.3.6。

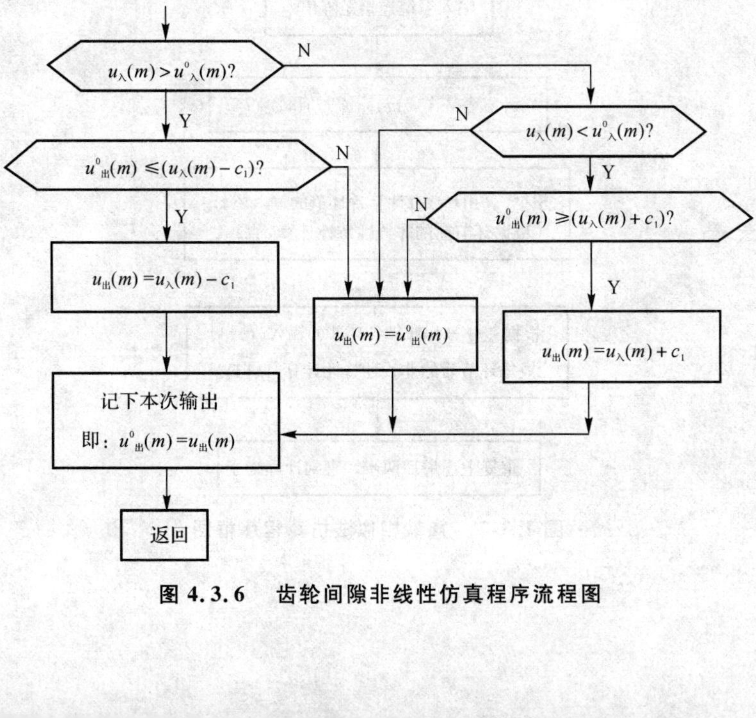

图 4.3.6　齿轮间隙非线性仿真程序流程图

二、含有非线性环节的离散相似法仿真程序的计算方法

当系统中有上述典型环节时，4.2 节讲的离散相似法仿真程序要作如下修改：

(1) 对每个环节要增设一个参数 $Z(I)$，表示第 I 个环节的入口或出口有哪种类型的非线性环节。

(2) 对每个环节要增设一个参数 $C(I)$，表示第 I 个环节的入口的那个非线性环节的参数 C_i。当第 I 个环节入口没有非线性时，$C(I)=0$。

因此在输入数据时，对于每一个非线性环节都要同时送 $A(I)$，$B(I)$，$C(I)$，$D(I)$，$Y(I)$，$X(I)$，$Z(I)$，$S(I)$ 8 个数据。其中 $A(I)$，$B(I)$，$C(I)$，$D(I)$ 为线性环节 $\dfrac{Y_i}{X_i}=\dfrac{C_i+D_is}{A_i+B_is}$ 的系数，$Z(I)$ 的含义为：

$Z(I)=0$：表示该环节前、后无非线性环节。

$Z(I)=1$：表示该环节前有饱和非线性环节。

$Z(I)=2$：表示该环节前有失灵区非线性环节。

$Z(I)=3$：表示该环节前有齿轮间隙非线性环节。

$Z(I)=4$：表示该环节后有饱和非线性环节。

$Z(I)=5$：表示该环节后有失灵区非线性环节。

$Z(I)=6$：表示该环节后有齿轮间隙非线性环节。

$S(I)$ 的意义可以参见图 4.3.1、图 4.3.5 所示的非线性参数 c_1。

(3) 一个完整的面向结构图的离散相似法仿真程序框图如图 4.3.7 所示。

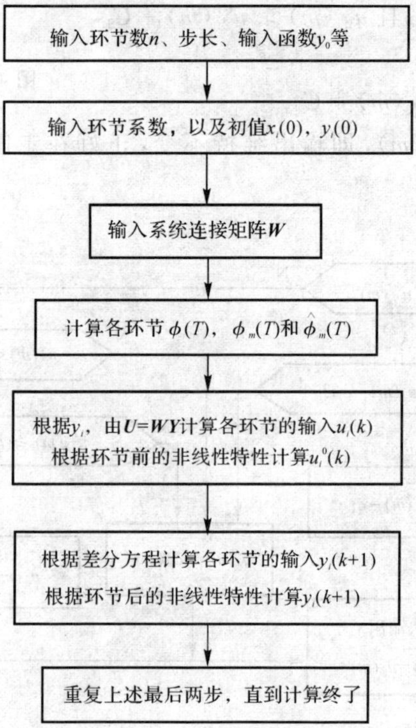
输入环节数n、步长、输入函数y₀等
输入环节系数，以及初值x_i(0)，y_i(0)
输入系统连接矩阵W
计算各环节φ(T)，φ_m(T)和φ̂_m(T)
根据y_i，由U=WY计算各环节的输入u_i(k)
根据环节前的非线性特性计算u_i^0(k)
根据差分方程计算各环节的输入y_i(k+1)
根据环节后的非线性特性计算y_i(k+1)
重复上述最后两步，直到计算终了

图 4.3.7　离散相似法仿真程序框图

三、非线性系统仿真举例

有一个 4 阶非线性系统仿真结构图如图 4.3.8 所示。试分析当阶跃输入 $u=10$ 时，以下 3 种情况下的系统输出响应及结果：① 无非线性环节；② 非线性环节为饱和特性（见图 4.3.1），且 $c_1=5$；③ 非线性环节为失灵区特性（见图 4.3.3），且 $c_1=1$。

第一步：确定系统各个环节号。本例除第一个环节前有非线性环节外，其余都为线性环节。

第二步：根据图 4.3.9 所示写出连接矩阵为

$$\begin{bmatrix} u_1 \\ u_2 \\ u_3 \\ u_4 \end{bmatrix} = \begin{bmatrix} 1 & 0 & 0 & 0 & -1 \\ 0 & 1 & 0 & 0 & 0 \\ 0 & 0 & 1 & 0 & 0 \\ 0 & 0 & 0 & 1 & 0 \end{bmatrix} \begin{bmatrix} y_0 \\ y_1 \\ y_2 \\ y_3 \\ y_4 \end{bmatrix}$$

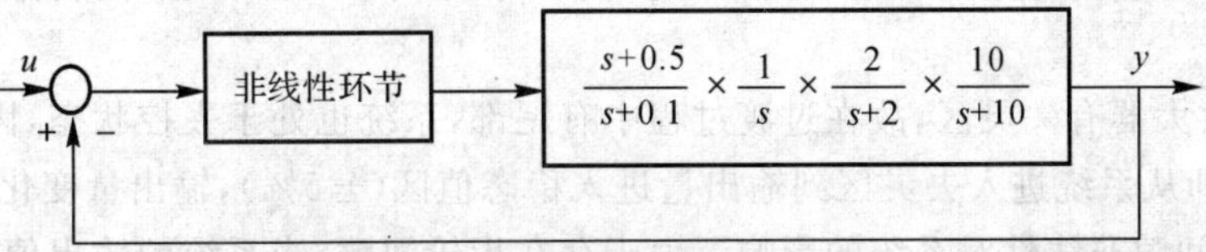

图 4.3.8　4 阶非线性系统结构图

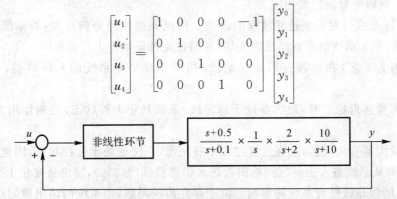

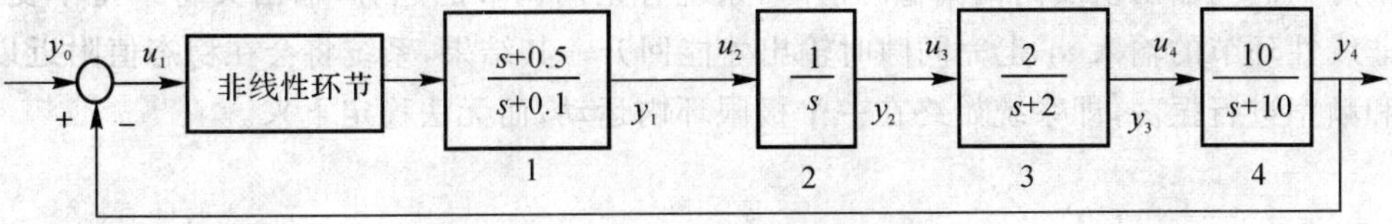

图 4.3.9　4 阶非线性系统仿真框图

第三步：运行程序，根据提示输入数据。输入的数据有：

(1) 各环节参数，按第二种情况考虑，非线性环节为饱和特性，即

$A(i)$	$B(i)$	$C(i)$	$D(i)$	$u_0(i)$	$y_0(i)$	$Z(i)$
0.1	1	0.5	1	0	0	1
0	1	1	0	0	0	0
2	1	2	0	0	0	0
10	1	10	0	0	0	0

(2) 输入连接矩阵数据，即

$$\boldsymbol{W} = \begin{bmatrix} 1 & 0 & 0 & 0 & -1 \\ 0 & 1 & 0 & 0 & 0 \\ 0 & 0 & 1 & 0 & 0 \\ 0 & 0 & 0 & 1 & 0 \end{bmatrix}$$

(3) 输入仿真参数。根据经验公式，采样周期按各环节最小的时间常数的$\frac{1}{10}$选取，本例中最小时间常数为 0.1，故采样周期选为 0.01。仿真时间取 10 s，且观察第 1 号、4 号环节输出，因

此输入仿真参数如下：

采样周期	仿真时间	打印、显示时间间隔	输出环节号 …
0.01	10	1	1,4

第四步：结果分析。将以上 3 组数据输入到仿真程序中，运行后可得到数据结果。通过该程序的仿真结果，可以分析系统中典型非线性环节对系统的影响。

(1) 饱和非线性对系统过渡过程的影响。当自动控制系统（非条件稳定系统）中存在饱和元件时，系统的稳定性将变好，而快速性将变坏，也即超调量将减小，而过渡过程时间增加。这与自动控制原理理论分析结果相同。

(2) 失灵区非线性对系统过渡过程的影响。根据调解原理分析可知：若系统中具有失灵区非线性环节，那么系统的动态品质将变坏，而对稳定性影响不大。其原因：

1) 由于有失灵区，在过渡过程的起始段，相当于减小了系统的开环增益，故过渡过程变缓。

2) 当输入量接近稳定时，放大器处于稳定区，系统处于失控状态，控制作用为零，故超调量将略微增大。

3) 由于放大器有失灵区，故在过渡过程中有尾部，系统也处于失控状态，因此将出现一个很长的尾巴，即从系统进入失灵区到输出量进入稳态值区(±5%)，输出量变化十分缓慢。

(3) 齿轮间隙非线性对系统的影响。由于存在齿轮间隙，当系统的输出值超过稳态值时，因系统有反向调节的趋势，输出将维持不变，一直要等非线性环节的输入 u_λ 走完间隙时输出才能下降。而当输出值反向偏离稳态值时，系统有正向调节的趋势，输出又将维持不变，一直要等非线性环节的输入 u_λ 走完间隙时输出才能回升。其结果，系统将会在稳态值附近以某一幅度和频率进行振荡，即系统始终在一个极限环内运动，而无法稳定下来。

4.4 连续系统的结构图仿真及程序

4.4.1 CSSF 程序包简单介绍

本小节将介绍一个面向结构图的数字仿真程序包 CSS(Continuons System Simulation)。该程序包是 1981 年 5 月引入我国的。该程序包首先被移植在国产的 DJS－130 机上，后因 BASIC 语言运行速度太慢，国内有关单位将该程序包翻译成 FORTRAN 语言，并对源程序作了大量的修改和补充，取名为 CSSF，ZFX 等。

CSSF 仿真程序包的主要特点：

(1) 配备了多种积分方法，例如，定步长龙格-库塔法、边步长梅森法、定步长汉明法等。

(2) 可以面向多种形式的数学模型，例如，状态方程，1 阶及 2 阶传递函数，n 阶传递函数或微分方程，对所有这些原始方程，只需直接输入系统，不必进行变换。

(3) 增加了延迟、微分、一元及二元函数发生器等。

(4) 增加了采样系统仿真功能，并且有参数优化模块。

(5) 具有非线性两点边值自动求解功能。

CSSF 程序包提供了约 40 种不同类型的运算块，包括模拟机中的积分器、比例器、三角函数、对数、乘法、除法以及各种非线性函数运算模块，故一套 CSSF 程序包的计算功能相当于一台大型模拟机。除此之外，CSSF 程序包还包括几块用户自定义块以适应用户的特殊需要。

用 CSSF 进行仿真的最大优点就是使用方便。用户只需将仿真系统转化成程序包所含有的运算功能块所组成的仿真结构图，启动程序包，按指定的方式输入各功能块的编号、类型参数、连接方式，以及积分步长、仿真时间等参数，就可以得到仿真结果。

4.4.2　Micro－CSS 仿真程序

可以说，CSSF 仿真程序是一种功能全、性能高的程序包，可用于大型、复杂的连续或采样系统的仿真，但该程序包的结构复杂。Micro－CSS（MCSS）是 CSS 的微型化，它是用 BASIC 语言编写的。基本的 MCSS 约有 80 条语句，而扩展 MCSS 约有 200 条语句，并采用 C 语言编写。它包括了 CSS 程序包的主要内容，并且参数的输入风格也与 CSS 相同，故通过 MCSS 程序的学习，也可解剖 CSS 的结构，并掌握 CSS 的使用方法。

MCSS 仿真程序共有 17 种函数功能块，且为用户提供了方便的扩展方式。仿真最大块数定义为 200 块，也可根据机器内存将其扩展。MCSS 仿真程序具有自动排序功能。其功能块名称见表 4.4.1。每一功能块用一种型号表示，例如，1 型为常数块，2 型为比例加法块，3 型为比例积分器，13 型为采样控制器模块等。用户使用时，首先要设定系统中每一功能块的顺序号（不是类型号），顺序号的编号可由用户自定，但最大号数不能超过 200。实际运行次序由仿真程序在运行前自动排列。

表 4.4.1　MCSS 仿真程序模块名称和功能

类型	名称	符号	输入、输出之间的函数关系
1	常数块	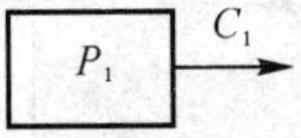	$C_1=P_1$
2	比例加法器	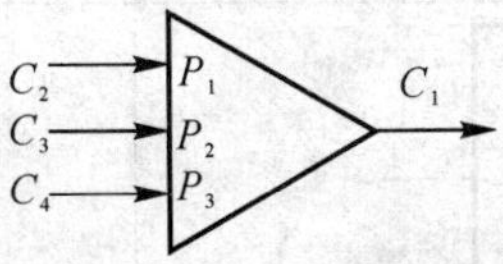	$C_1=C_2P_1+C_3P_2+C_4P_3$
3	比例积分器	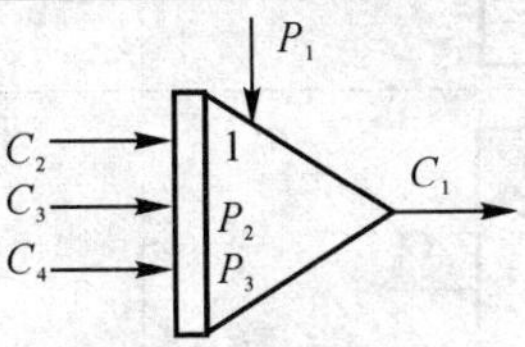	$C_1=P_1+\int_0^T(C_2+C_3P_2+C_4P_3)\mathrm{d}t$
4	延时环节块	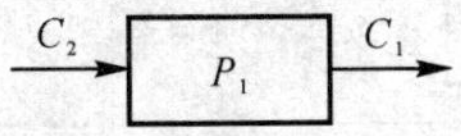	$C_1=C_2(t-P_1)$
5	正弦函数块	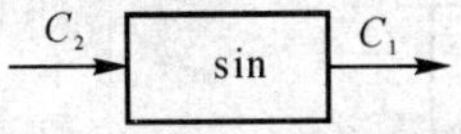	$C_1=\sin(C_2)$
6	余弦函数块	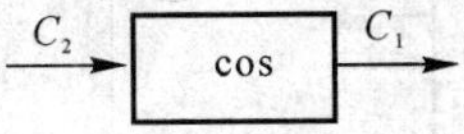	$C_1=\cos(C_2)$

续表

类型	名称	符号	输入、输出之间的函数关系
7	乘法器	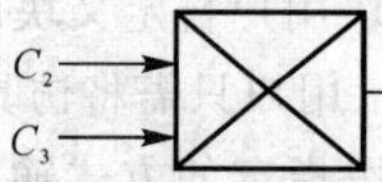	$C_1 = C_2 C_3$
8	反号器	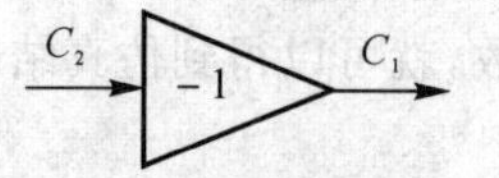	$C_1 = -C_2$
9	反正切函数	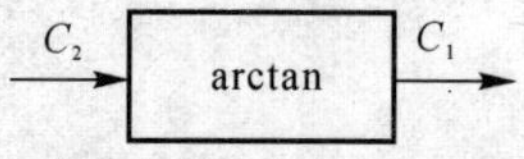	$C_1 = \arctan C_2$
10	除法器	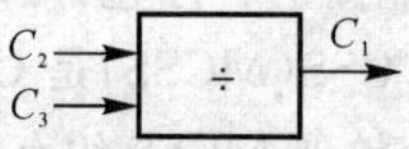	$C_1 = C_2/C_3$， $C_3 \neq 0$
11	开关模块	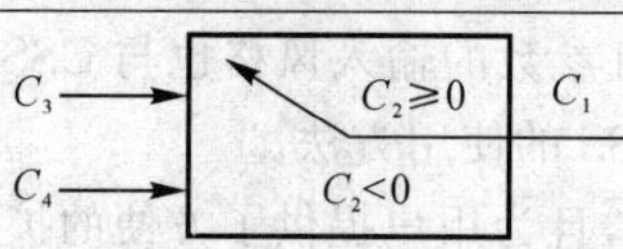	$C_1 = \begin{cases} C_3 & C_2 \geqslant 0 \\ C_4 & C_2 < 0 \end{cases}$
12	时间输入	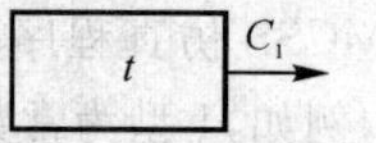	$C_1 = t$
13	采样控制器模块	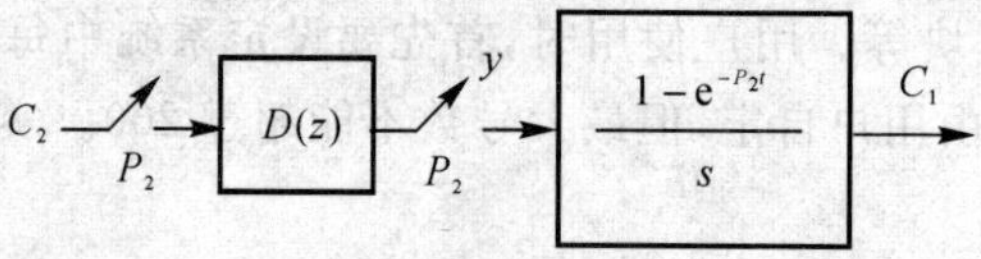	$\dfrac{y(z)}{u(z)} = D(z) = \dfrac{a_0 + a_1 z^{-1} + \cdots + a_8 z^{-8}}{1 + b_1 z^{-1} + \cdots + b_8 z^{-8}}$ P_2－采样周期 $a_0, \cdots, a_8, b_1, \cdots, b_8$－控制器系数
14	理想继电器	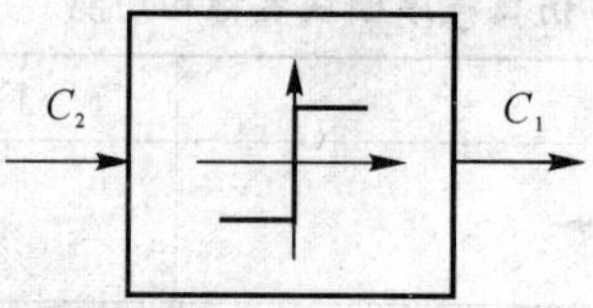	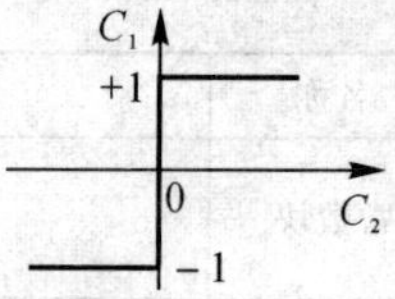
15	失灵区特性	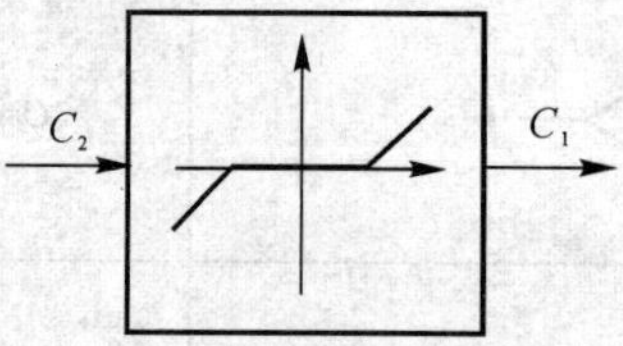	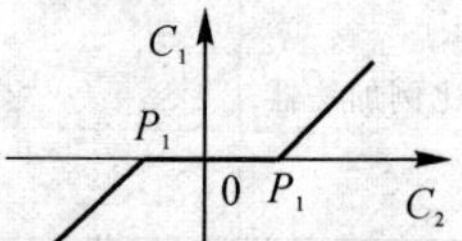
16	饱和特性	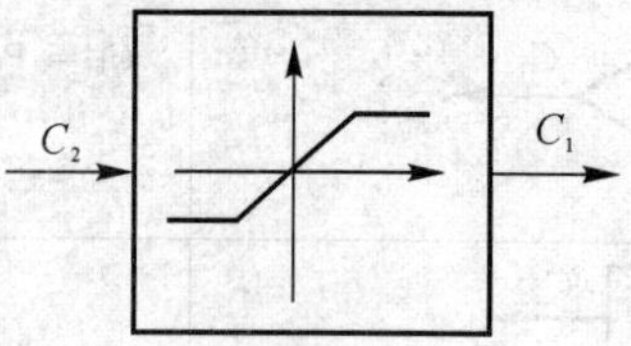	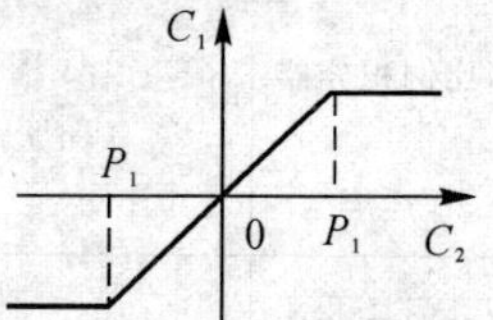
17	间隙特性	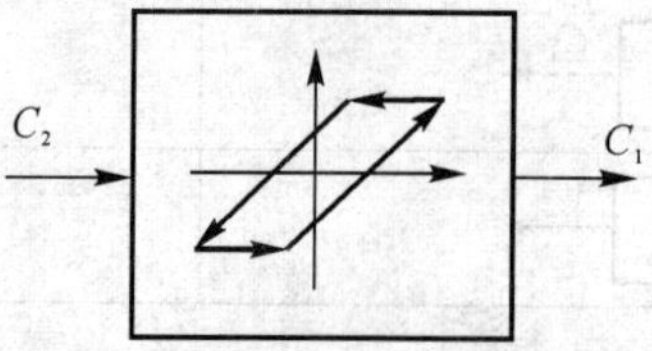	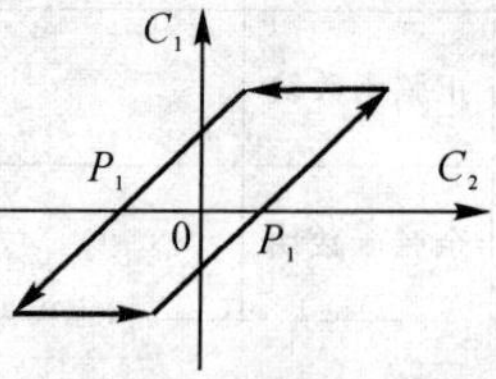

4.4.3　MCSS 仿真程序的使用方法

下面结合具体例子说明构成 MCSS 仿真图的方法、系统参数、连接情况，以及仿真参数的输入方式。

例 4.4.1　有一个 2 阶系统，其微分方程如下：

$$\ddot{y}(t)+\dot{y}(t)+0.1y(t)=1$$

初值：$y(0)=0,\dot{y}(0)=0$。试画出仿真结构图，并写出仿真数据。

解　(1) 仿真图构成方法。由于原微分方程可改写为

$$\ddot{y}(t)=1-\dot{y}(t)-0.1y(t)$$

故可由积分器、常数块构成如图 4.4.1 所示的仿真图，并在仿真图上方标出顺序号。

(2) 各功能块连接方式输入数据。各功能块连接方式输入数据的格式为

DATA I,I6,J,K,L

其中　I——功能号顺序号；

I6——功能号类型号；

J——同第 1 输入端(C_2)连接的模块号；

K——同第 2 输入端(C_3)连接的模块号；

L——同第 3 输入端(C_4)连接的模块号。

这部分数据输入结束时，用全零行表示，即

DATA　0,0,0,0,0

本例的数据格式为

```
10    DATA    1,1,0,0,0
12    DATA    2,3,1,3,2
14    DATA    3,3,2,0,0
16    DATA    0,0,0,0,0
```

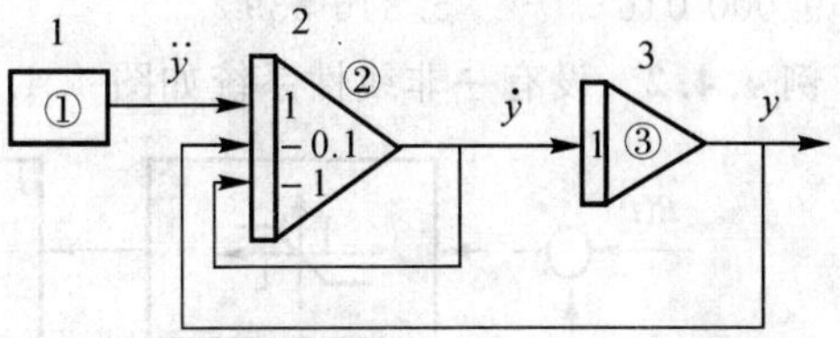

图 4.4.1　例 4.4.1 的仿真结构图

(3)参数部分数据输入。参数部分数据输入的格式为

DATA　I,Y(1),Y(2),Y(3)

其中　I——功能块顺序号；

Y(1),Y(2),Y(3)——各功能块的参数 P_1,P_2,P_3。

这部分数据输入结束时，同样用全零行表示。

注意：积分块(3 型功能块)的第一参数输入为初始条件数据。当某一功能块中 P_1,P_2,P_3 3 个参量都没有时，可以不输入该块的数据。例如，正弦函数块、余弦函数块、乘法器等。

本例的数据格式为

```
60    DATA    1,1,     0,      0
62    DATA    2,0,  -0.1,     -1
64    DATA    3,0,     0,      0
66    DATA    0,0,     0,      0
```

(4) 仿真控制数据输入。仿真控制数据输入的格式如下：

```
80  DATA  D,T1,T2,K1,K2,K3,K4
```

其中 D——积分步长；

T1——仿真时间；

T2——打印、显示时间间隔；

K1～K4——输出量所在模块。

本例中，如果设计步长为0.1s，仿真时间为10s，每秒显示一次，输出量为 $y,\dot{y}$，则数据格式为

```
90    DATA      0.1,1,3,2,0,0
```

其输出结果如下：

TIME	OUTPUT—3	OUTPUT—2	OUTPUT—0	OUTPUT—0
0	0	0	0	0
0.999 996	0.365 040 3	0.721 808	0	0
1.999 999	1.103 401	0.811 573 8	0	0
2.999 998	1.932 805	0.830 502 8	0	0
3.999 997	2.743 704	0.785 397 5	0	0
4.999 996	3.496 954	0.719 563 2	0	0
5.999 995	4.181 771	0.650 230 8	0	0
6.999 994	4.798 479	0.583 958 2	0	0
7.999 993	5.351 465	0.522 966 2	0	0
9.000 016	5.846 339	0.467 740 8	0	0

例 4.4.2 设有一非线性系统如图 4.4.2 所示，求其响应 $y(t)$。

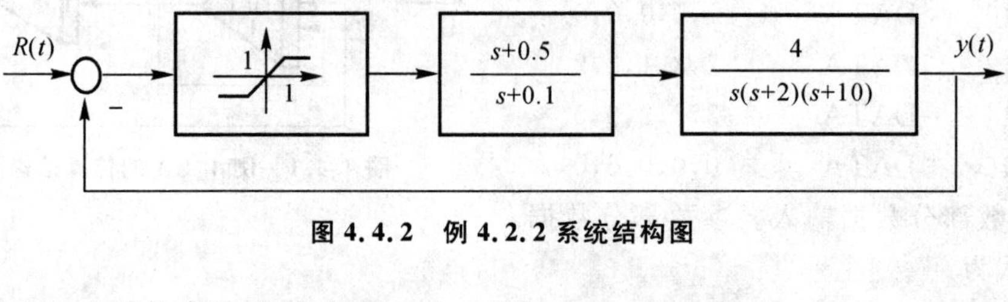

图 4.4.2 例 4.2.2 系统结构图

解 首先画出其仿真结构图，如图 4.4.3 所示。

$$\frac{s+0.5}{s+0.1}=1+\frac{0.4}{s+0.1}$$

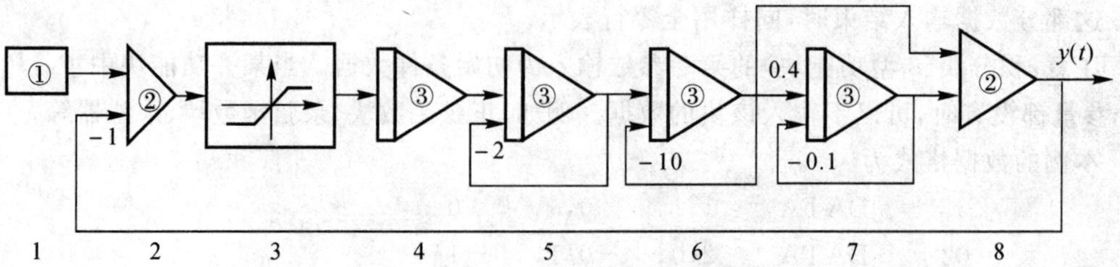

图 4.4.3 例 4.2.2 系统仿真结构图

数据文件为

```
10    DATA    1,1,0,0,0
12    DATA    2,2,1,8,1
14    DATA    3,16,2,0,0
16    DATA    4,3,0,3,0
18    DATA    5,3,4,5,0
20    DATA    6,3,5,6,0
22    DATA    7,3,0,6,7
24    DATA    8,2,6,7,0
26    DATA    0,0,0,0,0
50    DATA    1,1,0,0
52    DATA    2,1,-1,0
54    DATA    3,1,-1,0
56    DATA    4,0,4,0
58    DATA    5,0,-2,0
60    DATA    6,0,-10,0
62    DATA    7,0,0.4,-0.1
64    DATA    8,1,1,0
66    DATA    0,0,0,0,0
90    DATA    0.01,5,0.5,8,0,0,0
```

其输出结果为

TIME	OUTPUT—3	OUTPUT—2	OUTPUT—0	OUTPUT—0
0	0	0	0	0
0.499 999 8	2.753 746E—02	0	0	0
0.999 999 3	0.110 005 2	0	0	0
1.499 999	0.226 193	0	0	0
1.999 998	0.366 024 2	0	0	0
2.499 998	0.525 232 6	0	0	0
2.999 998	0.701 728 2	0	0	0
3.499 997	1.101 851	0	0	0
4.500 008	1.323 749	0	0	0

4.4.4　MCSS 仿真程序分析

为了方便读者进一步了解 MCSS 程序的使用方法和应用范围，并熟悉编程技巧，本小节对该程序的组成及功能作更深入的分析和说明。

MCSS 程序共由以下四部分组成：

(1) 输入数据块。

(2) 自动安排模块顺序块。

(3) 运行程序块。

(4) 输出打印块。

该程序编排紧凑,有些块又是相互交叉进行的。图 4.4.4 所示为 MCSS 仿真程序流程图。

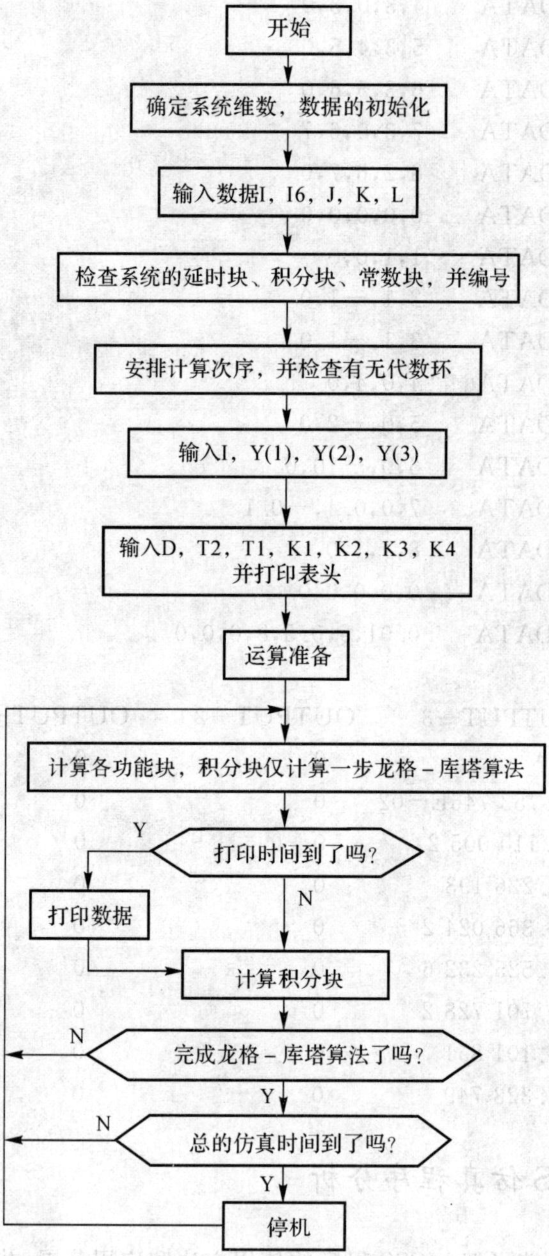

图 4.4.4　MCSS 流程图

下面分别说明以上四部分程序。

1. 输入数据块

这部分主要由读语句组成,输入的数据有三部分,按先后顺序为:

(1) 连接方式数据:I,I6,J,K,L。

(2) 典型块参数数据:I,Y(1),Y(2),Y(3)。

(3) 仿真控制数据:D,T1,T2,K1,K2,K3,K4。

其中(1)(2)两类输入数据结束标志为零。数据段可放在程序的前部或后部,但三部分数据的次序不能改变。

在编程时考虑到程序的紧凑,故将这部分插入在其他部分之中。在读数据的同时为了后一部分排序的要求,计算机自动检查仿真系统中积分块、常数块、延时块的个数及编号。安排方式见表 4.4.1。

表 4.4.1　三类特殊模块的数目和编号

类　型	数　目	编　号
延时块	N4	ID(N4)
积分块	N9	V(N9)
常数块	N8	N(N8)

2. 自动安排模块顺序块

这一段程序的主要功能是编排各模块计算顺序并赋予顺序号。用户在完成仿真结构图后,先要给用户一个计算顺序,即编号。至于这一顺序号是否合理,程序会自动进行判断,并作出合理安排。前排的原则是,该模块的 3 个输入信号是否已有确定值,若无,则这一模块必须排在以后计算。但有 3 种类型块例外:常数块(1)、积分块(3)和延时块(4)。它们的输出值可由给定的参数和初始值来确定,不必依赖于输入值。

在进入这段程序以前,除了常值信号源外(因为它们不必计算,故没有安排计算顺序的必要),其他运算块的类型代码(程序中用 U(I,1)表示)均为负值,以表示尚未安排好的顺序。程序根据用户编号顺序从小到大检查类型代码 U(I,1)的符号,如果 U(I,1)为负,就开始检查该块的 3 个输入端信号是否都有确定值,即检查 3 个输入信号是否来自延迟、积分、常数或已安排好的功能模块的输出。如果 3 个输入均满足上述情况之一,即可安排该块的计算顺序并编号,且将类型代码 U(I,1)取正值。该块的流程图如图 4.4.5 所示。其中,N7 为环节总数目;N(・)为数组,存放排好的计算顺序;I,K,L1 为该子程序用到的变量。

下面用一个例子来说明 MCSS 程序中各模块计算顺序自动安排的过程。

例 4.4.3　有一方程如下:

$$\ddot{y}(t)+P(y^2-1)\dot{y}(t)+y(t)=0$$

设初始条件为

$$y(0)=0\quad \dot{y}(0)=1.0$$

试分析计算机排序的方法和结果。

解　首先将方程改写为

$$\ddot{y}(t)=P\dot{y}(t)-Py^2(t)\cdot\dot{y}(t)-y(t)$$

用上式可画出仿真结构图。先对仿真结构图中各模块任意编号,如图 4.4.6 所示。

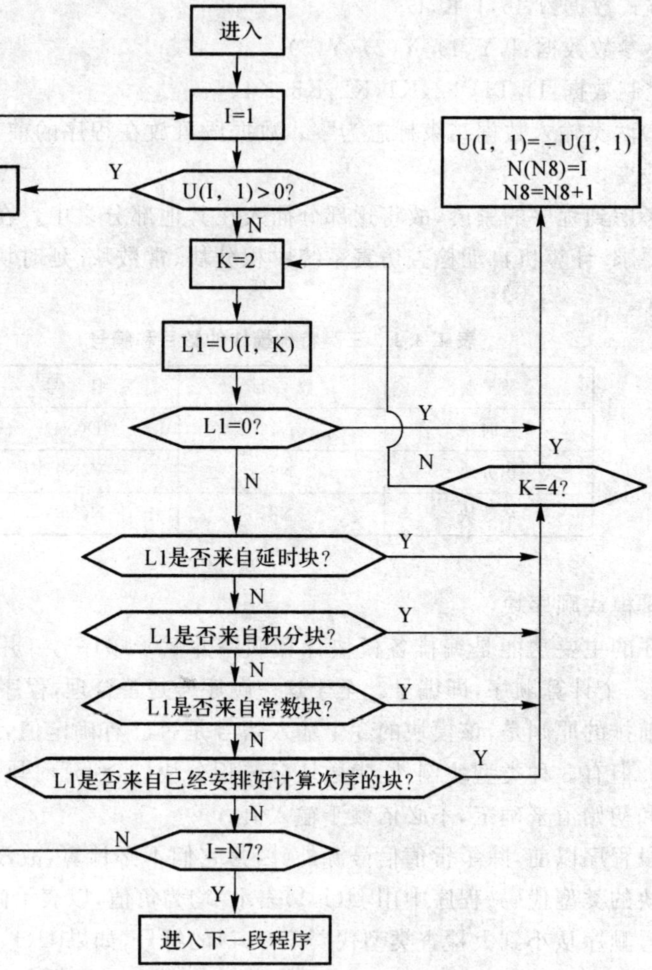

图 4.4.5　自动排序模块流程图

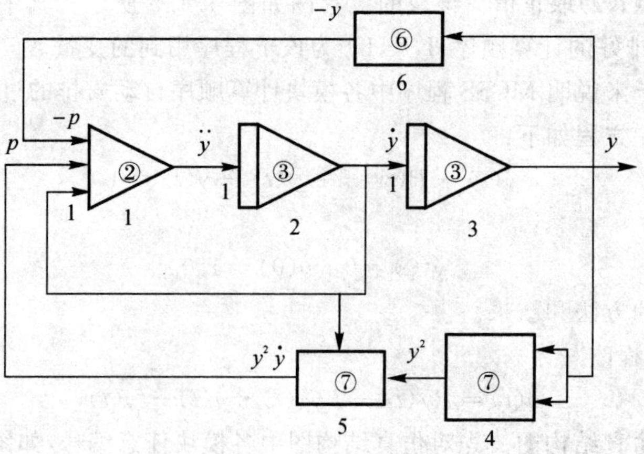

图 4.4.6　例 4.4.3 仿真结构图

程序先按用户编号 1 号开始检查，因为 1 号比例器只有第 3 输入端是确定的，其余两个未定，所以不能列为第 1 号。接着检查第 2 号，由于 2 号积分器的输入端需要 1 号提供，故也不能列为第 1 号。而 3 号积分器的输入端由 2 号积分器的初始值便可确定，故列为第 1 号。这样反复检查，最后得到的计算顺序为

$$3\rightarrow4\rightarrow5\rightarrow6\rightarrow1\rightarrow2$$

显然这种计算顺序并非唯一，它和用户编号顺序有关。若把原用户编号作如下改动，即

$$1\rightarrow3,2\rightarrow4,3\rightarrow5,4\rightarrow1,5\rightarrow2,6\rightarrow6$$

则计算顺序为

$$1\rightarrow2\rightarrow5\rightarrow6\rightarrow3\rightarrow4$$

虽然顺序不同，但只要确定正确无误，那么其计算结果完全相同。

3. 运行程序块

该段主要包括：

(1)运行准备：指针 A　　龙格-库塔法系数；

　　　　　　　　　B　　典型块运行控制。

(2)典型块计算：目前 MCSS 仿真程序共有 17 种典型块，且程序为用户提供了方便的备用模块入口地址，以适应特殊需要。另外程序为了突出简单，积分方法只选择了 4 阶龙格-库塔法。

4. 输出数据块

MCSS 仿真程序输出数据的方式很简单，只有 3 条数据输出语句。每次运行最多可将 4 个模块的数据输出。

4.4.5　代数环问题

在连续时间系统面向结构图仿真中，完全可能出现这种情况，即计算机无法对所有的环节进行排序。换句话说，在系统的仿真结构图中，可能存在一些环节无法安排计算顺序。这种情况我们称系统的仿真结构图出现了代数环。这是需要特别注意的问题，因为这时，系统将不可能进行仿真计算。所谓的代数环就是在系统的仿真结构图中出现了纯粹是由代数环节构成的闭环回路。

例 4.4.4　考虑下面方程所描述系统的仿真：

$$\dot{x}=y+x^2+\dot{y}$$
$$\dot{y}=y\dot{x}+2$$

解　首先画出系统的仿真结构图，如图 4.4.7 所示。

对图 4.4.7 进行分析，可以发现由于模块 2 无法确定计算顺序，导致模块 3、模块 4、模块 5 和模块 7 也无法确定计算顺序，而模块 7 无法确定计算顺序，又导致模块 2 无法确定计算顺序。这就是说仿真结构图出现代数环，即由模块 2、模块 4 和模块 7 形成一个封闭环，在该封闭环内没有动态环节，而仅由一些代数环节组成。或者也可以这样说，如果某环节的输出仅仅经过代数运算就反馈到该环节的某个输入，就构成一个代数环。

代数环的解决方法很多，可以根据被仿真对像的具体情况来定。在 Simulink 里面，采用了 Newton－Raphson 技术来求解代数环。由于这种方法利用的是迭代优化，因此存在计算时

间长，甚至找不到解的可能性。在此介绍两种比较实用的方法。

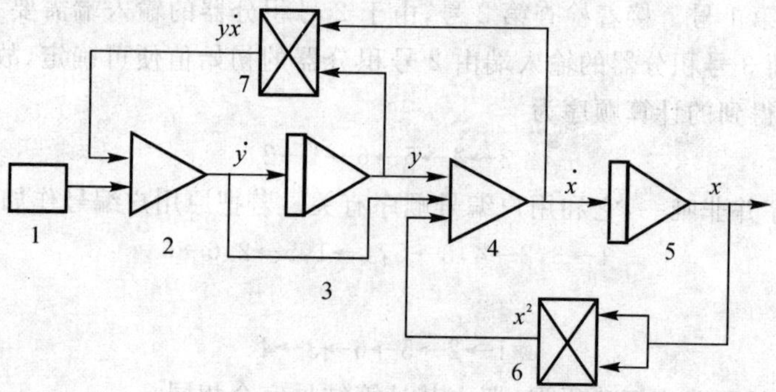

图 4.4.7　例 4.4.4 的仿真结构图

(1)如果系统的仿真结构图比较复杂，并且计算步长也较小，可以在代数环上的任意一个地方增加一个一步延时环。这种方法比较简单，并且有效。

(2)如果系统的模型不是特别复杂，可以将模型重写为一个标准的 1 阶微分方程组，例如例 4.4.4 的系统可以重写为

$$\dot{x}=\frac{1}{1-y}(2+y+x^2)$$

$$\dot{y}=2+\frac{y}{1-y}(2+y+x^2)$$

即按上式重新画仿真结构图，就可以避免代数环的出现。因此，一般按标准的 1 阶微分方程组，即方程右边不出现变量的导数，画出的仿真结构图不会有代数环。

本章小结

本章是全书的重点之一，所介绍的两种面向结构图的仿真方法是目前科学研究和工程实践中常用的仿真方法。

(1)在连续系统用结构图形式给定后，离散相似法是一种较为简单的方法。该方法的实质就是在系统必要环节的输入和输出端加入虚拟采样器和保持器，将连续系统离散化，然后分别计算分隔开的各个环节的输出量，并按结构图上的关系把相应的输入与输出连接起来，顺序求解计算。由于环节的离散化方程可离线计算，因此该方法突出的特点是运算速度快，但精度低。

(2)相对于离散相似法而言，在 4.4 节叙述的连续系统结构图仿真方法应用更广泛。它们的基本原理是一样的，但后者对各环节的计算是在仿真运行中分别进行的，因此它可以提供多种积分解法供用户选择，并且有较高的精度，但带来的问题是计算速度较慢，并且需要排序，以避免结构图中出现的代数环。

习　　题

4-1　有一闭环系统如下图所示。

(1) 求出$\dfrac{1}{s+(s+2)}$的 $\phi(T)$，$\phi_m(T)$，列出求解 $y(t)$ 的差分方程。

(2) 求出闭环系统的 $\phi(T)$，$\phi_m(T)$，列出求解 $y(t)$ 的差分方程。

(3) 在闭环入口 e 处加虚拟采样器及零阶保持器，求出开环的脉冲传递函数 $W(z)$，并列出求解 $y(t)$ 的差分方程。

(4) 在系统入口 u 处加虚拟采样器及零阶保持器，求出开环的脉冲传递函数 $W(z)$，并列出求解 $y(t)$ 的差分方程。

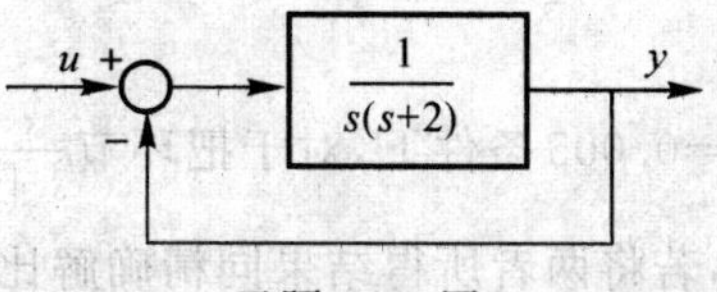

习题 4-1 图

4-2　已知系统$\dfrac{k}{s+a}(a>0)$的 $\phi(T)=\mathrm{e}^{-aT}$，$\phi_m(T)=\dfrac{k}{a}(1-\mathrm{e}^{-aT})$，故差分方程为 $y_{n+1}=\mathrm{e}^{-aT}y_n+\dfrac{k}{a}(1-\mathrm{e}^{-aT})u_n$，试分析步距 T 应如何选择。若选择得过大，计算时是否会发生不稳定？

4-3　试编出下图所示的非线性环节的仿真程序。

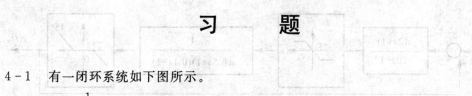

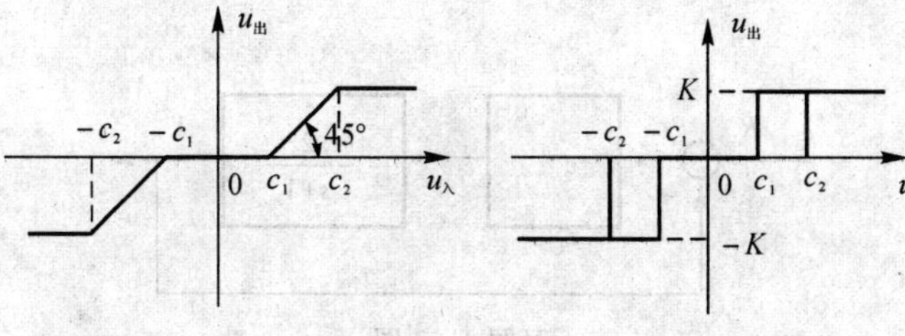

习题 4-3 图

4-4　设有系统状态方程如下：

(1) $\begin{bmatrix}\dot{x}_1\\ \dot{x}_2\end{bmatrix}=\begin{bmatrix}0 & 1\\ -16.35 & -3.14\end{bmatrix}\begin{bmatrix}x_1\\ x_2\end{bmatrix}+\begin{bmatrix}0\\ 1\end{bmatrix}\boldsymbol{u}$

(2) $\begin{bmatrix}\dot{x}_1\\ \dot{x}_2\\ \dot{x}_3\end{bmatrix}=\begin{bmatrix}-0.5 & 1 & 0\\ 0 & -0.5 & 0\\ 0 & 1 & -1\end{bmatrix}\begin{bmatrix}x_1\\ x_2\\ x_3\end{bmatrix}+\begin{bmatrix}0\\ 0\\ 1\end{bmatrix}\boldsymbol{u}$

试编制程序，求出这两组状态方程的 $\phi(T)$ 和 $\phi_m(T)$。已知采样周期 $T=0.5$。

4-5　试用 MCSS 仿真程序对下图所示系统进行仿真。其中，输入 u 为单位阶跃函数；参数 $c_1=1$，$c_2=0.05$。分析在离散化采样周期(步长)$T=0.02$ 和 $T=0.05$ 两种情况下，仿真结果是否相同。

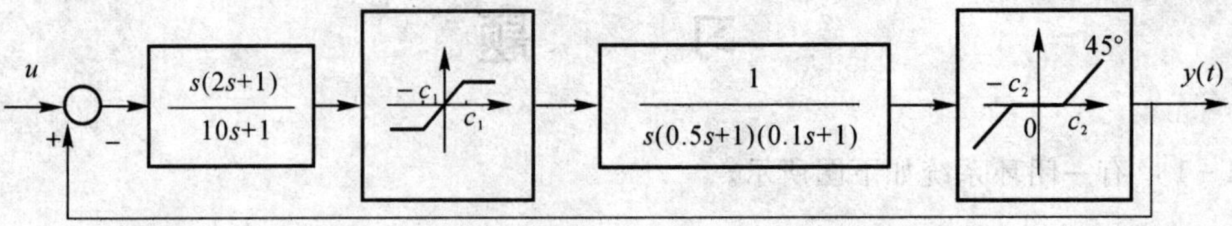

习题 4-5 图

4-6　设有一系统结构如下图所示。当输入为单位阶跃函数时，输出 y 的精确解为

$$y(t)=1+\frac{3}{8}e^{-t}\cos 3t-\frac{17}{24}e^{-t}\sin 3t-\frac{11}{8}e^{-3t}\cos t-\frac{13}{8}e^{-3t}\sin t$$

试用离散仿真程序对上述系统在以下几种条件下进行仿真，并与精确解 $y(t)$ 相比较。

(1) 在离散化采样周期 $D_0=0.02,0.005,0.001,0.002$ 四种情况下的仿真结果与精确解的误差。

(2) 在离散化采样周期 $D_0=0.005$ 条件下，对于把环节 $\frac{s+20}{s+4.59}$ 与 $\frac{5}{s}$ 合在一起离散化以及两个环节分开离散化两种情况，若将两者所得结果同精确解比较，哪一种误差更小一些？

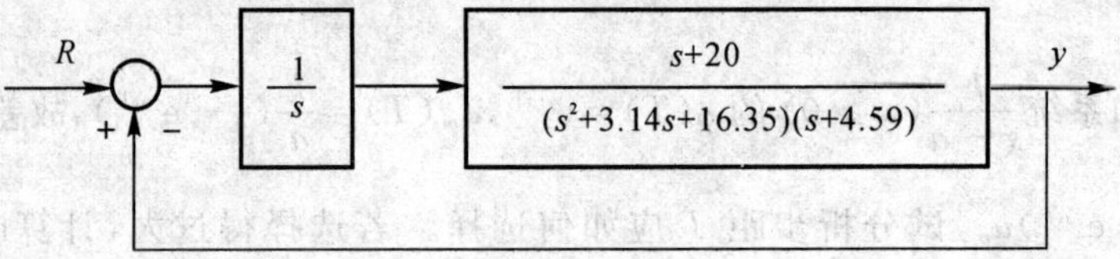

习题 4-6 图

4-7　试用 MCSS 程序仿真一个具有延迟环节的系统，其结构图如下图所示。离散化采样周期 $D_0=0.01$。

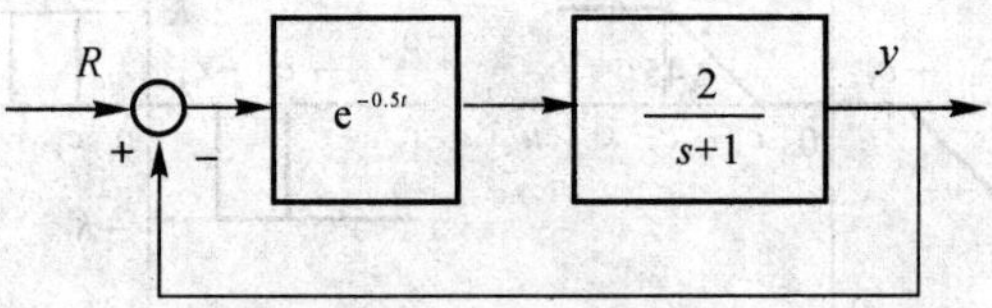

习题 4-7 图

附：MCSS 仿真程序原码

```
500 DATA 1,1,0,0,0
510 DATA 2,2,1,8,0
520 DATA 3,16,2,0,0
530 DATA 4,3,0,3,0
540 DATA 5,3,4,5,0
550 DATA 6,3,5,6,0
560 DATA 7,3,0,6,7
570 DATA 8,2,6,7,0
```

```
580 DATA 0,0,0,0,0
590 DATA 1,1,0,0
600 DATA 2,1,-1,0
610 DATA 3,1,1,0
620 DATA 4,0,4,0
630 DATA 5,0,-2,0
640 DATA 6,0,-10,0
650 DATA 7,0,.4,-.1
660 DATA 8,1,1,0
670 DATA 0,0,0,0
680 DATA .05,30,.2,8,2,6,7
690    DIM U(200,5),V(60),P(200,3),C(200),E(60,4),Y(200),TT(200),CK4
(200,5)
700    DIM S(20,200),N(200),ID(20),AD(9),BD(9),CY(9),CU(9)
710    N9=0:T=0:C(0)=0:JNP=1
720    PRINT "INPUT I,I6,J,K,L"
730    INPUT J,U(J,1),U(J,2),U(J,3),U(J,4)
740    IF J=0 GOTO 830
750    N7=N7+1:I6=U(J,1):IF I6<>4 GOTO 770
760    N4=N4+1:ID(N4)=J:GOTO 810
770    IF I6<>3 THEN 790
780    N9=N9+1:U(J,5)=N9:V(N9)=J:GOTO 810
790    IF I6<>1 GOTO 810
800    N8=N8+1:N(N8)=J:GOTO 820
810    U(J,1)=-I6
820    GOTO 730
830    FOR I=1 TO N7:IF U(I,1)>0 THEN 940
840    FOR K=2 TO 4:L1=ABS(U(I,K)) :IF L1<>0 THEN 860
850    IF K=4 THEN 930 ELSE 920
860    IF N4=0 THEN 880
870    FOR J=1 TO N4:IF L1=ID(J) THEN 920 ELSE NEXT J
880    IF N9<=0 THEN 950
890    FOR J=1 TO N9:IF L1=V(J) THEN 920 ELSE NEXT J
900    FOR J=1 TO N8:IF L1=N(J) THEN 920 ELSE NEXT J
910    GOTO 940
920    NEXT K
930    N8=N8+1:N(N8)=I:U(I,1)=-U(I,1):GOTO 830
940    NEXT I:N(N7+1)=N7+1:GOTO 970
950    PRINT "NEXTWORK MUST CONTAIN AT LEAST ONE INTEGRATOR"
```

```
960   PRINT "RECHECK DATA STATEMENTS AND RESTART":END
970   FOR I=1 TO N7:IF U(I,1)>0 THEN 990
980   I4=2:U(I,1)=-U(I,1):PRINT "SORT FAILURE BLOCK";I4
990   NEXT I:PRINT "INPUT I,Y(1),Y(2),Y(3)"
1000  INPUT J,P(J,1),P(J,2),P(J,3)
1010  IF J=0 THEN 1030
1020  C(J)=P(J,1):Y(J)=P(J,1):GOTO 1000
1030  IF N4=0 GOTO 1050
1040  FOR I=1 TO N4:J=ID(I):P(J,2)=I:NEXT I
1050  INPUT "D,T2,T1,K1,K2,K3,K4";D,T2,T1,K1,K2,K3,K4
1060  N1=T1/D:N2=INT(N1+.5):D7=.5*D:D6=D/6:NPRT=INT(T2/T1+.5)
1070  PRINT "TIME";TAB(15);"OUTPUT-";K1;TAB(30);"OUTPUT-";K2;
1080  PRINT TAB(45);"OUTPUT-";K3;TAB(60);"OUTPUT-";K4
1090  A=1
1100  B=1
1110  I7=N(B):I6=U(I7,1):IF I6=0 THEN 1680
1120  J1=U(I7,2):K=U(I7,3):L=U(I7,4):P1=P(I7,1):P2=P(I7,2):P3=P(I7,3)
1130  C2=C(J1):C3=C(K):C4=C(L)
1140  ON I6 GOTO 1670,1150,1160,1170,1220,1230,1240,1250,1260,1270,1280,1300,1310,1420,1470,1520,1570
1150  C1=P1*C2+P2*C3+P3*C4:GOTO 1660
1160  I3=U(I7,5):E(I3,A)=C2+P2*C3+P3*C4:GOTO 1670
1170  IF T>D GOTO 1190
1180  P3=INT(4*P1/D+.5):P(B,3)=P3
1190  IP2=P2:S(IP2,P3)=C2:C1=S(IP2,0)
1200  FOR M1=1 TO P3:S(IP2,M1-1)=S(IP2,M1)
1210  NEXT M1:GOTO 1660
1220  C1=SIN(C2):GOTO 1660
1230  C1=COS(C2):GOTO 1660
1240  C1=C2*C3:GOTO 1660
1250  C1=-C2:GOTO 1660
1260  C1=ATN(C2):GOTO 1660
1270  C1=C2/C3:GOTO 1660
1280  IF C2<0 THEN C1=C4:GOTO 1660
1290  C1=C3:GOTO 1660
1300  C1=T:GOTO 1660
```

```
1310    IF T>.0001 THEN 1350
1320    GD5=1:FOR I=1 TO 8:CU(I)=0:CY(I)=O:NEXT:IF ZD7>.1 THEN 1390
1330    READ JA,JB:FOR I=1 TO JA:READ AD(I):NEXT I
1340    FOR I=1 TO JB:READ BD(I):NEXT I:ZD7=1:GOTO 1390
1350    IF GD5*P2-T>.000001 GOTO 1370
1360    IF A=1 GOTO 1380
1370    C1=CY(1):GOTO 1660
1380    GD5=GD5+1
1390    C1=0:FOR I=1 TO 8:C1=C1+AD(I)*CU(I)-BD(I)*CY(I):NEXT I:C1=C1+AD(9)*C2
1400    FOR I=0 TO 6:CU(8-I)=CU(7-I):CY(8-I)=CY(7-I):NEXT I:CU(1)=C2:CY(1)=C1
1410    GOTO 1660
1420    IF C2<0 GOTO 1450
1430    IF C2=0 GOTO 1460
1440    C1=1:GOTO 1660
1450    C1=-1: GOTO 1660
1460    C1=0:GOTO 1660
1470    IF C2<0 GOTO 1510
1480    IF C2=O GOTO 1460
1490    D2=C2-P1:IF D2<0   GOTO 1460
1500    C1=D2:GOTO 1660
1510    D2=C2-P2:IF D2<0 GOTO 1500 ELSE 1460
1520    IF C2-P1>0 GOTO 1550
1530    IF C2-P2>0 GOTO 1560
1540    C1=P2:GOTO 1660
1550    C1=P1:GOTO 1660
1560    C1=C2:GOTO 1660
1570    IF C2-PX=0 GOTO 1610
1580    IF C2-PX>0 GOTO 1630
1590    IF PY-C2-P1=0 GOTO 1610
1600    IF PY-C2-P1>0 GOTO 1620
1610    C1=PY:GOTO 1650
1620    C1=C2+P1:GOTO 1650
1630    IF PY-C2+P1>0 GOTO 1610
1640    C1=C2-P1
1650    PX=C2:PY=C1:GOTO 1660
1660    C(I7)=C1
```

```
1670    B=B+1:GOTO 1110
1680    IF A<>1 THEN 1740
1690    N1=N1+1:IF N1>=N2 THEN 1710
1700    GOTO 1740
1710    N1=0:PRINT T;TAB(15);C(K1);TAB(30);C(K2);TAB(45);C(K3);
TAB(60);C(K4)
1720    CK4(JNP,1)=T:CK4(JNP,2)=C(K1):CK4(JNP,3)=C(K2)
1730    CK4(JNP,4)=C(K3):CK4(JNP,5)=C(K4):JNP=JNP+1
1740    FOR J=1 TO N9:Z=V(J):ON A GOTO 1750,1750,1760,1770
1750    C(Z)=Y(Z)+D7*E(J,A):GOTO 1780
1760    C(Z)=Y(Z)+D*E(J,A):GOTO 1780
1770    C(Z)=Y(Z)+(E(J,1)+2*E(J,2)+2*E(J,3)+E(J,4))*D6:Y(Z)
=C(Z)
1780    NEXT J
1790    A=A+1:IF A<>5 THEN 1100
1800    T=T+D:IF T<=T2 THEN 1090
1810    INPUT "INPUT DATA FILE NAME";AA$
1820    OPEN AA$ FOR OUTPUT AS #1
1830    PRINT #1,"TIME";TAB(15);"OUTPUT-";K1;TAB(30);"OUTPUT
-";K2;
1840    PRINT #1,TAB(45);"OUTPUT-";K3;TAB(60);"OUTPUT-";K4
1850    FOR I=1 TO NPRT
1860    FOR J=1 TO 5:PRINT #1,CK4(I,J),:NEXT J:PRINT #1," "
1870    NEXT I
1880    END
```

第 5 章　快速数字仿真法

前两章从数值积分和面向结构图的仿真两方面讨论了控制系统数字仿真的基本原理、方法和程序。这些方法用于对控制系统进行非实时的仿真研究有很大方便，尤其是在具备一些通用的仿真程序时，这些方法就显得更为方便。但在一般情况下，为了达到一定的计算精度，这些方法的计算量比较大，因此计算的速度受到一定的限制，往往在实际应用中，还不能满足实时仿真的要求。有必要寻找一些能加快仿真速度的方法。能解决这个问题的方法很多，但各有特点和局限性。本章 5.1 节到 5.3 节介绍了 3 种常用的方法，可根据情况选用。这些方法不仅可以在连续系统仿真时使用，也可以用于连续控制器在计算机上的离散实现。本章还在 5.4 节介绍了计算机控制系统的仿真。

5.1　增广矩阵法

一、基本思想

假定一个连续系统的状态方程为

$$\dot{x}(t) = Ax \tag{5.1.1}$$

这是一个齐次方程，它的解是

$$\dot{x}(t) = \mathrm{e}^{At}x(0) \tag{5.1.2}$$

已知

$$\mathrm{e}^{At} = 1 + At + \frac{A^2t^2}{2!} + \frac{A^3t^3}{3!} + \cdots + \frac{1}{N!}(At)^n + \cdots$$

可以证明：如果取前 5 项，则计算精度与 4 阶龙格-库塔法相同。这就是说，如果被仿真的系统是一个齐次方程，在选定计算步距为 n 以后，若只取 e^{At} 的前 5 项，则有

$$x(nT) = (1 + At + \frac{A^2t^2}{2} + \frac{A^3t^3}{6} + \frac{A^4t^4}{24})x[(n-1)T] \tag{5.1.3}$$

由于 A, A^2, A^3, A^4 都可以在仿真前计算出，所以式(5.1.3) 所示的递推计算公式中等号右端的系数项可以事先求出，而仿真计算就变成每次只作一个十分简单的递推推算。

但是，实际的物理系统模型大多是一个非齐次方程，即

$$\dot{x} = Ax + Bu \tag{5.1.4}$$

式中，u 为系统的控制量，假定它是一个单输入系统。根据控制理论可知，式(5.1.4) 的解为

$$x(t) = \mathrm{e}^{At}x(0) + \int_0^t \mathrm{e}^{A(t-\tau)}Bu(\tau)\mathrm{d}\tau \quad t \geqslant 0 \tag{5.1.5}$$

显见，求解式(5.1.5) 的非齐次方程时，它的解除了一个自由项之外，还有一个强制项：$\int_0^t \mathrm{e}^{A(t-\tau)}Bu(\tau)\mathrm{d}\tau$。由于 u 的任意性，式(5.1.5) 一般不容易求解。但是，对于某些特殊的输入函数，如果能将控制量 $u(t)$ 增广到状态变量中去，使式(5.1.5) 这样的非齐次方程变成一个齐

次方程式(5.1.1),就可以避免计算复杂的强制项,而利用类似式(5.1.3)的计算方法。

二、典型输入函数时的增广矩阵

假定被仿真的系统为

$$\left.\begin{aligned}\dot{\boldsymbol{x}}(t)&=\boldsymbol{A}x+\boldsymbol{B}u\\ \boldsymbol{x}(0)&=\boldsymbol{x}_0\\ y(t)&=\boldsymbol{C}\boldsymbol{x}(t)\end{aligned}\right\}\tag{5.1.6}$$

式中,$\boldsymbol{A}$ 为 $n\times n$ 维矩阵,即表示有 n 个状态变量。

1. 阶跃输入

设

$$u(t)=U_0\cdot 1(t)$$

定义第 $n+1$ 个状态变量为

$$x_{n+1}(t)=u(t)=U_0\cdot 1(t)$$

故

$$\dot{x}_{n+1}(t)=0\quad x_{n+1}(0)=U_0$$

可得增广后的状态方程即输出方程为

$$\begin{bmatrix}\dot{\boldsymbol{x}}(t)\\ \dot{x}_{n+1}(t)\end{bmatrix}=\begin{bmatrix}\boldsymbol{A} & \boldsymbol{B}\\ 0 & 0\end{bmatrix}\begin{bmatrix}\boldsymbol{x}(t)\\ x_{n+1}(t)\end{bmatrix}\qquad\begin{bmatrix}\boldsymbol{x}(t)\\ x_{n+1}(0)\end{bmatrix}=\begin{bmatrix}\boldsymbol{x}_0\\ U_0\end{bmatrix}$$

$$y(t)=[\boldsymbol{C}\ \vdots\ 0]\begin{bmatrix}\boldsymbol{x}(t)\\ x_{n+1}(t)\end{bmatrix}$$

2. 斜坡输入

设

$$u(t)=U_0t$$

定义

$$x_{n+1}(t)=u(t)=U_0t\quad x_{n+1}(0)=0$$

$$x_{n+2}(t)=\dot{x}_{n+1}(t)=U_0\quad x_{n+2}(0)=U_0$$

因此,系统增广后的状态方程为

$$\begin{bmatrix}\dot{\boldsymbol{x}}(t)\\ \dot{x}_{n+1}(t)\\ \dot{x}_{n+2}(t)\end{bmatrix}=\begin{bmatrix}\boldsymbol{A} & \boldsymbol{B} & 0\\ 0 & 0 & 1\\ 0 & 0 & 0\end{bmatrix}\begin{bmatrix}\boldsymbol{x}(t)\\ x_{n+1}(t)\\ x_{n+2}(t)\end{bmatrix}$$

$$y(t)=[\boldsymbol{C}\ \vdots\ 0\ \vdots\ 0]\,[\boldsymbol{x}(t)\ \vdots\ x_{n+1}(t)\ \vdots\ x_{n+2}(t)]^{\mathrm{T}}$$

初始条件为

$$\begin{bmatrix}\boldsymbol{x}(0)\\ x_{n+1}(0)\\ x_{n+2}(0)\end{bmatrix}=\begin{bmatrix}\boldsymbol{x}_0\\ 0\\ U_0\end{bmatrix}$$

3. 指数输入

设 $$u(t)=U_0\mathrm{e}^{-t}$$

定义 $$x_{n+1}(t)=U_0\mathrm{e}^{-t}$$

则有 $$\dot{x}_{n+1}(t)=-U_0\mathrm{e}^{-t}=-x_{n+1}(t)\quad x_{n+1}(0)=U_0$$

故系统增广后的状态方程为

$$\begin{bmatrix} \dot{\boldsymbol{x}}(t) \\ \dot{x}_{n+1}(t) \end{bmatrix} = \begin{bmatrix} \boldsymbol{A} & \boldsymbol{B} \\ 0 & -1 \end{bmatrix} \begin{bmatrix} \boldsymbol{x}(t) \\ x_{n+1}(t) \end{bmatrix} \quad \begin{bmatrix} \boldsymbol{x}(t) \\ x_{n+1}(0) \end{bmatrix} = \begin{bmatrix} \boldsymbol{x}_0 \\ U_0 \end{bmatrix}$$

$$y(t) = [\boldsymbol{C} \; \vdots \; 0] \begin{bmatrix} \boldsymbol{x}(t) \\ x_{n+1}(t) \end{bmatrix}$$

5.2 替　换　法

一个连续物理系统最常见的数学表现形式就是 s 域的传递函数 $G(s)$。替换法的基本思想就是，设法找到 s 域（连续域）的某种对应关系，然后将 $G(s)$ 中的变量 s 转化成变量 z，由此得到与系统传递函数 $G(s)$ 相对应的离散系统脉冲传递函数 $G(z)$（脉冲传递函数即采样系统输出脉冲序列的 Z 变换与输入脉冲序列 Z 变换之比），进而获得进行数字仿真用的递推算式，以便在计算机上求解计算。

5.2.1　简单替换法

s 域与 z 域的基本关系是 $z=e^{sT}$，式中 T 为采样周期，即仿真计算时的计算步长；或者 $s=\frac{1}{T}\ln z$，这是一个超越函数，不可直接用来进行替换。实际上必须要寻找其他近似的表示关系。一种最简单的替换关系可以从 1 阶差分方程中得到。

用传递函数 $G(s)$ 表示系统，在时域内可以用一个微分方程来表示，例如，系统

$$\frac{y(s)}{x(s)} = G(s) = \frac{1}{s} \tag{5.2.1}$$

的时域表示为

$$\frac{\mathrm{d}y(t)}{\mathrm{d}t} = x(t) \tag{5.2.2}$$

假若导数计算用下述差分来近似：

$$\left.\frac{\mathrm{d}y(t)}{\mathrm{d}t}\right|_{t=kT} = \frac{y(kT) - y[(k-1)T]}{T}$$

或简写成

$$\left.\frac{\mathrm{d}y(t)}{\mathrm{d}t}\right|_{t=kT} = \frac{y(k) - y(k-1)}{T} \tag{5.2.3}$$

则微分方程式(5.2.2)即等价为下述差分方程：

$$\frac{y(k) - y(k-1)}{T} = x(k)$$

或

$$y(k) = y(k-1) + Tx(k) \tag{5.2.4}$$

当微分方程中导数的计算采用式(5.2.3)的差分表达式时，称为向后差分法。当然，导数的近似计算还可以采用向前差分法，此时，导数按下述差分来近似计算：

$$\left.\frac{\mathrm{d}y(t)}{\mathrm{d}t}\right|_{t=kT} = \frac{y(k+1) - y(k)}{T}$$

方程式(5.2.2)可等价为下述差分方程：

$$\frac{y(k+1)-y(k)}{T}=x(k)$$

或
$$y(k+1)=y(k)+Tx(k) \tag{5.2.5}$$

现对差分方程式(5.2.4)进行 Z 变换，则有

$$\frac{y(z)}{x(z)}=G(z)=\frac{Tz}{z-1} \tag{5.2.6}$$

比较式(5.2.6)与式(5.2.1)，有

$$s^{-1}=\frac{Tz}{z-1} \tag{5.2.7}$$

或
$$s=\frac{z-1}{Tz} \tag{5.2.8}$$

关系式式(5.2.7)或式(5.2.8)就是一种最简单的替换方法。它表明，如果将传递函数 $G(s)$ 中的 s 用式(5.2.8)替换，就可以将 s 域中的传递函数 $G(s)$ 变换为 z 域中的脉冲传递函数 $G(z)$，从而可以得到递推算式式(5.2.4)。这种替换相当于向后差分法。从式(5.2.4)可见，这种向后差分法也就是数值积分法中的超前欧拉法。

若对式(5.2.5)作 Z 变换，则可得到下述脉冲传递函数：

$$\frac{y(z)}{x(z)}=G(z)=\frac{T}{z-1} \tag{5.2.9}$$

将式(5.2.9)与式(5.2.1)比较，有

$$s^{-1}=\frac{T}{z-1} \tag{5.2.10}$$

或
$$s=\frac{z-1}{T} \tag{5.2.11}$$

关系式式(5.2.10)或式(5.2.11)也是一种最简单的替换方式，这种替换方式相当于向前差分法，即数值积分中的欧拉法。

上述两种替换法比较简单，但局限性很大，实际工程中很少采用。下面对两种变换作简单的讨论。实际上替换式式(5.2.8)及式(5.2.11)均可以看作是 s 平面与 z 平面之间的相互映射。对式(5.2.11)来说，由于 $z=Ts+1$，设 $s=\sigma\pm j\omega$，所以

$$|z|^2=(1+T\sigma)^2+\omega^2T^2$$

对于 z 平面上的单位圆(及稳定域)，$|z|^2=1$，故

$$(1+T\sigma)^2+\omega^2T^2=1$$

即
$$\left(\frac{1}{T}+\sigma^2\right)^2+\omega^2=\left(\frac{1}{T}\right)^2 \tag{5.2.12}$$

因此将 z 域中的单位圆映射到 s 域平面上，正好是以$(-\frac{1}{T},0)$为圆心，以$\frac{1}{T}$为半径的一个圆，如图 5.2.1(a) 所示。这就是说，z 平面上的单位圆按式(5.2.11)变换，它将是 s 平面上以$\frac{1}{T}$为半径的一个圆。反过来说，s 平面上只有部分面积通过式(5.2.11)才能映射到 z 平面的单位圆内。显然，若一个系统 $G(s)$ 是稳定的，其极点分布如图 5.2.1(a) 所示，通过式(5.2.11)变换后有 s_1，s_2 两个极点能映射到在 z 平面的单位圆内；而 s_3 极点则映射到 z 平面的单位圆外。这样，原来为稳定的系统，通过式(5.2.11)的替换，仿真模型变得不稳定了，因此

这种仿真模型失真太大。由式(5.2.12) 还可以看出，若要使 $G(z)$ 稳定，就要求增大半径 $\frac{1}{T}$，即减小计算步长 T，从而增加了计算工作量，故采用式(5.2.11) 不适合快速数字仿真。

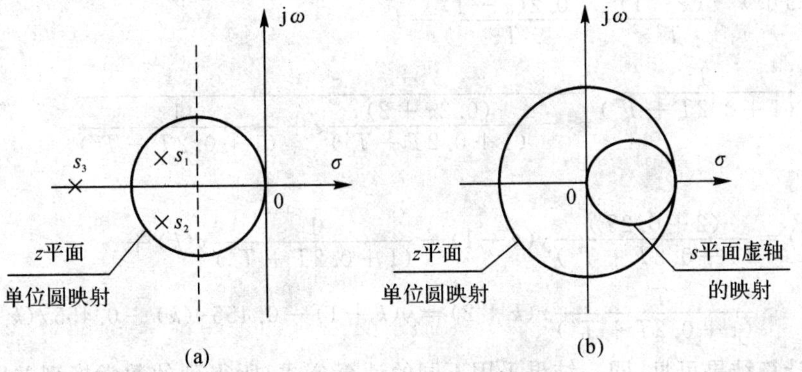

图 5.2.1　简单替换法的映射关系

由式(5.2.8) 的替换关系可以推得，s 平面的左半部将映射到 z 平面单位圆的局部范围内，如图 5.2.1(b) 所示。为说明这一点，式(5.2.8) 可以改写为

$$z = \frac{1}{1-Ts} = \frac{1}{2} + \left(\frac{1}{1-Ts} - \frac{1}{2}\right) = \frac{1}{2} + \frac{1}{2}\,\frac{1+Ts}{1-Ts}$$

所以

$$\left|z - \frac{1}{2}\right|^2 = \frac{1}{4}\,\frac{(1+\sigma T)^2 + (\omega T)^2}{(1-\sigma T)^2 + (\omega T)^2} \tag{5.2.13}$$

显然，若 $\sigma = 0$，$s = \mathrm{j}\omega$，则 $\left|z - \frac{1}{2}\right|^2 = \frac{1}{2}$；若 $\sigma < 0$，则式(5.2.13) 等号右端分母大于分子，即 $\left|z - \frac{1}{2}\right|^2 < \frac{1}{2}$；若 $\sigma > 0$，则式(5.2.13) 等号右端分母小于分子，即 $\left|z - \frac{1}{2}\right|^2 > \frac{1}{2}$。这表明，$s$ 平面右半部全部映射在该圆之内。由于这个小圆位于 z 平面的单位圆内，所以原连续系统是稳定的，利用式(5.2.8) 的替换关系得到的数学模型也一定是稳定的，并且与计算步长 T 无关。但是，由于整个 s 平面的左半部不是映射到 z 平面的整个单位圆内，而只是映射到其中一个小圆内，显然与准确 z 变换的结果相差较大，从而使仿真模型失真较为严重。

例 5.2.1　现给定一个 2 阶系统的传递函数，使用两种替换，求仿真数学模型。计算步长为 $T = 1\mathrm{s}$。

$$G(s) = \frac{y(s)}{x(s)} = \frac{1}{s^2 + 0.2s + 1}$$

解　(1) 利用前差替换公式式(5.2.11)，得

$$G(z) = \frac{y(z)}{x(z)} = G(s)\,\Big|_{s=\frac{z-1}{T}} = \frac{1}{\dfrac{(z-1)^2}{T^2} + \dfrac{0.2(z-1)}{T} + 1} =$$

$$\frac{T^2}{z^2 - (2-0.2T)z + (1+T^2-0.2T)}$$

Z 反变换后得

$$y(k+2) = (2-0.2T)y(k+1) - (1+T^2-0.2T)y(k) + T^2x(k) =$$

$$1.8y(k+1) - 1.8y(k) + x(k)$$

或 $$y(k+1)=1.8y(k)-1.8y(k-1)+x(k-1)$$

(2) 利用后差替换公式式(5.2.8)，得

$$G(z)=\frac{y(z)}{x(z)}=\frac{1}{\frac{(z-1)^2}{T^2z^2}+\frac{0.2(z-1)}{Tz}+1}=$$

$$\frac{T^2}{(1+0.2T+T^2)}\frac{z^2}{z^2-\frac{(0.2z+2)}{(1+0.2T+T^2)}z+\frac{1}{(1+0.2T+T^2)}}$$

Z 反变换后得

$$y(k+2)=\frac{(2+0.2T)}{(1+0.2T+T^2)}y(k+1)-\frac{1}{(1+0.2T+T^2)}y(k)+$$
$$\frac{T^2}{(1+0.2T+T^2)}x(k+2)=y(k+1)-0.455y(k)+0.455x(k+2)$$

从上述计算结果可见，同一结果采用不同的计算公式，所得到的数学模型差别是很大的，不仅差分方程系数不同，而且形式也常常是不同的。

5.2.2 双线性变换法

上述简单替换法使用起来问题较多，比较适用的替换法是双线性变换法（又称 Tustin 法）。这种替换关系可以从 s 到 z 变量准确的映射关系推得。

根据定义，z 变量与 s 变量的关系是

$$z=e^{sT}$$

或者 $$s=\frac{1}{T}\ln z \tag{5.2.14}$$

式(5.2.14) 可以展成无穷级数，即

$$\ln z=2\left(\frac{z-1}{z+1}\right)+\frac{1}{3}\frac{(z-1)^3}{(z+1)^3}+\cdots$$

如果取该级数的第一项作为它的近似，则

$$s=\frac{2}{T}\frac{z-1}{z+1} \tag{5.2.15}$$

或 $$z=\frac{1+Ts/2}{1-Ts/2} \tag{5.2.16}$$

数学上称这种变换为双线性变换。利用式(5.2.15) 就可以把传递函 $G(s)$ 转换为脉冲传递函数 $G(z)$。

应当指出，这种变换关系相当于数值积分中的梯形法。事实上，积分环节式(5.2.1) 对应的微分方程形式，若采用梯形积分法可得

$$y(k)=y(k-1)+\frac{T}{2}[x(k)+x(k-1)] \tag{5.2.17}$$

对式(5.2.17) 的差分方程进行 Z 变换得

$$\frac{y(z)}{x(z)}=G(z)=\frac{T(z+1)}{2(z-1)}=\frac{1}{s}$$

可见，积分环节从梯形积分法所推得的递推公式与从双线性变换所得的递推公式是相

同的。

采用双线性变换的一个重要的优点是，在 s 域里稳定的传递函数，通过这种变换得到的脉冲传递函数 $G(z)$ 也一定是稳定的。因为这种变换将 s 域左半平面准确地映射到 z 域的单位圆内。实际上，将 $s=\sigma+j\omega$ 代入关系式式(5.2.16)中，得

$$|z|^2=\frac{\left(1+\frac{\sigma T}{2}\right)^2+\left(\frac{\omega}{2}T\right)^2}{\left(1-\frac{\sigma T}{2}\right)^2+\left(\frac{\omega}{2}T\right)^2}$$

由该式可知，若 $\sigma=0$，即 $s=j\omega$，则 $|z|=1$；若 $\sigma>0$，则 $|z|>1$；若 $\sigma<0$，则 $|z|<1$。这就是说，采用式(5.2.16)映射，s 域左半平面映射到 z 域的单位圆内，如图 5.2.2 所示，所以若原系统 $G(s)$ 稳定，那么利用这种变换得到的脉冲传递函数 $G(z)$ 也一定是稳定的。

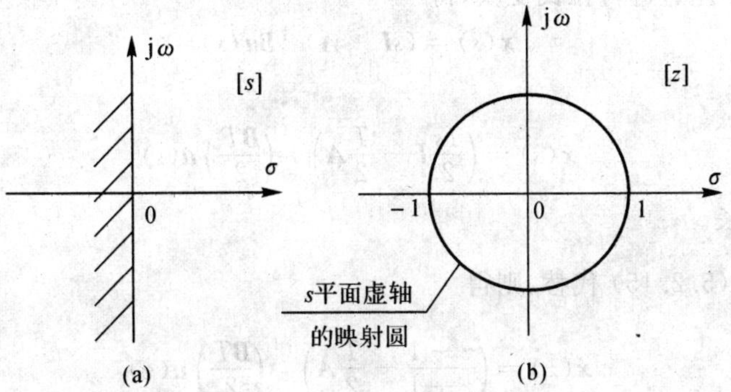

图 5.2.2 双线性变换的映射关系

例 5.2.2 对例 5.2.1 传递函数

$$G(s)=\frac{y(s)}{x(s)}=\frac{1}{s^2+0.2s+1}$$

利用双线性变换求其仿真数学模型，计算步长仍取 $T=1$ s。

解 将替换关系式(5.2.15)代入 $G(s)$ 式中，则得

$$\frac{y(z)}{x(z)}=G(z)=\frac{1}{\left(\frac{2}{T}\frac{z-1}{z+1}\right)^2+0.2\left(\frac{2}{T}\frac{z-1}{z+1}\right)+1}=$$

$$\frac{T^2\ (z+1)^2}{(4+0.4T+T^2)\,z^2+(2T^2-8)\,z+(4+T^2-0.4T)}=$$

$$\frac{(z+1)^2}{5.4z^2-6z+4.6}=\frac{0.185\,(z+1)^2}{z^2-1.11z+0.852}$$

反变换后可得

$$y(k+1)=1.11y(k)-0.852y(k-1)+0.185[x(k+1)+2x(k)+x(k-1)]$$

对任意传递函数采用这种变换，它的脉冲传递函数即为

$$G(z)=G(s)\big|_{s=\frac{2}{T}\frac{z-1}{z+1}} \tag{5.2.18}$$

由式(5.2.18)可见，$G(z)$ 与 $G(s)$ 是同阶的。这种方法在概念上是很清楚的。实际运算时可能很麻烦，为此对常用的典型环节，预先求出 $G(z)$ 与 $G(s)$ 之间的各系数关系式，列成表格，在使用时查找是很方便的。此外目前许多程序都具有这种变换功能，在实际应用中可供选

用。另外，将这部分工作编成计算机程序，交付计算机来完成，也不是一件难事。

5.2.3 状态方程的双线性变换

双线性变换公式不仅可以方便地用于传递函数，同时也可用于系统的状态方程。若系统的状态方程为

$$\left.\begin{aligned}\dot{\boldsymbol{x}}(t)&=\boldsymbol{A}\boldsymbol{x}(t)+\boldsymbol{B}\boldsymbol{u}(t)\\ \boldsymbol{y}(t)&=\boldsymbol{C}(t)+\boldsymbol{D}\boldsymbol{u}(t)\end{aligned}\right\} \tag{5.2.19}$$

式中，$\boldsymbol{x},\boldsymbol{u},\boldsymbol{y}$ 分别为 n,m,r 维列向量；$\boldsymbol{A}$ 为 $n\times n$ 维矩阵；$\boldsymbol{B}$ 为 $n\times m$ 维矩阵；$\boldsymbol{C}$ 为 $r\times n$ 维矩阵；$\boldsymbol{D}$ 为 $r\times m$ 维矩阵。

对式(5.2.19)左边进行拉氏变换，得

$$\boldsymbol{x}(s)=(s\boldsymbol{I}-\boldsymbol{A})^{-1}\boldsymbol{B}\boldsymbol{u}(s)$$

该式又可写成

$$\boldsymbol{x}(s)=\left(\frac{Ts}{2}\boldsymbol{I}-\frac{T}{2}\boldsymbol{A}\right)^{-1}\left(\frac{\boldsymbol{B}T}{2}\right)\boldsymbol{u}(s) \tag{5.2.20}$$

式中，T 为计算步长。

现将 $\frac{Ts}{2}\boldsymbol{I}$ 用式(5.2.15)代替，则得

$$\boldsymbol{x}(z)=\left(\frac{z-1}{z+1}-\frac{T}{2}\boldsymbol{A}\right)^{-1}\left(\frac{\boldsymbol{B}T}{2}\right)\boldsymbol{u}(z)$$

进一步整理可得

$$\begin{aligned}\boldsymbol{x}(z)=&\left[(z-1)\boldsymbol{I}-\frac{T}{2}\boldsymbol{A}(z+1)\right]^{-1}(z+1)\left(\frac{\boldsymbol{B}T}{2}\right)\boldsymbol{u}(z)=\\ &\left[z\left(\boldsymbol{I}-\frac{T}{2}\boldsymbol{A}\right)-\left(\boldsymbol{I}+\frac{T}{2}\boldsymbol{A}\right)\right]^{-1}(z+1)\,\frac{\boldsymbol{B}T}{2}\boldsymbol{u}(z)=\\ &[z\boldsymbol{F}_1-\boldsymbol{F}_2]^{-1}\boldsymbol{I}(z+1)\boldsymbol{G}_1\boldsymbol{u}(z)=[z\boldsymbol{I}-\boldsymbol{F}_1\boldsymbol{F}_2]^{-1}(z\boldsymbol{I}+\boldsymbol{I})\boldsymbol{F}_1^{-1}\boldsymbol{G}_1\boldsymbol{u}(z)\end{aligned} \tag{5.2.21}$$

式中

$$\boldsymbol{F}_1=\left(\boldsymbol{I}-\frac{T}{2}\boldsymbol{A}\right) \tag{5.2.22}$$

$$\boldsymbol{F}_2=\left(\boldsymbol{I}+\frac{T}{2}\boldsymbol{A}\right) \tag{5.2.23}$$

$$\boldsymbol{G}_1=\frac{\boldsymbol{B}T}{2}$$

从式(5.2.22)及式(5.2.23)中消去 $\frac{T}{2}\boldsymbol{A}$，可得 $\boldsymbol{F}_1+\boldsymbol{F}_2=2\boldsymbol{I}$，即 $\boldsymbol{I}=2\boldsymbol{F}_1-\boldsymbol{F}_1^{-1}\boldsymbol{F}_2$，将该式代换式(5.2.21)中的$(z\boldsymbol{I}+\boldsymbol{I})$的第二项 $\boldsymbol{I}$，则得

$$\begin{aligned}\boldsymbol{x}(z)=&(z\boldsymbol{I}-\boldsymbol{F}_1^{-1}\boldsymbol{F}_2)^{-1}(z\boldsymbol{I}+2\boldsymbol{F}_1^{-1}-\boldsymbol{F}_1^{-1}\boldsymbol{F}_2)\boldsymbol{F}_1^{-1}\boldsymbol{G}_1\boldsymbol{u}(z)=\\ &[(z\boldsymbol{I}-\boldsymbol{F}_1^{-1}\boldsymbol{F}_2)^{-1}(z\boldsymbol{I}-\boldsymbol{F}_1^{-1}\boldsymbol{F}_2)\boldsymbol{F}_1^{-1}\boldsymbol{G}_1+(z\boldsymbol{I}-\boldsymbol{F}_1^{-1}\boldsymbol{F}_2)^{-1}2\boldsymbol{F}_1^{-2}\boldsymbol{G}_1]\boldsymbol{u}(z)=\\ &[\boldsymbol{F}_1^{-1}\boldsymbol{G}_1+(z\boldsymbol{I}-\boldsymbol{F}_1^{-1}\boldsymbol{F}_2)^{-1}2\boldsymbol{F}_1^{-2}\boldsymbol{G}_1]\boldsymbol{u}(z)\end{aligned} \tag{5.2.24}$$

将式(5.2.16)中第二式作 Z 变换并将式(5.2.24)代入，则得

$$\boldsymbol{y}(z)=[\boldsymbol{C}(z\boldsymbol{I}-\boldsymbol{F}_1^{-1}\boldsymbol{F}_2)^{-1}2\boldsymbol{F}_1^{-2}\boldsymbol{G}_1+(\boldsymbol{C}\boldsymbol{F}_1^{-1}\boldsymbol{G}_1+\boldsymbol{D})]\boldsymbol{u}(z) \tag{5.2.25}$$

由式(5.2.25)可见，该式相当于一个离散状态方程的输出方程的 Z 变换，若令

$$\left.\begin{aligned}&\boldsymbol{F}=\boldsymbol{F}_1^{-1}\boldsymbol{F}_2 \quad \boldsymbol{G}=2\boldsymbol{F}_1^{-2}\boldsymbol{G}_1\\&\boldsymbol{H}=\boldsymbol{C} \quad \boldsymbol{E}=\boldsymbol{D}+\boldsymbol{C}\boldsymbol{F}_1^{-1}\boldsymbol{G}_1\end{aligned}\right\} \tag{5.2.26}$$

则以式(5.2.26)系数组成的离散状态方程如下：

$$\left.\begin{aligned}\boldsymbol{x}_d(k+1)&=\boldsymbol{F}\boldsymbol{x}_d(k)+\boldsymbol{G}\boldsymbol{u}(k)\\\boldsymbol{y}_d(k)&=\boldsymbol{H}\boldsymbol{x}_d(k)+\boldsymbol{E}\boldsymbol{u}(k)\end{aligned}\right\} \tag{5.2.27}$$

进一步研究证明，方程式(5.2.27)的脉冲传递函数就是式(5.2.25)。而式(5.2.27)即为式(5.2.19)的等价差分方程组，并且各矩阵 $\boldsymbol{F},\boldsymbol{G},\boldsymbol{H},\boldsymbol{E}$ 均为系数状态方程式(5.2.19)的系数矩阵 $\boldsymbol{A},\boldsymbol{B},\boldsymbol{C},\boldsymbol{D}$ 和计算步长 T 的函数，它可在计算机上迭代求解。

下面对双线性变换的一些性质作简单的讨论。

前面已经说明了，若原连续系统是稳定的，则采用双线性变换所得的离散数学模型也是稳定的。现在再进一步研究其稳定特性。$\boldsymbol{x}(z)$ 对单位阶跃输入的稳态响应可以由式(5.2.24)求得，即

$$\begin{aligned}\boldsymbol{x}_s&=[\boldsymbol{F}_1^{-1}\boldsymbol{G}_1+(z\boldsymbol{I}-\boldsymbol{F}_1^{-1}\boldsymbol{F}_2)^{-1}2\boldsymbol{F}_1^{-2}\boldsymbol{G}_1]\big|_{z=1}=\{\boldsymbol{F}_1^{-1}+2[\boldsymbol{F}_1(\boldsymbol{F}_1-\boldsymbol{F}_2)]^{-1}\}\boldsymbol{G}_1=\\&[\boldsymbol{I}+2(\boldsymbol{F}_1-\boldsymbol{F}_2)^{-1}]\boldsymbol{F}_1^{-1}\boldsymbol{G}_1\end{aligned}$$

利用式(5.2.22)及式(5.2.23)，可得

$$\boldsymbol{x}_d=[\boldsymbol{I}+2(-\boldsymbol{A}T)^{-1}]\boldsymbol{F}_1^{-1}\boldsymbol{G}_1=-\left(\frac{T}{2}\boldsymbol{A}\right)^{-1}\left(-\frac{T}{2}\boldsymbol{A}+\boldsymbol{I}\right)\boldsymbol{F}_1^{-1}\boldsymbol{G}_1=-\frac{T}{2}\boldsymbol{A}^{-1}\frac{\boldsymbol{B}T}{2}=-\boldsymbol{A}^{-1}\boldsymbol{B}$$

原连续系统的稳态值可以从式(5.2.20)令 $s=0$ 求得，即

$$\boldsymbol{x}_d=-\boldsymbol{A}^{-1}\boldsymbol{B}$$

显然，连续系统的稳态值与离散数学模型的稳态值是相同的。这说明，采用双向性变换并不会改变系统的稳态值。

采用双向性变换不仅可以保证系统的稳定性及稳态值不变，同时也具有一定的精度。这精度主要是指离散数学模型的频率特性或输出序列与连续系统的频率特性或输出序列是相近的。为了说明这一点，利用例 5.2.2 双线性变换后的系统来进行计算。对该题易得到

$$G(z)=\frac{0.185(z+1)^2}{z^2-1.1z+0.852}$$

将 $z=e^{j\omega T}$ 代入后，即可求得脉冲传递函数的频率特性为

$$G(j\omega)=\frac{0.185(e^{j\omega T}+1)^2}{(e^{j\omega T})^2-1.1e^{j\omega T}+0.852}$$

将 $e^{j\omega T}=\cos\omega T+\sin\omega T$ 代入上式得

$$G(j\omega)=\frac{0.185[(\cos 2\omega T+2\sin\omega T+1)+j(\cos 2\omega T+2\sin\omega T)]}{(\cos 2\omega T-1.11\cos\omega T+0.852)+j(\sin 2\omega T-1.11\sin\omega T)}$$

若令 $T=1$ s，则可得到 $G(z)$ 的频率特性。连续系统的频率特性将 $s=j\omega$ 代入例 5.2.2 的 $G(s)$ 中即可求得。比较这两种频率特性可见，在低频段相差较小，当 ω 超过 0.8rad/s 时，两个频率特性相差较大，但频率在高频段，又重复对称出现。这表明，在一定的频率范围内双线性变换是有一定精度的，但在某频段内，双线性变换的频率特性会发生一定的畸变。产生这种畸变的主要原因是，通过式(5.2.15)变换后，s 平面上无限长的 $\pm j\omega$ 虚轴被压缩成平面上的单位圆，等效地说被压缩在 $\pm\frac{\omega_s}{2}$ 之内（$\omega_s=\frac{2\pi}{T}$，T 为计算步长），即产生频率翘曲。

应当指出，根据式(5.2.15)进行变换，虽也将 s 平面左半部映射到 z 平面的单位圆内，但它与 $z=\mathrm{e}^{\mathrm{j}\omega T}$ 的映射关系并不相同，即按照式(5.2.15)将 s 平面上的一点 s_i 映射到 z 平面上的位置与按 $z=\mathrm{e}^{\mathrm{j}\omega T}$ 映射位置并不相同。

5.3 零极点匹配法

零极点匹配法是获得连续传递函数等价离散数学模型的一种简单有效的方法。时间域函数的采样运算就是直接将 s 域的函数通过

$$z=\mathrm{e}^{\mathrm{j}\omega T} \tag{5.3.1}$$

关系映射到 z 平面。零极点匹配法(又称零极点映射法)不仅通过式(5.3.1)将极点映射到 z 平面，还将 $G(s)$ 的零点映射到 z 平面。通常，传递函数的极点多于零点数，此时可以认为该传递函数在无穷远处有一定数目的零点，这些零点通过式(5.3.1)映射关系被映射在 $z=1$ 处。

若给定的连续系统传递函数为

$$G(s)=\frac{K'\prod_{i=1}^{m}(s+a_i)\prod_{i=1}^{n}[(s+a_i)^2+b_i^2]}{\prod_{j=1}^{r}(s+\beta_i)\prod_{j+1}^{q}[(s+c_j)^2+d_j^2]} \tag{5.3.2}$$

式中，a_i,b_i,c_i,d_i 分别为重复零极点的实部与虚部。若 $(2q+r)-(2n+m)=p$，即极点数多于零点数 p 个。按上述意思，通过式(5.3.1)映射可得下述脉冲传递函数：

$$G(z)=\frac{K'(z+1)^p\prod_{i=1}^{m}(z+\mathrm{e}^{-\alpha_j T})\prod_{i+1}^{n}[z^2-(2\mathrm{e}^{-\alpha_j T}\cos b_i T)z+\mathrm{e}^{-2\alpha_j T}]}{\prod_{j=1}^{r}(z-\mathrm{e}^{-\beta_j T})\prod_{j=1}^{q}[z^2-2(\mathrm{e}^{-c_j T}\cos d_j T)z+\mathrm{e}^{-2c_j T}]} \tag{5.3.3}$$

式中，K' 是离散传递函数的增益，K' 可以根据 z 域频率响应在某些关键频率上能较好地等价连续频率响应的原则来选择。通常对低通滤波器性质的传递函数或一般控制系统来说，它可以按直流($\omega=0$)增益相等的原则来选取。

归纳起来，零极点匹配法的步骤如下：

(1) 将 $G(s)$ 的所有极点按 $z=\mathrm{e}^{sT}$ 映射到 z 平面，如 $G(s)$ 的实极点数在 $s_j=-\beta_j$ 处，则 $G(z)$ 有极点 $z_j=\mathrm{e}^{-\beta_j T}$；倘若 $G(s)$ 有复数极点 $s_j=c_i\pm\mathrm{j}d_j$，则 $G(z)$ 有极点 $z_j=\mathrm{e}^{-c_j T}\mathrm{e}^{\pm\mathrm{j}d_j T}$。

(2) 用同样的方法将 $G(z)$ 全部有限零点按 $z=\mathrm{e}^{sT}$ 映射到 z 平面。

(3) 将 $G(z)$ 所有在 $s\to\infty$ 处的零点映射为 $z=-1$。

(4) 选择离散数学模型的增益 K'，选择的方法是在给定的关键频率处使连续系统的增益与离散系统的增益相等。若按直流增益相等选择，则有

$$G(s)\big|_{s=0}=G(z)\big|_{z=1}$$

例 5.3.1 现将零极点法用于前述例题，求差分方程的表达式。

$$G(s)=\frac{1}{s^2}+0.2s+1$$

解 该传递函数没有有限零点，它的两个极点为

$$s_{1,2}=-0.1\pm\mathrm{j}0.995$$

对计算步长 $T=1$ s，经过映射后，在 z 域内的两个极点为

$$z_{1,2}=e^{-aT}e^{\pm jbT}=e^{-0.1}e^{\pm j0.995}=0.4927\pm j0.7589$$

由于没有有限零点，故需补充两个在 $z=-1$ 处的零点，所以

$$G(z)=\frac{K'(z+1)^2}{(z-0.4927+j0.7589)(z-0.4927-j0.7589)}=\frac{K'(z+1)^2}{z^2-0.985z+0.819}$$

K' 可以通过直流增益相等的原则来求得。因为

$$G(z)\mid_{z=1}=G(s)\mid_{s=0}$$

所以

$$\frac{4K'}{1-0.985z+0.819}=1$$

故可得 $K'=0.209$，最后脉冲传递函数 $G(z)$ 为

$$G(z)=\frac{0.209(z+1)^2}{z^2-0.985z+0.819} \tag{5.3.4}$$

该式可以转化为下述差分方程：

$$y(k+1)=0.985y(k)-0.819y(k-1)+0.209[x(k+1)+2x(k)+x(k-1)]$$

应当说明，将无穷远处的零点映射在 $z=-1$ 处，这样的处理，理由并不充分，主要的根据是在双线性变换 $\frac{1}{s}=\frac{T}{2}\frac{z+1}{z-1}$ 中，在分子上就引入了零点 $(z+1)$。这样做的好处是有助于消除标准 Z 变换中产生的频率混叠现象。

当然，如若认为无穷远处的零点是负实数，则由于 $z=e^{-\infty T}=0$，故可以将其看作是映射在 $z=0$ 处的零点。此时可以将式(5.3.3)中 $(z+1)^p$ 用 z^p 来代替，但经验表明，这种处理方法精度较差。

此外，为了使离散模型与原连续系统更为接近，常常还可以将无穷远处的零点映射到(0，-1)之间某处，此时可以将式(5.3.3)中的 $(z+\delta)^p$ 用 $(z+1)^p$ 来代替，式中 $0<\delta<1$。这样在 $G(z)$ 中将有两个参数 K' 及 δ，进行实际仿真计算，则是很简单的。

对于某些传递函数 $G(s)$，其直流增益可能等于零或无穷大，无法利用直流增益相等的原则来确定传递函数的 K'。此时可以通过加入适当类型的输入信号，利用使其稳态值相等的方法选择 K' 值。例如

$$G(s)=\frac{Y(s)}{X(s)}=\frac{s}{(s+1)^2}$$

根据上述步骤可得到

$$G(z)=\frac{k'(z-1)(z+1)}{(z-e^{-T})^2}$$

由于 $G(s)$ 在 $s=0$ 处有一零点，稳态增益等于零，加阶跃输入信号时，终值将等于零。为使终值

$$y(\infty)=\lim_{s\to 0}\left[s\frac{s}{(s+1)^2}\frac{1}{s^2}\right]=1$$

而由 $G(z)$ 可得

$$y(\infty)=\lim_{z\to 1}\left[\frac{z-1}{z}\frac{K'(z-1)(z+1)}{(z-e^{-T})^2}\frac{Tz}{(z-1)^2}\right]=\frac{K'2T}{(1-e^{-T})^2}$$

若是稳态值相等，则应选择 K' 为

$$K' = \frac{(1-e^{-T})^2}{2T}$$

最后可得离散数学模型为

$$G(z) = \frac{(1-e^{-T})^2}{2T} \frac{(z+1)(z-1)}{(z-e^{-T})^2}$$

当然，对这种系统，K' 还可以不依据稳态增益来选取，而依据某个特殊频率时的增益相等的原则来确定。

5.4 计算机控制系统仿真

计算机控制系统由离散部分（数字计算机或数字控制器）和连续部分（保持器或数／模转换器以及被控对象）两部分组合而成，如图 5.4.1 所示。

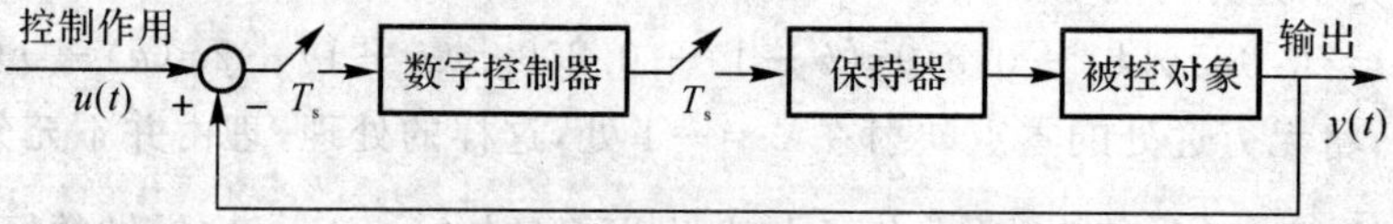

图 5.4.1　计算机控制系统组成图

这类系统的模型与第 4 章所述连续系统离散化模型形式相同，都是差分方程，所以从仿真方法来讲两者都是相同的。但是要注意的是，连续系统离散化模型是一种近似模型，因为在建立模型过程中人为地加入了采样开关和保持器，所以它只能是近似描述原来的连续系统。而计算机控制系统仿真的特点是，数字控制器是实际存在的离散量运算，采样开关也是实际存在的不是人为虚拟的。采样周期 T_s 是确定的，它与连续部分离散化虚拟采样周期 T 是不同的。下面来说明如何来考虑这两者之间的关系。

一、采样周期及计算步距

将图 5.4.1 所示的计算机控制系统用传递函数形式表示，如图 5.4.2 所示。图中，$G(s)$ 为被控对象的传递函数；$G_h(s)$ 为保持器的传递函数；$D(z)$ 为数字控制器的脉冲传递函数。

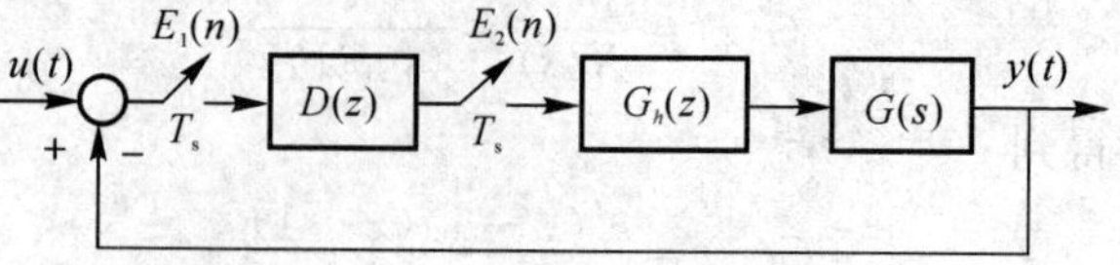

图 5.4.2　计算机控制系统图

T_s 是该计算机控制系统实际存在的采样开关的采样周期，这是计算机控制系统的一个重要参数。通常它是根据被控对象的反应快慢事先选定的。比如，当被控对象的阶跃响应曲线如图 5.4.3 所示时，若选择数字控制器为 P,I,D 形式，那么可选 T_s 为 $0.3L$ 左右。

对于图 5.4.2 所示的计算机控制系统仿真，一般有两种情况：

(1) 如果 $Z[G_h(s)G(s)]$ 可以求出，而且只要求计算输出量 $y(t)$，不要求计算中间变量，那么，可以用同样的采样间隔 T_s，分别写出数字控制器的差分方程，然后进行数字仿真。此时，

采样周期 T_s，也就是计算步距 T。

(2) 如果 $Z[G_h(s)G(s)]$ 不太好求出，或者不仅要求计算输出量 $y(t)$，还要求计算出中间的其他状态变量，或者被控对象中有非线性环节，那么在作数字仿真时必须将连续部分分成几部分来分别计算。此时，就要在每个连续部分前分别加上虚拟的采样器和保持器。为了使计算有一定的精度，这些虚拟采样器的采样间隔 T(也就是计算步距)就不能选得过分大，一般来讲 $T_s > T$。此时，在作仿真计算中，就应对连续部分与离散部分分别计算，而不能用同一步距。为了仿真计算的方便，通常选取 T 使 $T_s = NT$，其中 N 为正整数。此时对整个计算机系统作仿真计算，仿真程序将分为两个循环，一个是对连续部分，一个是对离散部分。由于 $T_s = NT$，要对连续部分作 N 次计算后，才对离散部分作一次计算，如图 5.4.4 所示。图中，T 为连续部分的计算步距；T_s 为离散部分的采样周期；T_f 为要求的仿真时间。

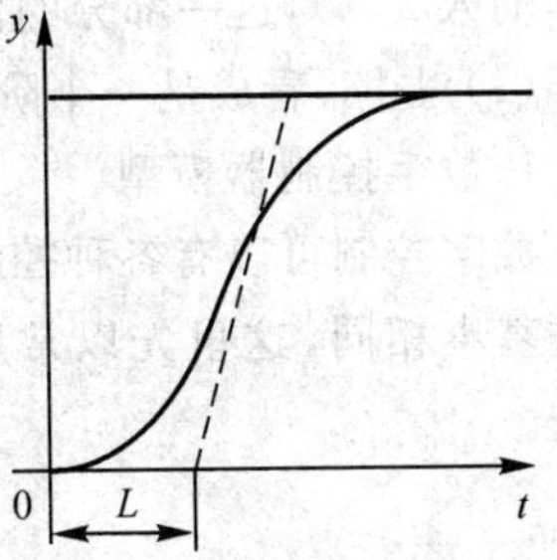

图 5.4.3　被控对象的阶跃响应曲线

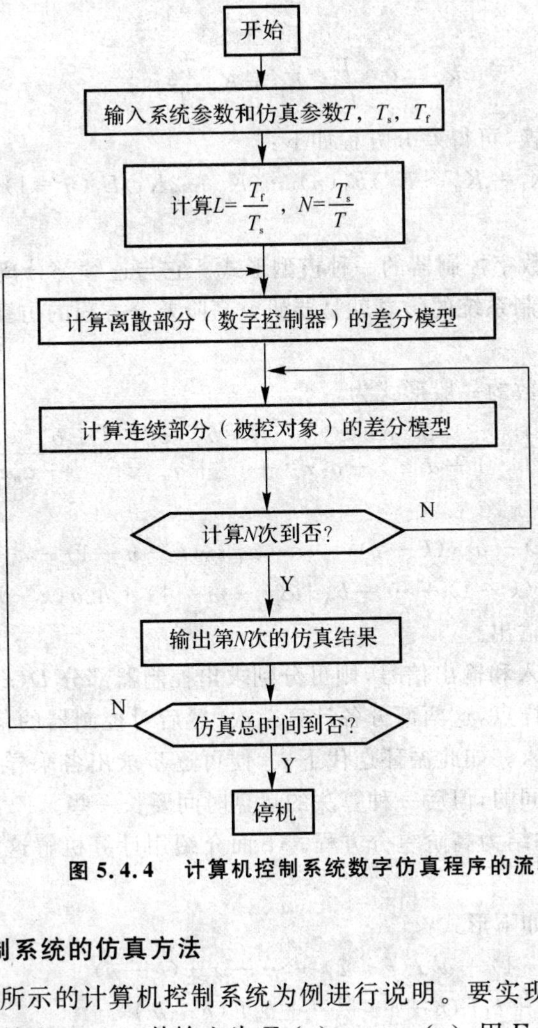

图 5.4.4　计算机控制系统数字仿真程序的流程图

二、计算机控制系统的仿真方法

现以图 5.4.2 所示的计算机控制系统为例进行说明。要实现计算机控制系统仿真，一般是计算离散部分的输出 $E_2(n)$，其输入为 $E_1(n) = u - y(n)$，用 $E_2(n)$ 作为连续部分的输入，计

算其输入 $Y(n)$，这一部分的仿真方法和连续系统完全相同，只要在确定连接矩阵 $\boldsymbol{W}$ 的系数时，把 $D(z)$ 去掉，看成是一个阶跃信号 $E_2(n)$ 加在系统上即可。

1. 数字控制器模型

数字控制可以有各种控制规律，即可以有不同的脉冲传递函数或差分方程，但建立模型的方法基本相同，这里先以常用的 PID（比例、积分和微分）控制规律为例来说明建立模型的方法。

$$D(s)=\frac{E_2(s)}{E_1(s)}=K_p\left(1+\frac{1}{T_i s}+T_d s\right) \tag{5.4.1}$$

式中 K_p—— 比例系数；

T_i—— 积分时间常数；

T_d—— 微分时间常数。

现若用 Z 变换方法把 $D(s)$ 变换为 $D(z)$，则可得

$$D(z)=\frac{E_2(z)}{E_1(z)}=\frac{K_i+K_p(1-z^{-1})+K_d(1-z^{-1})^2}{1-z^{-1}} \tag{5.4.2}$$

式中

$$K_i=K_p\frac{T}{T_i} \quad K_d=K_p\frac{T_d}{T}$$

由式(5.4.2)进行反变换，可得差分方程如下：

$$E_2(n)=E_2(n-1)+(K_i+K_p+K_d)E_1(n)-(K_p+2K_d)E_1(n-1)+K_dE_2(n-2) \tag{5.4.3}$$

式(5.4.3)即为所求的数字控制器的一种模型形式。它与连续部分离散化所得的差分方程形式相同。因此计算机控制系统的仿真就是要研究高阶差分方程的仿真方法。

2. 差分方程仿真

设系统闭环脉冲传递函数的一般形式为

$$F(z)=\frac{y(z)}{u(z)}=\frac{b_0+b_1z^{-1}+\cdots+b_{m-1}z^{-(m-1)}+b_m^{-m}}{1+a_1z^{-1}+a_2z^{-2}+\cdots+a_{n-1}z^{-(n-1)}+a_nz^{-n}} \tag{5.4.4}$$

其差分方程为

$$\begin{aligned}y(k)=&-a_1y(k-1)-a_2y(k-2)-\cdots-a_{n-1}y(k-n+1)-a_ny(k-n)+\\&b_0u(k)+b_1u(k-1)+\cdots+b_{m-1}u(k-m+1)+b_mu(k-m)\end{aligned}$$

解上式即可求出采样时刻的输出。

若需要求出控制器的输入和输出信号，则可分别求出控制器部分 $D(z)$ 及连续部分 $G(z)$ 的差分方程。对于每一个采样点，这两部分各计算一次，然后对控制器的信号进行综合，以便得到下一次计算控制器的输入。如此循环迭代下去，便可逐步求出各采样时刻的响应。以上两种算法所得到的结果是相同的，但后一种算法的运算时间要长一些。

以上两种算法，最后都归结为高阶差分方程。下面介绍用计算机解这种方程的方法及其程序实现。

假定高阶差分方程具有如下形式：

$$\begin{aligned}x(k)=&a_1x(k-1)+a_2x(k-2)+\cdots+a_nx(k-n)+\\&b_0E(k)+b_1E(k-1)+\cdots+b_mE(k-m)\end{aligned} \tag{5.4.5}$$

式中 x—— 输出变量；

E—— 输入变量。

由式(5.4.5)可知,在解此差分方程时,要用到计算时刻以前若干个采样时刻的输入值和输出值,这可在内存中设置若干个单元,将数据存储起来,以便在计算时使用。

下面首先讨论输出变量的处理方法。由式(5.4.5)可知,输出变量 x 的阶数为 n,因此,需要在内存中设置 n 个单元以存放计算时刻以前 n 个采样时刻的输出量。这些单元的安排如图 5.4.5(a) 所示。

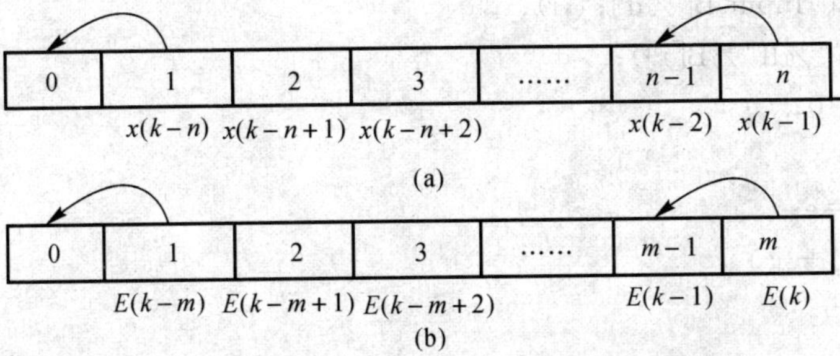

图 5.4.5　变量存储单元的安排

在计算中,现在时刻前 n 个输出量 $x(k-n),x(k-n+1),\cdots,x(k-2),x(k-1)$ 分别从 $1,2,\cdots,n-1,n$ 单元中取出。在每一次计算中其操作顺序都是"取出 —— 平移 —— 存入"。这时的"存入",是指计算所得的现在时刻的输出量又存入到第 n 单元中去。

对于输入变量,也可采用上述相似的方法进行处理。根据式(5.4.5),E 的阶数为 m,在内存中设置 $m+1$ 个单元存放 E 的数据。其安排如图 5.4.5(b) 所示。

在计算中,现在时刻前 m 个输入变量 $E(k-m),E(k-m+1),\cdots,E(k-1)$,分别从 $1,2,\cdots,m$ 单元中取出。在每一次计算中,其操作顺序都是"存入 —— 取出 —— 平移"。这里的"存入",是指计算所得到的现在时刻的输入 $E(k)$ 存入到第 $m+1$ 单元中去。

差分方程仿真程序:

```
#include<stdio.h>
#include<bios.h>
#include<stdlib.h>
void main()
{
        intI,j,n;
        int N,M,K;
        double *X, *E, *A, *B,e,x;
        clrscr( ) ;
        printf("Please input N,M,K,E:");
        scanf("%d %d %d %lf",&N,&M,*K,&e);
        A= malloc(N*sizeof(double));B= malloc(M*sizeof(double));
        X= malloc(N*sizeof(double));E= malloc(M*sizeof(double));
        for(i=0;i<N;i++)
          {
```

```
            printf("Input A[%d];",i);
            scanf("%lf"%A[i]);
            X[i]=0;
        }
    for(i=0;i<K;i++)
        {
            printf("Input B[%d];",i);
            scanf("%lf"%B[i]);
            E[i]=0;
        }
    E[M-1]=e;
  for(i=0;i<K;i++)
        {
            x=0
            for(j=0;j<K;j++)
            x=x+A[j]*E[M-j-1];
            for(j=0;j<M;j++)
            x=x+B[j]*E[M-j-1];
            for(j=0;j<K-1;j++)
            X[j]=X[j+1];
            for(j=0;j<M-1;j++)
            E[j]=E[j+1];
            X[K-1]=x;
            printf("%d %lf\k",i,x);
        }
    bioskey(1);
  }
```

程序中，$A[i](i=1,2,\cdots,n)$ 即 $a_1,a_2,\cdots,a_n$，$B[j](j=1,2,\cdots,m)$ 即 $b_1,b_2,\cdots,b_m$。

三、纯时延环节的数字仿真

现在研究纯时延环节的数字仿真方法，我们将看到纯时延环节其实是一种特殊的差分方程描述的系统，因此可以利用上面讨论的方法解决纯时延环节的仿真。假设纯时延环节的输入量为 $u(t)$，输出量为 $y(t)$，延迟时间为 τ，则时延环节的传递函数为

$$G(s)=\frac{y(s)}{u(s)}=\mathrm{e}^{-\tau s} \tag{5.4.6}$$

再假设采样周期为 T，且

$$\frac{\tau}{T}=C_0+C_2 \tag{5.4.7}$$

式中，C_0 为整数部分，C_2 为小数部分。则有

$$G(s)=\frac{y(s)}{u(s)}=\mathrm{e}^{-(C_0+C_2)Ts} \tag{5.4.8}$$

对式(5.4.8)作 Z 变换，得

$$G(z)=\frac{y(z)}{u(z)}=z^{-(C_0+C_2)} \tag{5.4.9}$$

再作 Z 反变换，得到差分方程

$$y(n)=u[n-(C_0+C_2)] \tag{5.4.10}$$

若 τ 为 T 的整数倍，则

$$y(n)=u(n-C_0)$$

其仿真方法同差分方程一样，如图 5.4.6 所示。

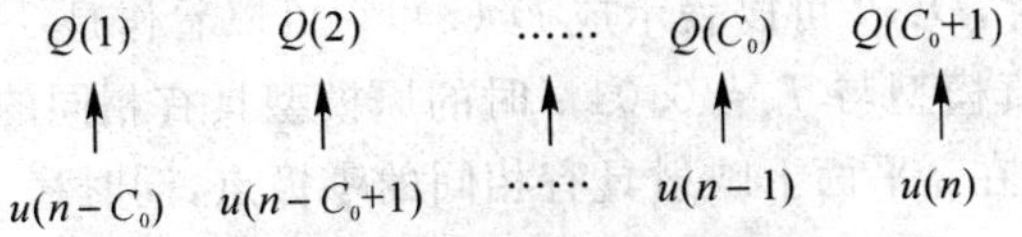

图 5.4.6　纯时延环节变量存储单元的安排

利用 BASIC 语言编写的仿真程序：

```
Q(C0+1)=U
Y=Q(1)
FOR I=1 TO C0
    Q(I)=Q(I+1)
NEXT I
```

当 $C_2\neq 0$ 时，则因 $C_0<C_0+C_2<C_0+1$，可以将 $y(n)$ 的值取在 $u(n-C_0)$ 和 $u(n-(C_0+1))$ 两个时刻之间，故可以利用线性插补公式求得

$$y(n)=(1-C_2)u(n-C_0)+C_2u(n-(C_0+1)) \tag{5.4.11}$$

增设一个内存单元存放 $u(n-(C_0+1))$，故可取 C_0+2 个内存单元，如图 5.4.7 所示。

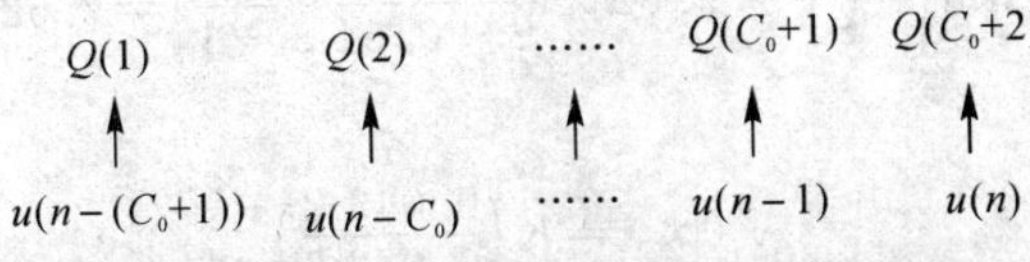

图 5.4.7　增设内存单元时变量存储单元的安排

利用 BASIC 语言编写的仿真程序：

```
Q(C0+2)=U
Y=(1-C2)*Q(2)+C2*Q(1)
FOR I=1 TO C0+1
    Q(I)=Q(I+1)
NEXT I
```

四、采样周期改变引起仿真模型的变化

为了减少计算量，加快仿真的速度，对计算机控制系统进行数字仿真时，通常会遇到这样的情况，即原来的 T_s 比较小，现在希望用一个比较大的 T_s 来进行仿真。这样要对离散部分的仿真模型进行修改，但当给出的离散部分仿真模型不含 T_s 时，须将原 z 域零极点通过映射关系对应到 s 域中，再采用 T'_s 映射到 z 域中找到 T_s 改变为 T'_s 后新的零极点。

下面通过一个实际的例子来说明一下当采样周期改变时，如何改变仿真模型。

假设在一个数字驾驶仪中有一个数字校正环节，它的采样周期 $T_s=0.04$ s，它的脉冲传递函数为

$$D(z)=\frac{y(z)}{u(z)}=2.62\left(\frac{z-0.98}{z-0.64}\right) \tag{5.4.12}$$

若用 $T_s=0.04$ s 来进行数字仿真，那么它的仿真模型可以用差分方程来表示，即

$$y(k)=0.64y(k-1)+2.62[u(k)-0.98u(k-1)] \tag{5.4.13}$$

今要求仿真时 $T'_s=0.1$ s，那么仿真模型应当怎样变化呢？

假设当 $T'_s=0.1$ s 时，$D(z)$ 可以表示成 $D'(z)$，它可以看作是 $T'_s=0.1$ s 的仿真模型。为了使 $T'_s=0.1$ s 时的仿真模型与 $T_s=0.04$ s 时的原模型具有相同的特性，首先要求 $D'(z)$ 与 $D(z)$ 两个脉冲传递函数在 s 平面上映射具有相同的零极点，同时稳态值相同。

已知 $D(z)$ 在 z 平面上的一个极点 $z_p=0.64$，同时有一个零点 $z_z=0.98$，它们映射到 s 平面上，有一个极点 s_p，一个零点 s_z。

$$s_p=\frac{1}{T_s}\ln z_p=25\ln 0.64=-11.16 \quad s_z=\frac{1}{T_s}z_z=25\ln 0.98=-0.505$$

根据零极点相配原则，当 $T'_s=0.1$ s 时，有

$$z_z=e^{T}s_z^s=e^{-1\times 0.505}=0.950\ 8 \quad z_p=e^{T}s_p^s=e^{-0.1\times 11.16}=0.327$$

故

$$D'(z)=K_z\left(\frac{z-0.950\ 8}{z-0.327\ 7}\right) \tag{5.4.14}$$

现在还有一个增益系数 K_z 要加以确定。它可以根据原型与模型具有相同的稳态值这一原则来确定。

假设在 $D(z)$ 的输入端加一个单位阶跃函数，则根据终值定理，输出的终值为

$$y(\infty)=\lim_{z\to 1}\left\{\frac{z-1}{z}\times 2.62\times\frac{z-0.98}{z-0.64}\ \frac{z}{z-1}\right\}=2.62\times\frac{0.02}{0.36}$$

而仿真模型的终值为

$$y'(\infty)=K\left(\frac{0.049\ 2}{0.672\ 3}\right)$$

若要求有 $y(\infty)=y'(\infty)$，则可得

$$K_z=\frac{0.672\ 3\times 2.62\times 0.02}{0.049\ 2\times 0.36}=1.988\ 9$$

因此可得改变采样周期后的仿真模型为

$$D'(z)=1.988\ 9\times\frac{z-0.950\ 8}{z-0.327\ 7} \tag{5.4.15}$$

相应的差分方程为

$$y(k)=0.327\ 7y(k-1)+1.988\ 9[u(k)-0.950\ 8u(k-1)] \tag{5.4.16}$$

在 MATLAB 语言中有指令 d2d()，该指令可以将原离散系统按新的采样周期进行离散化。该指令的调用格式为：

```
sys1 = d2d(sys,Ts)
sys1 = d2d(sys,[],Nd)
```

调用说明：该指令将原离散时间系统的采样时间改变为采样时间为 Ts 秒的新模型 sys1。

其实该指令相当于指令：

```
sys1 = c2d(d2c(sys),Ts)
```

指令 sys1 = d2d(sys,[],Nd)是对系统 sys 在输入端加一个时延，该时延必须是采样时间的 Nd 倍。如果系统 sys 是单输入，则 Nd 是一个标量。如果系统 sys 是多输入，则 Nd 是一个矢量。

例如，考虑离散时间系统

$$H(z)=\frac{z-0.7}{z-0.5}$$

该系统的采样时间为 0.1 s，我们希望将采样时间改为 0.05 s。编写 MATLAB 指令：

```
H = zpk(0.7,0.5,1,0.1)
H2 = d2d(H,0.05)
```

则 MATLAB 响应为

$$H2(z)=\frac{z-0.824\,3}{z-0.707\,1}$$

本章小结

前两章讨论的连续系统数字仿真的基本原理和方法，由于具有通用性，因此有许多成熟的商品化程序，故使用起来显得十分方便。但一般来讲，为了达到一定的仿真精度，这些方法要求的计算量较大，因此计算速度受到一定的限制。如果要利用小型计算机或微机仿真，常常希望在达到工程所要求的精度的条件下，能使仿真的计算量较小，计算速度比较快。本章向读者介绍了增广矩阵法、替换法、零极点匹配法等几种快速仿真算法。增广矩阵法是将控制量也选作状态变量，使其原非线性方程增广成齐次方程，从而提高仿真速度。其他几种方法的共同点是将连续系统转换为离散系统，尤其是双线性变换法，在实际工程中应用非常广泛。各种方法都有其各自的优点，但又有局限性。读者在仿真时，可根据实际情况选用。

本章还讲述了计算机控制系统仿真，它有特殊性，即系统仿真有其实际存在的采样周期和虚拟的采样周期，它们两者是不同的，因而在仿真中要注意区别。另外，如果数字控制器是以脉冲传递函数形式给出的，式中不含采样周期 T_s，若想要改变采样周期 T_s，则可以通过映射到 s 域，再映射回 z 域的办法解决。

习　　题

5-1　用增广矩阵法计算系统 $\dfrac{100(5s+1)}{(10s+1)(s+1)(0.15s+1)}$ 在单位阶跃函数作用下的过滤过程。

5-2　已知一系统 $\dot{\boldsymbol{x}}=\boldsymbol{Ax}+\boldsymbol{Bu}$，$\boldsymbol{x}$ 为 n 维列向量，$u(t)=a-bt+\dfrac{1}{2}ct^2$。试用增广矩阵法将上述系统方程转换为齐次方程，并标明初值。

5-3　已知一系统 $\dot{\boldsymbol{x}}=\boldsymbol{Ax}+\boldsymbol{Bu}$，$\boldsymbol{x}$ 为 n 维列向量，$u(t)=a(1-\mathrm{e}^{-t})$。试用增广矩阵法将上述系统方程转换为齐次方程，并标明初值。

5-4　试画出采用 $s=\dfrac{z-1}{Tz}$ 的关系对 $G(s)$ 中的 s 进行替换时，s 平面与 z 平面上的映射关系。若 $G(s)$ 的极点全在左半平面，那么 $G(z)$ 的极点是否都在单位圆内？

5-5　用双线性变换公式及根匹配法求系统 $\dfrac{100(s+1)}{(10s+1)(s+1)(0.15s+1)}$ 的脉冲传递函数。

5-6　用根匹配法求出 $G(s)=\dfrac{\omega_n^2}{s^2+2\xi\omega_n s+\omega_n^2}$ 的差分方程；若 $\xi=0.4$，$\omega_n=15\ \mathrm{rad/s}$ 而采样频率为 10 次 /s，计算在单位阶跃下的仿真结果（输出量的初值 $y_0=0$，手算 8 个点即可）。

5-7　试求 $\dfrac{\tau s}{\tau+1}$ 的差分方程。

5-8　已知某离散系统 $D(z)=\dfrac{z}{z^2-0.3z+0.02}$，采样周期 $T_s=0.02$ s，先需要在 $T=0.1$ s 下作数字仿真，求该系统的数字仿真模型。

5-9　已知有一计算机控制系统如下图所示，调节器为 PID 型，且

$$D(z)=\frac{z^2-z}{\left(K_p+\dfrac{T}{T_i}+\dfrac{T}{T_d}\right)z^2-\left(K_p+\dfrac{2T_d}{T}\right)z+\dfrac{T_d}{T}}$$

先求对象的差分方程，然后画出计算 $y(t)$ 的程序框图。

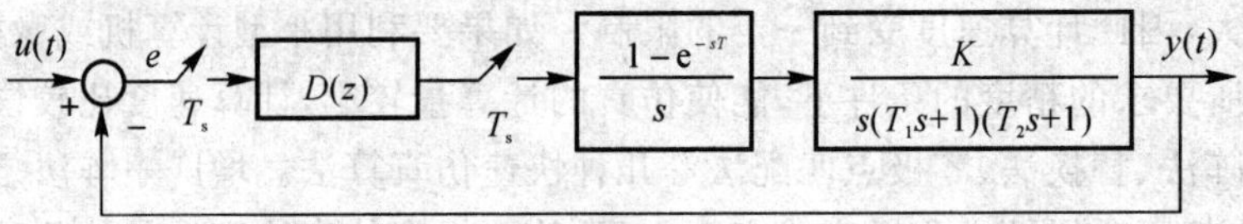

习题 5-9 图

5-10　试用 MCSS 仿真程序仿真下图所示的采样系统。

(1) 若 $K=1$，采样周期 $T_s=0.1$ s 和 0.4 s，试问哪一种情况的系统稳定？

(2) $T_s=1$ s，$K=1$ 和 5，试问哪一种情况的系统稳定？

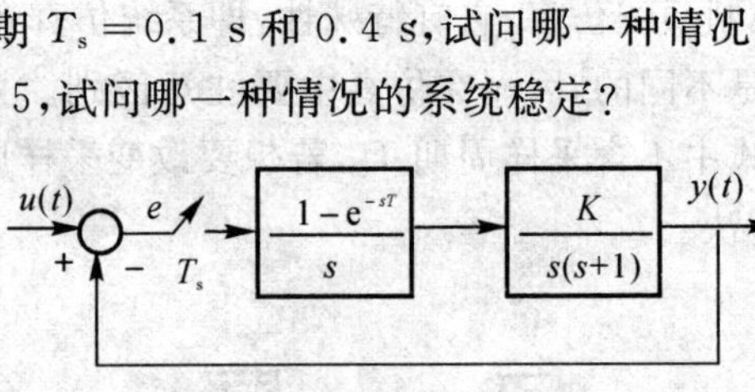

习题 5-10 图

5-11　已知有一计算机控制系统如下图所示，图中 $u(t)=t$，采样周期 $T_s=1$ s；数字控制器脉冲传递函数 $D(z)$ 为

$$D(z)=\frac{0.81-1.106z^{-1}+0.485z^{-2}-0.069z^{-3}}{1+0.35z^{-1}-1.159z^{-2}-0.193z^{-3}}$$

试用 MCSS 仿真程序求该系统的输出响应。

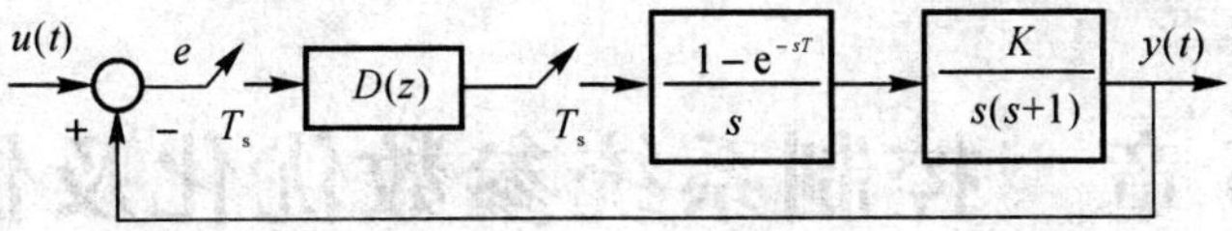

习题 5－11 图

5－12　已知有一饱和非线性计算机控制系统如下图所示，图中 $u(t)$ 为阶跃输入，采样周期 $T_s=1$ s；饱和非线性斜率为 1；数字控制器脉冲传递函 $D(z)$ 为

$$D(z)=\frac{1+0.215z^{-1}-0.215z^{-2}}{1+0.632z^{-1}+0.153z^{-2}}$$

试用 MCSS 仿真程序求该系统的输出响应。

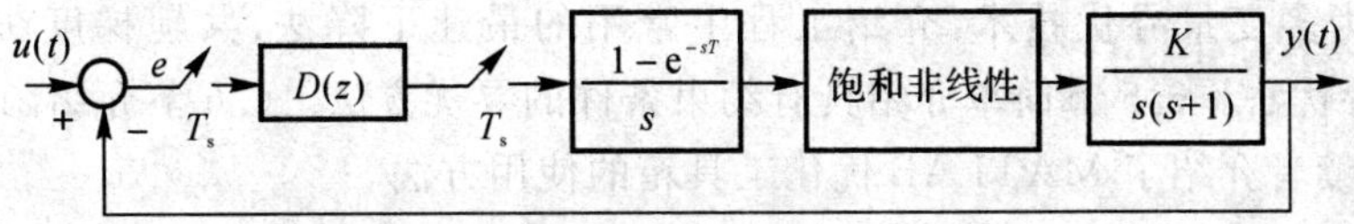

习题 5－12 图

第6章 控制系统参数优化及仿真

仿真是将已知系统在计算机上进行复现，它是分析、设计系统的一种重要实验手段。怎样才能使设计出来的系统在满足一定的约束条件下，使某个指标函数达到极值，这就需要优化的仿真实验。所以仿真技术与优化技术两者关系十分密切。

优化技术包括内容很多，本章主要介绍与系统最优化技术有关的参数优化技术方法。6.1节首先对控制系统常用的优化技术作一概括性的叙述。6.2节介绍单变量技术的分割法和插值法。6.3节为多变量寻优技术，介绍工程中常用的最速下降法、共轭梯度法和单纯形法。6.4节为随机寻优法。6.5节简单介绍具有约束条件的寻优方法。6.6节介绍函数寻优的基本方法。最后向读者介绍了MATLAB优化工具箱的使用方法。

6.1 参数优化与函数优化

优化技术是系统设计中带有普遍意义的一项技术，本节首先讨论优化技术中的一些基本定义和问题。

一、优化问题数学模型的建立

用优化方法解决实际问题一般分3步进行：

(1)提出优化问题，建立问题的数学模型。

(2)分析模型，选择合适的求解方法。

(3)用计算机求解，并对算法、误差、结果进行评价。

显然，提出问题，确定目标函数的数学表达式是优化问题的第一步，在某种意义上讲也是最困难的一步。以下分别说明变量、约束和目标函数的确定。

1.变量

变量一般指优化问题或系统中待确定的某些量。例如，在电机的优化设计中，变量可能为电流密度J，磁通密度B，轴的长度，直径以及其他几何尺寸等。电路的优化设计中要确定的变量主要是电路元件(R,L,C)的数值。对产品设计问题来说，一般变量数较少(例如，几个到几十个)。变量数的多少以及约束的多少表示一个优化问题的规模大小。因此，工程上最优设计问题属于中小规模的优化问题，而生产计划、调度问题中变量数可达几百个几千个，属于大规模优化问题。变量用$\boldsymbol{x}$表示，$\boldsymbol{x}=[x_1 \quad x_2 \quad \cdots \quad x_n]^{\mathrm{T}}$。

2.约束条件

求目标函数极值时的某些限制称为约束。例如，要求变量为非负或为整数值，这是一种限制；可用的资源常常是有限的(资源泛指人力、设备、原料、经费、时间等等)；问题的求解应满足一定技术要求，这也是一种限制(如产品设计中规定产品性能必须达到的某些指标)。此外，还应满足物理系统基本方程和性能方程(如电路设计必须服从电路基本定律KCL和KVL)。控制系统优化设计则用状态方程和高阶微分和差分方程来描述其物理性质。如果列写出来的约束式越接近实际系统，则所求得的优化问题的解也越接近于实际的最优解。

等式约束：　$g_i(x)=0$；$x \in E^n$　$i=1,2,\cdots,m$　$m<n$

不等式约束：　$h_i(x) \geqslant 0$ 或 $\leqslant 0$　$j=1,2,\cdots,r$

3. 目标函数

优化有一定的标准和评价方法，目标函数是这种标准的数学描述。目标函数 $f(x)$ 可以是效果函数或费用函数，$f(x)=f(x_1,x_2,\cdots,x_n)$。用效果作为目标函数时，优化问题是要求极大值，而费用函数不得超过某个上界成为这个优化问题的约束；反之，最优函数是费用函数时，问题变成了求极小值，而效果函数不得小于某个下界就成为这个极小值问题的约束了，这是对偶关系。

费用和效果都是广义的，如费用可以是经费，也可以是时间、人力、功率、能量、材料、占地面积或其他资源，而效果可以是性能指标、利润、效益、精确度、灵敏度等等。也可以将效果与费用函数统一起来，以单位费用的效果函数或单位效果的费用函数为目标函数，前者是求极大值，后者是求极小值。

求极大值和极小值问题实际上没有什么原则的区别，因为求 $f(x)$ 的极小值相当于求 $-f(x)$ 的极大值，即 $\min f(x)=\max[-f(x)]$。两者的最优值均当 $x=x^*$ 时得到。

综上所述，优化问题的数学模型可以表示成如下形式：

$$\left.\begin{aligned} &\min f(x) \quad x \in \mathbf{R}^n \\ \text{约束条件：}\quad &g_i(x) \leqslant 0 \quad i=1,2,\cdots,m \end{aligned}\right\} \tag{6.1.1}$$

二、优化问题的分类

优化问题可以按下述情况分类：

(1) 有没有约束？有约束的话是等式约束还是不等式约束？

(2) 所提问题是确定性的还是随机性的？

(3) 目标函数和约束式是线性的还是非线性的？

(4) 是参数最优还是函数最优，即变量是不是时间的函数？

(5) 问题的模型是用数学解析公式表示还是用网络图表示？在网络上的寻优称为网络优化。

限于本书的内容要求，在此只介绍参数优化和函数优化。

1. 参数优化

在控制对象已知，控制器的结构、形式已确定的情况下，通过调整控制器的某些参数，使得某个目标函数最优，这就是参数优化问题。

例如，图 6.1.1 所示的控制系统，在某个给定函数 γ 的作用下，测量给定 γ 与输出量 y 之间的偏差 e，用 $\int_0^{t_f} e^2 \mathrm{d}t$ 作为指标函数，要求调整控制器的参数，使得该指标函数达到最小。

假定控制器有 N 个可调整参数 $\alpha_1,\alpha_2,\cdots,\alpha_N$，显然上述指标是这些参数的函数，即

$$Q(\boldsymbol{\alpha})=\int_0^{t_f} e^2 \mathrm{d}t \tag{6.1.2}$$

现在的问题就是要寻求使 $Q(\boldsymbol{\alpha})$ 达到极小值的 $\boldsymbol{\alpha}^*$，其中 $\boldsymbol{\alpha}^{\mathrm{T}}=[\alpha_1 \quad \alpha_2 \quad \cdots \quad \alpha_n]$。

从数学上讲，参数优化问题属于普通极值问题。寻找的最优参数不随时间变化，故也属于静态寻优问题。其一般问题形式：

有一个物理系统，它的数学模型为 $\dot{\boldsymbol{x}}=\boldsymbol{f}(\boldsymbol{x},\boldsymbol{\alpha},t)$，其中 $\boldsymbol{x}$ 为 n 维状态向量；$\boldsymbol{\alpha}$ 为 m 维被寻优参数的向量；$\boldsymbol{f}$ 为 n 维系统运动方程结构向量。要求在满足下列条件下：

不等式限制	$H(\boldsymbol{\alpha})\leqslant 0$	q 维
等式限制	$G(\boldsymbol{\alpha})=0$	p 维
等式终端限制	$S(\boldsymbol{\alpha},t_f)=0$	l 维（t_f 是终端时间）

找到一组参数 $\boldsymbol{\alpha}=\boldsymbol{\alpha}^*$，使指标函数 $Q(\boldsymbol{\alpha})=Q(\boldsymbol{\alpha}^*)\rightarrow\min$。

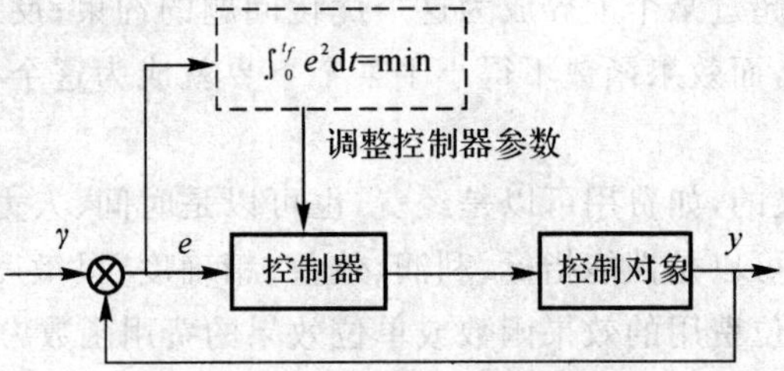

图 6.1.1　控制器参数的调整

2. 函数优化

函数优化是控制对象已知，要找最优控制作用 $u^*(t)$，以使某个函数指标达到最小，也包括要寻找最优控制器的结构、形式和参数。由于最优控制作用 $u^*(t)$ 为时间函数，所以这类问题称为函数优化问题，在数学上称为泛函极值问题。这类问题的一般形式是：

有一个物理系统，它的数学模型为 $\dot{\boldsymbol{x}}=\boldsymbol{f}(\boldsymbol{x},\boldsymbol{\alpha},t)$，其中 $\boldsymbol{x}$ 为 n 维状态向量；$\boldsymbol{\alpha}$ 为 m 维被寻优参数的向量；$\boldsymbol{f}$ 为 n 维系统运动方程结构向量。要求在满足条件

不等式限制	$H(\boldsymbol{\alpha})\leqslant 0$	q 维
等式限制	$G(\boldsymbol{\alpha})=0$	p 维
等式终端限制	$S(\boldsymbol{\alpha},t_f)=0$	l 维

下，找到 m 维函数 $\boldsymbol{\alpha}(t,\boldsymbol{x})=\boldsymbol{\alpha}^*(t,\boldsymbol{x})$，使指标函数 $Q(\boldsymbol{\alpha})=Q(\boldsymbol{\alpha}^*)\rightarrow\min$。

函数优化问题从理论上讲可以用变分或极大值原理或动态规划求解。但是在仿真研究中，由于采用的是数值求解，所以通常将其转化为参数优化问题加以解决。出于以上原因，本章的重点主要讨论参数优化问题。

三、参数优化方法

系统的参数优化问题求解方法，按其求解方式可分为两类：间接寻优和直接寻优。

1. 间接寻优法

间接寻优法就是把一个优化问题用数学方程描述出来，然后按照优化的充分必要条件用数学分析的方法求出解析解，故又称其为解析法。数学中的变分法、拉格朗日乘子法和最大值原理、动态规划等都是解析法，所以也都是间接寻优法。由于在大部分控制系统中目标函数 J 一般很难写出解析式，而只能在计算动态响应过程中计算出来，所以仿真中一般较少采用间接寻优方法。

2. 直接寻优法

直接寻优法就是直接在变量空间搜索一组最佳控制变量（又称决策变量、设计变量）。这是一种数值方法，具体办法是，利用目标函数在一局部区域初始状态的性质和已知数值，来确

定下一步计算的点，这样一步步搜索逼近，最后接近最优点。

6.2　单变量寻优技术

单变量寻优技术是多变量寻优技术的基础，多变量参数寻优的算法中常常要用到它，因此单变量的寻优方法是解决多变量优化问题的基本方法。本节主要介绍常用的两种单变量寻优方法：分割法和插值法。

6.2.1　黄金分割法(0.618 法)

分割法是单变量函数无约束极值较为有效的一种直接搜索法。这种方法实质上是在搜索过程中不断缩小最优点存在的区域，即通过搜索区间的逐步缩小来确定最优点。对多变量函数来说，分割法不十分有效，因为这时消去的不是线段，而是平面、立体或多维空间的一部分。黄金分割法是分割法中的一种有效方法。

假定目标函数 $Q(x)$，已知它在区间$[a_0, b_0]$有一极小值存在，如图 6.2.1(a) 所示。为了找到这个极小点 x^*，可以在距 a_0，b_0 各 $\lambda(b_0 - a_0)$ 处找两点 x_1，x_2，然后比较它们的目标函数值，如果$Q(x_1) > Q(x_2)$，则令 $a_1 = a_0$，$b_1 = x_1$，形成新区间$[a_1, b_1]$，然后对这个新区间在距 a_1，b_1 各 $\lambda(b_1 - a_2)$ 处找两点。由于每次分割区间缩小为原来的 λ 倍($\lambda < 1$)，若原来区间$[a_0, b_0]$为 $b_0 - a_0 = 1$，而经过 n 次分割后区间为$[a_n, b_n]$，那么 $b_n - a_n = \lambda^n$。

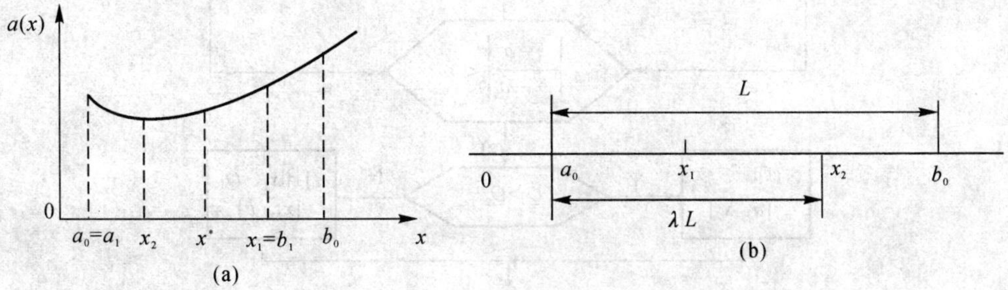

图 6.2.1　黄金分割图

λ 选多大适合呢？如果要求 x_2 应该是 x_1 的对称点，即 $a_0x_1 = x_2b_0$，如图 6.2.1(b) 所示，则也可以写成下面关系式：

$$\left.\begin{aligned} x_1 &= a_0 + \lambda(b_0 - a_0) \\ x_2 &= b_0 + \lambda(b_0 - a_0) \end{aligned}\right\} \tag{6.2.1}$$

且希望经过分割后其保留点仍处于留下区间的相应位置上，即 x_1 在$[a_0, b_0]$中的位置与 x_2 在$[a_1, b_1]$中相仿，且比值相等：

$$\lambda = \frac{x_1 - a_0}{L} = \frac{x_2 - a_0}{x_1 - a_0} \tag{6.2.2}$$

故

$$x_2 - a_0 = \lambda(x_1 - a_0) = \lambda^2 L$$

$$b_0 - \lambda L - a_0 = \lambda^2 L, \quad L - \lambda L = \lambda^2 L, \quad \lambda^2 + \lambda - 1 = 0$$

因此可以得到
$$\lambda=\frac{-1\pm\sqrt{5}}{2} \tag{6.2.3}$$

取正值，$\lambda=0.618\ 033\ 9$。

这样，若计算分割后的函数值，则由计算两个点的函数值变为计算一个点的函数值，在一定分割次数内，减少了计算函数的次数。这种分割方法称为黄金分割法。

图 6.2.2 所示为黄金分割法程序框图。

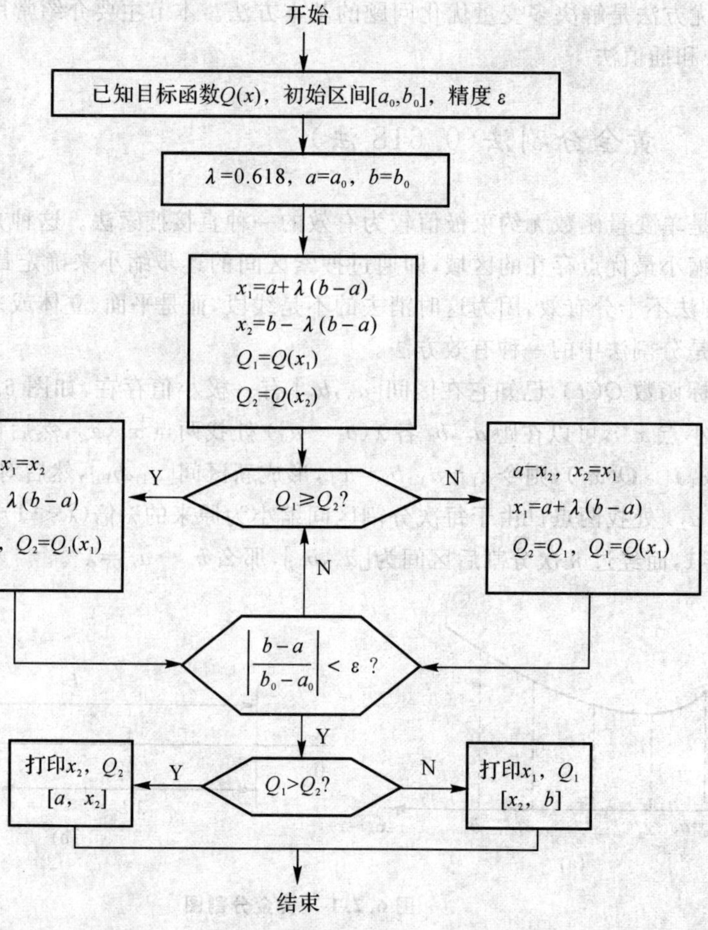

图 6.2.2　黄金分割法的程序框图

例 6.2.1　求目标函数 $Q(x)=x^2-10x+36$ 的最小值，区间缩短的精度 $\varepsilon=0.000\ 01$。

解　使用符号：

A：初始区间的起点，$A=10$；

B：初始区间的终点，$B=-10$；

E：允许的精度，$E=0.000\ 01$。

用 C 语言编写的计算程序清单如下：

```
#include "math.h"
  #include"stdio.h"
  main( )
```

```
{float x0, x1, x2, x3, x4, e1, e2, q1, q2, q3, q4, q5, m, h0, h, c1, c2;
int n;
printf("intput x0, H0,E1, E2, M");
scanf("%f, %f, %f, %f, %f ",&x0, &h0, &e1, &e2, &m );
  x1=x0, q1=x1 * x1-10x1+36;
p2: n=0; h=h0;
  x2=x1+h;q2=x2 * x2-10x2+36;
if(q1>q2)
  {h=h+h; n=n+1;}
else
  {h= -h;x3=x1;q3=q1;
p1: x1=x2; q1=q2; x2=x3; q2=q3;}
  x3=x2+h; q3=x3 * x3 -10x3+36;
  if(q2>q3)
    {h=h+h; n=n+1; go to p1;}
  else
    {if(n>0)
    {x4=0.5 * (x2+x3); q4=x4 * x4 - 10 * x4+36;
    if(q4>q2) {x3=x4; q3=q4;}
    else{x1=x2; q1=q2; x2=x4; q2=q4;}
    }
      c1=(q3-q1)/(x3-x1)
      c2=((q2-q1)/(x2-x1)-c1)/(x2-x3);
      if(fabs(c2)<e1)
        {x1=x2; q1=q2;
        h0=m * h0; go to p2;}
    else{x4=0.5 * (x1+x3-c1/c2);
        q4=x4 * x4 - 10 * x4+36;
        if(q2<e2) q5=e2;
        else q5=q2;
        if(fabs((q4 - q2)/q5)>e1)
          {if(q4>q2)  {x1=x2; q1=q2;}
          else{x1=x4; q1=q4;}
          h0=m * h0; go to p2;}
        printf("OPTIM X=%f\n",x4);
        printf("OBJ. FUNC=%f",q4);
      }
  }
}
```

计算结果：目标函数最小值 OBJ. FUNC＝11.000 0，使其取得最小值的变量 OPTIM X＝5.006 7。

6.2.2 二次插值法

二次插值法是多项式近似法的一种，即用二次的插值多项式拟合目标函数，并用这个多项式的极小点作为目标函数极值的近似。

1.二次插值法的计算公式

假设目标函数 $Q(x)$ 在 3 个点 $x_1, x_2, x_3(x_1 < x_2 < x_3)$ 的函数值分别为 Q_1, Q_2, Q_3。可以利用这 3 个点及相应的函数值作为二次插值公式，令

$$P(x) = a_0 + a_1 x + a_2 x^2 \tag{6.2.4}$$

为所求的插值多项式，它应满足条件

$$\left.\begin{aligned} P(x_1) &= a_0 + a_1 x_1 + a_2 x_1^2 \\ P(x_2) &= a_0 + a_1 x_2 + a_2 x_2^2 \\ P(x_3) &= a_0 + a_1 x_3 + a_2 x_3^2 \end{aligned}\right\} \tag{6.2.5}$$

对多项式式(6.2.4) 求导数，并令其为零，得

$$P'(x) = a_1 + 2a_2 x = 0 \tag{6.2.6}$$

$$x_{\min} = -\frac{a_1}{2a_2} \tag{6.2.7}$$

式(6.2.7) 就是计算近似极小点的公式。为了确定这个极小点，只需算出 a_1 和 a_2，其算法如下：

从式(6.2.5) 可求出

$$x_{\min} = -0.5\frac{\begin{vmatrix} 1 & P(x_1) & x_1^2 \\ 1 & P(x_2) & x_2^2 \\ 1 & P(x_3) & x_3^2 \end{vmatrix}}{\begin{vmatrix} 1 & x_1 & P(x_1) \\ 1 & x_2 & P(x_2) \\ 1 & x_3 & P(x_3) \end{vmatrix}} \tag{6.2.8}$$

如果设 3 个点等距离，即

$$x_3 - x_2 = x_2 - x_1 = h$$

则式(6.2.8) 又可写为

$$x_{\min} = x_2 + \frac{h(Q_1 - Q_2)}{2(Q_1 - 2Q_2 - Q_3)} \tag{6.2.9}$$

设 x_1 为坐标原点，则

$$x_{\min} = h + \frac{h(Q_1 - Q_2)}{2(Q_1 - 2Q_2 - Q_3)} \tag{6.2.10}$$

2. 用外推法求寻优区间

外推法是一种极点范围寻优的方法。用二次插值法寻优，有时其最优点存在的范围事先没有给出，因此作为寻优的第一步，首先就是确定寻优区间。其方法如下：

设从某点 x_1 开始，原始步长为 h，则 $x_2=x_1+h$，求目标函数 $Q(x_1)$ 和 $Q(x_2)$ 并进行比较。

若 $Q(x_1)>Q(x_2)$，则将步长加倍，求在 $x_3=x_2=2h, x_4=x_3+4h, \cdots, x_k=x_{k-1}+2^{k-2}h$ 等点处目标函数 $Q(x_k)$ 的值，直至函数值增加为止，如图 6.2.3(a) 所示。

若 $Q(x_1)<Q(x_2)$，则求在 $x_3=x_1-h, x_4=x_3-2h, \cdots, x_k=x_{k-1}-2^{k-3}h$ 等点处的 $Q(x_k)$ 的值，直至函数值增加为止，如图 6.2.3(b) 所示。

对凸函数来说，最小点必落在 x_{k-2} 与 x_k 之间，即 $x_{k-2}<x<x_k$，而且有

$$x_k-x_{k-1}=2(x_{k-1}-x_{k-2}) \tag{6.2.11}$$

此时，在 x_{k-1} 与 x_k 之间的中点进行第 $k+1$ 点的计算，即取

$$x_{k+1}=(x_{k-1}+x_k)/2 \tag{6.2.12}$$

这样共得 4 个等间距的点 $x_{k-2}, x_{k-1}, x_k, x_{k+1}$，它们之间的间距为 d。当 $Q(x_1)>Q(x_2)$ 时，$d=2^{k-3}h$；当 $Q(x_1)<Q(x_2)$ 时，$d=2^{k-4}h$。比较这 4 个点的函数值，取函数值最小的 x_b，则 $x_a=x_b-d$，$x_c=x_b+d$，这样就可以得 x_a, x_b, x_c 三点，以便于构成二次插值函数，并且可以判定 x^* 一定在 x_a 与 x_c 之间。

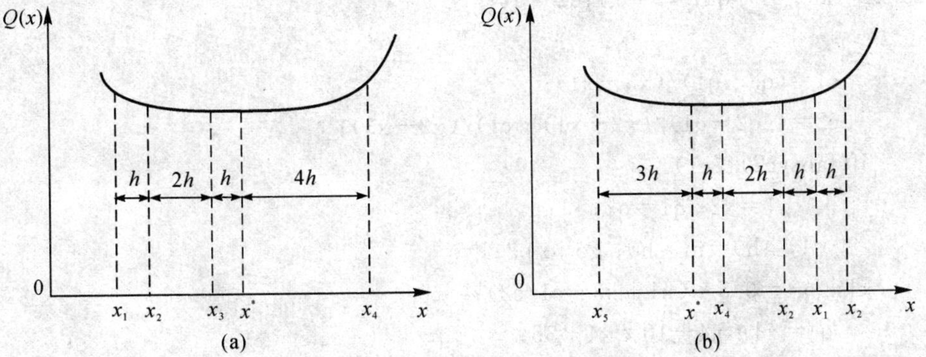

图 6.2.3　外推法图示

3. 外推二次插值法的程序框图

为便于分析，将图 6.2.4 所示的框图分为三部分。其中，图 6.2.4(a) 所示为外推法最优点存在的区间；图 6.2.4(b) 所示为二次插值法求近似的最优点；图 6.2.4(c) 所示为比较 Q_2 与 Q_4，其较小者为新的起点，同时缩短步长 $h=mh_0$，再重复图 6.2.4(a) 及(b) 所示两部分。

例 6.2.2　求目标函数 $Q(x)=x^2-10x+36$ 的最小值。

解　用 C 语言编写的程序清单如下：

```
#include "math.h"
#include "stdio.h"
main( )
{float x0, x1, x2, x3, x4, e1, e2, q1, q2, q3, q4, q5, m, h0, h, c1, c2;
    int n;
    printf("input x0, h0, e1, e2,mM");
    scanf("%f, %f, %f, %f, %f",&x0, &h0, &e1, &e2, &m);
    x1=x0; q1=x1*x1-10*x1+36;
    p2: n=0; h=h0;
```

```
x2=x1+h; q2=x2*x2-10*x2+36;
        if(q1>q2)
            {h=h+h; n=n+1;}
        else
            {h= -h;x3=x1;q3=q1;
        p1: x1=x2; q1+q2; x2=x3; q2=q3;}
        x3=x2+h; q3=x3*x3-10*x3+36;
        if(q2>q3)
    {h=h+h; n=n+1; go to p1;}
        else
        {if(n>0)
            {x4=0.5*(x2+x3); q4=x4*x4-10*x4+36;
        if(q4>q2)   {x3=x4; q3=q4;}
else{x1=x2; q1=q2; x2=x4;q2=q4;}
        }
        c1=(q3-q1)/(x3-x1);
        c2=((q2-q1)/(x2-x1)-c1)/(x2-x3);
    if(fabs(c2)<e1)
        {x1=x2; q1=q2;
            h0=m*h0; go to p2;}
    else{x4=0.5*(x1+x3-c1/c2);
        q4=x4*x4-10*x4+36;
        if(q2<e2) q5=e2'
        else q5=q2;
        if(fabs((q4-q2)/q5>=e1)
            {if(q4>q2)  {x1=x2; q1=q2};
             else{x1=x4;q1=q4;}
             h0=m*h0; go to p2;}
            printf("optim x=%f\n", x4);
            printf("obj.func=%f",q4);
            }
                }
}
```

当 x0=0.5, h0=1, e1=0.001, e2=1, m=0.1 时,计算结果:

optim x=5.0

obj.func=11.0

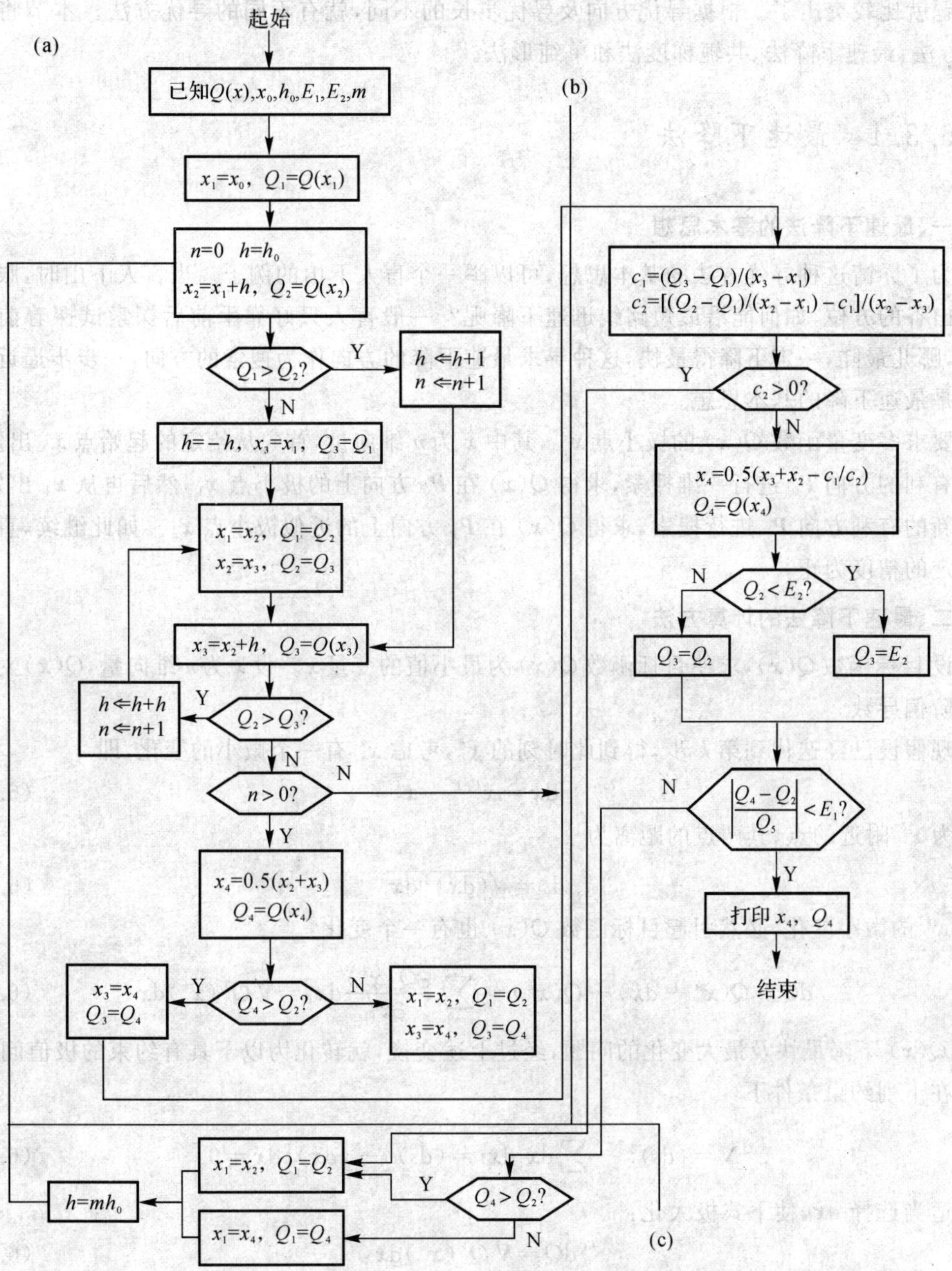

图 6.2.4　外推二次插值法的程序框图

6.3　多变量寻优技术

单变量寻优技术，由于只有一个变量，因此只要在一条线上搜索最优参数 x^* 就可以了。在变量超过一个以后，就要在多维空间搜索一组最优参数 $\boldsymbol{x}^*$，因此确定寻优方向及寻优步长的问题就比较突出了。根据寻优方向及寻优步长的不同，就有不同的寻优方法。本节将介绍3种方法：最速下降法、共轭梯度法和单纯形法。

6.3.1 最速下降法

一、最速下降法的基本思想

为了弄清这种寻优方法的基本思想，可以举一个盲人下山的例子。当盲人下山时，眼睛看不见山谷的方位，如何能沿最短路线迅速下降呢？一般盲人只好靠手前后探索试探着前进的方向，哪儿最陡，一定下降得最快，这种寻求最速下降的方向作为搜索的方向，一步步逼近最低点就是最速下降的基本思想。

要求多变量函数 $Q(\boldsymbol{x})$ 的极小点 $\boldsymbol{x}^*$，其中 $\boldsymbol{x}$ 为 n 维向量，首先从给定的起始点 $\boldsymbol{x}_0$ 出发，沿某个有利的方向 $\boldsymbol{P}_0$ 进行一维搜索，求得 $Q(\boldsymbol{x})$ 在 $\boldsymbol{P}_0$ 方向上的极小点 $\boldsymbol{x}_1$，然后再从 $\boldsymbol{x}_1$ 出发，沿某个新的有利方向 $\boldsymbol{P}_1$ 进行搜索，求得 $Q(\boldsymbol{x})$ 在 $\boldsymbol{P}_1$ 方向上的近似极小点 $\boldsymbol{x}_2$。如此继续，直至满足给定的精度为止。

二、最速下降法的计算方法

设目标函数 $Q(\boldsymbol{x})$，求使目标函数 $Q(\boldsymbol{x})$ 为最小值的变量 $\boldsymbol{x}$。设 $\boldsymbol{x}$ 为 n 维向量，$Q(\boldsymbol{x})$ 对 $\boldsymbol{x}$ 存在2阶偏导数。

现假设已经迭代到第 k 步，得到此时刻的 $\boldsymbol{x}^k$，考虑 $\boldsymbol{x}^k$ 有一个微小的变化，即

$$\mathrm{d}\boldsymbol{x}=\boldsymbol{x}^{k+1}-\boldsymbol{x}^k \tag{6.3.1}$$

$\boldsymbol{x}^{k+1}$ 为 $\boldsymbol{x}^k$ 附近的点，其两点的距离为

$$\mathrm{d}s=\sqrt{(\mathrm{d}\boldsymbol{x})^{\mathrm{T}}\mathrm{d}\boldsymbol{x}} \tag{6.3.2}$$

因为 $\boldsymbol{x}^k$ 的微小变化，必然引起目标函数 $Q(\boldsymbol{x})$ 也有一个变化：

$$\mathrm{d}Q=Q(\boldsymbol{x}^k+\mathrm{d}\boldsymbol{x})-Q(\boldsymbol{x}^k)=\sum_{i=1}^{n}\frac{\partial Q(\boldsymbol{x}^k)}{\partial \boldsymbol{x}_i}\mathrm{d}\boldsymbol{x}_i=\boldsymbol{\nabla} Q^{\mathrm{T}}(\boldsymbol{x}^k)\mathrm{d}\boldsymbol{x} \tag{6.3.3}$$

所谓 $Q(\boldsymbol{x})$ 下降最快及最大变化的问题，经过上述变换，就转化为以下具有约束的极值问题。

在下列约束条件下：

$$N=(\mathrm{d}s)^2-\sum_{i=1}^{n}\mathrm{d}\boldsymbol{x}_i\mathrm{d}\boldsymbol{x}_i=(\mathrm{d}s)^2-(\mathrm{d}\boldsymbol{x})^{\mathrm{T}}\mathrm{d}\boldsymbol{x}=0 \tag{6.3.4}$$

通过适当选择 $\mathrm{d}\boldsymbol{x}$，使下式极大化：

$$\mathrm{d}Q=\boldsymbol{\nabla} Q^{\mathrm{T}}(\boldsymbol{x}^k)\mathrm{d}\boldsymbol{x} \tag{6.3.5}$$

具有约束的极值问题可以采用拉格朗日乘子，化为无约束极值问题。设 λ 为拉格朗日乘子，则

$$\mathrm{d}\widetilde{Q}=\boldsymbol{\nabla} Q^{\mathrm{T}}(\boldsymbol{x}^k)\mathrm{d}\boldsymbol{x}+\lambda[(\mathrm{d}s)^2-\mathrm{d}\boldsymbol{x}^{\mathrm{T}}\mathrm{d}\boldsymbol{x}] \tag{6.3.6}$$

式(6.3.5)对 $\mathrm{d}\boldsymbol{x}$ 求偏微分，并令其等于零，有

$$\boldsymbol{\nabla} Q(\boldsymbol{x}^k)-2\lambda\mathrm{d}\boldsymbol{x}=\boldsymbol{0}$$

解出 $\mathrm{d}\boldsymbol{x}$ 为

$$\mathrm{d}\boldsymbol{x}=\frac{1}{2\lambda}\boldsymbol{\nabla} Q(\boldsymbol{x}^k) \tag{6.3.7}$$

将方程式(6.3.7)代入式(6.3.2)，计算出 λ 因子为

$$\lambda=\frac{\pm 1}{2\mathrm{d}s}\sqrt{\boldsymbol{\nabla} Q^{\mathrm{T}}(\boldsymbol{x}^{k})\boldsymbol{\nabla} Q(\boldsymbol{x}^{k})} \tag{6.3.8}$$

令

$$h_{k}=\mathrm{d}s\left[\boldsymbol{\nabla} Q^{\mathrm{T}}(\boldsymbol{x}^{k})\boldsymbol{\nabla} Q(\boldsymbol{x}^{k})\right]^{-\frac{1}{2}} \tag{6.3.9}$$

则

$$\lambda=\pm\frac{1}{2h_{k}} \tag{6.3.10}$$

将式(6.3.10)代入式(6.3.7)得到

$$\mathrm{d}\boldsymbol{x}=\pm h_{k}\boldsymbol{\nabla} Q(\boldsymbol{x}^{k}) \tag{6.3.11}$$

由此可以得到第 $k+1$ 步时的 $\boldsymbol{x}$ 为

$$\boldsymbol{x}^{k+1}=\boldsymbol{x}^{k}\pm h_{k}\boldsymbol{\nabla} Q(\boldsymbol{x}^{k}) \tag{6.3.12}$$

下面，确定式(6.3.12)的正负号。将式(6.3.8)代入式(6.3.7)，得到

$$\mathrm{d}\boldsymbol{x}=\pm\boldsymbol{\nabla} Q(\boldsymbol{x}^{k})\left[\boldsymbol{\nabla} Q^{\mathrm{T}}(\boldsymbol{x}^{k})\boldsymbol{\nabla} Q(\boldsymbol{x}^{k})\right]^{-\frac{1}{2}}\mathrm{d}s \tag{6.3.13}$$

再将上式代入式(6.3.5)，得到

$$\mathrm{d}Q=\pm\boldsymbol{\nabla} Q^{\mathrm{T}}(\boldsymbol{x}^{k})\boldsymbol{\nabla} Q(\boldsymbol{x}^{k})\left[\boldsymbol{\nabla} Q^{\mathrm{T}}(\boldsymbol{x}^{k})\boldsymbol{\nabla} Q(\boldsymbol{x}^{k})\right]^{-\frac{1}{2}}\mathrm{d}s$$

即

$$\frac{\mathrm{d}\boldsymbol{Q}}{\mathrm{d}s}=\pm\left[\boldsymbol{\nabla} Q^{\mathrm{T}}(\boldsymbol{x}^{k})\boldsymbol{\nabla} Q(\boldsymbol{x}^{k})\right]^{\frac{1}{2}} \tag{6.3.14}$$

因为 $\mathrm{d}s$ 是距离，故为正，因此取“+”号时，目标函数增大，而取“−”号时，对应的目标函数减小。换句话说，沿着目标函数的负梯度方向走，目标函数是减小的。

又因为式(6.3.6)对 $\mathrm{d}\boldsymbol{x}$ 的 2 阶偏微分等于 -2λ，为了保证式(6.3.5)中的 $\mathrm{d}Q$ 沿着负数方向有最大值，即式(6.3.5)有极小值，因此 λ 只能等于正数。我们可在式(6.3.10)中取负号，来保证式(6.3.6)对 $\mathrm{d}\boldsymbol{x}$ 的 2 阶偏微分大于零，也就保证式(6.3.5)有极小值。

其中 $h_{k}>0(k=0,1,2,\cdots)$ 为迭代步长，h_{k} 不能选择太小，否则目标函数 $Q(\boldsymbol{x})$ 下降太慢，但如果 h_{k} 很大，目标函数 $Q(\boldsymbol{x})$ 可能会出现“上下起伏”现象，因此选择最优步长 h_{k} 应使在 $\boldsymbol{\nabla} Q(\boldsymbol{x}^{k})$ 方向的目标函数值最小，即

$$Q(\boldsymbol{x}^{k}-h_{k}\boldsymbol{\nabla} Q(\boldsymbol{x}^{k}))=\min_{h} Q(\boldsymbol{x}^{k}-h\boldsymbol{\nabla} Q(\boldsymbol{x}^{k})) \tag{6.3.15}$$

显然，这是一个单变量寻优问题，即寻找最佳步长 h。可以利用上一节所介绍的方法。

最速下降法的一般计算关系式为：若出发点为 $\boldsymbol{x}^{k}$，则

$$\left.\begin{aligned}
&\boldsymbol{G}_{k}=\boldsymbol{\nabla} Q(\boldsymbol{x}^{k})\\
&\boldsymbol{E}_{k}=\frac{\boldsymbol{G}_{k}}{\|\boldsymbol{G}_{k}\|}\\
&Q(\boldsymbol{x}^{k+1})=Q(\boldsymbol{x}^{k}-h_{k}\boldsymbol{E}_{k})=\min_{h} Q(\boldsymbol{x}^{k}-h\boldsymbol{E}_{k})\\
&\boldsymbol{x}^{k+1}=\boldsymbol{x}^{k}-h_{k}\boldsymbol{E}_{k}
\end{aligned}\right\} \tag{6.3.16}$$

式中　$\boldsymbol{G}_{k}$ —— 梯度向量；

$\|\boldsymbol{G}_{k}\|$ —— 梯度向量模；

$\boldsymbol{E}_{k}$ —— 梯度方向上的单位向量。

控制迭代的收敛要求可以为

$$\|\boldsymbol{G}_{k}\|\leqslant\varepsilon_{1}$$

或

$$\left|Q(\boldsymbol{x}^{k+1})-Q(\boldsymbol{x}^{k})\right|\leqslant\varepsilon_{2} \tag{6.3.17}$$

式中　ε_{1} —— 梯度误差，它是很小的正数；

ε_2—— 目标函数误差，它也是很小的正数。

最速下降法的程序框图如图 6.3.1 所示。

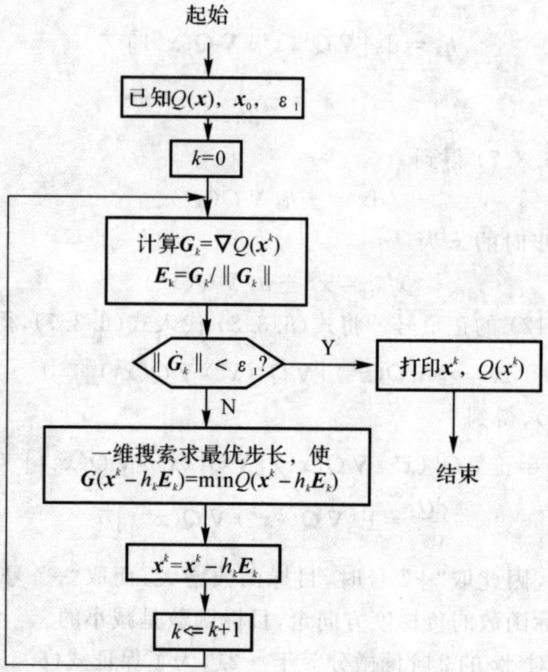

图 6.3.1　最速下降法的程序框图

用 C 语言编写的最速下降法的程序清单如下(其中 R 是梯度模 $\|\boldsymbol{G}\|$；P 是梯度方向的单位向量 $\boldsymbol{E}_k$；h 是步长 h_k；f 是目标函数 Q)：

```
#include "math.h"
#include "stdio.h"
float x[10], y[10], p[10], f, h;
int n;
vod fun( )
{int i;
    for(i=1, i<n; i++)   x[i]=y[i]-h*p[i];
    f=x[1]*x[1]+x[2]*x[2]-x[1]*x[2]-10*x[1]-4*x[2];
    f=f+60;
    return;
    }
    main( )
    {float g[10], d[10], q, r, e, h1, h2, h3, h4, t, t0, c1, c2, f1, f2, f3, f4, f5, v;
    inti, k, u;
printf("input n, e\n");
    scanf("%d, %f", &n, &e);
    x[1]=0; x[2]=0;
```

```
p4: g[1]=2*x[1]-x[2]-10;
    g[2]=2*x[2]-x[1]-4;
    q=0;
    for(i=1; i<n;i++)   q=g[i]*g[i]+q;
    r=sqrt(q);
    for(i=1; i<n;i++)      {y[i]=x[i];p[i]=g[i]/r;}
    if(r<e)go to p3;
    else
       {t0=1; v=0.1; h1=0; h=h1
       fun( ); f1=f;
p2:    u=0;t=t0; h2=h1+t; h=h2;
       fun( ); f2=f;
       if(f1>f2) {t=t+t; u=u+1;
       else{t=-t; h3=h1; f3=f1;
             h1=h2;f1=f2;h2=h3;f2=f3;
p1:    h3=h2+t; h=h3;
       fun( );f3=f;
       if(f2>f3)     {t=t+t; u=u+1;
           h1=h2;f1=f2;h2=h3;f2=f3;goto p1;}
       else{if(u>0)
           {h4=0.5*(h2+h3); h=h4;
       fun( ); f4=f;
       if(f4>f2)    {h3=h4; f3=f4;}
       else{h1=h2; f1=f2; h2=h4; f2=f4;}
             }
       c1=(f3-f1)/(h3-h1);
       c2=((f2-f1)/(h2-h1)-c1)/(h2-h3);
       if(fabs(c2)<e) {h1=h2;f1=f2;t0=v*t0; goto p2;}
       else{h4=0.5*(h1+h3-(c1/c2)); h=h4;
            fun( ); f4=f;
            if(f2<1)   f5=1;
            else f5=f2;
            if((fabs(f4-f2)/f5)<e)
            {for(i=1; i<n; i++)   x[i]=y[i]-h4*p[i];
            goto p4;
            }
     else
          {if(f4>f2) {h1=h2;f1=f2;}
          else  {h1=h4;f1=f4;}
```

```
                t0=v*t0; goto p2;
                }
            }
             }
            }
    p3: h=0; fun( );
    printf("OBJ.FUNC F=%f\n", f);
    for(i=1; i<n; i++)
        {printf("X(%d", I);
        printf(")=%f\n", x[i]);
      }
    }
```

最速下降法的搜索方向是所谓的最速下降方向，但是也只能逐次地接近最优点 $\boldsymbol{x}^*$。对本例来说，开始搜索时，每次的步长大，目标函数下降也较快，但越接近极值点，步长 h_k 越小，目标函数的改进也越小，其搜索路径如图 6.3.2 所示。

最速下降法从表面看是个最好的方法，但实际上并非如此。大量的计算实践说明，最速下降法收敛的速度并不快。这主要是因为最速下降法的方向仅仅是指某点附近而言，是一个局部的性质，一旦离开了该点，原先的方向就不再保证是最速下降方向了。因此对整个过程来说，它并不总是具有最速下降的性质。尽管如此，最速下降法仍然不失为一种最常用的基本寻优方法。这不仅因为最速下降法每次迭代计算比较简单，记忆容量小，适合计算机运算，而且对初值要求也比较低，在远离极值点时收敛快，所以它也经常与其他寻优方法共同配合，加快寻优速度。

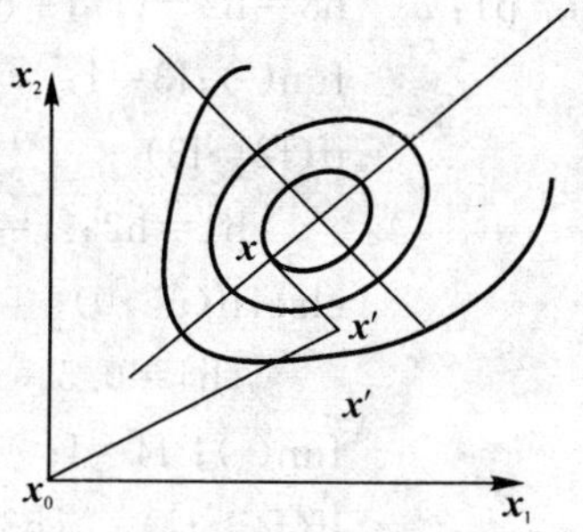

图 6.3.2　最速下降法收敛曲线

6.3.2　共轭梯度法

共轭梯度法是解优化问题的有效方法之一，特别是用于二次泛函指标系统。共轭梯度法程序清单容易实现，具有梯度法优点，而在收敛速度方面比梯度法快。下面分 3 部分较详细地介绍这种方法，并给出一个实用程序。

一、共轭梯度法

设 $Q(\boldsymbol{x})$ 为定义在 n 维欧氏空间内区域 R 中的 n 元函数。向量 $\boldsymbol{x}$ 的分量 $x_1, x_2, \cdots, x_n$ 是函数的自变量。设 $\boldsymbol{x}_0$ 为 R 域内的一个点，则函数 $Q(\boldsymbol{x})$ 可在这个点的附近以泰勒级数展开，且只取其二阶导数项，即

$$Q(\boldsymbol{x}) \approx Q(\boldsymbol{x}_0) + \sum_{i=1}^{n} \frac{\partial Q(\boldsymbol{x}_0)}{\partial x_i}\bigg|_{\boldsymbol{x}=\boldsymbol{x}_0} \Delta x_i + \frac{1}{2}\sum_{i,j=1}^{n} \frac{\partial Q(\boldsymbol{x}_0)}{\partial x_i \partial x_j}\bigg|_{\boldsymbol{x}=\boldsymbol{x}_0} \Delta x_i \Delta x_j =$$

$$Q(\boldsymbol{x}_0)+\nabla Q(\boldsymbol{x})^{\mathrm{T}}\Delta\boldsymbol{x}+\frac{1}{2}\Delta\boldsymbol{x}^{\mathrm{T}}\boldsymbol{A}\Delta\boldsymbol{x} \tag{6.3.18}$$

式中，$\nabla Q(\boldsymbol{x}_0)$，$\boldsymbol{A}$ 分别为

$$\nabla Q(\boldsymbol{x}_0)=\begin{bmatrix}\dfrac{\partial Q(\boldsymbol{x}_0)}{\partial x_1}\\ \vdots \\ \dfrac{\partial Q(\boldsymbol{x}_0)}{\partial x_n}\end{bmatrix},\quad \boldsymbol{A}=\begin{bmatrix}\dfrac{\partial^2 Q(\boldsymbol{x}_0)}{\partial x_1^2} & \cdots & \dfrac{\partial^2 Q(\boldsymbol{x}_0)}{\partial x_1\partial x_n}\\ \vdots & & \vdots \\ \dfrac{\partial^2 Q(\boldsymbol{x}_0)}{\partial x_n\partial x_1} & \cdots & \dfrac{\partial^2 Q(\boldsymbol{x}_0)}{\partial x_n^2}\end{bmatrix} \tag{6.3.19}$$

$\boldsymbol{A}$ 是 $Q(\boldsymbol{x})$ 在 $\boldsymbol{x}_0$ 点处的 2 阶偏导数矩阵，又称赫森矩阵。

(1) 极值点存在的必要条件。n 元函数在 R 域内极值点 $\boldsymbol{x}^*$ 存在的必要条件为

$$\nabla Q(\boldsymbol{x}^*)=\left(\frac{\partial Q(\boldsymbol{x}^*)}{\partial \boldsymbol{x}}\right)^{\mathrm{T}}=\boldsymbol{0} \tag{6.3.20}$$

即每个 1 阶偏导数值都必须为零，或梯度为 n 维零向量。但这只是必要条件，而不是充分条件，满足上式的点称为驻点。

(2) 极值点存在的充分条件。设 $\boldsymbol{x}^*$ 为 $Q(\boldsymbol{x})$ 的驻点，将式(6.3.20)代入式(6.3.18)得

$$Q(\boldsymbol{x})-Q(\boldsymbol{x}^*)\approx\frac{1}{2}\Delta\boldsymbol{x}^{\mathrm{T}}\boldsymbol{A}\Delta\boldsymbol{x} \tag{6.3.21}$$

欲使 $\boldsymbol{x}^*$ 为极小点，只要在 $\boldsymbol{x}^*$ 附近，其差 $Q(\boldsymbol{x})-Q(\boldsymbol{x}^*)>\boldsymbol{0}$，所以必须有

$$\Delta\boldsymbol{x}^{\mathrm{T}}\boldsymbol{A}\Delta\boldsymbol{x}\geqslant\boldsymbol{0} \tag{6.3.22}$$

这就是说，在点 $\boldsymbol{x}^*$ 处的赫森矩阵 $\boldsymbol{A}$ 为正定的，即 $\boldsymbol{x}^*$ 为极小点的充分条件。因此利用 $\boldsymbol{x}^*$ 处的赫森矩阵 $\boldsymbol{A}$ 的性质即可判断是驻点还是极值点。

二、共轭梯度法的基本思想

为了改进在极值点附近寻优的收敛速度，就要寻求更好的寻优方法。共轭梯度法是一种有效算法。

首先举例说明共轭方向的意义。如果两个 2 维向量 $\boldsymbol{x}=[1\quad 0]^{\mathrm{T}}$ 与 $\boldsymbol{y}=[0\quad 1]^{\mathrm{T}}$ 相互正交，如图 6.3.3(a) 所示，则其内积 $\boldsymbol{x}^{\mathrm{T}}\boldsymbol{y}=\boldsymbol{0}$，也可以写成 $\boldsymbol{x}^{\mathrm{T}}\boldsymbol{I}\boldsymbol{y}=\boldsymbol{0}$，$\boldsymbol{I}$ 为单位矩阵。于是可以称 $\boldsymbol{x}$ 与 $\boldsymbol{y}$ 以单位矩阵互为共轭，可记为

$$(\boldsymbol{x},\boldsymbol{y})=\boldsymbol{0}$$

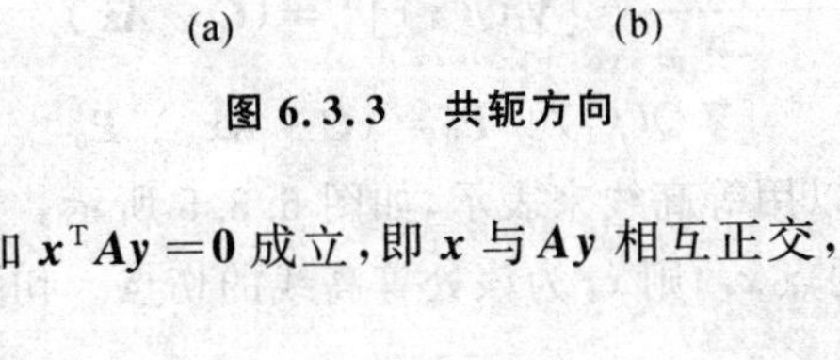

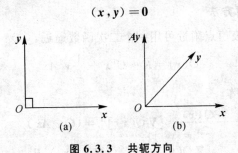

图 6.3.3　共轭方向

设有 2 阶对称矩阵 $\boldsymbol{A}$，如 $\boldsymbol{x}^{\mathrm{T}}\boldsymbol{A}\boldsymbol{y}=\boldsymbol{0}$ 成立，即 $\boldsymbol{x}$ 与 $\boldsymbol{A}\boldsymbol{y}$ 相互正交，如图 6.3.3(b) 所示，则称 $\boldsymbol{x}$ 与 $\boldsymbol{y}$ 以 $\boldsymbol{A}$ 互为共轭，可记为

$$(\boldsymbol{x},\boldsymbol{A}\boldsymbol{y})=\boldsymbol{0} \tag{6.3.23}$$

对于任意形式的目标函数 $Q(\boldsymbol{x})$，如将其在 $\boldsymbol{x}^*$ 附近展开成泰勒级数，且只取到 2 次导数

项，则得

$$Q(\boldsymbol{x}) \approx Q(\boldsymbol{x}^*) + \nabla Q(\boldsymbol{x}^*)^{\mathrm{T}}\Delta\boldsymbol{x} + \frac{1}{2}\Delta\boldsymbol{x}^{\mathrm{T}}\boldsymbol{A}\Delta\boldsymbol{x} \tag{6.3.24}$$

式中，$\boldsymbol{A}$ 为 $Q(\boldsymbol{x})$ 在 $\boldsymbol{x}^*$ 处的 2 阶偏导数矩阵，即赫森矩阵。

因为在极值点 $\boldsymbol{x}^*$ 处 $\nabla Q(\boldsymbol{x}^*)^{\mathrm{T}}=\boldsymbol{0}$，故

$$Q(\boldsymbol{x}) \approx Q(\boldsymbol{x}^*) + \frac{1}{2}\Delta\boldsymbol{x}^{\mathrm{T}}\boldsymbol{A}\Delta\boldsymbol{x} \tag{6.3.25}$$

此式表示函数为二次函数。由此可以看出：任意形式的函数 $Q(\boldsymbol{x})$ 在极值点附近的特性都近似于一个二次函数。对于二次函数 $Q(\boldsymbol{x})=\boldsymbol{K}+\boldsymbol{C}^{\mathrm{T}}\boldsymbol{x}+\frac{1}{2}\boldsymbol{x}^{\mathrm{T}}\boldsymbol{A}\boldsymbol{x}$，如图 6.3.4 所示，在初始点 $\boldsymbol{x}_0$ 作 $Q(\boldsymbol{x})$ 的切线向量。设最优点为 $\boldsymbol{x}^*$，则连接 $\boldsymbol{x}_0$ 与 $\boldsymbol{x}^*$ 的向量 $\boldsymbol{x}_0-\boldsymbol{x}^*$ 与切线 $\boldsymbol{y}$ 互为共轭。这一点可证明如下：

在最优点，$\nabla Q(\boldsymbol{x}^*)=\boldsymbol{0}$，则有

$$\boldsymbol{C}+\boldsymbol{A}\boldsymbol{x}^*=\boldsymbol{0}$$

$$\boldsymbol{x}^*=-\boldsymbol{A}^{-1}\boldsymbol{C}$$

在 $\boldsymbol{x}_0$ 点的梯度为

$$\nabla Q(\boldsymbol{x}_0)=\boldsymbol{C}+\boldsymbol{A}\boldsymbol{x}_0$$

切线向量 $\boldsymbol{y}$ 与梯度向量 $\nabla Q(\boldsymbol{x}_0)$ 互为正交，即

$$\boldsymbol{y}^{\mathrm{T}}\nabla Q(\boldsymbol{x}_0)=\boldsymbol{0}$$

而

$$\boldsymbol{x}_0-\boldsymbol{x}^*=\boldsymbol{x}_0+\boldsymbol{A}^{-1}\boldsymbol{C}$$

即

$$\boldsymbol{A}(\boldsymbol{x}_0-\boldsymbol{x}^*)=\boldsymbol{A}\boldsymbol{x}_0+\boldsymbol{C}=\nabla Q(\boldsymbol{x}_0)$$

显然，$\boldsymbol{y}$ 与 $\boldsymbol{A}(\boldsymbol{x}_0-\boldsymbol{x}^*)$ 可写成下式：

$$\boldsymbol{y}^{\mathrm{T}}\boldsymbol{A}(\boldsymbol{x}_0-\boldsymbol{x}^*)=\boldsymbol{0}$$

即 $\boldsymbol{y}$ 与 $\boldsymbol{x}_0-\boldsymbol{x}^*$ 以 $\boldsymbol{A}$ 互为共轭。

上述性质表明，如果对二次函数 $Q(\boldsymbol{x})=\boldsymbol{K}+\boldsymbol{C}^{\mathrm{T}}\boldsymbol{x}+\frac{1}{2}\boldsymbol{x}^{\mathrm{T}}\boldsymbol{A}\boldsymbol{x}$，从某点出发，沿共轭方向搜索，可以很快得到函数的极值点。

三、共轭梯度法的计算方法

设 n 元函数 $Q(\boldsymbol{x})$ 在极值点附近可用一个二次函数逼近：

$$Q(\boldsymbol{x})=\boldsymbol{K}+\boldsymbol{C}^{\mathrm{T}}\boldsymbol{x}+\frac{1}{2}\boldsymbol{x}^{\mathrm{T}}\boldsymbol{A}\boldsymbol{x} \tag{6.3.26}$$

式中，$\boldsymbol{A}$ 为 $n\times n$ 维对称矩阵。

$$\frac{\partial Q(\boldsymbol{x})}{\partial\boldsymbol{x}}=[\nabla Q(\boldsymbol{x})]^{\mathrm{T}}=(\boldsymbol{C}+\boldsymbol{A}\boldsymbol{x})^{\mathrm{T}} \tag{6.3.27}$$

$$[\nabla Q(\boldsymbol{x}_1)]^{\mathrm{T}}\boldsymbol{P}_0=(\boldsymbol{C}+\boldsymbol{A}\boldsymbol{x}_1)^{\mathrm{T}}\boldsymbol{P}_0 \tag{6.3.28}$$

对于两个变量问题，可以用等高线来表示，如图 6.3.5 所示。设从某点 $\boldsymbol{x}_0$ 出发以 $\boldsymbol{P}_0$ 的方向搜索，使 $Q(\boldsymbol{x})$ 达到极小的点 $\boldsymbol{x}_1$，则 $\boldsymbol{x}_1$ 为该处等高线的切点。切点的梯度方向为等高线的法线方向，因此

$$[\nabla Q(\boldsymbol{x}_1)]^{\mathrm{T}}\boldsymbol{P}_0=(\boldsymbol{C}+\boldsymbol{A}\boldsymbol{x}_1)^{\mathrm{T}}\boldsymbol{P}_0$$

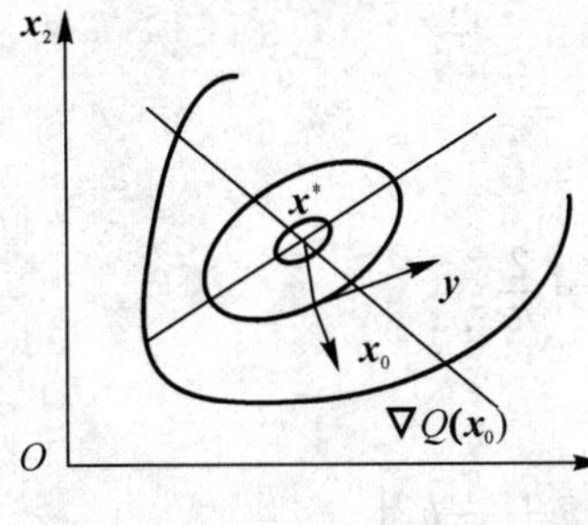

图 6.3.4　二次函数中的共轭方向

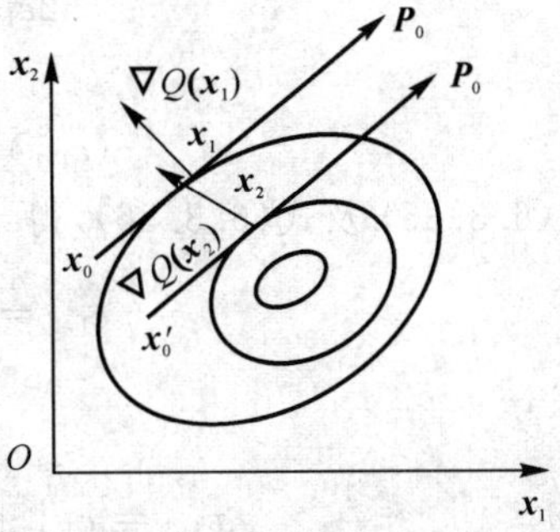

图 6.3.5　两个变量的等高线图

若从另一点 $\boldsymbol{x}'_0$ 出发，也以 $\boldsymbol{P}_0$ 方向搜索，又得到一个极小点 $\boldsymbol{x}_2$，同理也应有

$$[\nabla Q(\boldsymbol{x}_2)]^{\mathrm{T}}\boldsymbol{P}_0=(\boldsymbol{C}+\boldsymbol{A}\boldsymbol{x}_2)^{\mathrm{T}}\boldsymbol{P}_0=\boldsymbol{0} \tag{6.3.29}$$

式(6.3.28) 与式(6.3.29) 之差为

$$(\boldsymbol{x}_1-\boldsymbol{x}_2)^{\mathrm{T}}\boldsymbol{A}\boldsymbol{P}_0=\boldsymbol{0} \tag{6.3.30}$$

若令 $\boldsymbol{P}_1=\boldsymbol{x}_1-\boldsymbol{x}_2$，则

$$\boldsymbol{P}_1^{\mathrm{T}}\boldsymbol{A}\boldsymbol{P}_0=\boldsymbol{0} \tag{6.3.31}$$

这就说明 $\boldsymbol{P}_1$ 与 $\boldsymbol{P}_0$ 以 $\boldsymbol{A}$ 互为共轭。而 $\boldsymbol{P}_1$ 正是 $\boldsymbol{x}_1$ 与 $\boldsymbol{x}_2$ 两切点连线方向，此方向上的极小点即 $Q(\boldsymbol{x})$ 的极小点。

例 6.3.1　目标函数 $Q(\boldsymbol{x})=60-10x_1-4x_2+x_1^2+x_2^2-x_1x_2=60-\boldsymbol{C}^{\mathrm{T}}\boldsymbol{x}+\dfrac{1}{2}\boldsymbol{x}^{\mathrm{T}}\boldsymbol{A}\boldsymbol{x}$，式中，$\boldsymbol{C}=[10\quad 4]^{\mathrm{T}}$；$\boldsymbol{A}=\begin{bmatrix}2 & -1\\ -1 & 2\end{bmatrix}$，从 $\boldsymbol{x}_0=[0\quad 0]^{\mathrm{T}}$ 出发搜索，求极小点。

解　如果第一次的搜索方向为 $\boldsymbol{P}_0$，则它与共轭方向的关系为

$$\boldsymbol{P}_0^{\mathrm{T}}\boldsymbol{A}\boldsymbol{P}_1=\boldsymbol{0}$$

一个向量的方向可以用单位方向向量 $\boldsymbol{E}$ 来表示，若 $\boldsymbol{P}_0$ 的单位方向向量 $\boldsymbol{E}_0=[e_{1,0}\quad e_{2,0}]^{\mathrm{T}}=[1\quad 0]^{\mathrm{T}}$，即 $\boldsymbol{P}_0$ 与 x_1 轴平行，因 $\boldsymbol{x}_0=[0\quad 0]^{\mathrm{T}}$，则

$$\left.\begin{aligned}x_{1,1}&=x_{1,0}+h_0e_{1,0}=h_0\\ x_{2,1}&=x_{2,0}+h_0e_{2,0}=0\end{aligned}\right\} \tag{6.3.32}$$

为了求最优步长 h_0，将式(6.3.31) 代入目标函数，得

$$Q(\boldsymbol{x})=60-10h_0+h_0^2 \tag{6.3.33}$$

将式(6.3.33) 对 h_0 求导并令其等于零，得

$$\frac{\mathrm{d}Q(\boldsymbol{x})}{\mathrm{d}h_0}=2h_0-10=0 \tag{6.3.34}$$

故

$$h_0=5$$

因此，第一次搜索的结果为

$$x_{1,1}=5,\quad x_{2,1}=0$$

第二次搜索的方向应为 $\boldsymbol{P}_0$ 的共轭方向，即

$$\boldsymbol{P}_0^{\mathrm{T}}\boldsymbol{A}\boldsymbol{P}_1=[1\quad 0]\begin{bmatrix}2 & -1\\ -1 & 2\end{bmatrix}\begin{bmatrix}e_{1,1}\\ e_{2,1}\end{bmatrix} \tag{6.3.35}$$

得
$$2e_{1,1}-e_{2,1}=0$$
又有单位向量
$$(e_{1,1})^2+(e_{2,1})^2=1 \tag{6.3.36}$$
解联立方程式(6.3.35)及式(6.3.36),得
$$e_{1,1}=\frac{1}{\sqrt{5}} \quad e_{2,1}=\frac{2}{\sqrt{5}}$$
因此
$$\left.\begin{aligned} x_{1,2}&=x_{1,1}+h_1e_{1,1}=5+\frac{1}{\sqrt{5}}h_1 \\ x_{2,2}&=x_{2,1}+h_1e_{2,1}=0+\frac{2}{\sqrt{5}}h_1 \end{aligned}\right\} \tag{6.3.37}$$
为求最优步长,将式(6.3.37)代入目标函数得
$$Q(\boldsymbol{x})=35-\frac{18}{\sqrt{5}}h_1+\frac{3}{5}h_1^2 \tag{6.3.38}$$
将式(6.3.38)对 h_1 求导,并令其等于零,得
$$\frac{\mathrm{d}Q(\boldsymbol{x})}{\mathrm{d}h_1}=\frac{6}{5}h_1-\frac{18}{\sqrt{5}}=0 \tag{6.3.39}$$
得
$$h_1=3\sqrt{5}$$
因此
$$x_{1,2}=5+\frac{h_1}{\sqrt{5}}=8, \quad x_{2,2}=\frac{2}{\sqrt{5}}h_1=6$$

由此可见,对于一个二元的二次函数,只要搜索两个方向 $\boldsymbol{P}_0,\boldsymbol{P}_1$ 就可以达到极小点,即 $x_{1,2}^*=8,x_{2,2}^*=6$。对于一个 n 元的二次函数,可以用不超过 n 次的搜索方向,就可以达到极小点。

从上例可知,计算共轭方向时要用矩阵 $\boldsymbol{A}$,如果已知 $\boldsymbol{A}$,则计算共轭方向是容易的。例如,当函数为二次函数时,$\boldsymbol{A}$ 为二次项的常系数矩阵。但当函数为非二次时,$\boldsymbol{A}$ 为二阶偏导数矩阵(赫森矩阵),求起来相当麻烦,尤其当维数很高时更加麻烦。因此,能否避免矩阵 $\boldsymbol{A}$ 的直接计算,而用间接的方法确定共轭方向呢?下面介绍一种间接求共轭方向的方法。

设目标函数为 n 元的二次函数
$$Q(\boldsymbol{x})=\boldsymbol{K}+\boldsymbol{C}^{\mathrm{T}}\boldsymbol{x}+\frac{1}{2}\boldsymbol{x}^{\mathrm{T}}\boldsymbol{A}\boldsymbol{x} \tag{6.3.40}$$
设 $\boldsymbol{x}$ 为 n 维向量;$\boldsymbol{x}_0$ 为任意给定的起点。$\boldsymbol{P}_0,\boldsymbol{P}_1,\cdots,\boldsymbol{P}_i$ 为 i 次迭代中要寻求的对 $\boldsymbol{A}$ 的共轭方向。$\boldsymbol{x}_1,\boldsymbol{x}_2,\cdots,\boldsymbol{x}_{i+1}$ 依次为沿这些方向求得的近似极小点。因此有
$$\boldsymbol{G}_i=\nabla Q(\boldsymbol{x}_i)=\boldsymbol{C}+\boldsymbol{A}\boldsymbol{x}_i \tag{6.3.41}$$
$$\boldsymbol{x}_{i+1}=\boldsymbol{x}_i+h_i\boldsymbol{P}_i \tag{6.3.42}$$
h_i 为最优步长,它满足
$$Q(\boldsymbol{x}_{i+1})=Q(\boldsymbol{x}_i+h_i\boldsymbol{P}_i)=\min_h Q(\boldsymbol{x}_i+h\boldsymbol{P}_i) \tag{6.3.43}$$
当然,对 $\boldsymbol{x}_{i+1}$ 也有
$$\boldsymbol{G}_{i+1}=\boldsymbol{C}+\boldsymbol{A}\boldsymbol{x}_{i+1} \tag{6.3.44}$$
将式(6.3.44)与式(6.3.41)相减,并将式(6.3.42)代入,得

$$\boldsymbol{G}_{i+1}-\boldsymbol{G}_i=\boldsymbol{A}(\boldsymbol{x}_{i+1}-\boldsymbol{x}_i)=h_i\boldsymbol{A}\boldsymbol{P}_i \tag{6.3.45}$$

根据共轭的定义，应有

$$\boldsymbol{P}_{i+1}^{\mathrm{T}}\boldsymbol{A}\boldsymbol{P}_i=\boldsymbol{0} \tag{6.3.46}$$

将式(6.3.45)代入式(6.3.46)，得

$$\boldsymbol{P}_{i+1}^{\mathrm{T}}(\boldsymbol{G}_{i+1}-\boldsymbol{G}_i)=\boldsymbol{0} \tag{6.3.47}$$

从式(6.3.47)可以看出，不计算矩阵 $\boldsymbol{A}$ 也可以求出共轭的方向。

现从 $\boldsymbol{x}_0$ 点开始进行搜索，在确定第一个搜索方向 $\boldsymbol{P}_0$ 时，因为除了梯度 $\boldsymbol{G}_0$ 可以直接计算外，没有其他有用的信息，因此可取

$$\boldsymbol{P}_0=-\boldsymbol{G}_0=-(\boldsymbol{C}+\boldsymbol{A}\boldsymbol{x}_0) \tag{6.3.48}$$

沿 $\boldsymbol{P}_0$ 方向作为一维搜索，求最优步长 h_0，使

$$Q(\boldsymbol{x}_1)=Q(\boldsymbol{x}_0+h_0\boldsymbol{P}_0)=\min_h Q(\boldsymbol{x}_0+h\boldsymbol{P}_0) \tag{6.3.49}$$

由此得一新的点 $\boldsymbol{x}_1$，并算出 $\boldsymbol{G}_1=\nabla Q(\boldsymbol{x}_1)$。因为 $\boldsymbol{G}_1$ 是 $\boldsymbol{x}_1$ 点的法线方向，而 $\boldsymbol{P}_0$ 是 $\boldsymbol{x}_1$ 点的切线方向，所以 $\boldsymbol{G}_1$ 与 $\boldsymbol{P}_0$ 正交，从而也和 $\boldsymbol{G}_0$ 正交，即

$$\boldsymbol{P}_0^{\mathrm{T}}\boldsymbol{G}_1=-\boldsymbol{G}_0^{\mathrm{T}}\boldsymbol{G}_1=\boldsymbol{0} \tag{6.3.50}$$

为在 $\boldsymbol{G}_0$ 和 $\boldsymbol{G}_1$ 构成的正交系中寻求共轭方向 $\boldsymbol{P}_1$，可令

$$\boldsymbol{P}_1=-\boldsymbol{G}_1+\beta_0\boldsymbol{P}_0 \tag{6.3.51}$$

共轭方向 $\boldsymbol{P}_1$ 为该次的反梯度方向与上次搜索方向的线性组合，这里的问题是选择一个 β_0，使 $\boldsymbol{P}_1$ 与 $\boldsymbol{P}_0$ 共轭。

根据式(6.3.47)，有

$$\boldsymbol{P}_1^{\mathrm{T}}(\boldsymbol{G}_1-\boldsymbol{G}_0)=\boldsymbol{0} \tag{6.3.52}$$

将式(6.3.50)与式(6.3.51)代入式(6.3.52)中，化简得

$$\begin{aligned}
&[-\boldsymbol{G}_1+\beta_0\boldsymbol{P}_0]^{\mathrm{T}}(\boldsymbol{G}_1-\boldsymbol{G}_1)=\boldsymbol{0}\\
&-\boldsymbol{G}_1^{\mathrm{T}}\boldsymbol{G}_1[\beta_0\boldsymbol{P}_0]^{\mathrm{T}}\boldsymbol{G}_1-(-\boldsymbol{G}_1^{\mathrm{T}})\boldsymbol{G}_0-[\beta_0\boldsymbol{P}_0]^{\mathrm{T}}\boldsymbol{G}_0=\boldsymbol{0}\\
&-\boldsymbol{G}_1^{\mathrm{T}}\boldsymbol{G}_1-\beta_0\boldsymbol{P}_0^{\mathrm{T}}\boldsymbol{G}_0=\boldsymbol{0}\\
&\boldsymbol{G}_1^{\mathrm{T}}\boldsymbol{G}_1-\beta_0\boldsymbol{G}_0^{\mathrm{T}}\boldsymbol{G}_0=\boldsymbol{0}
\end{aligned}$$

故有

$$\beta_0=\frac{\boldsymbol{G}_1^{\mathrm{T}}\boldsymbol{G}_1}{\boldsymbol{G}_0^{\mathrm{T}}\boldsymbol{G}_0} \tag{6.3.53}$$

把式(6.3.53)代入式(6.3.51)，得

$$\boldsymbol{P}_1=-\boldsymbol{G}_1+\frac{\boldsymbol{G}_1^{\mathrm{T}}\boldsymbol{G}_1}{\boldsymbol{G}_0^{\mathrm{T}}\boldsymbol{G}_0}\boldsymbol{P}_0 \tag{6.3.54}$$

由此可见，通过 $\boldsymbol{G}_1$ 与 $\boldsymbol{G}_0$ 即可求出共轭方向 $\boldsymbol{P}_1$，沿此 $\boldsymbol{P}_1$ 方向再进行一维搜索求最优步长 h_1，得到 $\boldsymbol{x}_2$，…，如此进行下去，一般来说有以下的迭代方向：

$$\boldsymbol{P}_{i+1}=-\boldsymbol{G}_{i+1}+\beta_i\boldsymbol{P}_i,\quad i=0,1,2,\cdots \tag{6.3.55}$$

$$\beta_i=\frac{\boldsymbol{G}_{i+1}^{\mathrm{T}}\boldsymbol{G}_{i+1}}{\boldsymbol{G}_i^{\mathrm{T}}\boldsymbol{G}_i},\quad i=0,1,2,\cdots \tag{6.3.56}$$

所得到的 $\boldsymbol{P}_{i+1}$ 即为共轭方向。

按照式(6.3.55)及式(6.3.56)确定搜索方向的算法称为共轭梯度法。其程序框图如图6.3.6所示。

例 6.3.2　目标函数 $Q(\boldsymbol{x})=60-10x_1-4x_2+x_1^2+x_2^2-x_1x_2$，设起点为 $\boldsymbol{x}_0=[0\quad 0]^{\mathrm{T}}$，

试用共轭梯度法求最小值。

解 第一次迭代计算：

$$\boldsymbol{G}=\boldsymbol{\nabla} Q(\boldsymbol{x})=\begin{bmatrix}g_1\\g_2\end{bmatrix}=\begin{bmatrix}2\boldsymbol{x}_1-\boldsymbol{x}_2-10\\2\boldsymbol{x}_2-\boldsymbol{x}_1-4\end{bmatrix}$$

$$\boldsymbol{P}_0=-\boldsymbol{G}_0=-\boldsymbol{\nabla} Q(\boldsymbol{x}_0)=[10\quad 4]^{\mathrm{T}}$$

$$h_0=0.763\ 157\ 894$$

$$\boldsymbol{x}_1=\boldsymbol{x}_0+h_0\boldsymbol{P}_0=[7.631\ 578\ 94\quad 3.052\ 631\ 578]^{\mathrm{T}}$$

$$\beta_0=\frac{\boldsymbol{G}_1^{\mathrm{T}}\boldsymbol{G}_1}{\boldsymbol{G}_0^{\mathrm{T}}\boldsymbol{G}_0}=\frac{\sum_{i=1}^{2}(g_{i,1})^2}{\sum_{i=1}^{2}(g_{i,0})^2}=\frac{35.426\ 592\ 7}{111}=0.305\ 401$$

$$\boldsymbol{P}_1=-\boldsymbol{G}_1+\beta_0\boldsymbol{P}_0=[0.843\ 493\ 08\quad 6.747\ 922\ 437]^{\mathrm{T}}$$

求 h_1 得

$$Q(\boldsymbol{x}_1+h_1\boldsymbol{P}_1)=\min_h Q(\boldsymbol{x}_0+h\boldsymbol{P}_1)$$

本例题中的 h_1 可以用解析法求得

$$h_1=0.436\ 781\ 609$$

$$\boldsymbol{x}_2=\boldsymbol{x}_1+h_1\boldsymbol{P}_1=[7.999\ 999\quad 5.999\ 999]^{\mathrm{T}}$$

经两次迭代即达到极值点 $\boldsymbol{x}^*=[8\quad 6]^{\mathrm{T}}$。与一阶梯度法相比其收敛速度较快。

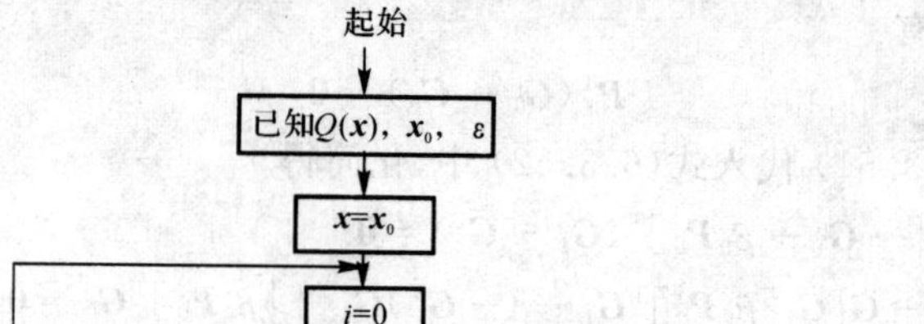

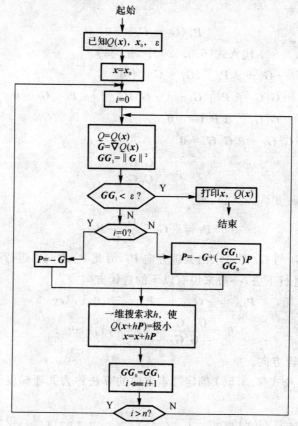

图 6.3.6 共轭梯度法的程序框图

用C语言编写的共轭梯度法计算程序清单如下：

```
#include"math.h"
#include"stdio.h"
float x[10],y[10],p[10],f,h;
int n;
void fun()
{int i;
for(I=1;I<n,I++)    x[I]=y[I]+h*p[I];
    f=x[1]*x[1]+x[2]*x[2]-x[1]*x[2]-10*x[1]-4*x[2];
    f=f+60;
  return;
  }
main()
{float g[10],q1,q0,e,h1,h2,h3,h4,t,t0,c1,c2,f1,f2,f3,f4,f5,v;
    intI,k,u;
    printf("INPUT N,E\n");
     scanf("%d,%d",&n,&e);
    for (I=1;I<n,k++)
    {printf("INPUT X%d",I);
    printf("=");
    scanf("%f",&x[I]);
    }
p4:  for(k=1;k<n;k++);
     {g[1]=2*x[1]-x[2]-10;g[2]=2*x[2]-x[1]-4;
     q1=0;
     for(i=1;I<n;I++)
        {y[I]=x[I],q1=g[I]*g[I]+q1;}
     if(q1<e)goto p3;
     else
     {for(I=1;I<n;I++)
     {if(k==1)p[I]=-g[I];
     else p[I]=-g[I]+(q1/q0)*p[I];
     }
        t0=1;v=0.1;h1=0;h=h;
        fun( );f1=f;
p2:      u=0;t=t0;h2=h1+t;h=h2;
     fun( );f2=f;
     if(f1>f2) {t=t+t;u=u+1;}
     else {t=-t;h3=h1;f3=f1;h1=h2;f1=f2;h2=h3;f2=f3;}
```

```
p1:  h3=h2+t;=h3;
     fun( );f3=f;
     if(f2>f3) {t=t+t;u=u+1;h1=h2;f1=f2;h2=h3;f2=f3;goto p1;}
     else {if(u>0)
             {h4=0.5*(h2+h3);h=h4;
     fun( );f4=f;
     if(f4>f2) {h3=h4;f3=f4;}
     else{h1=h2;f1=f2;h2=h4;f2=f4;}
       }
     c1=(f3-f1)/(h3-h1);
     c2=((f2-f1)/(h2-h1)-c1)/(h2-h3);
     if(fabs(c2<e){h1=h2;f1=f2;t0=v*to;goto p2;}
     else {h4=0.5*(h1+h3-(c1/c2));h=h4;
     fun( );f4=f;
     if((f2<1)  f5=1;
     else f5=f2;
     if((fabs(f4-f2)/f5)<e)
     {for(I=1;I<n;I++)   x[i]=y[I]+h4*p[I];
     q0=q1;}
     else{if(f4>f2){h1=h2;f1=f2;}
                 else {h1=h4;f1=f4;}
                 t0=v*t0;goto p2;
               }
             }
         }
         }
       }
     goto p4;
p3:  h=0;fun( );
     printf("OBJ. FUNC F=%f\n",f);
     for(I=1;I<n;I++)
       {printf("X%d",I);
       printf("=%f\n",x[I]);
     }
  }
```

6.3.3 单纯形法

函数 $Q(\boldsymbol{x})$ 的导数是函数 $Q(\boldsymbol{x})$ 特性的重要反映,但在许多实际问题中,常常得不到计算

$Q(\boldsymbol{x})$ 导数的解析式，而只能采用近似的方法，常用方法是有限差分法。用有限差分法计算 $Q(\boldsymbol{x})$ 的导数不仅误差大，而且要多次计算目标函数，计算工作量很大。为了克服求 $Q(\boldsymbol{x})$ 导数所带来的问题，提出了松弛法、单纯形法、随机搜索法等方法。这一小节介绍工程中常用的单纯形法。从直观上看，如果不计算导数，则可以先算出 $Q(\boldsymbol{x})$ 在若干个点处的函数值，然后将它们进行比较，从它们之间的大小关系就可以看出函数变化的大致趋势，这样也能为寻求函数的下降方向提供参考。例如，图 6.3.7 所示的情况，变量有两个 ——$\boldsymbol{x}_1$，$\boldsymbol{x}_2$，图中画出了 $Q(\boldsymbol{x})$ 的等高线簇。若先计算 1,2,3 三点（它们构成一个三角形）的函数值，然后对它们的大小进行比较，其中 Q_1 最大，故将 1 点抛弃，在 1 点的对面取一点 4，则构成一个新的三角形，再比较各点 $Q(\boldsymbol{x})$ 的大小，其中 Q_2 最大，故将 2 点抛弃，在 2 点的对面取一点 5，这样 3,4,5 又构成一个新的三角形。如此一直循环下去，最后可找到最小点。单纯形寻优方法的思想简单明了，但是为了使其比较适用，同时能加快它的收敛速度，还要解决以下几个主要问题。

一、单纯形应由几个点构成

对于一般的 n 元函数 $Q(\boldsymbol{x})$（$\boldsymbol{x}$ 为 n 维向量），可取 n 维空间中 $n+1$ 个点 $\boldsymbol{x}_0,\boldsymbol{x}_1,\cdots,\boldsymbol{x}_n$，构成初始单纯形。这 $n+1$ 个点，应使 n 个向量 $\boldsymbol{x}_1-\boldsymbol{x}_0,\boldsymbol{x}_2-\boldsymbol{x}_0,\cdots,\boldsymbol{x}_n-\boldsymbol{x}_0$ 为线性独立。这就是说，在平面上（$n=2$）取不在同一直线的 3 点构成单纯形（三角形），在三维空间（$n=3$）内取不同的 4 个点（四面体）。如果点取得少，或 n 个向量有一部分线性相关，那么就会使搜索极小点的范围局限在一个低维空间内，如果极小点不在这个空间内，就搜索不到了。

二、单纯形的形状

为了简单起见，单纯形取 n 个向量为“等长”。

具体来讲，若已选定 $\boldsymbol{x}_0$，则 $\boldsymbol{x}_1,\boldsymbol{x}_2,\cdots,\boldsymbol{x}_n$ 这 n 个点为

$$\boldsymbol{x}_i=\boldsymbol{x}_0+h\boldsymbol{e}_i \quad i=1,2,\cdots,n \tag{6.3.57}$$

式中，$\boldsymbol{e}_i$ 为第 i 个单位坐标向量，即

$$\boldsymbol{e}_i=[0 \ \cdots \ 0 \ 1 \ 0 \ \cdots \ 0] \tag{6.3.58}$$

只有第 i 个元素为 1，其他均为 0。

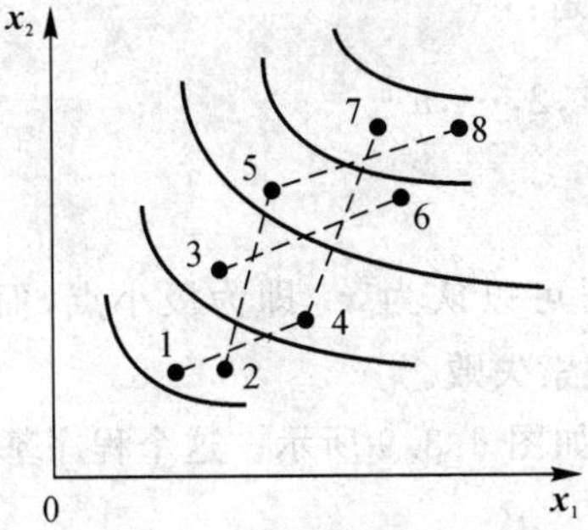

图 6.3.7　单纯形法寻优过程

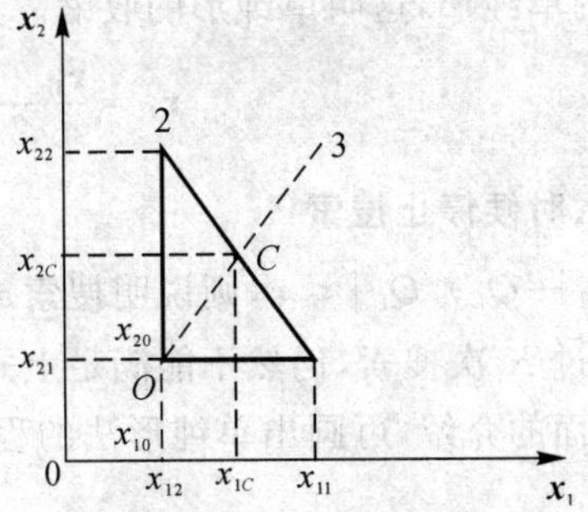

图 6.3.8　反射点的确定

三、新点的选取

根据经验及考虑到计算方便，一般新的点取在被抛弃的点的“对面”，称为反射点。以图 6.3.8 所示为例，假定 $\boldsymbol{x}_0$ 为要抛弃的点，则新点的坐标应为 $\boldsymbol{x}_S$，$\boldsymbol{x}_S$ 坐标可以这样来求：

先求出 $\boldsymbol{x}_1$ 及 $\boldsymbol{x}_2$ 两个点的中心 $\boldsymbol{x}_C$，则

$$\left.\begin{aligned} x_{1C} &= 0.5(x_{11}+x_{12}) \\ x_{2C} &= 0.5(x_{21}+x_{22}) \end{aligned}\right\} \tag{6.3.59}$$

然后再求其反射点 $\boldsymbol{x}_3$，即

$$\left.\begin{aligned} x_{13} &= 2x_{1C}-x_{10} \\ x_{23} &= 2x_{2C}-x_{20} \end{aligned}\right\} \tag{6.3.60}$$

推广到多变量(n 维)的情况，则有 $\boldsymbol{x}_0,\boldsymbol{x}_1,\cdots,\boldsymbol{x}_n$，共 $n+1$ 个点，假定其中 $\boldsymbol{x}_H$ 点是被抛弃的，那么，$\boldsymbol{x}_H$ 的反射点 $\boldsymbol{x}_R$ 为

$$\boldsymbol{x}_R = 2\boldsymbol{x}_C - \boldsymbol{x}_H \tag{6.3.61}$$

式中
$$\boldsymbol{x}_C = \frac{1}{n}\left(\sum_{i=0}^{n}\boldsymbol{x}_i - \boldsymbol{x}_H\right)$$

四、关于新点的扩张压缩及单纯形的收敛问题

对组成单纯形的($n+1$) 个点，可以定义：

$\boldsymbol{x}_H$ 为最坏点(即目标函数 $Q(\boldsymbol{x})$ 最大的点)；

$\boldsymbol{x}_L$ 为最好点(即 $Q(\boldsymbol{x})$ 最小的点)；

$\boldsymbol{x}_G$ 为次坏点(即 Q_G 比 Q_H 小，但比其他各点的目标函数都大)。

如果新的点 $\boldsymbol{x}_R$ 的函数值 Q_R 小于 Q_G，则说明 $\boldsymbol{x}_R$ 点可能前进得不够，此时可以沿反射方向再多前进一些(称为扩张)，即

$$\boldsymbol{x}_E = (1-\mu)\boldsymbol{x}_H + \mu\boldsymbol{x}_R \quad \mu > 1 \tag{6.3.62}$$

反之，若按式(6.3.61) 找到 $\boldsymbol{x}_R$，而 Q_R 大于 Q_G，则说明 $\boldsymbol{x}_R$ 点前进得太远了，需要压缩，即要在 $\boldsymbol{x}_H$ 与 $\boldsymbol{x}_R$ 的延长线上(即沿原来的反射方向) 后退一些，得

$$\boldsymbol{x}_S = (1-\lambda)\boldsymbol{x}_H + \mu\boldsymbol{x}_R \tag{6.3.63}$$

式中，λ 为压缩因子，它是 0 ～ 1 之间的一个常数，为了避免 $\boldsymbol{x}_S$ 与 $\boldsymbol{x}_C$ 重合(即 $\boldsymbol{x}_S=\boldsymbol{x}_C$)，要求 $\lambda \neq 0.5$($\boldsymbol{x}_S$ 与 $\boldsymbol{x}_C$ 重合会使单纯形的空间维数降低，这是不利于搜索的)。

如果压缩后 Q_S 仍然大于 Q_G，则说明原先的单纯形取得太大了，可以将它们所有的边都缩小，构成新的单纯形，这叫单纯形的收缩。具体办法是：

$$\boldsymbol{x}_i = \frac{\boldsymbol{x}_L + \boldsymbol{x}_i}{2} \quad i=1,2,\cdots,n \tag{6.3.64}$$

五、什么时候停止搜索

若 $|(Q_H - Q_L)/Q_L| < \varepsilon$，则说明搜索成功，此时可以认为 $\boldsymbol{x}_L$ 即为极小点，而 Q_L 为极小值。如果经过 K 次搜索，仍然不能满足上式，说明搜索失败。

根据上面的介绍，可画出单纯形法的程序框图，如图 6.3.9 所示。这个程序基本上包括以下 7 个部分：

(1) 计算原始的单纯形；

(2) 计算原始的单纯形各点的目标函数值；

(3) 找到最好点 $\boldsymbol{x}_L$，最坏点 $\boldsymbol{x}_H$，以及次坏点 $\boldsymbol{x}_G$；

(4) 寻优次数 k_1 加 1，并判断计算是否收敛，若收敛，则打印出结果；

(5) 判断搜索次数是否超过规定，若已超过，则说明搜索失败，打印出结果，并停止搜索，若未超过，则计算反射点；

(6) 判断是否要压缩，若要，则进行压缩计算，若压缩失败，则进行收缩计算，然后转(3)或(4)；

(7) 判断是否要扩张，若要，则进行扩张计算，并评价扩张效果，然后转(4)。

关于单纯形法的详细程序可参看本书配套的程序，该程序除考虑了上述诸点之外，还考虑到参数变量上、下界限制，这样在使用时就更为方便了。

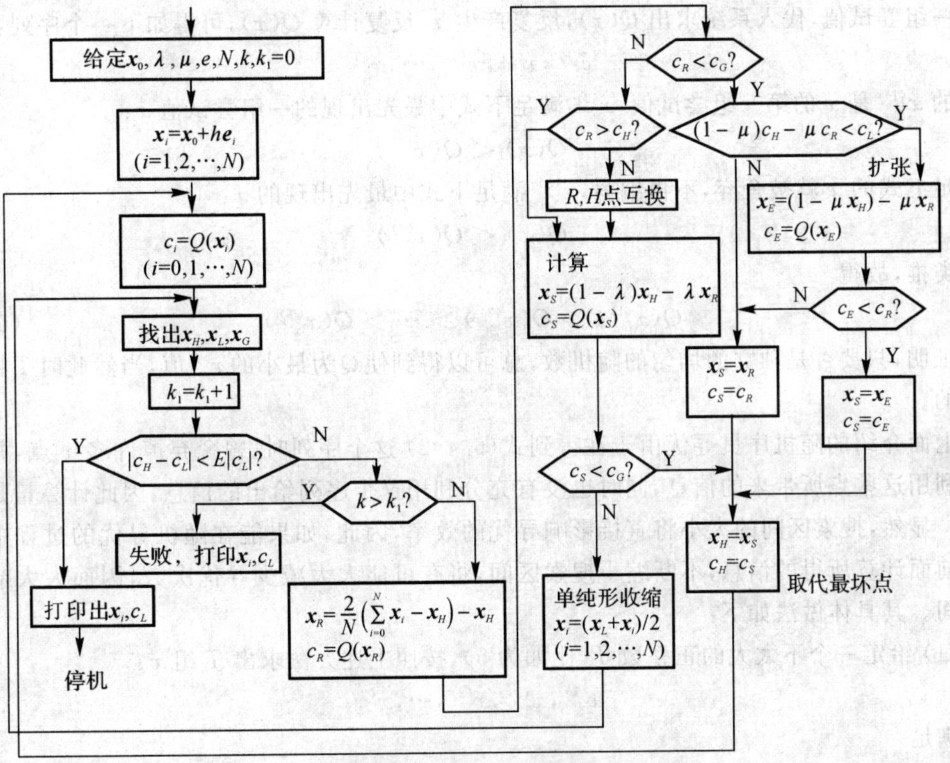

图 6.3.9　单纯形法程序框图

6.4　随机寻优法

在 6.3 节中已分别介绍了两种多变量寻优的方法。梯度法虽然每一步寻优方向十分明确——沿着梯度所给的信息来确定寻优方向，但是这种方法每一步都要计算目标函数的梯度，这常常占用相当长的计算时间。而单纯形法则不同梯度这个信息，它是利用对参数点的目标函数值的比较来确定寻优方向的。这种方法对于变量较多，目标函数的形态比较复杂的情况(比如有好几个极值点)收敛都不十分快。随着统计仿真方法的发展，近年来随机寻优法也得到了发展，当变量数目较多，目标函数的形态又比较复杂时，用此法一般较好。尤其是当采用混合仿真系统来进行控制系统参数寻优时，可以用模拟机部分来计算系统的运动方程，即计算目标函数；而用数字机部分来作寻优搜索，此时采用随机寻优法更为有效。

随机寻优法的种类很多，这里向读者介绍的是 3 种用得较多的随机寻优法，它们是：随机序贯寻优、随机搜索寻优以及随机模式搜索寻优。

一、随机序贯寻优法

对参数 $x_i(i=1,2,\cdots,n)$ 给出一个求解区间 $\mu_i-\Delta_i\leqslant x_i\leqslant\mu_i+\Delta_i$(通常它就是该参数的上、下限)。每次分别独立地产生 n 个上述区间上的均匀分布的随机数 ξ_i，并令

$$x(x_1,x_2,\cdots,x_n)=\xi(\xi_1,\xi_2,\cdots,\xi_n) \tag{6.4.1}$$

作为一组尝试值，代入系统求出 $Q(x)$，反复产生 x，反复计算 $Q(x)$，可得如下一个序列：

$$x^{(1)},x^{(2)},x^{(3)},\cdots,x^{(T)}$$

这里的 $x^{(1)}$ 是 x 的第一组尝试值，$x^{(2)}$ 满足下式中最先出现的一组尝试值 x：

$$Q(x)<Q(x^{(1)})$$

不满足上式的 x 就被舍弃，不再编写，$x^{(3)}$ 满足下式中最先出现的 x：

$$Q(x)<Q(x^{(2)})$$

其余类推，故得

$$Q(x^{(1)})>Q(x^{(2)})>\cdots>Q(x^{(T)}) \tag{6.4.2}$$

可以证明，只要 ξ_i 是独立的均匀的随机数，总可以得到使 Q 为最小的 x^* 值，当然此时 T 将是相当大的。

上面介绍的随机序贯寻优由于在得到式(6.4.2)这个序列时，曾舍弃掉许多 x 点，并没有充分利用这些点所带来的信息，同时也没有充分利用这个序列给出的信息，因此计算量是十分大的。显然，搜索区间的大小将直接影响寻优的效率，因此，如果能在随机寻优的过程中充分利用前面计算所得的信息，不断缩小搜索区间，将有可能大大减少寻优次数，因而大大节省计算时间。其具体做法如下：

(1) 给定一个不太大的正整数 T(比如为 5)，按照上述方法求出 T 组 x：

$$x^{(1)},x^{(2)},x^{(3)},\cdots,x^{(T)}$$

它们满足

$$Q(x^{(1)})>Q(x^{(2)})>\cdots>Q(x^{(T)})$$

(2) 求出新的 μ_i：

$$\mu_i=\frac{\sum\limits_{t=1}^{T}W^{(t)}x_i^{(t)}}{\sum\limits_{i=1}^{T}W^{(t)}}\quad i=1,2,\cdots,n \tag{6.4.3}$$

式中

$$W^{(t)}=\frac{Q(x^{(T)})}{Q(x^{(t)})}$$

称为第 t 组的权，即第 T 组的权为 1，其他组的权均小于 1。

(3) 求出新的 Δ_i：

$$\Delta_i=C\sqrt{\frac{\sum\limits_{t=1}^{T}W^{(t)}\ (x_i^{(t)}-\mu_i)^2}{\sum\limits_{t=1}^{T}W^{(t)}}} \tag{6.4.4}$$

式中，C 是一个正数，一般取 $2\sim3$。

一般来讲，这个新的 μ_i 比原来最初给定的 μ_i 将更接近于 x_i^*，而 Δ_i 也比原来的大为缩小。

(4) 用计算出的 μ_i 及 Δ_i 来代替原来的，并重复上述步骤，直到求出 x^* 为止。

采用上述改进后，随机序惯寻优才有了更加实用的价值，但是实际使用这种寻优法时仍有相当的技巧。下面将列出几点，供读者在使用时参考。

(1) 关于 T 的大小问题。T 若取得过大，则起不到收缩区间的作用。但 T 若取得过小，则容易使新搜索区间中不包括极小点，因此造成失误。一般来讲，第一轮 T 可取 4(或 5，6)，以后只要有了两组新的 X 值就可收缩，不足部分用上一轮最后出现的补足，这样既可保证 T 不过小，又不会由于为形成一个具有 T 组 X 的序列而使计算次数过多。

(2) 关于 $x^{(1)}$ 的问题。实际证明 $x^{(1)}$ 是很重要的一组参数，为使寻优收敛得较快往往不是取 x 的第一组尝试值(因为它的随机性太大)，而是取前 K 次尝试中的最优值(K 一般取 n 的几倍到十几倍)。

(3) 关于强行收敛问题。采用此法时，常常会遇到这样一种情况，即在取得某组 $x^{(1)}$ 后，虽然经过很多尝试，仍不能得到 $x^{(t+1)}$，此时，往往是由于 $x^{(t)}$ 已比较接近 x^* 而搜索区间仍较大的缘故。为了不至于在此浪费太多的计算时间，可以进行强行收缩，即令 $\mu_i = x_i^{(t)}$，并以当前的 Δ_i 的 1/5 为新的 Δ_i，强行使搜索区间缩小，这样一来，往往就能很快找到 x^*。

(4) 关于随机数的性质问题。对于给定的搜索区间($\mu_i - \Delta_i$，$\mu_i + \Delta_i$)，一般总认为最优值 x^* 落在该区间的中间部分的可能性大，尤其是在经过对 T 组 X 进行了统计处理，使搜索区间缩小为新的区间($\mu_i - \Delta_i$，$\mu_i + \Delta_i$)之后。然而，独立均匀分布的随机数却不能反映这一点。为此可以交替地使用独立的均匀分布随机数和独立的三角形分布随机数。关于独立的均匀分布随机数及独立的三角形分布随机数的产生方法可参看有关资料。

随机序贯寻优的程序框图如图 6.4.1 所示。

二、随机搜索寻优

随机序贯寻优法是在一个限定的参数空间里用随机方法来找出一个 X 的序号，然后对它们进行统计处理，使被搜索的参数空间收缩，继而再用随机方法去寻找出一个新的 X 序列，直到最优点找到为止。从前面的介绍中可知，这种方法在使用时有一定的经验性，弄不好就会不收敛。

如果改为以初始点 x_0 为中心，在一个半径为 A_0 的小空间中用随机法来进行搜索，若成功(指随机产成一个新的 x，它的目标函数比 x_0 的目标函数小)，则将中心转移到新点，因为 A_0 较小，而且采用如下手段，即当搜索失败时，则在反方向再试探一次，所以成功率较大。这样一来，移动虽然缓慢一些，但比较稳妥。另外，为了加快收敛，可以在连续成功时加大 A_0，而在连续失败时减小 A_0。

随机搜索寻优的程序框图如图 6.4.2 所示。

三、随机模式搜索寻优法

以上两种随机寻优法基本上都是按照随机规律在一个参数空间中搜索最优点，其区别在于：一个是先在一个大的区间中寻优，然后设法将区间变小；而另一个是从这一点出发，按随机方向、随机步长在一个较小的区间中搜索，并逐步移动中心点。显然，这种单纯的随机寻优往往由于搜索的随机性，要求计算目标函数的次数较多，人们很自然会想如果将随机寻优与单纯形法中按一定模式(指 $\boldsymbol{x}_R = 2\boldsymbol{x}_C - \boldsymbol{x}_H$) 进行寻优结合起来，那么是否有可能使寻优速度加快，因而使目标函数的次数减少呢？这种想法的具体化就是所谓的随机模式搜索寻优法。

采用随机模式搜索寻优法的具体步骤：

(1) 从 x_0 出发，用随机搜索寻优在以 x_0 为中心、以 A_0 为半径的空间中作随机搜索 n 次（每次不成功，则改变方向再判别一次），得出最优者 x_1，最坏的可能是 $x_1=x_0$，即仍在 x_0 处没有前进。

(2) 进行一次模式寻优，即

$$x=2x_1-x_0 \tag{6.4.5}$$

(3) 判别 $Q(x)$ 是否小于 $Q(x_1)$，即检查一下这次模式寻优是否成功，若成功，则回到步骤(1)，若不成功，则将 x 向 x_1 压缩，直到 $Q(x)<Q(x_1)$ 时为止。最坏的可能是压到 x_1，此时表明，这次模式寻优完全无效，则程序仍回到步骤(1)。

采用次法时，也可参照随机搜索那样，对 A_0 进行改变，详细程序就不作介绍了。

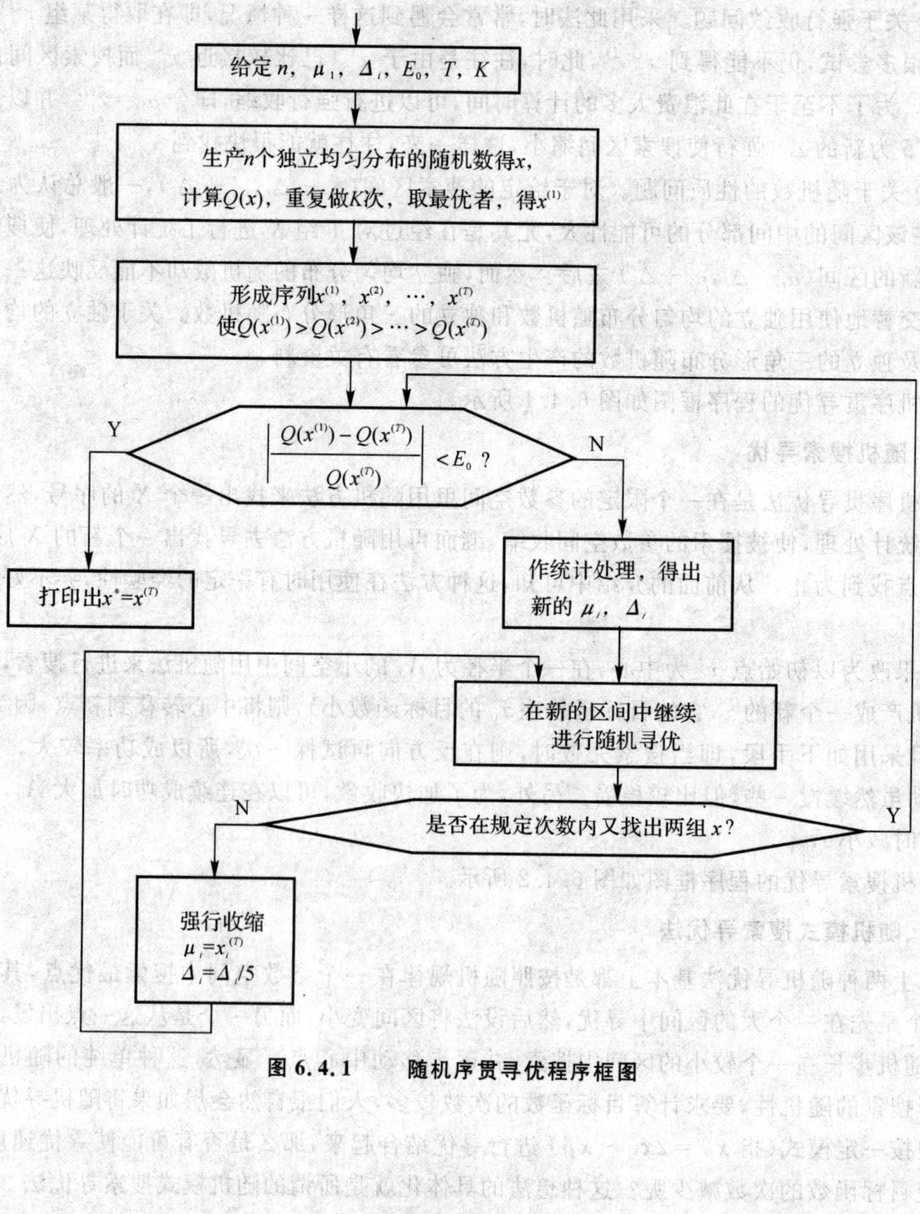

图 6.4.1　随机序贯寻优程序框图

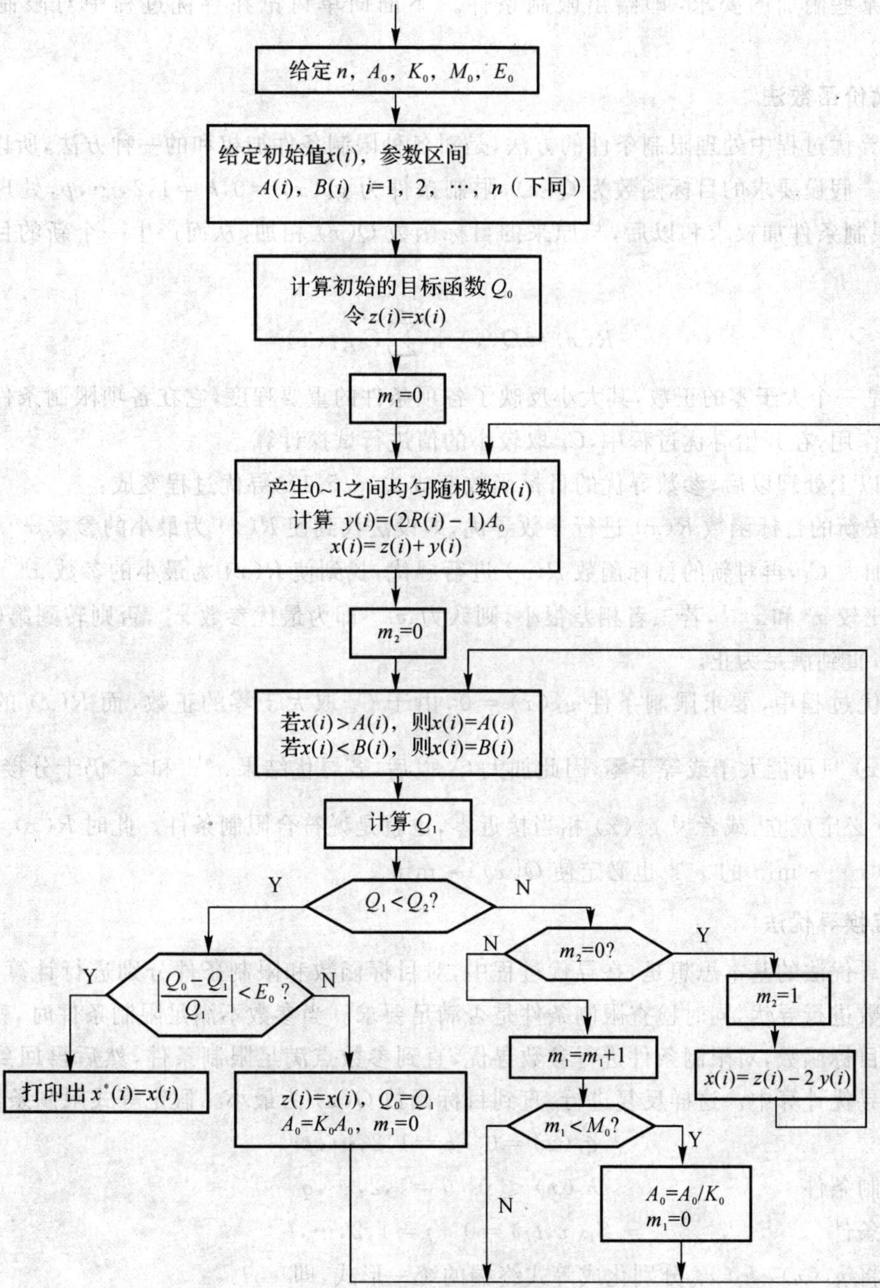

图 6.4.2　随机搜索寻优法程序框图

6.5　寻优过程对限制条件的处理

以上讨论的各种寻优方法都是在没有限制的条件下进行的。实际上，在系统的参数优化过程中，往往存在着一些附加的要求，希望系统参数在满足主要目标函数值为最小的条件下，也要满足某些附加的要求，即给出限制条件。下面简单讨论在寻优过程中对限制条件的处理。

一、代价函数法

这种寻优过程中处理限制条件的方法，是对各种限制条件加权和的一种方法，所以又称为罚函数法。假设要求的目标函数为 $Q(x)$，限制条件为 $g_k(x)=0, k=1,2,\cdots,p$，处理的方法是：将各限制条件加权求和以后，与原来的目标函数 $Q(x)$ 相加，从而产生一个新的目标函数 $R(x)$，即

$$R(x)=Q(x)+\sum_{k=1}^{p}C_k g_k^2(x) \tag{6.5.1}$$

式中，C_k 是一个大于零的正数，其大小反映了各项条件的重要程度，它在各项限制条件中起平衡与协调作用，在开始寻优过程中，C_k 取较小的值进行试探计算。

经过以上处理以后，参数寻优的目标函数变成式(6.5.1)，寻优过程变成：

(1) 按新的目标函数 $R(x)$ 进行参数寻优，即设法找到使 $R(x)$ 为最小的参数 x^n。

(2) 加大 C_k，再对新的目标函数 $R(x)$ 进行寻优，找到使 $R(x)$ 为最小的参数 x^{n+1}。

(3) 比较 x^n 和 x^{n+1}，若二者相差很小，则认为 x^{n+1} 即为最优参数 x^*，否则转到第(2)步再进行计算，直到满足为止。

在寻优过程中，要求限制条件 $g_k(x)=0$，由于 C_k 取大于零的正数，而 $R(x)$ 的第二项 $\sum_{k=1}^{p}C_k g_k^2(x)$ 只可能大于或等于零，因此加大 C_k 以后，若寻优结果 x^{n+1} 和 x^n 仍十分接近，这时 $g_k(x)=0$ 必定成立，或者说 $g_k(x)$ 相当接近零，也就是说符合限制条件。此时 $R(x)=Q(x)$，因此使 $R(x)\rightarrow \min$ 的 x^{n+1} 也必定使 $Q(x)\rightarrow \min$。

二、互换寻优法

互换寻优法的基本思想是：在寻优过程中，对目标函数和限制条件分别进行计算，首先按照目标函数进行寻优，同时检查限制条件是否满足要求。当参数不满足限制条件时，就把限制条件作为目标函数，对限制条件进行参数寻优，直到参数点满足限制条件，然后再回到对原目标函数的寻优计算中。这样反复进行，直到目标函数 $Q(x)$ 为最小。假定等式限制条件

$$g_k(x)=0 \quad k=1,2,\cdots,p \tag{6.5.2}$$

不等式限制条件

$$h_i(x)\leqslant 0 \quad i=1,2,\cdots,q \tag{6.5.3}$$

终端限制条件

$$S_j(x,t_f)=0 \quad j=1,2,\cdots,l \tag{6.5.4}$$

首先将 $g_k(x)$，$h_i(x)$ 分别化成等式终端的统一形式，即

$$\left.\begin{aligned} S_k^g(x,t_f)&=\left|\int_0^{t_f} g_k(x)\mathrm{d}t\right| \quad k=1,2,\cdots,p \\ S_i^h(x,t_f)&=\left|\int_0^{t_f} h_i(x)u_i\mathrm{d}t\right| \quad i=1,2,\cdots,q \end{aligned}\right\} \tag{6.5.5}$$

式中

$$u_i=\begin{cases}0 & h_i<0 \\ 1 & h_i=0\end{cases}$$

经过处理以后，可得如下计算限制条件的公式：

$$S(x,t_f)=\sum_{k=1}^{p}S_k^g(x,t_f)+\sum_{i=1}^{q}S_i^h(x,t_f)+\sum_{j=1}^{l}|S_j(x,t_f)| \tag{6.5.6}$$

$S_k^g(x,t_f)$，$S_i^h(x,t_f)$，$S_j(x,t_f)$ 都可以在计算系统的运动方程中计算出来，故 $S(x,t_f)$ 在寻优过程中是可以计算出来的。

经过以上的处理以后，将原来的目标函数 $Q(x)$ 的限制条件 $S(x,t_f)$，作为两个目标函数进行互换寻优。下面以利用梯度法进行参数寻优为例，说明互换寻优的计算步骤。

(1) 给定初始参数 x_0，解系统方程，计算目标函数 $Q(x)$ 和限制条件 $S(x,t_f)$。

(2) 判定初始点限制条件是否满足要求，即是否 $S(x,t_f)\leqslant 0$，若满足要求，则对目标函数 $Q(x)$ 进行寻优，按梯度法固定步长进行参数寻优，每前进一步都要判别是否满足限制条件。若限制条件满足要求，同时目标函数趋向极小值，则表示这一步是成功的。

(3) 若不满足限制条件，则转为对限制条件构成的 $S(x,t_f)$ 函数进行寻优，其方法与对目标函数的寻优方法相同，寻优方向为 $\nabla S(x,t_f)$。

为了使互换寻优更为有效，在梯度方向上用固定步长进行寻优，因此，步长一般不应选得过大。

6.6　函数寻优

在控制系统设计中经常有这样一类问题，在被控制对象已知的情况下，寻找最优输入函数 $u^*(t)$，使性能指标函数达到极值。本节仅对这一问题作简单介绍，若想深入了解，可参考有关的文献。

一、计算最优的梯度法

设状态方程为

$$\dot{x}=f(x,u,t) \tag{6.6.1}$$

目标函数为

$$J(u)=K[x(t_f)]+\int_{t_0}^{t_f}L(x,u,t)\mathrm{d}t \tag{6.6.2}$$

定义哈密顿函数为

$$H(x,\lambda,u,t)=L(x,u,t)+\lambda^T f(x,u,t) \tag{6.6.3}$$

根据最优控制理论可知，辅助变量 λ 满足方程

$$\dot{\lambda}=-\frac{\partial H}{\partial x} \tag{6.6.4}$$

当控制变量由 $u(t)$ 改变到 $u(t)+\delta u(t)$ 时，相应的目标函数 $J(u)$ 改变到 $J(u+\delta u)$，即

$$\delta J=J(u+\delta u)-J(u)=K[x(t_f)+\delta x(t_f)]-K[x(t_f)]+$$
$$\int_{t_0}^{t_f}[L(x+\delta x,u+\delta u,t)-L(x,u,t)]\mathrm{d}t$$

将哈密顿函数代入上式得

$$\delta J=K[x(t_f)+\delta x(t_f)]-K[x(t_f)]+\int_{t_0}^{t_f}[H(x+\delta x,\lambda,u+\delta u,t)-$$
$$H(x,\lambda,u,t)-\lambda^T\delta\dot{x}(t)]\mathrm{d}t$$

将上式中的 $K[x(t_f)+\delta x(t_f)]$，$H(x+\delta x,\lambda,u+\delta u,t)$ 进行泰勒展开，取到一阶项得

$$\delta J=\left[\frac{\partial K}{\partial x(t_f)}\right]^T\delta x(t_f)+\int_{t_0}^{t_f}\left[\left(\frac{\partial H}{\partial x}\right)^T\delta x+\left(\frac{\partial H}{\partial u}\right)^T\delta u-\lambda^T(t)\delta\dot{x}(t)\right]\mathrm{d}t$$

将式(6.6.4)代入上式得

$$\delta J=\left[\frac{\partial K}{\partial x(t_f)}\right]^T\delta x(t_f)+\int_{t_0}^{t_f}\left[-\dot{\lambda}^T\delta x-\lambda^T(t)\delta\dot{x}(t)+\left(\frac{\partial H}{\partial u}\right)^T\delta u\right]\mathrm{d}t$$

对上式进行部分积分得

$$\delta J=\left[\frac{\partial K}{\partial x(t_f)}\right]^T\delta x(t_f)-[\lambda^T(t)\delta x(t)]_{t_0}^{t_f}+\int_{t_0}^{t_f}\left(\frac{\partial H}{\partial u}\right)^T\delta u\mathrm{d}t \tag{6.6.5}$$

根据终端条件,有

$$\lambda(t_f)=\frac{\partial K}{\partial x(t_f)}\quad \delta x(t_0)=0 \tag{6.6.6}$$

式(6.6.5)变为

$$\delta J=\int_{t_0}^{t_f}\left(\frac{\partial H}{\partial u}\right)^T\delta u\mathrm{d}t \tag{6.6.7}$$

希望选择 δu,使目标函数减小,即 $J(u+\delta u)<J(u)$。由式(6.6.7)可以明显地看出,只要取

$$\delta u=-a\frac{\partial H}{\partial u},\quad a>0 \tag{6.6.8}$$

就可得 $\delta J<0$。经过以上推导变换,将计算梯度的问题转化为计算哈密顿函数的梯度问题。最后控制量 u 在 $i+1$ 次的计算按以下迭代公式进行:

$$u_{i+1}=u_i-a\frac{\partial H}{\partial u} \tag{6.6.9}$$

式中,a 是以 u_i 求 u_{i+1} 的最佳修正步长。可采用6.2节中的单变量寻优技术。梯度法计算最优输入函数的程序框图如图6.6.1所示。下面给出了用梯度法计算最优函数的一个例子。

例 6.6.1 系统状态 $\frac{\mathrm{d}x}{\mathrm{d}t}=-x^2+u,x(0)=10.0$,目标函数

$$J(u)=\frac{1}{2}\int_1^0(x^2+u^2)\mathrm{d}t$$

求最优输入 $u(t)$。

解 问题的哈密顿函数为

$$H(x,\lambda,u,t)=\frac{1}{2}(x^2+u^2)+\lambda(-x^2+u)$$

协态方程为

$$\dot{\lambda}=\frac{\mathrm{d}\lambda}{\mathrm{d}t}=-\frac{\partial H}{\partial x}=-x+2\lambda x,\quad \lambda(1)=0$$

梯度 $$\frac{\partial H}{\partial u}=u+\lambda$$

控制量 $$u_{i+1}=u_i-a\left.\frac{\partial H}{\partial u}\right|_i=(-a+1)u_i-a\lambda_i$$

如果选定初始控制量 $u_0(t)=0$,根据以上公式,按照前面讲的步骤可以很方便地得到用梯度法求解最优控制的解。

二、计算最优控制的共轭梯度法

共轭梯度法用以求解最优控制问题较为有效,在收敛速度方面比最速下降法快,并且具有

最速下降法的优点，如：程序简单，容易实现，计算可靠性好。

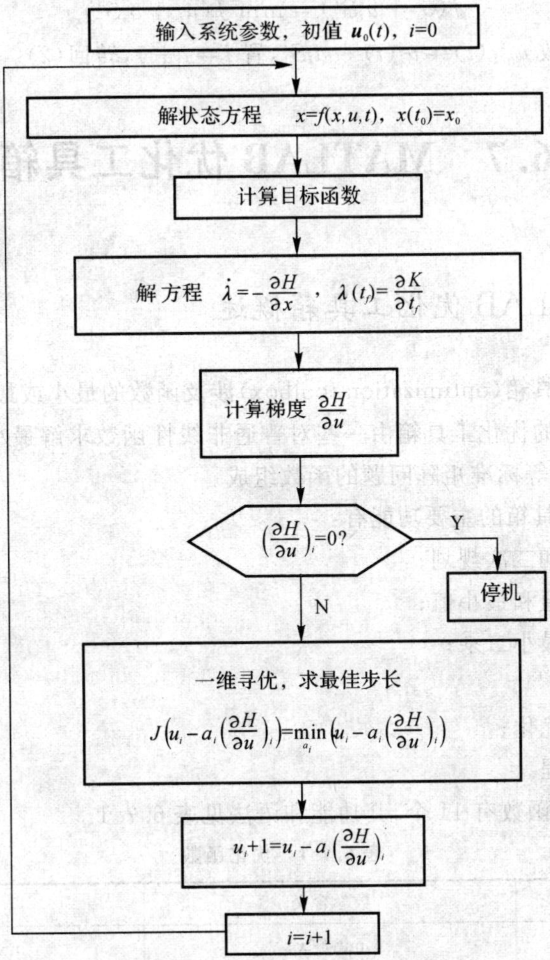

图 6.6.1　梯度寻优控制程序框图

共轭梯度法的计算步骤如下：

(1) 给定初始控制函数向量 $\boldsymbol{u}_0(t)$，置 $i=0$；

(2) 将 u_i 代入状态方程，在$[t_0 \quad t_f]$区间求解 $x_i(t)$；

(3) 根据式(6.6.2)，计算目标函数 $J(u_i)$；

(4) 由 t_f 到 t_0 反向积分伴随方程式(6.6.4)，求 $\lambda_i(t)$；

(5) 计算哈密顿函数的梯度 $g^i=\left.\frac{\partial H}{\partial u}\right|_i$；

(6) 如果 $g^i=0$，则停机，否则继续；

(7) 计算共轭系数

$$\beta_i=\frac{\|(g^i)^T g^i\|}{\|(g^{i-1})^T g^{i-1}\|} \quad \beta_0=0$$

(8) 寻优方向为

$$S^i=-g^i+\beta_{i-1}S^{i-1}$$

(9) 一维寻优,求最佳步长 $a_i > 0$,使

$$J(u_i + a_i S^i) = \min J(u_i + a_i S^i)$$

(10) 计算控制函数 $u_{i+1}(t) = u_i(t) + a_i S^i$,置 $i = i + 1$,转回(2)。

6.7 MATLAB 优化工具箱

6.7.1 MATLAB 优化工具箱概述

MATLAB 优化工具箱(optimization toolbox)涉及函数的最小或最大问题,也就是函数的极值问题。MATLAB 的优化工具箱由一些对普通非线性函数求解最小化或最大化极值的函数和解决诸如线性规划等标准矩阵问题的函数组成。

MATLAB 优化工具箱的主要功能有:

(1)求解线性规划和二次规划;

(2)求函数的最大值和最小值;

(3)非线性函数的最小二乘;

(4)多目标优化;

(5)约束条件下的优化;

(6)求解非线性方程。

优化工具箱的专有函数有 11 个,其功能和语法见表 6.7.1。

表 6.7.1 优化函数

功 能	数学含义	语 法
求解线性规划	$\min\limits_{\boldsymbol{Ax}\leqslant \boldsymbol{b}} \boldsymbol{f}^{\mathrm{T}}\boldsymbol{x}$	X=lp(f,A,b)
求解二次规划	$\min\limits_{\boldsymbol{Ax}\leqslant \boldsymbol{b}} \frac{1}{2}\boldsymbol{x}^{\mathrm{T}}\boldsymbol{Hx} + \boldsymbol{c}^{\mathrm{T}}\boldsymbol{x}$	X=qp(H,c,A,b)
求非负最小二乘解	$\min\limits_{\boldsymbol{x}\geqslant \boldsymbol{0}} \lVert \boldsymbol{Ax} - \boldsymbol{b} \rVert^2$	X=nnls(A,b)
求解无约束一元函数极小问题	$\min\limits_{x} f(x)$,其中 x 为标量	X=fmin('f',x)
求解无约束非线性规划	$\min\limits_{\boldsymbol{X}} f(\boldsymbol{X})$,其中 $\boldsymbol{X}$ 为矩阵	X=fminu('f',X)
求解约束非线性规划	$\min\limits_{G(x)\leqslant 0} f(x)$	X=constr('fg',x)
求解目标规划	$\min\limits_{x} \gamma,\quad F(x) - W^{\gamma} \leqslant \mathrm{goal}$	X=attgoal('f',x,goal,W)
求解最小最大问题	$\min\limits_{G(x)\leqslant 0} \lvert \max F(x) \rvert$	X=minimax('fg',x)
求非线性最小二乘解	$\min\limits_{x} \sum (F(x)F(x))$	X=leastsq('f',x)
求非线性方程	$F(x) = 0$	X=fsolvex('f',x)
求解半无穷条件下的非线性规划	$\min\limits_{x} f(x)$ s.t. $\Phi(x,w) \leqslant 0,\quad \forall w$	X = seminf('ft',n,x)

利用优化工具箱进行极值运算时，可以自由选择算法和搜索策略。非限定最小问题的原理算法是 Nelder－Mead 单纯形搜索方法和 BFGS 拟牛顿(quasi－Newton)方法；限定条件下的最小、最小最大、目标法和半无穷优化等问题，所用的原理算法是二次规划法；非线性二次方问题的原理算法是 Gauss－Newton 法和 Levenberg－Marquardt 法；非线性最小和非线性二次方问题可以进行线性搜索策略的选择，线性搜索策略使用的是三次或四次内插和外插方法。

MATLAB 优化工具箱还能进行线性和非线性方程的求解，其功能和语法见表 6.7.2。

表 6.7.2　方程求解指令

功　能	数学含义	语　法
线性方程	$\boldsymbol{A}\boldsymbol{x}=\boldsymbol{b}$，$\boldsymbol{x}$ 是一个向量	
单变量非线性方程	$f(x)=0$	x = fzero(@myfun,x0)
非线性方程	$F(\boldsymbol{x})=0$，$\boldsymbol{x}$ 是一个向量	x = fsolve(@myfun,x0)

MATLAB 优化工具箱还能进行最小二乘曲线拟合的求解，其功能和语法见表 6.7.3。

表 6.7.3　最小二乘曲线拟合求解指令

功　能	数学含义	语　法
线性最小二乘	$\min\limits_x \lVert Cx-d \rVert^2$	
非负线性最小二乘	$\min\limits_x \frac{1}{2}\lVert Cx-d \rVert_2^2$，条件是 $x \geqslant 0$	x = lsqnonneg(C,d,x0)
带约束的线性最小二乘	$\min\limits_x \frac{1}{2}\lVert Cx-d \rVert_2^2$ s. t.　$Ax \leqslant b$ $\mathrm{Aeq}\ x=\mathrm{beg}$ $\mathrm{lb} \leqslant x \leqslant \mathrm{ub}$	x = lsqlin(C,d,A,b,Aeq,beq,lb,ub,x0)
非线性最小二乘	$\min\limits_x \frac{1}{2}\lVert F(x) \rVert_2^2=\frac{1}{2}\sum\limits_i f_i^2(x)$	x = lsqnonlin(fun,x0,lb,ub)
非线性曲线拟合	$\min\limits_x \frac{1}{2}\lVert F(x,x\mathrm{data})-y\mathrm{data} \rVert_2^2=$ $\frac{1}{2}\sum\limits_i (F(x,x\mathrm{data}_i)-y\mathrm{data}_i)^2$	x = lsqcurvefit(fun,x0, xdata,ydata,lb,ub)

6.7.2　MATLAB 优化工具箱使用例子

在 MATLAB 窗口运行 optdemo 的一个 M 文件可进行优化工具箱的演示。在这一小节给出几个典型算例来说明如何使用 MATLAB 优化工具箱求解优化问题。

例 6.7.1　求解非线性方程：

$$2x_1-x_2=\mathrm{e}^{-x_1}$$

$$-x_1+2x_2=\mathrm{e}^{-x_2}$$

初始值为 $\boldsymbol{x}_0=[-5\ -5]$。

解 首先写一个 M 函数，用来计算方程 $F(\boldsymbol{x})=0$，变量是 $\boldsymbol{x}$：

```
function F = myfun(x)
    F = [2 * x(1) - x(2) - exp(-x(1));
         -x(1) + 2 * x(2) - exp(-x(2))];
```

然后调用优化函数：

```
x0 = [-5; -5];  % Make a starting guess at the solution
options=optimset('Display','iter');  % Option to display output
[x,fval] = fsolve(@myfun,x0,options)  % Call optimizer
```

计算结果为

```
Iteration  Func-count      f(x)          step          optimality   radius
0            3          23535.6                        2.29e+004      1
1            6          6001.72          1             5.75e+003      1
2            9          1573.51          1             1.47e+003      1
3           12          427.226          1             388            1
4           15          119.763          1             107            1
5           18          33.5206          1             30.8           1
6           21          8.35208          1             9.05           1
7           24          1.21394          1             2.26           1
8           27         0.016329        0.759511        0.206          2.5
9           30       3.51575e-006   0.1119270.00294    2.5
10          33       1.64763e-013    0.00169132      6.36e-007      2.5
Optimization terminated successfully:
First-order optimality is less than options. TolFun
x = 0.5671
    0.5671
fval = 1.0e-006 *
       -0.4059
       -0.4059
```

应用 MATLAB 优化工具箱解线性规划问题时，其相应的格式为

$$\min \quad \boldsymbol{f}^{\mathrm{T}}\boldsymbol{x}$$
$$\text{s.t} \quad \boldsymbol{A}\boldsymbol{x} \leqslant \boldsymbol{b}$$

其特点为：

(1)是求目标函数的最小。

(2) 目标函数的系数作为矢量 $\boldsymbol{f}$。

(3) 约束条件全部为“小于或等于”零。若约束条件中有“等式”或“大于或等于”约束应化为“小于或等于”零的约束。

(4) 约束条件的系数作为矩阵 $\boldsymbol{A}$，约束条件中的右端作为矢量 $\boldsymbol{b}$。

例 6.7.2 利用 MATLAB 语言求解下列线性规划问题。

$$\begin{aligned}\min\quad & -2x_1-x_2+3x_3-5x_4\\ \text{s.t.}\quad & x_1+2x_2+4x_3-x_4\leqslant 6\\ & 2x_1+3x_2-x_3+x_4\leqslant 12\\ & x_1+x_3+x_4\leqslant 4\\ & x_1,x_2,x_3,x_4\geqslant 0\end{aligned}$$

解　首先给矩阵 $\boldsymbol{f},\boldsymbol{A},\boldsymbol{b}$ 赋值：

```
f=[-2 -1 3 -5];
A=[1 2 4 -1; 2 3 -1 1; 1 0 1 1; -1 0 0 0; 0 -1 0 0; 0 0 -1 0; 0 0 0 -1];
b=[6 12 4 0 0 0 0];
```

在命令窗口调用优化程序：

```
X=lp(f,A,b)
```

回车后，屏幕输出最优解：

```
X =
    0    2.6667         0    4.0000
```

继续在命令窗口键入 f′ * X 可得到问题的最优解：

```
ans = -22.6667
```

有关命令 lp( )的使用可以在 MATLAB 命令窗口键入 help lp 得到更多的帮助。

例 6.7.3　利用 MATLAB 命令求解下面的无约束非线性规划问题。

$$\min_{x\in\mathbf{R}^2} f(x)=e^{x_1}(4x_1^2+2x_2^2+4x_1x_2+2x_2+1)$$

解　首先用文件编译器编写 M 文件，并命名为 fun.m

```
function f=fun(x)
f=exp(x(1))*(4*x(1)^2+2*x(2)^2+4*x(1)*x(2)+2*x(2)+1);
```

其次在命令窗口键入：

```
x0=[-1 1];
options=[];
[x,options]=fminu('fun',x0,options)
```

回车后，屏幕即显示：

```
x = 0.5000   -1.0000
options =[0 0.0001 0.0001 0.0000  0  0  0 0.0000  0 36.0000  0  0  200.0000 0
       0.0000  0.1000  1.0000]
```

这里的 options 是优化工具箱中特定的参数向量，共有 18 个元素，其具体含义可以参见命令 lp 的说明。其中 options(8)是问题的最优值，options(10)得到函数最优值所花费的计算次数。

实际应用时，也可以不先定义函数 fun，而直接把函数的表达式写入调用语句中，即

```
x0=[-1 1];
options=[];
[x,options]=fminu('exp(x(1))*(4*x(1)^2+2*x(2)^2+4*x(1)*x(2)+2*x
(2)+1)',x0,options)
```

其计算结果是一样的。

例 6.7.4 利用 MATLAB 命令求解下面的约束非线性规划问题。

$$\min \quad f(x)=e^{x_1}(4x_1^2+2x_2^2+4x_1x_2+2x_2+1)$$
$$\text{s.t.} \quad 1.5+x_1x_2-x_1-x_2\leqslant 0$$
$$-x_1x_2-10\leqslant 0$$

解 首先用文件编译器编写 M 文件，并命名为 fun.m：

```
function[f,g]=fun(x)
f=exp(x(1))*(4*x(1)^2+2*x(2)^2+4*x(1)*x(2)+2*x(2)+1);
g(1)=1.5+x(1)*x(2)-x(1)-x(2);
g(2)=-x(1)*x(2)-10;
```

其次在命令窗口键入：

```
x0 = [-1 1];
options = [];
[x,options] = constr('fun',x0,options)
```

回车后，屏幕即显示：

```
x = -9.5474    1.0474
```

输出最优解：options(8)

结果为：ans=0.0236

例 6.7.5 曲线拟合指令 lsqcurvefit 的使用。

设数据 xdata 和 ydata 的维数是 10，其值为

*x*data = [3.6 7.7 9.3 4.1 8.6 2.8 1.3 7.9 10.0 5.4];

*y*data = [16.5 150.6 263.1 24.7 208.5 9.9 2.7 163.9 325.0 54.3];

希望找到系数 x 能够最好地拟合方程：

$$ydata(i)=x(1)\cdot xdata(i)^2+x(2)\cdot\sin(xdata)+x(3)\cdot xdata(i)^3$$

也就是希望极小化

$$\min_x \frac{1}{2}\sum_i (F(x,xdata_i)-ydata_i)^2$$

式中 $F(x,xdata)=x(1)*xdata^2+x(2)*\sin(xdata)+x(3)*xdata^3$

初始值 $\boldsymbol{x}_0=[0.3\ \ 0.4\ \ 0.1]$。

解 首先写一个 M 函数，该函数返回 F()的值。

```
function F = myfun(x,xdata)
F = x(1)*xdata.^2 + x(2)*sin(xdata) + x(3)*xdata.^3;
```

优化计算子程序为

```
% Assume you determined xdata and ydata experimentally
xdata = [3.6  7.7  9.3  4.1  8.6  2.8  1.3  7.9  10.0  5.4];
ydata = [16.5  150.6  263.1  24.7  208.5  9.9  2.7  163.9  325.0  54.3];
x0 = [10, 10, 10]                          % Starting guess
[x,resnorm] = lsqcurvefit(@myfun,x0,xdata,ydata)
```

运行结果为

```
    x = 0.2269      0.3385      0.3021
% residual or sum of squares
    resnorm = 6.2950
```

本章小结

系统仿真的重要目的之一是实现一个工程系统的最佳设计和最佳控制，这就是所谓的系统优化问题。优化问题一般可以分为两类，一类是参数优化问题，另一类是函数优化问题。本章 6.1 节对这两类问题作了一个概括性的叙述。由于参数最优化问题是优化技术的基础，同时函数最优化问题在数值求解过程中，一般也是转变为参数最优化问题来加以处理的，所以本书主要介绍参数最优化问题。单变量寻优问题是优化技术的基础。在复变量优化算法中也需要用单变量寻找最佳步长。在本章主要讲的是分割法和插值法。多变量寻优技术是优化理论的核心，研究的内容很多，在工程中最常用的是梯度法和单纯形法。此外，本章还讲述了存在约束条件的优化问题，主要介绍了代价函数法和互换寻优法，在实际应用中也是比较常见的。最后一部分扼要地讲解了函数优化问题，即最优控制问题的数值解法。

习　题

6-1　试编制黄金分割寻优程序，求目标函数 $Q(x)=5x^2+6x+10$ 的最小值，区间缩短的精度 $\varepsilon=0.000\,01$。

6-2　试用单纯形寻优程序，对下列多元函数寻找极小值点。

$f_1(x_1,x_2)=x_1^2+2x_2^2+x_1x_2+10$

$f_2(x_1,x_2,x_3)=10x_1^2+30x_2^2+15x_3+2x_1x_2+3x_2x_3+x_1x_3-x_1-3x_2-5x_3+20$

6-3　已知一系统结构如下：指标函数取

$$Q=\int_0^{\infty}|e|\,t\mathrm{d}t$$

(1) 试用单纯形寻优程序对上述系统中控制器的控制参数 T_1,K_1 进行寻优。

(2) 若指标函数取为 $Q=\int_0^{\infty}|e|\,\mathrm{d}t$ 或 $Q=\int_0^{\infty}e^2\mathrm{d}t$，对 T_1,K_1 进行寻优，并比较在上述 3 种指标函数下寻得的 T_1,K_1 构成的系统在阶跃函数作用下的过渡过程。

6-4　设有一 PDI 调节的计算机控制系统如图所示，现要求用单纯形寻优程序寻找 PDI 调节器参数 $K_\mathrm{p},T_\mathrm{i},T_\mathrm{d}$ 的最优值，使误差 $e_1(t)$ 的绝对值对时间积分最小，即目标函数 $J=\int_0^T|e_1(t)|\,\mathrm{d}t$ 最小。已知：初始函数 $K_\mathrm{p}=1.5$，$T_\mathrm{i}=0.88$ s，$T_\mathrm{d}=0.11$ s；系统参数 $T_1=T_2=0.44$ s，$\tau=0.12$ s；输入 R 为阶跃函数；采样周期 $T=0.1$ s。

数字式 PDI 调节规律差分方程为

$$E_2(n)=E_2(n-1)+AE_1(n)+BE_1(n-1)+CE_1(n-2)$$

式中，$A=K_p\left(1+\frac{T}{T_i}+\frac{T_d}{T}\right)$，$B=-K_p\left(1+\frac{2T_d}{T}\right)$，$C=K_p\frac{T_d}{T}$。

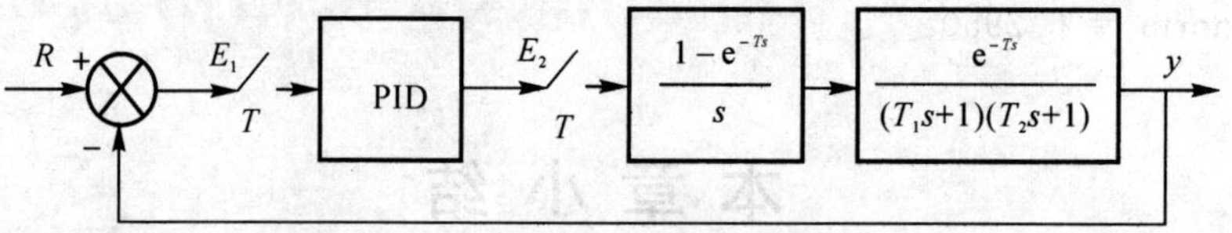

习题 6－4 图

6－5　试比较最速下降法、共轭梯度法、单纯形法及随机寻优法等几种方法的优缺点。

第7章 Simulink 建模和仿真

在计算机技术飞速发展的今天，许多科学研究、工程设计由于其复杂性越来越高，因此与计算机的结合日趋紧密。也正是计算机技术的介入，改变了许多学科的结构、研究内容和研究方向。例如，计算流体力学、计算物理学、计算声学等新兴学科的兴起，均与计算机技术的发展分不开。控制理论、仿真技术本身与计算机的结合就十分紧密，而随着专业领域的研究深入和计算机软硬件技术的发展，这种联系变得更加紧密。计算控制论的建立，足以说明这个问题。而这种发展，又与系统仿真技术的发展分不开。

为了满足用户对工程计算的要求，一些软件公司相继推出一批数学类科技应用软件，如MATLAB，Xmath，Mathematica，Maple 等。其中 MathWorks 公司推出的 MATLAB 由于有强大的功能和友好的用户界面，受到越来越多的科技工作者，尤其是控制领域的专家和学者的青睐。

MATLAB 具有友好的工作平台和编程环境、简单易学的编程语言、强大的科学计算和数据处理能力、出色的图形和图像处理功能、能适应多领域应用的工具箱、适应多种语言的程序接口、模块化的设计和系统级的仿真功能等诸多的优点和特点。

支持 MATLAB 仿真的是 Simulink 工具箱，Simulink 一般可以附在 MATLAB 上同时安装，也有独立版本的单独使用。但大多数用户都是将 Simulink 附在 MATLAB 上，以便能更好地发挥 MATLAB 在科学计算上的优势，进一步扩展 Simulink 的使用领域和功能。

本章将详细地向用户介绍 Simulink 的建模方法、使用操作，以及使用 Simulink 进行系统级的仿真和设计原理，使读者通过学习，不但可以进一步掌握计算机仿真的基本概念和理论，也可以初步学会使用 Simulink 去真正地运用仿真技术解决科研和工程中的实际问题。

7.1 Simulink 概述和基本操作

7.1.1 Simulink 概述

近几年来，在学术界和工业领域，Simulink 已经成为动态系统建模和仿真领域中应用最为广泛的软件之一。Simulink 可以很方便地创建和维护一个完整的模块，评估不同的算法和结构，并验证系统的性能。由于 Simulink 是采用模块组合方式来建模的，因而可以使用户快速、准确地创建动态系统的计算机仿真模型，特别是对复杂的不确定非线性系统，更为方便。

Simulink 模型可以用来模拟线性和非线性、连续和离散或者两者的混合系统，也就是说，它可以用来模拟几乎所有可能遇到的动态系统。另外，Simulink 还提供一套图形动画的处理方法，使用户可以方便地观察到仿真的整个过程。

Simulink 没有单独的语言，但是它提供了 S 函数规则。所谓的 S 函数，可以是一个 M 函数文件、FORTRAN 程序、C 或 C++语言程序等，通过特殊的语法规则使之能够被 Simulink 模型或模块调用。S 函数使 Simulink 更加充实、完备，具有更强的处理能力。

同 MATLAB 一样，Simulink 也不是封闭的，它允许用户可以很方便地定制自己的模块和模块库。同时，Simulink 也同样有比较完整的帮助系统，使用户可以随时找到对应模块的说明，以便于应用。

综上所述，Simulink 就是一种开放性的，用来模拟线性或非线性的，以及连续或离散或者两者混合的动态系统的强有力的系统级仿真工具。

目前，随着软件的升级换代，在软硬件的接口方面有了长足的进步，使用 Simulink 可以很方便地进行实时的信号控制和处理、信息通信以及 DSP 的处理。世界上许多知名的大公司已经使用 Simulink 作为其产品设计和开发的强有力工具。

7.1.2 Simulink 的基本操作

一、Simulink 的启动

Simulink 的模型文件后缀名为 *.mdl，安装 MATLAB 后，直接双击图标即可打开相应的 Simulink 模型。

在 MATLAB 环境下，打开 Simulink 有 4 种方法：

(1)在命令窗口中键入 simulink。

(2)在 file 菜单中选择 new 命令的 model。

(3)在工具栏中，按按钮 。

(4)在模型窗口 file 菜单选择 new 命令的 model。

二、模型基本结构

一个典型的 Simulink 模型包括如下 3 种类型的元素：

(1)信号源模块。

(2)被模拟的系统模块。

(3)输出显示模块。

如图 7.1.1 所示说明了这 3 种元素之间的典型关系。系统模块作为中心模块，是 Simulink 仿真建模所要解决的主要部分；信号源为系统的输入，它包括常数信号源函数信号发生器(如正弦和阶跃函数波等)、用户自己在 MATLAB 中创建的自定义信号和 MATLAB 工作空间中的数据 3 种。输出显示模块主要在 Sinks 库中，也可以将数据输出到 MATLAB 工作空间的变量或文件。

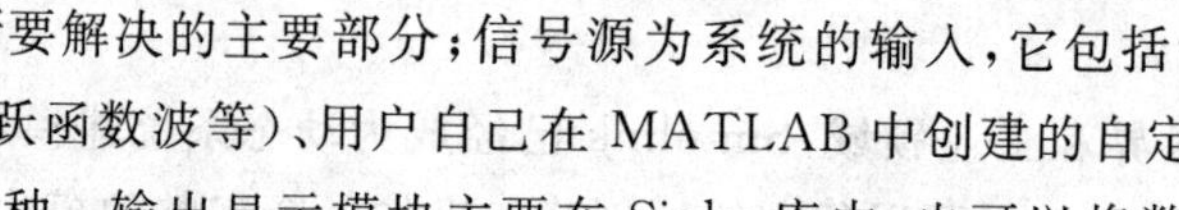

图 7.1.1 Simulink 模型元素关联图

Simulink 模型并不一定要包含全部的 3 种元素，在实际应用中通常可以缺少其中的一种或两种。例如，若要模拟一个系统偏离平衡位置后的恢复行为，就可以建立一个没有输入而只有系统模块加一个显示模块的模型。在某种情况下，也可以建立一个只有源模块和显示模块的系统。若需要一个由几个函数复合的特殊信号，则可以使用源模块生成信号并将其送入 MATLAB 工作间或文件中。

二、仿真运行原理

Simulink 仿真包括两个阶段：模块初始化阶段和模型执行阶段。

1. 模块初始化

在模块初始化阶段主要完成以下工作：

(1)模型参数传给 MATLAB 进行估值，得到的数值结果将作为模型的实际参数。

(2)展开模型的各个层次，每一个非条件执行的子系统被它所包含的模块所代替。

(3)模型中的模块按更新的次序进行排序。排序算法产生一个列表，以确保具有代数环的模块在产生它的驱动输入的模块被更新后才更新。当然，这一步要先检测出模型中存在的代数环。

(4)决定模型中有无显示设定的信号属性，例如名称、数据类型、数值类型以及大小等，并且检查每个模块是否能够接收连接到它输入端的信号。Simulink 使用属性传递的过程来确定未被设定的属性，这个过程将源信号的属性传递到它所驱动的模块的输入信号。

(5)决定所有无显示设定采样时间的模块的采样时间。

(6)分配和初始化用于存储每个模块的状态和输入当前值的存储空间。

完成这些工作后就可以进行仿真了。

2. 模型执行

一般模型是使用数值积分来进行仿真的。所运用的仿真解法器(仿真算法)依赖于模型提供给它的连续状态微分能力。计算微分可以分两步进行：

(1)按照排序所决定的次序计算每个模块的输出。

(2)根据当前时刻的输入和状态来决定状态的微分，得到微分向量后再把它返回给解法器。后者用来计算下一个采样点的状态向量。一旦新的状态向量计算完毕，被采样的数据源模块和接收模块才被更新。

在仿真开始时模型设定待仿真系统的初始状态和输出。在每一个时间步中，Simulink 计算系统的输入、状态和输出，并更新模型来反映计算出的值。在仿真结束时，模型得出系统的输入、状态和输出。

在每个时间步中，Simulink 所采取的动作依次为：

(1)按排列好的次序更新模型中模块的输出。Simulink 通过调用模块的输出函数计算模块的输出。Simulink 只把当前值、模块的输入以及状态量传给这些函数计算模块的输出。对于离散系统，Simulink 只有在当前时间是模块采样时间的整数倍时，才会更新模块的输出。

(2)按排列好的次序更新模型中模块的状态。Simulink 计算一个模块的离散状态的方法时调用模块的离散状态更新函数。而对于连续状态，则对连续状态的微分(在模块可调用的函数里，有一个用于计算连续微分的函数）进行数值积分来获得当前的连续状态。

(3)检查模块连续状态的不连续点。Simulink 使用过零检测来检测连续状态的不连续点。

(4)计算下一个仿真时间步的时间。这是通过调用模块获得下一个采样时间函数来完成的。

3. 定模块更新次序

在仿真中，Simulink 更新状态和输出都要根据事先确定的模块更新次序进行，而更新次序对仿真结果的有效性来说非常关键。特别当模块的输出是当前输入值的函数时，这个模块必须在驱动它的模块被更新之后才能被更新，否则，模块的输出将没有意义。

注意：不要把模块保存到模块文件的次序与仿真过程模块被更新的次序相混淆。Simulink 在模块初始化时已将模块排好正确的次序。

为了建立有效的更新次序，Simulink 根据输入和输出的关系将模块分类。其中，当前输出依赖于当前输入的模块称为直接馈入模块，所有其他的模块都称为非直接馈入模块。直接馈入模块有 Gain，Product 和 Sum 模块等；非直接馈入模块有 Integrator 模块（它的输出只依赖于它的状态）、Constant 模块（没有输入）和 Memory 模块（它的输出只依赖于前一个模块的输入）等。

基于上述分类，Simulink 使用下面两个基本规则对模块进行排序：

(1)每个模块必须在它驱动的所有模块更新之前被更新。这条规则确保了模块被更新时输入有效。

(2)若非直接馈入模块在直接馈入模块之前更新，则它们的更新次序可以是任意的。这条规则允许 Simulink 在排序过程中忽略非直接馈入模块。

另外一个约束模块更新次序的因素是用户给模块设定的优先级，Simulink 在低优先级模块之前更新高优先级模块。

7.2 基本模块

大多数物理系统都可以用微分方程组和代数方程组来描述，Simulink 采用的也是本书第 4 章介绍的面向结构图的数字仿真原理，但其功能块的类型、数值解法、功能块的描述，以及建模方式和方法远远超出 CSS 仿真程序包，其界面也更加友好。

Simulink 把功能块分成 9 类，分别放置在 9 个库中，如图 7.2.1 所示。这 9 个库分别是源模块库（Sources）、输出显示库（Sinks）、离散模块库（Discrete）、连续模块库（Continuous）、非线性模块库（Nonlinear）、数学函数库（Math）、通用函数及列表库（Functions and Tables）、信号处理及系统类模块库（Signals and Systems）和子系统模块库（Subsystems）。

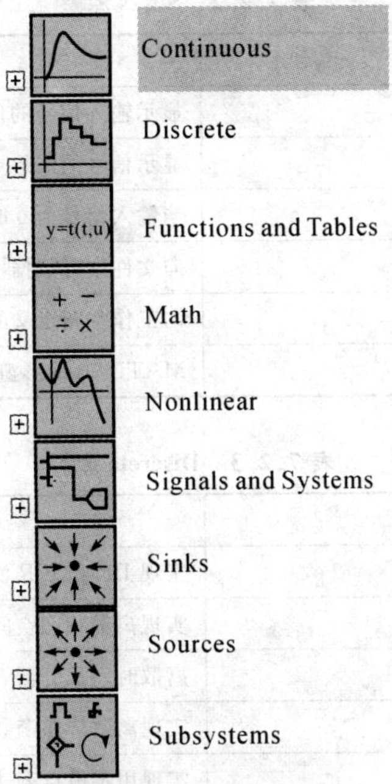

图 7.2.1　库的类型

表 7.2.1～表 7.2.9 列出了各个库包含的主要模块及简单说明。

表 7.2.1　Sources 库

模块名	说　明
Clock	显示或者提供仿真时间
Constant	产生一个常数值信号
Digital Clock	产生数字采样时间信号
Digital Pulse Generator	产生数字脉冲信号
From File	从文件读取数据输入
From Workspace	从工作空间定义的矩阵读入数据
Pulse Generator	产生脉冲信号
Ramp	产生“斜坡”信号
Random Number	产生正态分布的随机信号
Repeating Sequence	产生周期序列信号
Signal Generator	信号发生器
Sine Wave	正弦波信号
Step	产生一个阶跃信号
Uniform Random Number	产生均匀分布的随机信号

表 7.2.2 Sinks 库

模块名	说　明
Display	显示输入信号的值
Scope	显示信号的波形
Stop Simulation	当输入信号为 0 时结束仿真
To File	向文件中写数据
To Workspace	向工作空间定义的变量写数据
XY Graph	MATLAB 图形窗口显示信号的二维图

表 7.2.3 Discrete 库

模块名	说　明
Discrete Filter	实现 IIR 和 FIR 滤波器
Discrete State - Space	实现离散状态空间系统
Discrete - Time Integrator	离散时间积分器
Discrete Transfer Fcn	实现离散传递函数
Discrete Zero - Pol	实现用零极点表达的离散传递函数
First - Order Hold	实现一阶采样保持系统
Unit Delay	单位采样时间延迟器
Zero - Order Hold	实现采样的零阶保持

表 7.2.4 Continuous 库

模块名	说　明
Derivative	信号的微分运算
Integrator	信号的积分运算
Memory	输出前一个时间步的输入值
State - Space	实现线性状态空间系统
Transfer Fcn	实现线性传递系统
Transport Delay	对输入信号进行传输延时
VariableTtransport Delay	对输入信号进行可变时间的传输延时
Zero-Pole	实现零-极点表达式的传递函数

表 7.2.5 Math 库

模块名	说　明
Abs	信号的绝对值
Algebraic Constraint	将输入信号强制为零
Combinatorial Logic	实现一个真值表
Complex to Magnitude - Angle	输出一个复数输入信号的幅角和模
Complex to Real - Imag	输出一个复数信号的实部和虚部

续表

模块名	说 明
Dot Product	向量信号的点积
Gain	将模块的输入信号乘上一个增益
Logical Operator	输入信号的逻辑操作
Magnitude - Angle to Complex	将模和幅角的信号转换成为复数信号
Math Function	实现数学函数
Matrix Gain	将输入乘上一个矩阵增益
Minmax	信号的最小值和最大值
Product	信号的乘积或者商
Real - Imag to Complex	将实部、虚部的信号转换成为复数信号
Relational Operator	进行指定的关系运算
Rounding Function	实现舍入运算
Sign	符号函数
Slider Gain	滑块增益
Sum	输入信号的和
Trigonometric Function	实现三角函数运算

表 7.2.6 Functions and Tables 库

模块名	说 明
Fcn	实现自定义表达式的输入信号
Look-Up Table	实现输入的线性查表
Look-Up Table(2-d)	实现二维信号的线性查表
MATLAB Fcn	实现 MATLAB 函数或表达式输入信号
S - Function	S 函数模块

表 7.2.7 Nonlinear 库

模块名	说 明
Backlash	偏移模块
Coulomb&Viscous Friction	模拟原点不连续系统
Dead Zone	输出一个零输出的区域
Manual Switch	在信号间手工切换
Multiport Switch	多端口的切换(开关)器
Quantizer	按指定的间隔离散化输出信号
Rate Limiter	限制信号的改变速率
Relay	实现继电器功能
Saturation	限制信号的饱和度
Switch	在两个信号间切换

表 7.2.8 Signals and Systems 库

模块名	说　明
Bus Selector	有选择地输出信号
Configurable Subsystem	代表任何一个从指定的库中选择的模块
Data Store Memory	定义共享数据存储空间
Date Store Read	从共享数据空间读数据并输出
Date Story Write	写数据到共享数据存储空间
Date Type Conversion	将信号转换为其他数据类型
Demux	将一个向量信号分解输出
Enable	为子系统增加激活端口
From	从一个 Goto 模块接收信号
Goto	传递信号到 From 模块
Goto Tag Visibility	定义 Goto 模块标记的可视域
Ground	将未连接的输入端接地
Hit Crossing	检测过零点
IC	设置一个信号的初始值
Inpl	为子系统建立一个输入端口或建立一个外部入口
Merge	将几个输入量合并为一个标量的输出串
Modelinfo	显示模型信息
Mux	将几个输入信号合成一个向量信号
Out 1	为子系统建立一个输出端口或建立一个外部出口
Probe	信号的宽度，采样时间及信号类型
Subsystem	子系统模块
Terminator	结束一个未连接的输出端口
Trigger	为子系统增加触发端口
Width	输入向量的输出宽度
Selector	在输入信号中选择并输出

表 7.2.9 Subsystems 库

模块名	说　明
Atomic Subsystems	原子子系统，该子系统内的模块在同级其他模块执行之前获得执行
Configurable Subsystem	代表任何一个从指定的库中选择的模块
Code Reuseable Subsystem	代码可重用子系统
Enabled Subsystem	可使能子系统
Enabled and Triggered Subsystem	可使能触发子系统
For Each Subsystem	多信号共用子系统
For Iterator Subsystem	循环执行子系统
Function-Call Subsystem	函数调用子系统

续 表

模块名	说　明
Function-Call Feedback Latch	函数调用了系统反馈信号锁存
Function-Call Generator	函数调用信号生在器
Function-Call Split	函数调用信号分离器
If	If 条件信号生成器
If Action Subsystem	If-else 条件执行子系统
Switch Case	Case 条件生成器
Switch Case Action Subsystem	Case 条件执行子系统
Subsystem	一般子系统模块
Triggered Subsystem	触发执行子系统
While Iterator Subsystem	While 循环执行子系统

在 Simulink 中，各功能模块的参数描述都可以由用户通过该模块的模块属性对话框进行操作给出或修改。图 7.2.2 所示是积分模块的属性对话框，从图可见，它有 9 个可控参数。

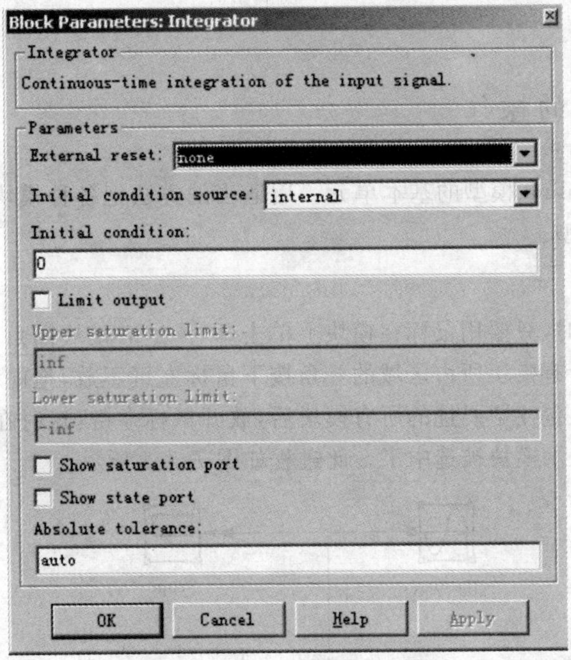

图 7.2.2　积分模块属性对话框

(1)External reset：外部重置选项。它用在当重置信号中发生触发事件时，模块按照初始条件重置状态。

(2)Initial condition source：此项用来从初始条件参数或外部模块中获取初始条件。

(3)Initial condition：此区域用来设置初始条件。

(4)Limit output：如果此项被选中，则状态将被限制在饱和度下限和上限之间。

(5)Upper saturation limit:此参数用来设置饱和度上限。

(6)Lower saturation limit:此参数用来设置饱和度下限。

(7)Show saturation port:若此项被选中,则模块上将增加一个饱和度端口。

(8)Show state port:若此项被选中,则模块上将增加一个状态端口。

(9)Absolute tolerance:此参数用来设置模块状态的绝对误差。

7.3 建模方法

利用 Simulink 建立物理系统和数学系统的仿真模型,关键是对 Simulink 提供的功能模块进行操作,即用适当的方式将各种模块连接在一起。在介绍具体的操作之前先对建模过程提两点建议:

(1)在建模之前,应对模块和信号线有一个整体、清晰和仔细的安排,以便能减少建模时间。

(2)及时对模块和信号线命名、对模型加标注,以增强模型的可读性。

本节将详细介绍创建 Simulink 仿真模型的过程,包括模块操作、编辑信号线及标注模型等。

7.3.1 模块的操作

模块是建立 Simulink 模型的基本单元。用适当的方法把各种模块连接在一起就能够建立任何动态系统的模型。

一、选取模块

当选取单个模块时,只要用鼠标在模块上单击即可,这时模块的角上出现黑色的小方块。选取多个模块时,在所有模块所占区域的一角按下鼠标左键不放,拖向该区域的对角,在此过程中会出现虚框,虚框包住了要选的所有模块后,放开鼠标左键,这时在所有被选模块的角上都会出现小黑方块,表示模块被选中了。此过程如图 7.3.1 所示。

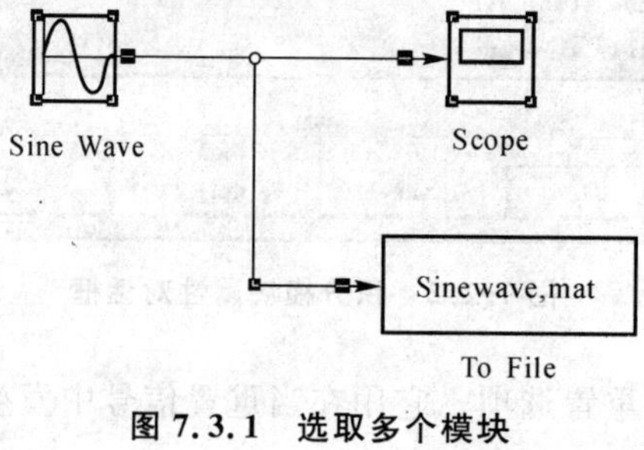

图 7.3.1 选取多个模块

二、复制、删除模块

1.在不同的窗口之间复制

当建立模型时,需要从模块库窗口或者已经存在的窗口把需要的模块复制到新建模型文件的窗口。要对已经存在的模块进行编辑，有时也需要从模块库窗口或另一个已经存在的模型窗口复制模块。

最简单的办法是用鼠标左键点住要复制的模块（首先打开源模块和目标模块所在的窗口），按住左键移动鼠标到相应窗口（不用按住 Ctrl 键），然后释放，该模块就会被复制过来，而源模块不会被删除。

当然还可以使用 Edit 菜单的 Copy 和 Paste 命令来完成复制：选定要复制的模块，选择 Edit 菜单下的 Copy 命令，到目标窗口的 Edit 菜单下选择 Paste 命令。

2. 在同一个模型窗口内复制

有时一个模型需要多个相同的模块，这时的复制方法如下：

用鼠标左键点住要复制的模块，按住左键移动鼠标，同时按下 Ctrl 键，到适当位置释放鼠标，该模块就被复制到当前位置。更简单的方法是按住鼠标右键（不按 Ctrl 键）移动鼠标。

另一种方法是选定要复制的模块，选择 Edit 下的 Copy 命令，然后选择 Paste 命令。

在图 7.3.2 所示的复制结果中我们会发现复制出的模块名称在原名称的基础上又加了编号，这是 Simulink 的约定：每个模型中的模块和名称是一一对应的，相同的模块或不同的模块都不能用同一个名字。

3. 删除模块

删除模块的方法：选定模块，选择 Edit 菜单下的 Cut（删除到剪贴板）或 Clear（彻底删除）命令；或者在模块上单击鼠标右键，在弹出菜单中选择 Cut 或 Clear 命令。

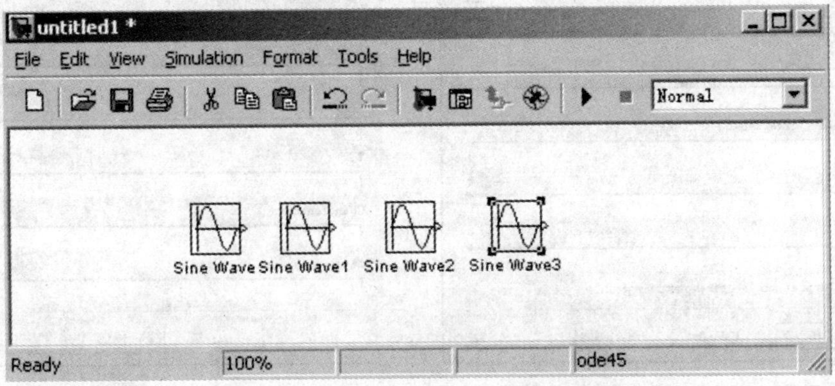

图 7.3.2 在同一模型窗口内复制模块

三、模块的参数和特性设置

Simulink 中几乎所有模块的参数（Parameter）都允许用户进行设置。只要双击要设置参数的模块就会弹出设置对话框。如图 7.3.3 所示是正弦波模块的参数设置对话框，可以设置它的幅值、频率、相位、采样时间等参数。模块参数还可以用 set_param 命令修改，这在后面将会讲到。

每个模块都有一个内容相同的特性（Properties）设置对话框，如图 7.3.4 所示。它包括如下几项：

（1）说明（Description）：是对该模块在模型中用法的注释。

（2）优先级（Priority）：规定该模块在模型中相对于其他模块执行的优先顺序。优先级的数值必须是整数，也可以不输入数值，这时系统会自动选取合适的优先级。优先级的数值越小（可以是负整数），优先级越高。

(3)标记(Tag)：用户为模块添加的文本格式的标记。

(4)调用函数(Open function)：当用户双击该模块时调用的 MATLAB 函数。

(5)属性格式字符串(Attributes format string)：指定在该模块的图标下显示模块的哪个参数，以什么格式显示。属性格式字符串由任意的文本字符串加嵌入式参数名组成。例如，对一个传递函数模块指定如下的属性格式字符串：

优先级＝%<priority>\n 传函分母＝%<Denominator>

该模块显示如图 7.3.5 的内容。

如果参数的值不是字符串或数字，参数值的位置会显示 N/S(not supported)。如果参数名无效，参数值的位置将显示“???”。

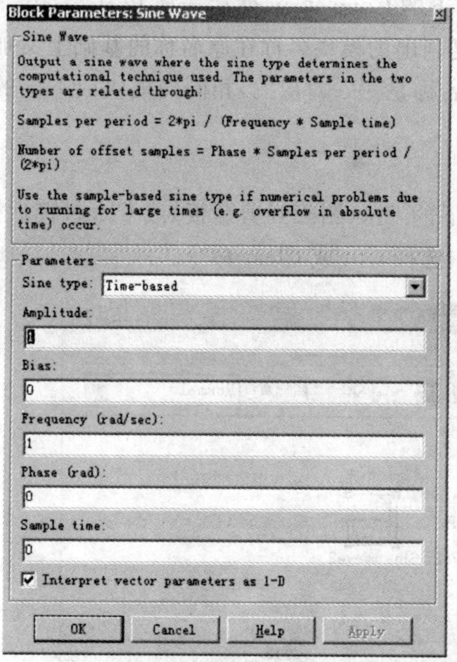

图 7.3.3　模块参数设置对话框

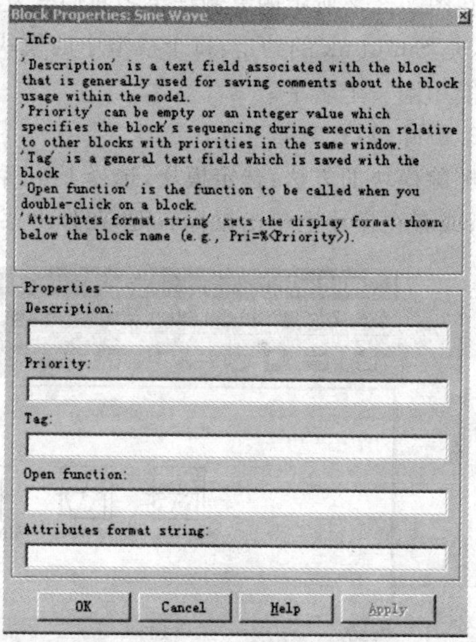

图 7.3.4　模块特性设置对话框

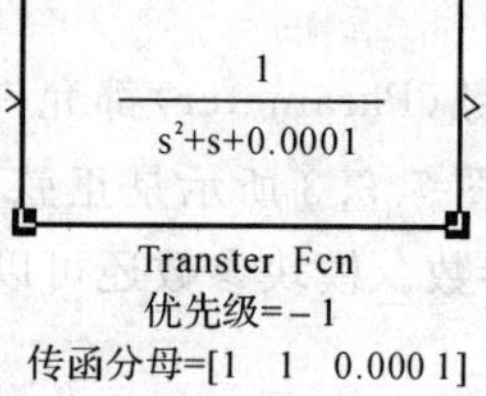

图 7.3.5　设置属性格式字符串后的效果

四、模块外形的调整

(1)改变模块的大小：选定模块，用鼠标点住其周围的 4 个黑方块中的任意一个拖动，这时会出现虚线的矩形，表示新模块的位置，到需要的位置后释放鼠标即可。

(2)调整模块的方向：选定模块，选取菜单 Format 下的 Rotate Block 可使模块旋转 90°，选取 Flip Block 可使模块旋转 180°，效果如图 7.3.6 所示。

(3)给模块加阴影：选定模块，选取菜单 Format 下的 Show Drop Shadow 可使模块产生阴影效果，如图 7.3.7 所示。

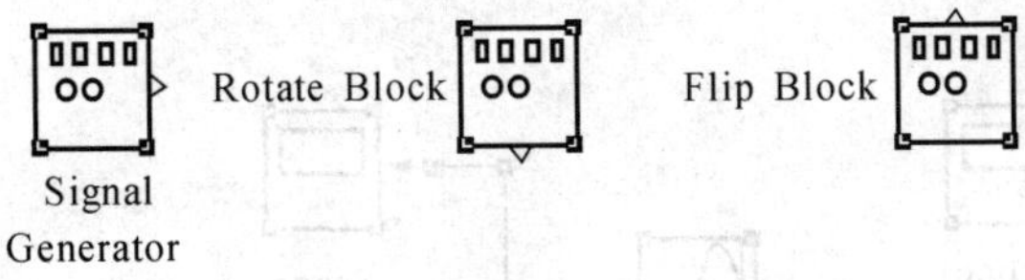

图 7.3.6 调整模块的方向

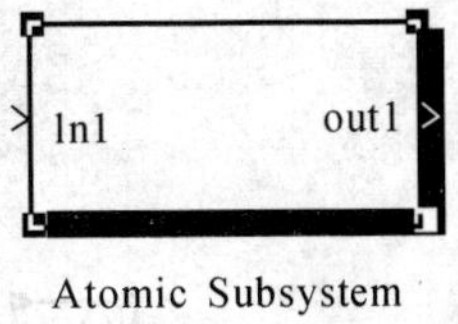

图 7.3.7 模块的阴影效果

五、模块名的处理

(1)模块名的隐藏与显示：选定模块，选取菜单 Format 下的 Hide Name，模块名就会被隐藏，同时 Hide Name 变为 Show Name。选取 Show Name 就会使隐藏的模块名显示出来。

(2)修改模块名：用鼠标左键单击模块名的区域，这时会在此处出现编辑状态的光标，在这种状态下能够对模块名随意修改。

模块名和模块图标中的字体也可以更改，方法是选定模块，在菜单 Format 下选取 Font，这时会弹出 Set Font 的对话框，在对话框中选取想要的字体即可。

(3)改变模块名的位置：模块名的位置有一定的规律，当模块的接口在左、右两侧时，模块名只能位于模块的上、下两侧，缺省在下侧；当模块的接口在上、下两侧时，模块名只能位于模块的左、右两侧，缺省在左侧。

因此模块名只能从原位置移到相对的位置。可以用鼠标拖动模块名到其相对的位置，也可以选定模块，用菜单 Format 下的 Flip Name 实现相同的移动。

7.3.2 模块的连接

上面介绍了对模块本身的各种操作。当设置好了各个模块后，还需要把它们按照一定的顺序连接起来才能组成一个完整的系统模型。下面讨论模块连接的相关问题。

一、在模块间连线

1. 连接两个模块

这是最基本的情况：从一个模块的输出端连到另一个模块的输入端。方法是移动鼠标到输出端，鼠标的箭头会变成十字形，这时点住鼠标左键，移动鼠标到另一个模块的输入端，当十字光标出现“重影”时，释放鼠标左键就完成了连接。

如果两个模块不在同一水平线上，连线是一条折线。若要用斜线表示，则需要在连接时按住 Shift 键。两种连接的结果见图 7.3.8。

2. 模块间连线的调整

如图 7.3.9，这种调整模块间连线位置的情况采用鼠标简单拖动的办法实现，即先把鼠标移到需要移动的线段的位置，按住鼠标左键，移动鼠标到目标位置，释放鼠标左键。

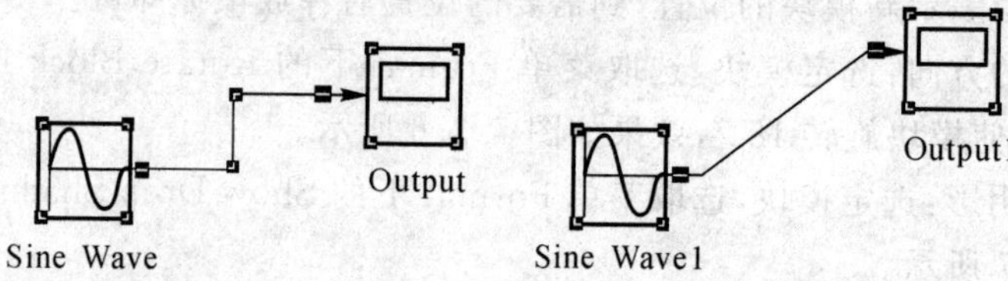

图 7.3.8　两模块不在同一水平线上的连线

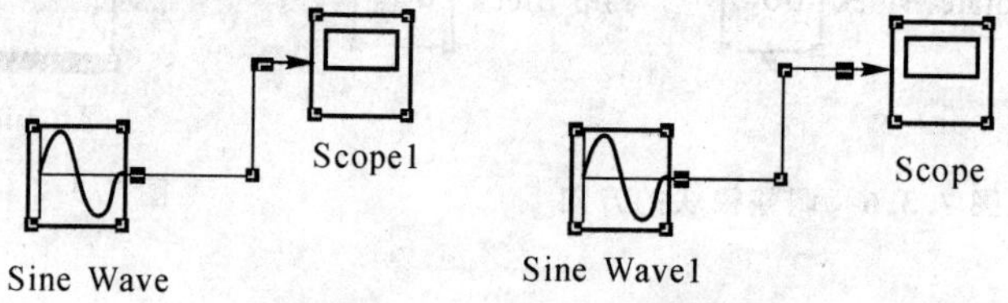

图 7.3.9　调整连线的位置(一)

还有一种情况，如图 7.3.10 所示，要把一条直线分成斜线段。调整方法和前一种情况类似，不同之处在于按住鼠标之前要先按下 Shift 键，出现小黑方框之后，鼠标点住小黑方框移动，移动好后释放 Shift 键和鼠标。

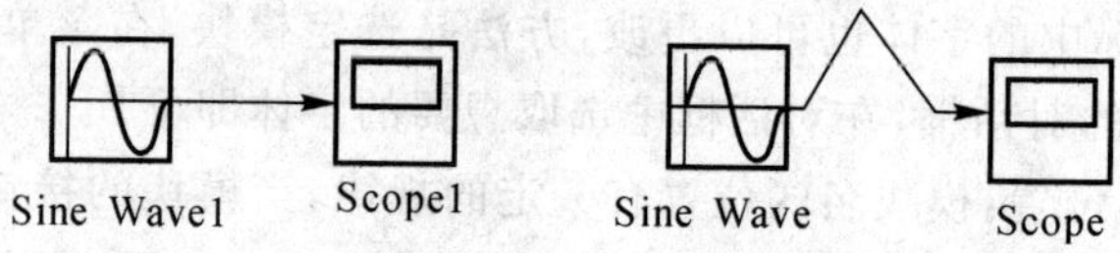

图 7.3.10　调整连线的位置(二)

3. 在连线之间插入模块

把该模块用鼠标拖到连线上，然后释放鼠标即可。

4. 连线的分支

我们经常会碰到一些情况，需要把一个信号输送到不同的模块，这时就需要分支结构的连线。如图 7.3.11 所示，要把正弦波信号实时显示出来，同时还要保存到文件。

这种情况的连线步骤是：在先连好一条线以后，把鼠标移到支线的起点位置，先按下左键，然后按住 Ctrl 键，拖到目标模块的输入端，释放鼠标和 Ctrl 键。

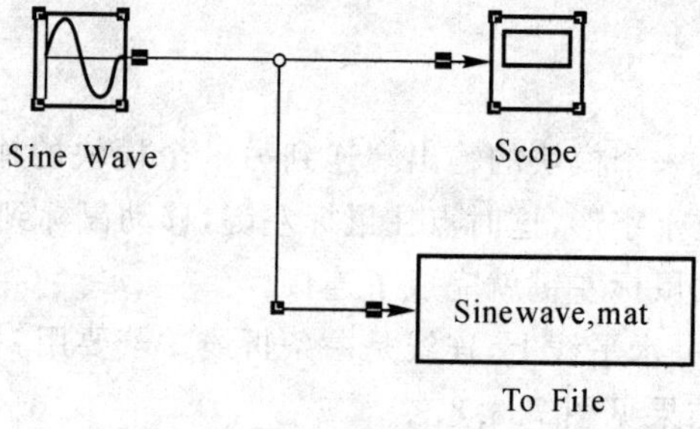

图 7.3.11　连线的分支

二、在连线上反映信息

1. 用粗线表示向量

为了能比较直观地显示各个模块之间传输的向量数据，可以选择模型文件菜单 Format 下的 Wide Vector Lines 选项，这样传输向量的连线就会变粗。如果再选择 Format 下的 Vector Lines Widths 选项，在传输向量的连线上方就会显示出通过该连线的向量维数。如图 7.3.12 所示，模块 State Space 的输入为二维向量，在加粗的输入线的上方标出了相应向量的维数。

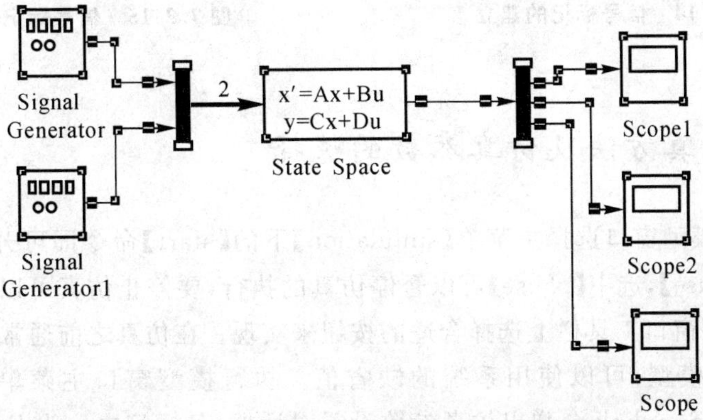

图 7.3.12　用粗线表示向量并显示向量维数

2. 显示数据类型

在连线上可以显示一个模块输出的数据类型：选择菜单 Format 下的 Port Data Types 选项，结果如图 7.3.13 所示。

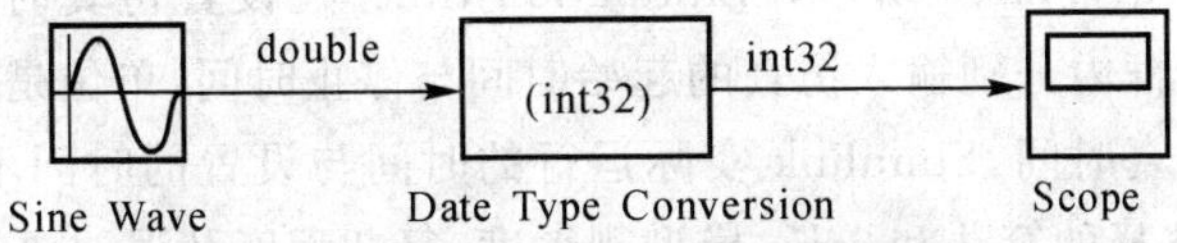

图 7.3.13　在连线上显示数据类型

3. 信号标记

为了使模型更加直观、可读性更强，可以为传输的信号作标记。

建立信号标记的办法是：双击要作标记的线段，出现一个小文本编辑框，在里面输入标记的文本，这样就建立了一个信号标记。

信号标记可以随信号的传输在一些模块中进行传递。支持这种传递的模块有 Mux，Demux，Inport，From，Selector，Subsystem 和 Enable。

要实现信号标记的传递，需要在上面列出的某个模块的输出端建立一个以“<”开头的标记，如图 7.3.14 所示。当开始仿真或执行 Edit 菜单下的 Updata Diagram 命令时，传输过来的信号标记就会显示出来。图 7.3.15 显示出了这个传递的结果。

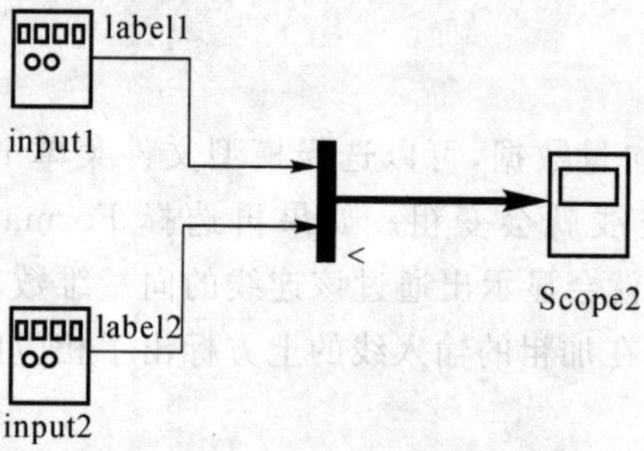

图 7.3.14　信号标记的建立

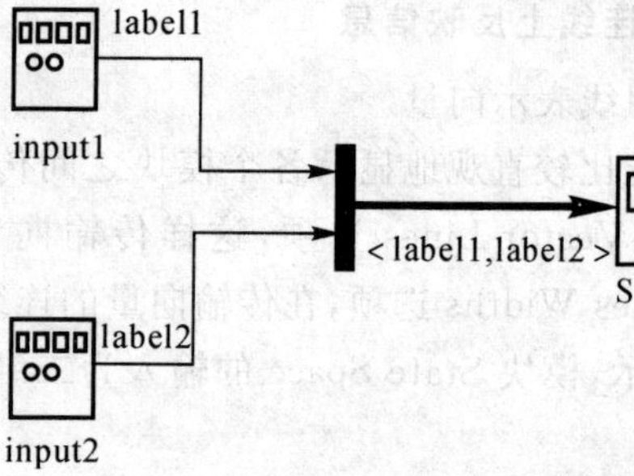

图 7.3.15　信号标记的传递

7.3.3　仿真方法及仿真参数的选择

在 Simulink 模型窗口选择主菜单【simulation】下的【start】命令即可开始仿真，仿真开始后【start】变为【pause】，选中【pause】可以暂停仿真的执行，要停止仿真可以选择【stop】。上述操作也可以在模型窗口工具栏上选择合适的按钮来实现。在仿真之前通常要对仿真参数进行设置，对于简单的模型，可以使用系统的缺省值。执行模型窗口主菜单【simulation】下的【parameter】命令，Simulink 会弹出仿真参数设置对话框，其标签之一为 Solver(解算器)标签页。Solver 标签页参数设定是进行仿真工作前准备的必须步骤。最基本的参数设定包括仿真的起始时间与中止时间，仿真的步长大小与解算问题的算法等。参数的设定可在 Solver 标签页中直接进行。

1. Solver 标签页

Solver 标签页如图 7.3.16 所示，“Simulation time”栏设置仿真时间，在“Start time”与“Stop time”旁的编辑框内分别输入仿真的起始时间与停止时间，单位是“秒”。

设置的时间是仿真时间，Simulink 实际运行的时间与设置的时间不一致，实际运行的时间与计算机性能、所选择的算法和步长、模型刚性度、复杂程度及误差要等因素有关。

“Solver option”栏为选择算法的操作。“Type”栏的下拉菜单可选择变步长(variable - step)算法和固定步长(fixed - step)算法。变步长能够在仿真过程中自动修改步长的大小以满足容许误差设定与过零点(zero crossing)检验的需求(设置过零点检验可提高仿真精度，但对仿真速度有影响)。

属于变步长方式的有 ode45，ode23，ode113，ode15s，ode23s，ode23t，ode23tb，discrete 多种方法可供选择。一般情况下，连续系统仿真应选择 ode45 算法(即 4 阶龙格-库塔法)，该方法是 Simulink 默认算法，应用最广。ode23 在容许误差方面以及使用在稍带刚性的问题方面，比 ode45 效率高(所谓刚性问题是指用微分方程组描述的系统，如果方程组的 Jacobian 矩阵的特征值相差特别悬殊，则此微分方程组叫作刚性方程组，该系统称为刚性系统)。ode113 用于解决非刚性问题，在容许误差要求严格的情况下，比 ode45 更有效。对于刚性问题，可以选择 ode15s 算法。在允许误差比较大的条件下，ode23s 比 ode15s 更有效，所以在使用 ode15s 效果较差时，宜选用 ode23s。ode23t，ode23tb 适于解决有适度刚性的问题。离散系统一般选择 discrete 法。“Max step size”栏设定解算器运算步长的时间上限，“Initial step size”栏设定第一步运算时间，一般默认为"auto"。相对误差默认为 1e-3，绝对误差默认为"auto"。

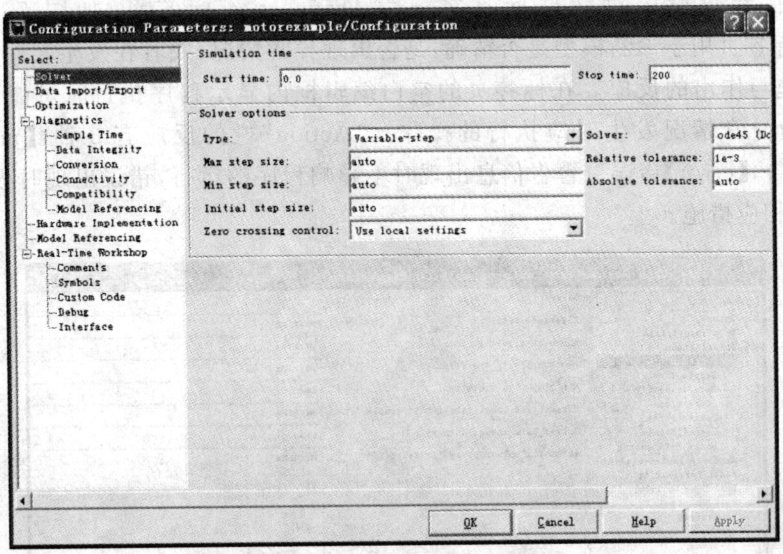

图 7.3.16　Solver 标签页

固定步长能够固定步长的大小不变，其算法有 ode5，ode4，ode3，ode2，ode1，discrete 几种可供选择。一般采用 ode5，它等效于 ode45，另外 ode3 等效于 ode23。固定步长方式"Mode"栏选择模型的类型：多任务、单任务和"auto"。多任务是指模块具有不同的采样速率，并对模块之间采样速率的传递进行检测；单任务模型各模块的采样速率相同，不检测采样速率的传递；"auto"根据模块的采样速率是否相同，决定采用前两种中的哪一种。

2. Data Import/Export 标签页

仿真控制参数设定对话框标签之二为 Data Import/Export 标签页，如图 7.3.17 所示。在这一标签页中设置参数后，可以从当前工作空间输入数据、初始化状态模块、把仿真结果保存到工作空间。

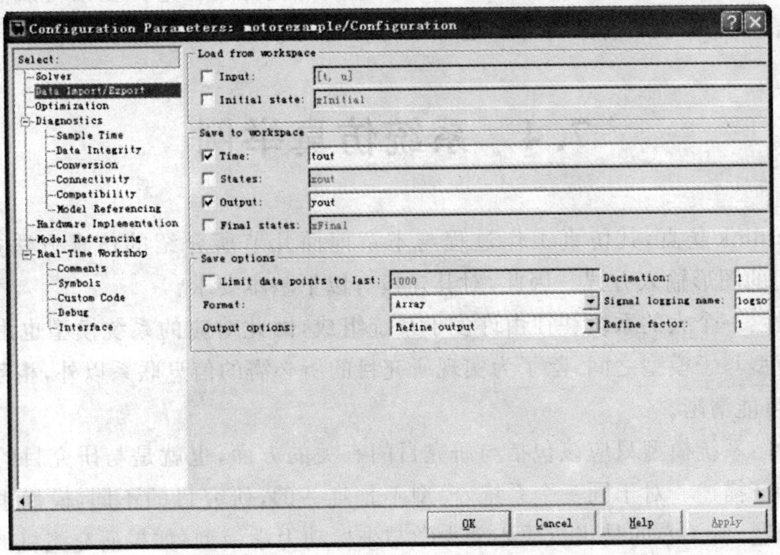

图 7.3.17　Data Import/Export 标签页

3. Diagnostics 标签页

仿真控制参数设定对话框标签之三为 Diagnostics 标签页，如图 7.3.18 所示。Diagnostics 标签页用于诊断模型是否精确，是否出现异常情况，或者在发生某些事件时，设定应采取的措施与作出的反应。在标签页的空白编辑框内显示程序执行时可能遇到的情况，“Action”栏为异常情况发生时应执行的操作。“Action”栏的反应有 3 种：【none】不反应，【warning】警告，【error】错误。警告信息出现时不影响程序的运行，错误出现时程序要停止运行，需要采取相应措施。

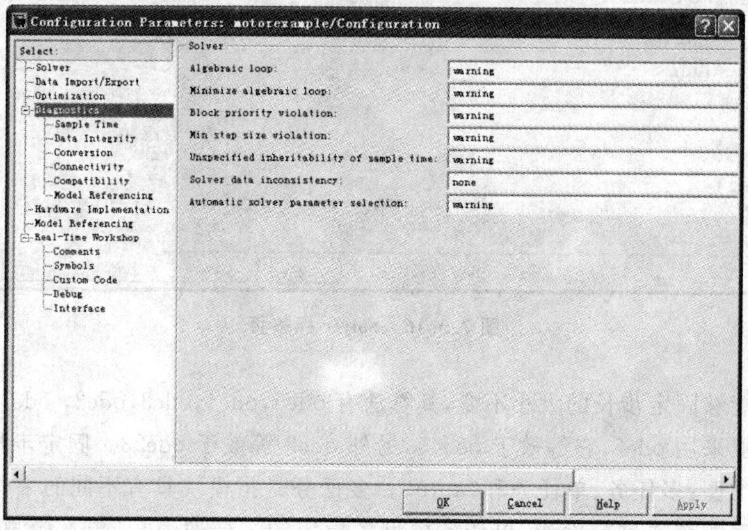

图 7.3.18　Diagnostics 标签页

4. Real-Time Workshop 标签页

Real-Time Workshop(实时工作空间) 是 Simulink 的一个重要功能模块，主要用于代码自动生成和半实物仿真。它也是一种实时开发环境，在该环境下 Simulink 模型生成可移植的程序源代码(C 语言)，并自动生成能在多种环境中实时执行的程序。在该对话框中允许用户选择目标语言模板、系统目标文件等。这部分的使用在本书第 8 章会详细介绍。

7.4　系统仿真举例

利用 Simulink 仿真，其仿真工作过程与本章前面几节所介绍的仿真方法类似，对应于 Simulink 采用的图形输入方式。因此，对其建模有以下基本要求：

(1)清晰性：一个大的系统往往由许多子系统组成，因此对应的系统模型也由许多子模型组成。在子模型与子模型之间，除了为实现研究目的所必需的信息联系以外，相互耦合要尽可能少，结构尽可能清晰。

(2)切题性：系统模型只应该包括与研究目的有关的方面，也就是与研究目的有关的系统行为子集的特征描述。对于同一个系统，模型不是唯一的，研究目的不同，模型也不同。如研究空中管制问题，所关心的是飞机质心动力学与坐标动力学模型；如果研究飞机的稳定性和操纵性问题，则关心的是飞机绕质心的动力学和驾驶仪动力学模型。

(3)精确性：同一个系统的模型按其精确程度要求可以分为许多级。对不同的工程，精确程度要求不一样。例如用于飞行器系统研制全过程的工程仿真器要求模型的精度较高，甚至要考虑到一些小参数对系统的影响，这样的系统模型复杂，对仿真计算机的性能要求也高；但用于训练飞行员的飞行仿真器，对模型的精度要求则相对低一些，只要被培训人员感觉"真"即可。

(4)集合性：这是指把一些个别的实体能组成更大实体的程度，有时要尽量从能合并成一个大的实体的角度考虑对一个系统实体的分割。例如对武器射击精度的鉴定，并不十分关心每发子弹的射击偏差，而着重讨论多发子弹的统计特性。

7.4.1　非线性系统的模拟

例 7.4.1　汽车行驶在如图 7.4.1 所示的斜坡上，通过受力分析可知在平行于斜面的方向上有 3 个力作用于汽车上：发动机等的驱动力 F_e、空气阻力 F_w 和重力沿斜面的分量下滑力 F_h。设计汽车控制系统并进行仿真。

解　由牛顿第二定律，汽车的运动方程为

$$m\ddot{x}=F_e-F_w-F_h$$

其中 m 代表汽车的质量，x 为汽车的位移。F_e 在实际系统中总会有下界和上界，上界为发动机的最大推动力，下界为刹车时的最大制动力。假设 $-2\,000<F_e<1\,000$，汽车的质量为 500 kg。

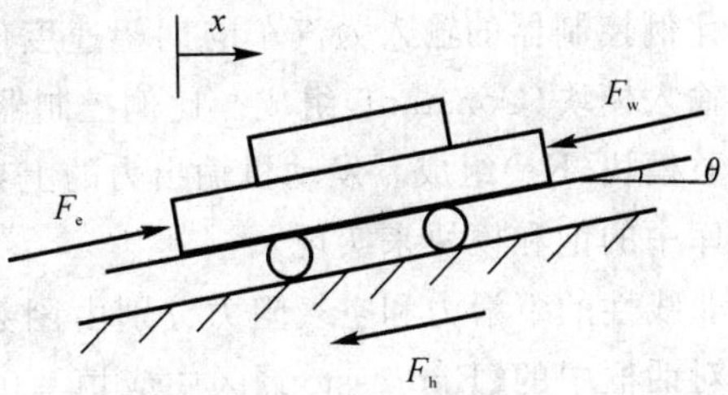

图 7.4.1　斜坡上的汽车

空气阻力一般可简化为阻力系数、汽车前截面积 A 和动力学压力 P 三项的乘积。

$$P=\frac{\rho V^2}{2}$$

式中，ρ 表示空气的密度，V 表示汽车速度 $\dot{x}$ 与风速 V_w 之和。

假设阻力系数 $C_D=0.001$，标况下，空气密度约为 1.29 kg/m^3，汽车前截面积为 2.25 m^3，风速以下式的规律变化：

$$V_w=10\sin(0.01t)$$

因此，空气阻力可以近似为

$$F_w=C_DAP=\frac{C_DA\rho}{2}(\dot{x}+V_w)^2=0.001\,5\left[\dot{x}+10\sin(0.01t)\right]^2$$

下面假设道路的斜角对位移的变化率符合规律：

$$\sin\theta=0.01\sin(0.001x)$$

则下滑力为

$$F_h=mg\sin\theta=5\,000\sin(0.001x)$$

用简单的比例控制法来控制车速：

$$F_e=K_e(\dot{x}_{\text{desired}}-\dot{x})$$

式中，F_e 为驱动力，$\dot{x}_{desired}$ 为期望速度值，K_e 为反馈增益。这样驱动力正比于速度误差。实际中的驱动力是在上面所设的上、下界之间变化。于是选 $K_e=50$。此系统的 Simulink 模型如图 7.4.2 所示，仿真时间为 1 000 s。

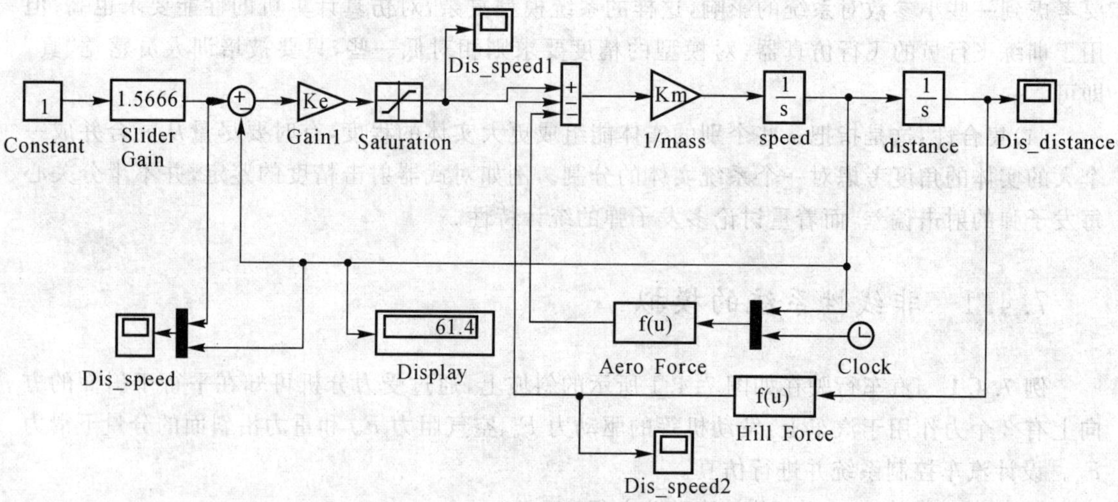

图 7.4.2 比例速度控制的汽车模型

比例控制器的输入为汽车的期望速度值，它由一个滑块增益模块(Slider Gain)外加一个常数输入模块(Constant)组成。比例控制器由一个用来计算速度误差的求和模块(Sum)和一个增益模块(Ke)组成。发动机输出力的上界和下界由两个最值模块来实现(也可以用非线性模块库中的饱和模块来实现)。

非线性的下滑力和空气阻力分别由函数模块来计算。其中标签为 Aero Force 的函数模块的对话框中的【Expression】区中应填写0.001 * (u(1)+20 * sin(0.01 * u(2)))^2，标签为 Hill Force 的应填写 50 * sin(0.001 * u(1))。显示模块(Display)用作速度表，而示波器模块(Scope)则记录了速度变化曲线，如图 7.4.3 所示。

说明：此模型也是一个轻度刚性问题的很好的例子，为了观察刚性的影响，先以解法 ode45 来运行模型，然后选择 ode15s 再运行仿真，观察其区别。

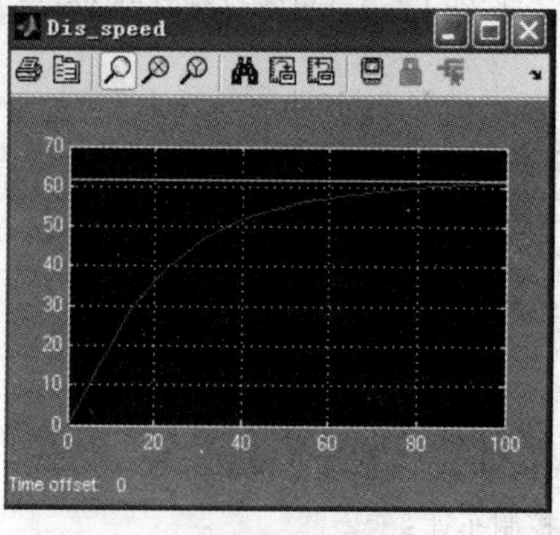

图 7.4.3 汽车的速度变化曲线

7.4.2　混和系统 PID 控制器仿真

混合系统包括连续和离散两种元素。下面的例子可以更加具体地说明混和系统的创建过程。

例 7.4.2　为了说明混和系统模型的结构,可以对例 7.4.1 中的连续控制器用一个采样时间为 0.1 s 的离散比例-积分-微分(PID)控制器代替。

图 7.4.4 显示了连续的 PID 控制器。此控制器包括 3 个部分:比例部分、积分部分和微分部分。这 3 个部分都对计算误差 v 进行操作。

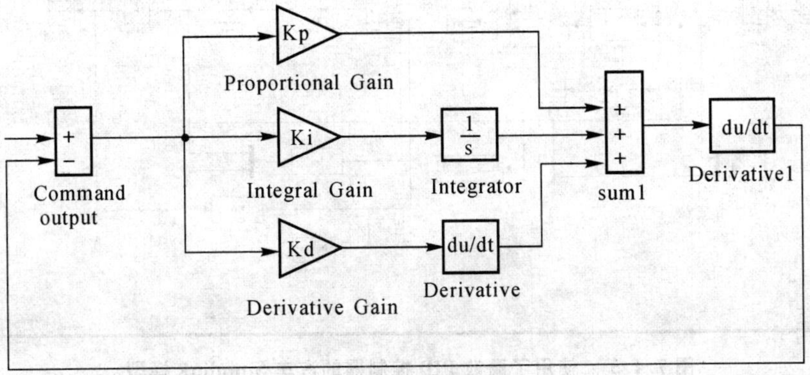

图 7.4.4　连续 PID 控制器

其中比例部分对 v 信号提供一个比例增益,其表达式为

$$u_0 = K_p v$$

积分部分用来消除静态误差。其表达式为

$$u_i = K_i \int_0^t v \mathrm{d}t$$

对此积分部分需要注意的问题是,若 Plant 模块对其输入信号的变化响应相对比较饱满,则积分就会很快地增加,这种现象称为"积分饱和"。积分饱和可以通过对 u_i 加一个上界或下界加以消除。可以用如下的求和公式来代替积分,其中 T 为采样周期:

$$u_i(k) = K_i T \sum_{j=0}^{j=k} v(j)$$

令 $u_i(k) - u_i(k-1) = K_i T v(k)$,$Z$ 变换得

$$\frac{U_d(z)}{V(z)} = K_i T \frac{z}{z-1}$$

微分部分在模型中起衰减的作用。其输出正比于 v 的变化率:

$$u_d = K_d \frac{\mathrm{d}v}{\mathrm{d}t}$$

这就是连续的 PID 控制器。而离散的 PID 控制器是在此基础上用离散积分器代替积分部分,又用离散微分模块来近似微分部分。一阶数值微分近似为

$$u_d(k) = K_d \frac{v(k) - v(k-1)}{T}$$

此微分近似的传递函数为

$$\frac{U_d(z)}{V(z)}=\frac{K_d}{T}\left(\frac{z-1}{z}\right)$$

图 7.4.5 所示即为使用了离散 PID 控制器的汽车模型。其中 $K_p=50$，$K_i=0.75$，$K_d=75$，采样周期 T_s 取 0.1 s。可以在 MATLAB workspace 中手动输入上述参数。此模型除控制器的部分之外，与例 7.4.1 是完全相同的。

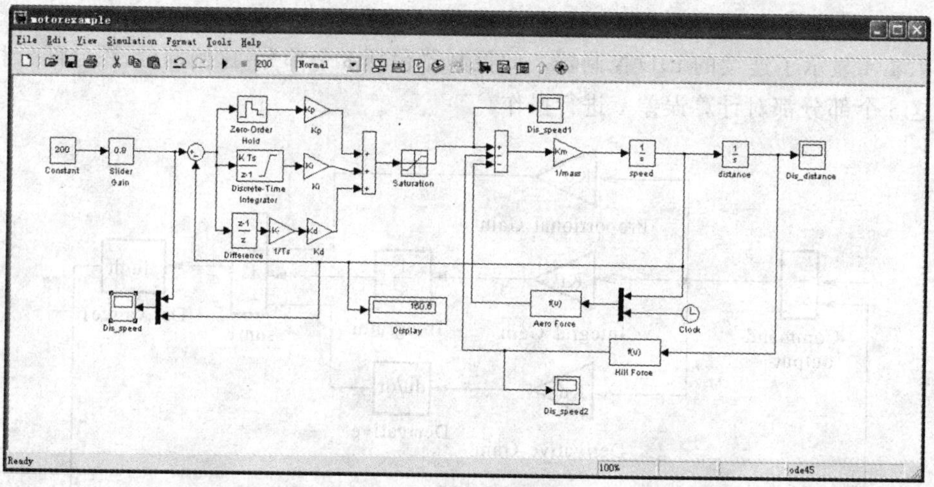

图 7.4.5　使用了离散 PID 控制器的汽车 Simulink 模型

它的控制器的 3 个部分分别是：

(1) 比例部分：由一个零阶保持和一个比例增益模块组成。比例增益系数也是 50。

(2) 积分部分：由一个时间离散积分模块和一个增益模块组成。在离散积分模块中，选择【Limite Output】，并设置饱和限为 ±100。

(3) 微分部分：包括一个离散传递函数模块和一个增益模块。

在此例中设仿真运行时间为 100 s，滑块增益为 80。得到的示波器图形如图 7.4.6 所示。

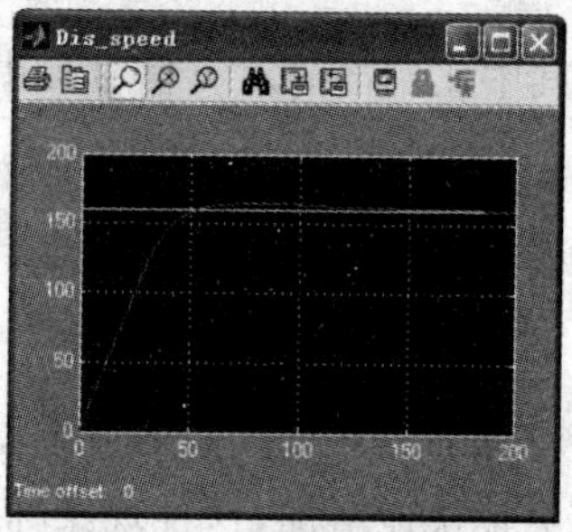

图 7.4.6　汽车速度控制曲线

7.5　子系统和子系统的封装

在前面的章节中，介绍了连续、离散和混合系统创建其 Simulink 模型的基本方法。根据前面的介绍，基本可以创建任何物理系统的模型。然而随着模型越来越复杂，用这些基本操作创建的 Simulink 模型变得越来越庞大而难以读懂。在接下来的章节中，将介绍一系列的 Simulink 特殊处理技术来使模型变得更加简捷易懂易用。

本节先介绍一种类似于程序设计语言中的子程序的处理方法——Simulink 子系统，然后介绍一种更加好用的封装子系统技术。

7.5.1　Simulink 子系统

绝大多数的程序设计语言都有使用子程序的功能。在 FORTRAN 里有 subroutine 子程序和 function 子程序；C 语言中的子程序被称为“函数”；MATLAB 中的子程序称为函数式 M 文件。Simulilnk 也提供了类似的功能——子系统。

随着模型越来越大、越来越复杂，人们很难轻易地读懂它们。在这种情况下，子系统通过把大的模型分割成几个小的模型系统以使整个系统模型更简捷、可读性更高，而且这种操作并不复杂。举一个简单的例子，考虑在例 7.4.1 中提到的汽车模型，其 Simulink 模型图见图 7.4.5。

整个模型包括两个主要部分：动力系统和控制系统。但是在模型图中哪些模块代表发动机动力系统，哪些模块代表控制系统并不明确。在图 7.5.1 中，将模型的这两个部分转化为子系统。经过转化后，主模型图中的结构就变得很明了了，只是两个子系统的具体结构被隐藏起来了，双击子系统模块，则会在一个新的窗口中显示子系统的模块图，如图 7.5.2 所示。

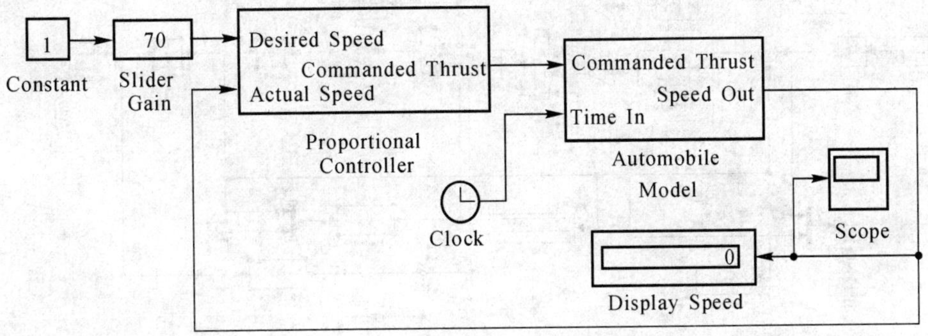

图 7.5.1　子模块化了的汽车模型

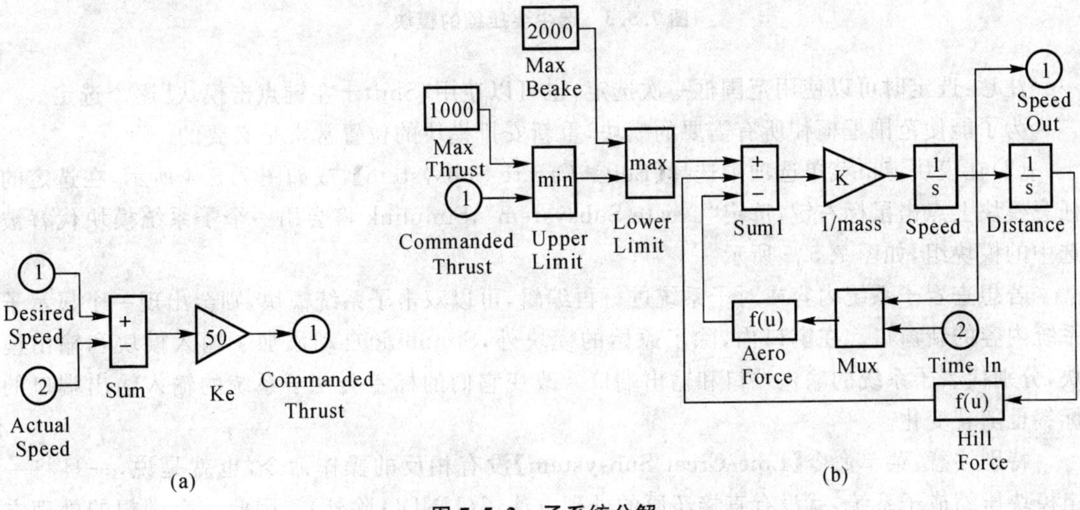

图 7.5.2　子系统分解

(a)控制子系统　(b) 发动机动力子系统

子系统的另外一个重要的功能是把反复使用的模块组压缩成子系统后重复使用。在本例中，如果要比较在同一控制系统控制下不同发动机的工作效率，只需要替换新的发动机子系统而不是重建一个新的系统。这样的控制系统就可以反复利用。

注意：这种做法不仅节省了建模时间，而且可以保证在多次建模中不会因失误而在控制子系统中出现差错，这在大型的复杂系统建模中是非常重要的。

创建 Simulink 子系统共有两种方法：一种方法是对已存在的模型的某些部分或全部使用菜单命令【Edit/Create Subsystem】进行压缩转化，使之成为子系统；另一种方法是使用 Connections 模块库中的 Subsystem 模块直接创建子系统。

下面分别介绍这两种方法。

一、压缩子系统

把已经存在的 Simulink 模型中的某个部分或全部压缩成子系统的操作如下：

(1)使用范围框将要压缩成子系统的部分选中，包括模块和信号线，如图 7.5.3 所示。

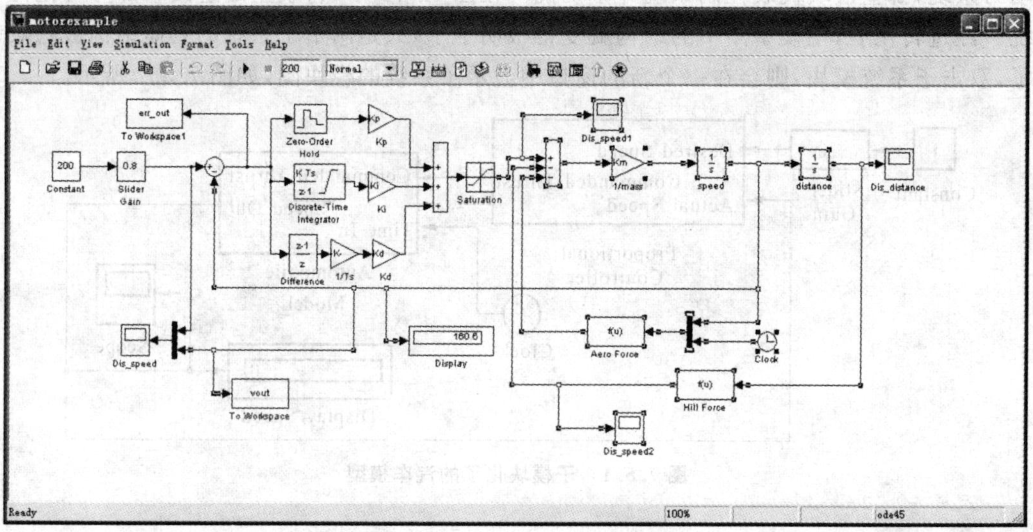

图 7.5.3　选中要压缩的模块

注意：选定时可以使用范围框一次选定，也可以使用“Shift+左键点击模块”逐个选定。为了能使范围框框住所有需要的模块，重新安排模块的位置常常是必要的。

(2)在模块窗口菜单选项中选择【Edit>Create Subsystem】，或如图 7.5.4 所示，在选定的任意模块上点击鼠标右键，选定“Create Subsystem”，Simulink 将会用一个子系统模块代替被选中的模块组，如图 7.5.5 所示。

若想查看子系统内容或对子系统进行再编辑，可以双击子系统模块，则会出现一个显示子系统内容的新窗口。在窗口内，除了原始的模块外，Simulink 自动添加了输入模块和输出模块，分别代表子系统的输入端口和输出端口。改变它们的标签会使子系统的输入输出端口的标签也随着变化。

特别注意：菜单命令【Edit/Creat Subsystem】没有相反的操作命令，也就是说，一旦将一组模块压缩成子系统，就没有直接还原的处理方法了(UNDO 除外)。因此一个理想的处理方法是在压缩子系统之前先把模型保存一下，作为备份。

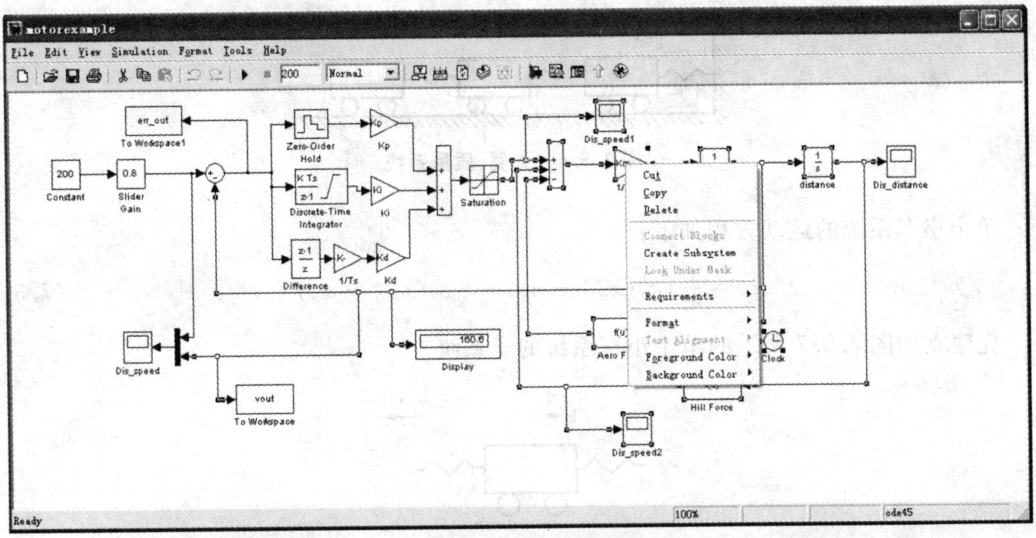

图 7.5.4　建立子系统

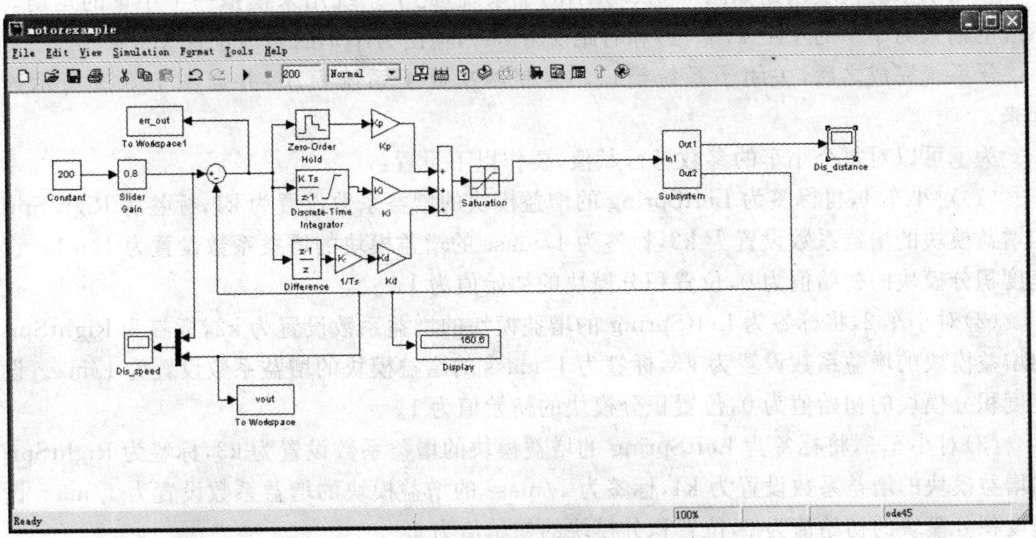

图 7.5.5　压缩后的模型图

二、子系统模块

在创建模型的时候，如果需要一个子系统，也可以直接在子系统窗口中创建，这样就省去了压缩子系统和重新安排窗口的步骤。

要使用子系统模块创建新的子系统，先从 Signals and Systems 模块库中拖一个子系统模块到模型窗口中。双击子系统模块，就会出现一个子系统编辑窗口。

注意：在信号输入端口要使用一个输入模块，在信号输出端口要使用一个输出模块。

子系统创建完毕后，关闭子系统窗口。关闭子系统窗口之前不需要做任何保存操作。子系统作为模型的一部分，当模型被保存时，子系统会自动保存。

例 7.5.1　模拟如图 7.5.6 所示的弹簧-质量系统的运动状态。

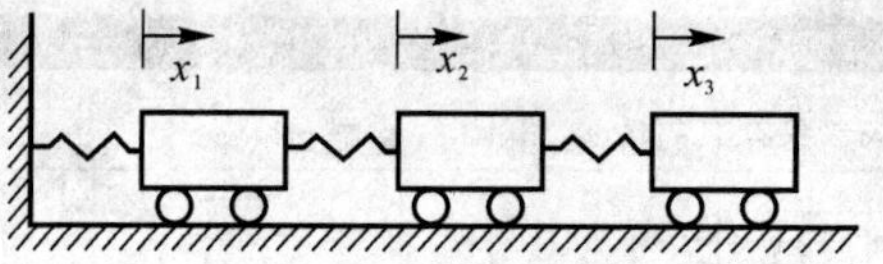

图 7.5.6　弹簧-质量系统

单个小车系统的运动方程如下：

$$\ddot{x}_n=\frac{1}{m}\left[k_n(x_{n-1}-n_n)+k_{n+1}(x_{n+1}-x_n)\right] \tag{7.5.1}$$

先建立如图 7.5.7 所示的单个小车系统的子系统。

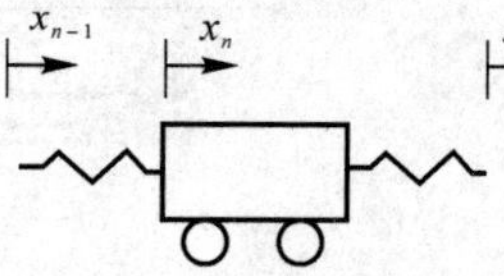

图 7.5.7　单个小车系统

使用子系统模块创建如图 7.5.8 所示的子系统，此子系统用来模拟一个小车的运动。子系统的输入为小车的左距 x(n－1)和右距 x(n＋1)，输出为小车的当前位置 x(n)。

子系统完成之后，关闭子系统窗口。复制两次此子系统模块，并如图 7.5.9 所示连接起来。

为了可以对每个小车的参数进行赋值，要作以下设置：

(1)对小车 1，将标签为 LeftSpring 的增益模块的增益系数设置为 k1，标签为 RightSpring 的增益模块的增益系数设置为 k2，标签为 1/mass 的增益模块的增益系数设置为 1/m1。设置速度积分模块的初始值为 0，位置积分模块的初始值为 1。

(2)对小车 2，将标签为 LeftSpring 的增益模块的增益系数设置为 k2，标签为 RightSpring 的增益模块的增益系数设置为 k3，标签为 1/mass 的增益模块的增益系数设置为 1/m2。设置速度积分模块的初始值为 0，位置积分模块的初始值为 1。

(3)对小车 3，将标签为 LeftSpring 的增益模块的增益系数设置为 k3，标签为 RightSpring 的增益模块的增益系数设置为 k4，标签为 1/mass 的增益模块的增益系数设置为 1/m3。设置速度积分模块的初始值为 0，位置积分模块的初始值为 1。

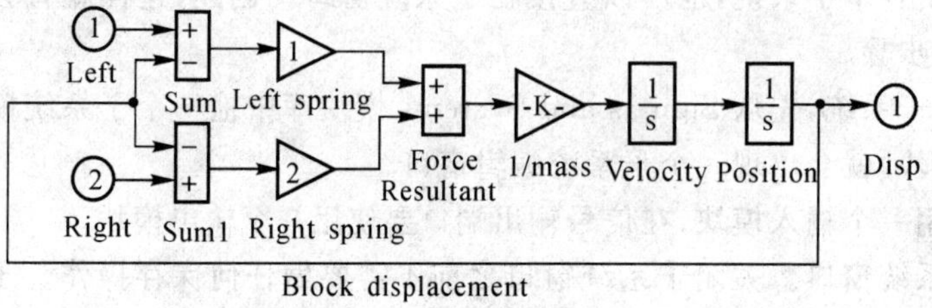

图 7.5.8　小车 1 的子系统模型

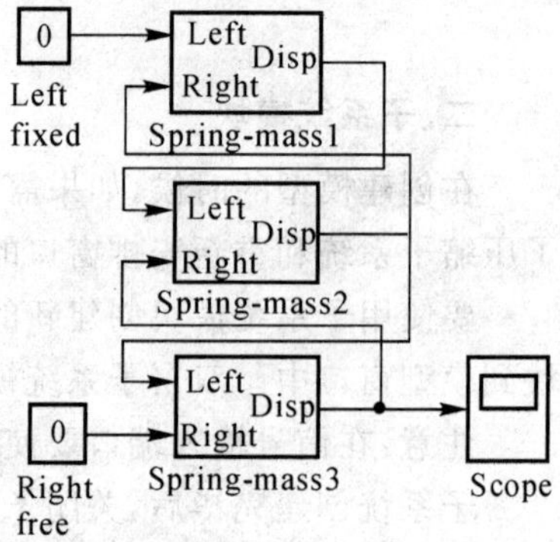

图 7.5.9　使用子系统的三小车模型

此时就可以很方便地使用 MATLAB 变量对弹簧常数 k1,k2,k3 和小车质量 m1,m2,m3 进行赋值。这里使用了一个名为 set_k_m 的 M 文件对它进行赋值,如下所示:

```
&set the spring constants and block mass values
k1=1;
k2=2;
k3=4;
m1=1;
m2=3;
m3=2;
```

仿真开始之前在 MATLAB 命令窗口中运行此 M 文件。

然后,指定示波器模块把显示数据保存到工作间中,并设置仿真的起始时间(StartTime)为 0,终止时间(StopTime)为 100。

仿真结束后,在 MATLAB 窗口中把所得到的小车 3 的显示数据绘制成图。

7.5.2　子系统的封装

封装技术是将 Simulink 子系统"包装"成一个模块,并可以如同使用 Simulink 内部模块一样使用的技术。每个封装模块都可以有一个自定义的图标和用来设定参数的对话框,参数设定方法也与 Simulink 模块库中的内部模块完全相同。

本小节将主要以图 7.5.5 所示系统为例来详细介绍创建一个封装模块的步骤。

创建一个封装模块的主要步骤分为三步:

(1)创建一个子系统;

(2)选中子系统,选择模型窗口菜单中的【Edit>Mask subsystem】选项生成封装模块;

(3)使用封装编辑器设置封装文本、对话框和图标。

一、子系统到封装模块的转换

按照 7.5.1 小节介绍的方法创建如图 7.5.5 所示的汽车动力学子系统模块,选中图中封装的子系统模块,单击右键,在弹出的下拉菜单中执行【Mask subsystem】选项(或【Edit Mask】选项),弹出如图 7.5.10 所示的封装编辑对话框。该对话框有 4 个选项卡,下面分别讨论这 4 个选项卡的功能和使用。

(1)Icon 选项卡用于定义模块图标。在 Drawing commands 提示下的编辑框内输入命令 plot((0:0.1:2 * pi),sin(0:0.1:2 * pi))可在 Subsystem 模块上得到如图 7.5.11(a)所示的图标。在该编辑框内写入 image(imread('b747.jpg')),在当前目录下存有名为 b747.jpg 的图形文件,可在模块上得到如图 7.5.11(b)所示的图标。还可以使用语句 disp('Car dynamics') 对该图标进行文字标注,这将得到如图 7.5.11(c)所示的图标显示。

(2)Parameters 选项卡用于对用户定义的参数进行编辑。如图 7.5.12 所示,可以利用左边的 4 个工具图标对参数进行添加、删除、上移和下移的操作。参数可以定义的属性有:Prompts——输入变量的含义,其内容会显示在输入提示中;Variable——输入变量的名称;Type——输入变量的类型,包括 edit,popup,checkbox 三种;Evaluate——选中表示模块参数对话框里输入的值在被赋给变量之前,先由 MATLAB 进行估值,不选则表示输入的值不经过估值，直接作为字符串传给变量；Turnable——选择该项允许用户在仿真正在进行时改变该参数的值。

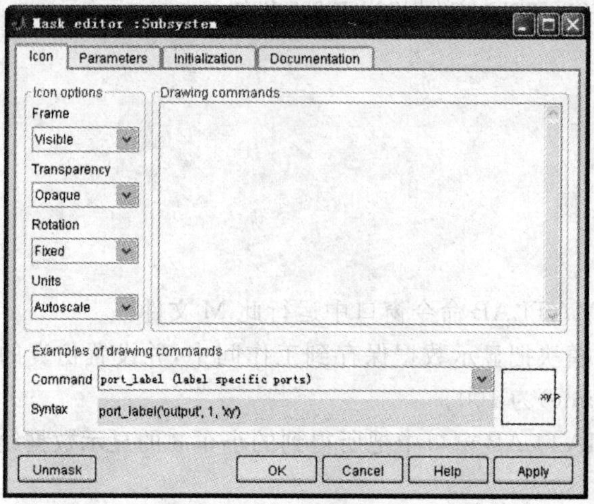

图 7.5.10　封装编辑对话框

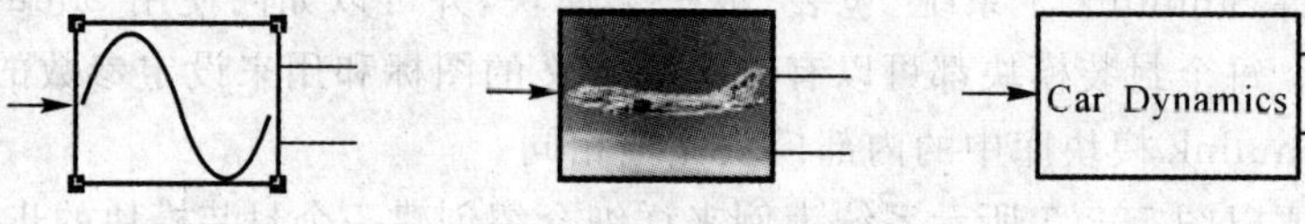

图 7.5.11　定义子系统模块图标

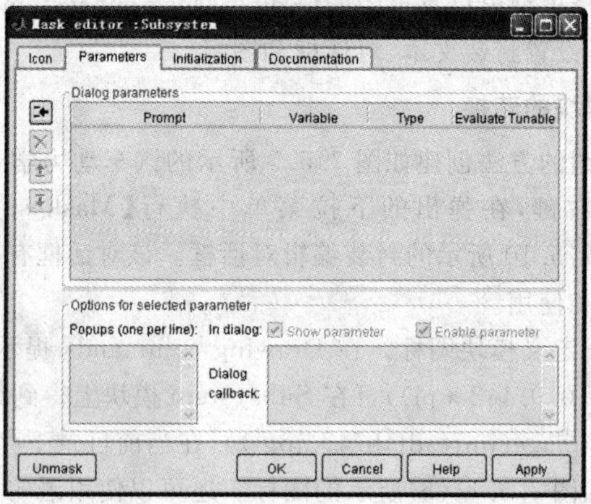

图 7.5.12　Parameters 选项卡

为了更清楚地说明该选项卡的用法，将图 7.5.5 所示系统中的 PID 控制器部分也封装成子系统，如图 7.5.13 所示。右击子系统“controller”，在弹出菜单中选“【Edit Mask】”，在弹出的窗口中选“Parameter”选项卡，添加 Kp，Ki，Kd 和 Ts 四个参数，分别对应 PID 控制器的比例、积分、微分系数以及采样间隔，如图 7.5.14 所示。注意：“Prompt”是在用户参数配置窗口

(见图 7.5.14)中显示的提示符,而"Variable"才是真正的变量,其值要与 Simulink 在 workspace 中对应的变量相同。配置完成后,在图 7.5.13 所示的系统中,双击子系统"Controller",将弹出用户参数配置窗口,如图 7.5.15 左图所示。注意:此时,若想编辑子系统中的模块,需要在相应子系统上点击右键,选择【Look Under Mask】来完成。

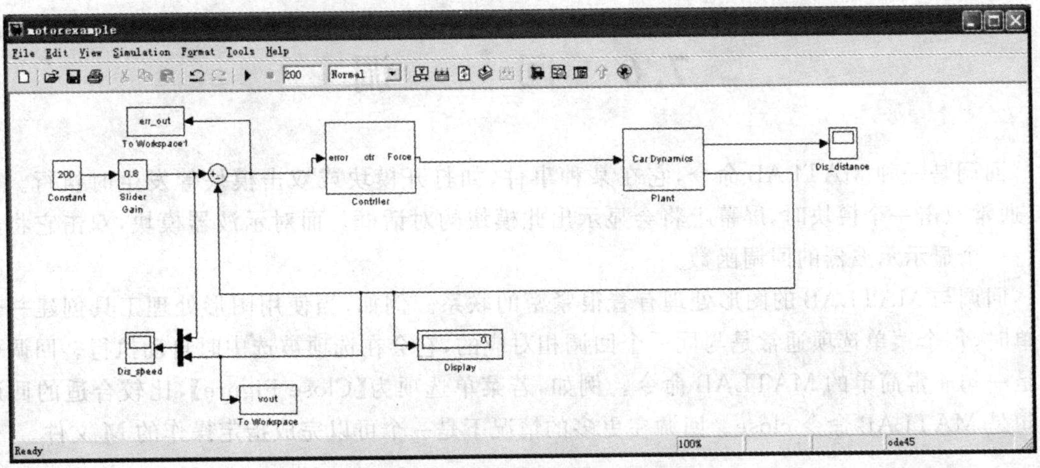

图 7.5.13　控制器封装成子系统

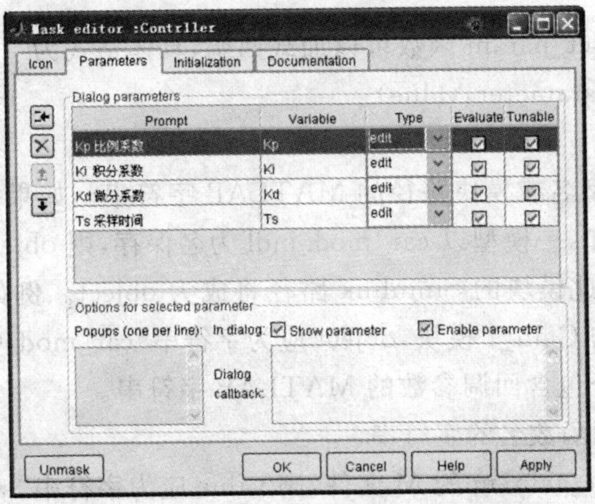

图 7.5.14　Parameters 选项卡用户参数结果

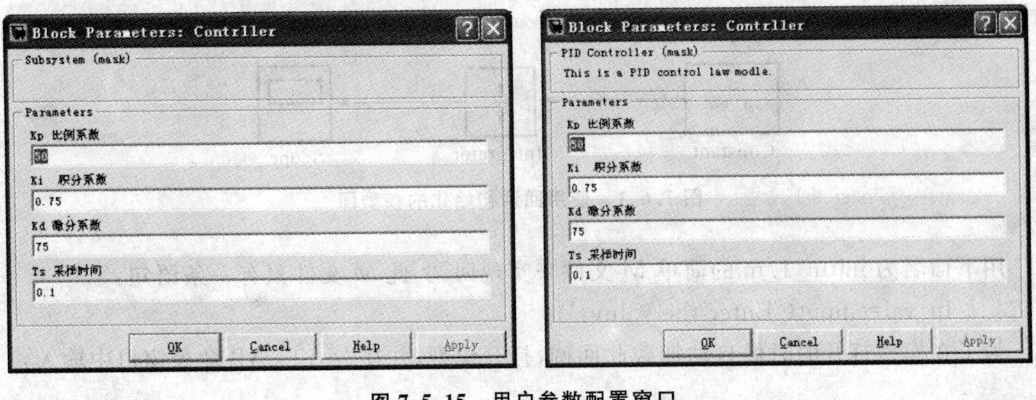

图 7.5.15　用户参数配置窗口

(3)Initialization 选项卡。在 Initialization commands 提示下的编辑框中可以输入任何命令,用来计算参数的值。

(4)Documentation 选项卡用于设置模块的描述信息和帮助文档,页面如图 7.5.15 右图所示。

7.6 回　　调

回调是一种 MATLAB 命令,它在某种事件,如打开模块或双击模块等发生时执行。例如,通常双击一个模块时,屏幕上将会显示出此模块的对话框。而对示波器模块,双击它将会执行一个显示示波器的回调函数。

回调与 MATLAB 的图形处理有着很紧密的联系。例如,当使用图形处理工具创建一个菜单时,每个菜单选项通常是与同一个回调相对应的,它会在选项被选中时自动执行。回调可以是一句非常简单的 MATLAB 命令。例如,若菜单选项为【Close Figure】,比较合适的回调语句是 MATLAB 命令 close。回调在更多的情况下是一个可以完成指定操作的 M 文件。

7.6.1 回调函数

使用 MATLAB 的 set_param 函数可以加载回调,具体格式为

set_param(object,parameter,value)

其中:

· object 为包含模型名或模块路径的 MATLAB 字符串。如果回调是关于模型动作的,则 object 为模型名。例如,一模型以 car_mod. mdl 为名保存,则 object 应当为"car_mod"。如果回调是关于模块的,则此模块的 Simulink 路径将成为 object。例如,对于 car_mod 模型中的子系统 Controller 中的 Gain_1 模块,object 应为字符串"car_mod/Controller/Gain_1"。

· parameter 是一个包含回调参数的 MATLAB 字符串。

· value 是包含回调函数名的字符串。

例如,回调一名为 set_gain. m 的 M 文件,则 value 应为字符串"set_gain"。

例 7.6.1　考虑图 7.6.1 所示的 Simulink 模型。若模型以 callb_1. mdl 为名保存,其中常数块的值设置为 In_val。希望在用户打开模型的时候,模型会自动提示要求输入 In_val 的值。

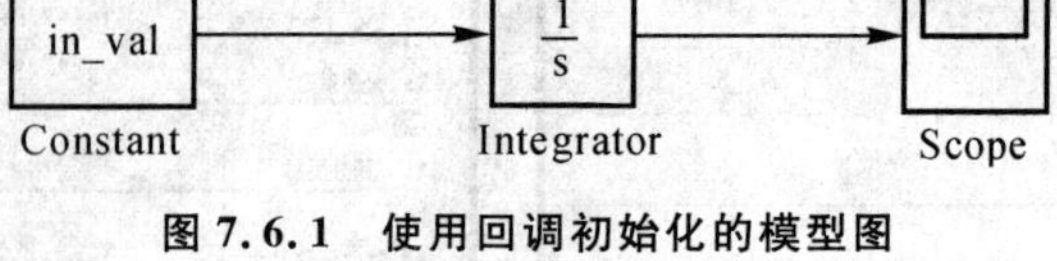

图 7.6.1　使用回调初始化的模型图

用下面名为 initm_1. m 的简单 M 文件来实现回调,此 M 文件只有一条语句:

```
In_val=input('Enter the valuv:');
```

为了在模型打开的时候自动加载此回调,打开模型,并在 MATLAB 命令窗口中输入:

```
set_param('callb_1','PreloadFcn','initm_1')
```

保存此模型并关闭。下一次打开模型的时候，MATLAB 会自动提示：

```
>>Enter the value:
```

并将输入值赋给 In_val 变量。

若希望仿真开始之前而不是模型打开时再输入参数值，则需要用下面的命令来加载回调：

```
set_param('callb_1','InitFcn','initm_1')
```

7.6.2 基于回调的图形用户界面

使用回调可以很容易地为 Simulink 模型创建一个图形用户界面。线性模块库中的滑块增益模块就是一个很好的例子。此模块是一个带有回调所产生的用户界面的增益模块，其界面如图 7.6.2 所示。本小节介绍这种图形界面的创建过程和相关的程序问题。

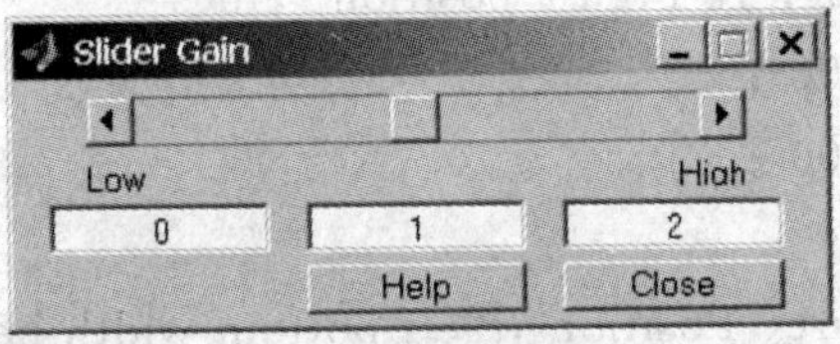

图 7.6.2 滑块增益模块的用户界面窗口

在 Simulink 模型中，带有基于回调的图形界面的模块可以通过双击使回调函数加载。打开后应响应如下事件：

(1)双击模块打开用户界面(OpenFcn)。此回调应包括创建界面图形并对其初始化的程序，而且程序还要确认在打开之前没有其他同一模块的图形界面打开。

(2)删除该模块(DeleteFcn)，则关闭相应的图形界面。

(3)包含该模块的模型被关闭(ModelCloseFcn)，则关闭界面。

(4)包含该模块的子系统被关闭(ParentCloseFcn)，则关闭界面。

(5)界面窗口的控制按钮操作。

经验表明，在回调函数 M 文件中加入加载回调的语句是非常有用的。一旦程序被执行，则回调将会成为模型的一个参数部分，运行速度大大提高。

如下所示的一段程序代码可以作为回调函数 M 文件的一个样板，读者可以从中看出此类文件的一般规律，稍作修改，即可应用于其他情况。

```
function clbktplt(varargin)
% Callback function template
% Install this callback by invoking it with the command
% clbktplt('init_block')
% at the MATLAB prompt with the appropriate model file open and selected.
%
% To use the template, save a copy under a new name. Then replace
% clbktplt with the new name everywhere it appears.
```

```
action = varargin{1};

switch action,
  case 'init_block',
    init_fcn ;                      % Block initialization function,
                                    % located in this M-file
  case 'create_fig',
    if(findobj('UserData',gcb))   % Don't open two for same block
      disp('Only open one instance per block can be opened')
    else
      % Here, put all commands needed to set up the figure and its
      % callbacks.
      left =    100 ; % Figure position values
      bottom = 100 ;
      width =   100 ;
      height = 100 ;
      h_fig = figure('Position',[left bottom width height], ...
                     'MenuBar','none') ;
      set(h_fig,'UserData',gcb) ; % Save name of current block in
                                  % the figure's UserData. This is
                                  % used to detect that a clbktplt fig
                                  % is already open for the current block,
                                  % so that only one instance of the figure
                                  % is open at a time.
    end
  case 'close_fig',               % Close if open when model is closed.
    h_fig = findobj('UserData',gcb) ;
    if(h_fig)                     % Is the figure for current block open?
      close(h_fig) ;              % If so, close it.
    end
  case 'rename_block',            % Change the name in the figure UserData.
    h_fig = findobj('UserData',gcb) ;
    if(h_fig)                     % Is the figure open?
      set(h_fig,'UserData',gcb) ; % If so, change the name.
    end
  case 'UserAction1',             % Place cases for various user actions
                                  % here. These callbacks should be defined
                                  % when the figure is created.
end
```

```
%****************************************************************
%*                        init_fcn                                *
%****************************************************************
function init_fcn()
% Configure the block callbacks
% This function should be executed once when the block is created
% to define the callbacks. After it is executed, save the model
% and the callback definitions will be saved with the model. There is no need.
% to reinstall the callbacks when the block is copied; they are part of the
% block once the model is saved.
sys = gcs ;
block = [sys,'/InitialBlockName'] ; % Replace InitialBlockName with the
                                   % name of the block when it is
                                   % created and initialized. This does
                                   % not need to be changed when the block
                                   % is copied, as the callbacks won't be
                                   % reinstalled.
set_param(block,'OpenFcn',        'clbktplt create_fig',...
         'ModelCloseFcn','clbktplt close_fig', ...
         'DeleteFcn',      'clbktplt close_fig', ...
         'NameChangeFcn','clbktplt rename_block') ;
```

7.7 Simulink 下的自定义仿真

Simulink 是一个开放的仿真系统，用户不仅可以使用其提供的标准模块，还可以通过各种方式定义自己的定制模块，参与到仿真研究中。常用的用户自定义方式有 M 函数、Embedded M 函数、S 函数、动态链接库等。下面分别加以介绍。

7.7.1 Simulink 与 M 函数的组合仿真

如果仿真方块图中有复杂的非线性子系统或复杂的逻辑运算，而在 MATLAB 提供的所有工具箱中都找不到该子系统，或对于那些具有特殊运算或者特殊结构，无法构造的子系统，可以编制一个 M 函数，连接到方块图中。

图 7.7.1(a)中所示环节，有死区非线性环节是用 M 函数实现的。打开 Simulink 模块库，在 User - Defined Functions 子模块库中选中 MATLAB Fcn 模块（见图 7.7.1(b)），调入 model 窗口中，编写名为 reshape.m 的 M 文件存入当前目录下；还可以在 User - Defined Functions 子模块库中选中 Embedded MATLAB Function 模块，调入 model 窗口中。其中，MATLAB Fcn 通过 reshape.m 中的函数实现对正弦信号的整形——只留前 1/4 周期波形。

Embedded MATLAB Function 通过函数 deadzone 实现[－1,1]的死区。其代码分别如下：

reshape 函数：

```
function y = reshape(x)
% This block supports an embeddable subset of the MATLAB language.
% See the help menu for details.
% deadzone function
global x_pro;
x_pro
if x>=0
    if x>=x_pro
        y=x;
    else
        y=0;
    end
else
    y=0;
end
x_pro=x;
end
```

deadzone 函数：

```
function y = deadzone(u)
% This block supports an embeddable subset of the MATLAB language.
% See the help menu for details.
% deadzone function
if u>=1
y=u;
elseif u<=-1
y=u;
else
y=0;
end
```

仿真运行结束后，双击示波器 Scope 可以得到仿真结果，如图 7.7.2 所示。图中波形，从上到下分别为原始正弦信号、经过死区的正弦信号和经过整形的正弦信号。

值得注意的是，Embedded MATLAB Function 和 MATLAB Fcn 都可以通过编写 M 函数实现用户自定义 Simulink 模块。它们的区别在于 Embedded MATLAB Function 的效率较高，但有些功能函数不支持；另外，Embedded MATLAB Function 模块可以通过 RTW 生成响应代码，参与半实物仿真，而 MATLAB Fcn 不行。

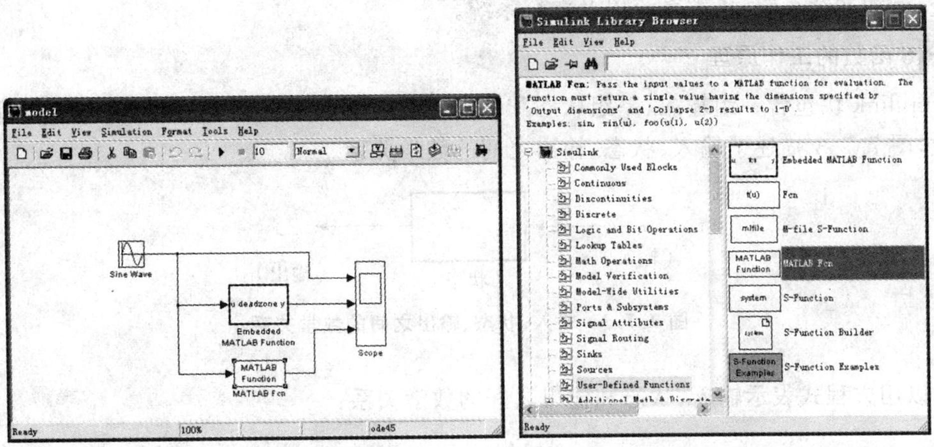

(a) (b)

图 7.7.1 Simulink 与 M 函数的组合仿真实例

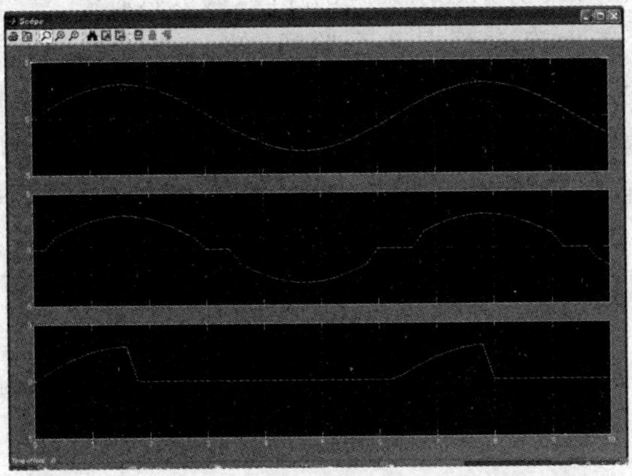

图 7.7.2 M 函数混合仿真结果

7.7.2 S 函数

S 函数是扩展 Simulink 功能的强有力工具,它使用户可以利用 MATLAB,C,C++等程序创建自定义的 Simulink 模块。例如,对一个工程的几个不同的控制系统进行设计,而此时已经用 M 文件建立了一个动态模型,在这种情况下,可以将模型加入到 S 函数中,然后使用独立的 Simulink 模型来模拟这些控制系统。S 函数还可以改善仿真的效率,尤其是在带有代数环的模型中。

值得注意的是,与 M 函数在方块图中引入一个代数运算环节不同,S 函数在方块图中引入了一个函数描述的动态环节。在 MATLAB 里,用户可以选择用 MATLAB,C(或者C++)语言来编写 S 函数,一般称前者为 M 文件 S 函数,称后者为 C-MEX 文件 S 函数。

S 函数使用一种特殊的调用规则来使得用户可以与 Simulink 的内部解法器进行交互,这种交互同 Simulink 内部解法器与内置的模块之间的交互非常相似,而且可以适用于不同性质的系统，例如连续系统、离散系统以及混合系统。

一、S 函数的工作原理

Simulink 块包含一组输入、一组状态和一组输出。其中，输出是采样时间、输入和块状态的函数，图 7.7.3 描述了输入、状态、输出之间的数学关系。

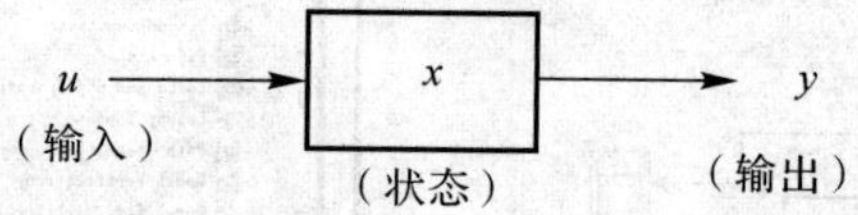

图 7.7.3　输入、状态、输出之间的数学关系

可以用方程式表示输入、状态和输出之间的数学关系：

$$y=f_o(t,x,u)$$
$$\dot{x}_c=f_c(t,x_c,u)$$
$$x_d(k+1)=f_d(t,x_d(k),u)$$

这里，$x=x_c+x_d$，其中，x_c，x_d 分别表示系统的连续、离散状态。

Simulink 模型的仿真过程主要有两个阶段：第一个阶段是初始化阶段。在此阶段，Simulink 将库块合并到模型中来，确定传送宽度、数据类型和采样时间，计算块参数，确定块的执行顺序，以及分配内存。第二个阶段是仿真运行阶段（仿真循环阶段）。每次循环是一个 time step，在每个 time step 按照块执行顺序依次执行模型中的每个块。对于每个块而言，Simulink 调用函数来计算块在当前采样时间下的状态、导数和输出。如此反复，直到仿真结束。S 函数块是 Simulink 块，它的仿真过程与 Simulink 仿真过程相同。Simulink 模型的仿真流程如图 7.7.4 所示。

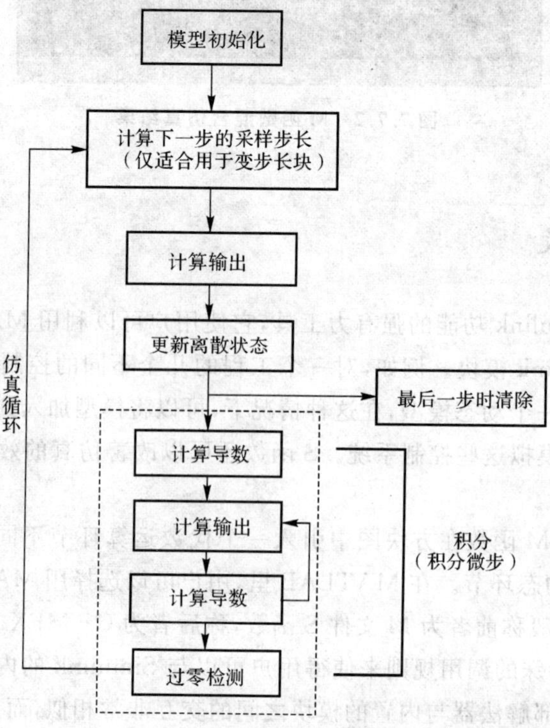

图 7.7.4　Simulink 仿真流程

一个 S 函数包含了一组 S 函数回调程序，用以执行在每个仿真阶段所必需的任务。在一次仿真任务中，Simulink 在以下的每个仿真阶段调用相应的 S 函数例程。

(1)初始化：在仿真循环之前，Simulink 初始化 S 函数。初始化 SimStruct，这是一个仿真数据结构，包含了 S 函数的所有信息；设置输入、输出端口数和宽度；设置块采样时间；分配存储空间和参数 sizes 的阵列。

(2)计算下一个采样时间点：创建一个变步长块，需要计算下一步采样时间点，即计算下一步的仿真步长。

(3)计算输出：计算所有输出端口的输出值。

(4)更新状态：每个步长处都要执行一次，可以在这个例程中添加每一个仿真步都需要更新的内容。

(5)计算积分：用于连续状态的求解和非采样过零点。如果 S 函数中具有连续状态，Simulink 在积分微步中调用 S 函数的输出和导数部分。这是 Simulink 能够计算 S 函数状态的原因。若 S 函数具有非采样过零状态，则 Simulink 在积分微步中调用 S 函数的输出和过零部分，这样可以检测到过零点。

S 函数作为一些类型的应用，包括向 Simulink 模型中增加一个通用目的的模块；使用 S 函数的模块来充当硬件的驱动；在仿真中嵌入已经存在的 C 代码；将系统表示成一系列的数学方程；使用可视化动作。使用 S 函数最大的优点就是可以创建一个普通用途的块，在一个模型中多次使用，而且可单独改变模型中所使用的每个块的参数。对于实时半实物仿真平台 I/O 接口板卡的模型化需求，S 函数向 Simulink 增加一些新的通用块及作为硬件设备驱动程序的块等应用，正好可以解决上述实际需求。

二、S 函数模块

S 函数模块在 User - Defined Functions 模块库中，用此模块可以创建包含 S 函数的 Simulink 模型。图 7.7.5 显示了一个含有 S 函数的简单模型。S 函数模块的对话框如图 7.7.6 所示，它有两个区：S 函数文件名区和 S 函数的参数区。S 函数文件名区要填写 S 函数的文件名。S 函数参数区要填写 S 函数所需要的参数。参数并列给出，各参数间以逗号分隔。图 7.7.6 中表示函数的参数为：1.5，矩阵[1 2;3 4]和字符串'miles'。

三、S 函数中的几个概念

S 函数中有几个关键的概念需要详细解释，对这几个概念的深入理解对正确使用 S 函数是非常重要的。

1. 直接馈入

所谓的直接馈入是指模块的输出或采样时间是由它的一个输入端口的值直接控制的。根据第 4 章的知识可知，直接馈入决定了 Simulink 模块的仿真顺序。判断 S 函数的输入端口是否有直接馈入的判据有：

(1)输出函数(mdlOutpits 或者 flag=3)是一个包含参数 u 的函数。

(2)若该 S 函数是一个可变采样时间的 S 函数，且下一个采样时间点的计算中要用到输入参数 u 时，也可以判断此 S 函数为直接馈入型。

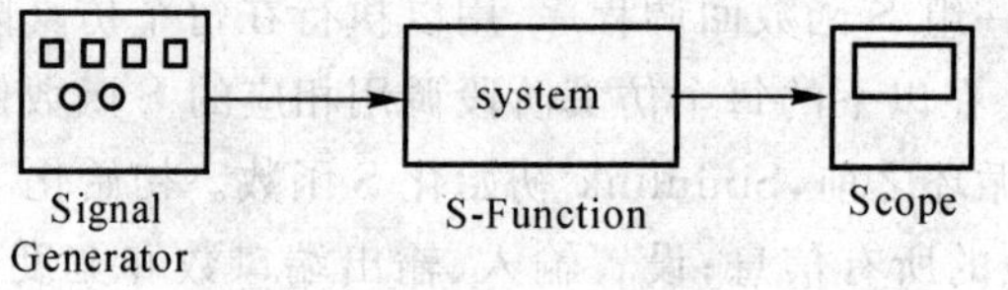

图 7.7.5 包含 S 函数的模型

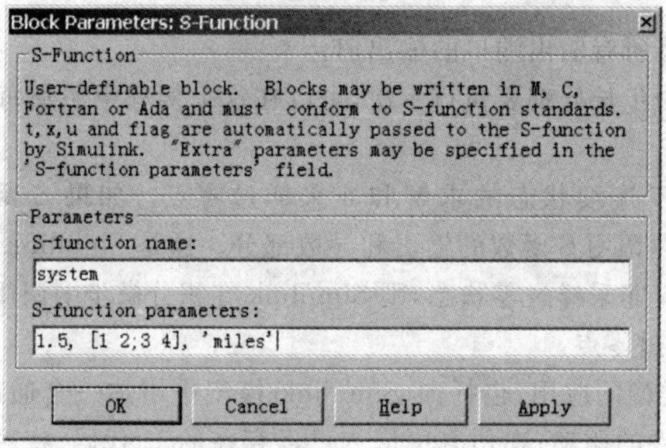

图 7.7.6 S 函数模块的对话框

2. 动态尺寸的输入

S 函数可以支持任意维的输入，此时，输入的维数是由输入变量的维数动态确定的。同时，输入变量的维数也决定了连续和离散状态量的个数以及输出变量的维数。

M 文件 S 函数只能有一个输入端口，并且输入端口只能接收一维信号。然而，信号可以是变宽度的。在一个 M 文件 S 函数里，为了指定输入的宽度是动态的，可以指定 sizes 结构的适当区域的值为－1。也可以在 S 函数调用的时候使用 length(u)来确定实际输入的宽度。若指定宽度值为 0，则输入端口会从 S 函数模块中去掉。

例如，图 7.7.7 表示了在同一个模型中使用同一个 S 函数模块的两种情况，图 7.7.7(a)中的 S 函数模块是由一个三元素向量驱动的，图 7.7.7(b)中的 S 函数模块则是由一个标量输出模块信号驱动的，为了表明 S 函数模块的输入是动态的，两个 S 函数模块是完全相同的，Simulink 自适应地使用合适的尺寸来调用函数。类似地，若其他模块属性如输出变量数和状态数也被指定为动态尺寸的，Simulink 将会定义这些变量与输入变量同维。

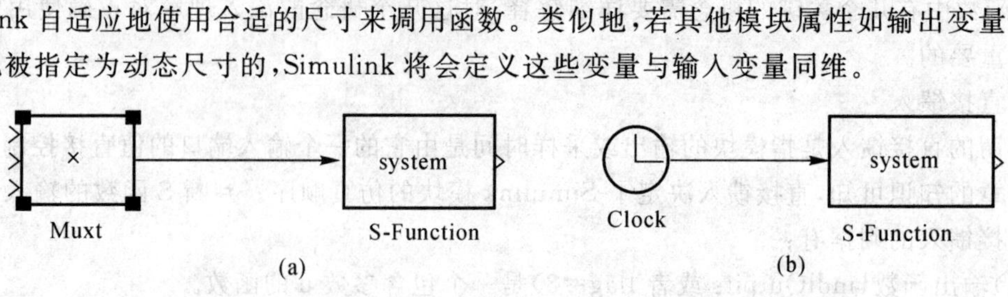

图 7.7.7 同一个模型中使用同一个 S 函数模块的两种情况

3. 采样时间的设置与采样延迟

M 文件 S 函数和 C 语言 S 函数都在指定 S 函数的运行时间上有高度的自适应度。

Simulink 为采样时间提供了下面的几种选择。

(1)连续采样时间:适用于具有连续状态和非采样过零点的 S 函数。这种 S 函数的输出按最小时间步改变。

(2)连续但固定最小步长的采样时间:适用于需要在每一个主仿真时间步执行,但在最小仿真步内值不改变的 S 函数。

(3)离散采样时间:若 S 函数的行为发生具有离散时间间隔的特性,则用户可以定义一个采样时间来规定 Simulink 何时调用函数。而且用户还可以定义一个延迟时间 offset 来延迟采样点,但 offset 的值不能超过采样周期。

若用户定义了一个离散采样时间,则 Simulink 就会在所定义的每个采样点调用 S 函数的 mdlOutpit 和 mdlUpdate 方法。

(4)可变采样时间:相邻采样点的时间间隔可变的离散采样时间。在这种采样时间的情况下,S 函数要在每一步仿真的开始,计算下一个采样点的时刻。

(5)继承采样时间:在有些情况下,S 函数模块自身没有特定的采样时间,它本身的状态是连续的还是离散的完全取决于系统中的其他模块。此时,该 S 函数模块的采样时间属性可以设为继承。gain 模块就是一个继承输入信号采样时间的例子。一般,一个模块可以通过以下几种方式来继承采样时间:

- 继承驱动模块的采样时间;
- 继承目标模块的采样时间;
- 继承系统中最快的采样时间。

四、M 文件 S 函数

1. 概述

一个 M 文件的 S 函数由一个 MATLAB 函数组成,该函数形式如下:

[sys,x0,str,ts] = f(t,x,u,flag,p1,p2,…)

其中,f 是 S 函数的函数名。在模型的仿真过程中,Simulink 反复调用 f,并通过 flag 参数来指示每次调用所需完成的任务(或多个任务)。每次 S 函数执行任务,并将执行结果通过一个输出向量返回。

sfuntmpl. m 是实现 M 文件 S 函数的一个模板,存放在 matlabroot\oolbox\simulink\blocks 目录下。该模板由一个顶层的函数和一组骨架子函数组成,这些骨架子函数被称为 S 函数的回调函数,每一个回调函数对应着一个特定的 flag 参数值,顶层函数通过 flag 的指示来调用不同的子函数。在仿真过程中,子函数执行 S 函数所要求的实际任务。

2. S 函数固有参数

Simulink 必须至少传递以下参数给 S 函数:

t:当前时间;

x:状态向量;

u:输入向量;

flag:执行任务的标志。

flag 是一个整数值,用来指示 S 函数所执行任务的标志。表 7.7.1 给出了参数 flag 可以取的值,并列出了每个值所对应的 S 函数。

表 7.7.1 参数 flag 说明

flag 值	S 函数子程序	说 明
0	mdlInitializeSizes	定义 S 函数块的基本特性,包括采样时间,连续和离散状态的初始化条件,以及 sizes 数组
1	mdlDerivatives	计算连续状态变量的导数
2	mdlUpdate	更新离散状态、采样时间、主步长等必需条件
3	mdlOutputs	计算 S 函数的输出
4	mdlGetTimeOfNextVarHit	计算下一个采样点的绝对时间。只有当在 mdlInitializeSizes 中指定了变步长离散采样时间时,才使用该程序
9	mdlTerminate	执行 Simulink 终止时所需的任何任务

3. S 函数的输出

一个 M 文件返回的输出向量包含以下元素:

• sys,一个通用的返回参数。返回值取决于 flag 的值。例如:flag = 3, sys 则包含了 S 函数的输出。

• x0,初始状态值(如果系统中没有状态,则向量为空)。除 flag = 0 外,x0 被忽略。

• str,保留以后使用。M 文件 S 函数必须设置该元素为空矩阵[]。

• ts,一个两列的矩阵,包含了块的采样时间和偏移量。例如,如果令 S 函数在每个时间步(连续采样时间)都运行,则 ts 应设置为[0,0];如果令 S 函数按照其所连接块的速率来运行,则 ts 应设置为[-1,0];如果令其在仿真开始的 0.1 s 后每 0.25 s(离散采样时间)运行一次,则 ts 应设置为[0.25,0.1];还可以创建一个 S 函数按照不同的速率来执行不同的任务(如:一个多速率 S 函数),在这种情况下,ts 应该按照采样时间升序排列来指定 S 函数所需使用的全部采样速率。例如,假设 S 函数每 0.25 s 执行一个任务,同时在仿真开始的 0.1 s 后每 1 s 执行另一个任务,则 ts 应设置为[0.25,0;1.0,0.1]。这将使 Simulink 按照[0,0.1,0.25,0.5,0.75,1,1.1,…]的时间序列来执行 S 函数。

4. 定义 S 函数的端口信息

为了使 Simulink 识别 M 文件 S 函数,必须提供给 Simulink 关于 S 函数的一些特殊信息。这些信息包括输入、输出、状态的数量,以及其他块特性。为了给 Simulink 提供这些信息,必须在 mdlInitializeSizes 的开头调用 simsizes:

sizes = simsizes;

该函数返回一个未初始化的 sizes 结构,必须将 S 函数的信息装载在 sizes 结构中。表 7.7.2 列出了 sizes 结构的域,并对每个域所包含的信息进行了说明。

表 7.7.2 sizes 结构说明

sizes 域名	说 明
sizes. NumContStates	连续状态的数量
sizes. NumDiscStates	离散状态的数量
sizes. NumOutputs	输出的数量
sizes. NumInputs	输入的数量
sizes. DirFeedthrough	直通前馈标志
sizes. NumSampleTimes	采样时间的数量

在初始化 sizes 结构之后，再次调用 simsizes：

sys = simsizes(sizes)；

此次调用将 sizes 结构中的信息传递给 sys，sys 是一个保持 Simulink 所用信息的向量。

5. 处理 S 函数用户定义参数

当调用 M 文件 S 函数时，Simulink 总是传递标准块参数—— t，x，u 和 flag 到 S 函数作为函数参数。Simulink 还可以传递用户另外指定的参数给 S 函数，这些参数在 S 函数块参数对话框的 S-function parameters 中(见图 7.7.6)，由用户指定。如果在对话框中指定了附加参数，那么 Simulink 将它们作为函数的附加参数传递给 S 函数。这些附加参数在 S 函数的参数表中紧随标准参数之后，并以参数出现在对话框中的顺序作为 S 函数的参数表中附加参数的顺序。可以使用 S 函数块指定参数的特性来实现一个 S 函数执行不同的处理选项。

6. S 函数使用实例

要了解 S 函数是如何工作的，最简单的方法就是学习 S 函数范例。本小节将通过 6 个范例，详细讲解基于 M 文件 S 函数的 Simulink 仿真方法。这些范例涵盖了利用 S 函数进行连续系统、离散系统、混合系统仿真以及基于 S 函数的动画等。所用 S 函数都是基于一个 M 文件 S 函数的模板——sfuntmpl. m 来编写的。该模板位于\MATLAB root\toolbox\simulink\blocks 目录下。

(1)简单的 M 文件 S 函数。本例输入一个标量信号，将信号加倍，然后输出到一个 Scope 进行显示。其 Simulink 模型如图 7.7.8 所示。

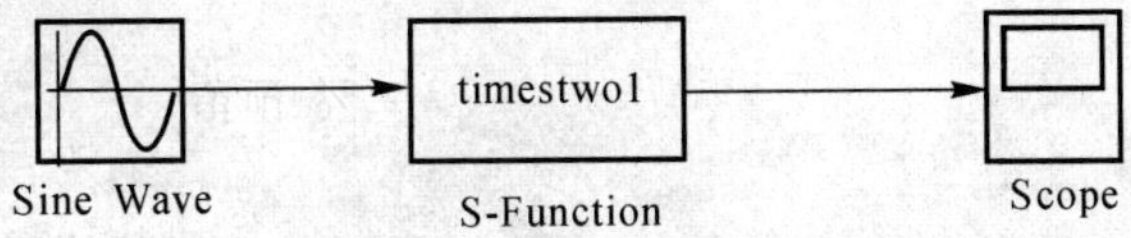

图 7.7.8　简单 M 文件 S 函数

以下是 S 函数 timestwo1. m 的 M 文件代码，由模板文件 sfuntmpl. m 修改而来：

```
function [sys,x0,str,ts] = timestwo1(t,x,u,flag)
% Dispatch the flag. The switch function controls the calls to
% S 函数 routines at each simulation stage.
switch flag,
case 0
[sys,x0,str,ts] = mdlInitializeSizes;          % 初始化
case 3
sys = mdlOutputs(t,x,u);                        % 使用输出计算函数
case { 1, 2, 4, 9 }
sys = []; % Unused flags
otherwise
error(['Unhandled flag = ',num2str(flag)]); % flag 出错处理
end; % End of function timestwo.
```

下面是 timestwo1. m 要调用的子程序：

```
%==========================================================
% Function mdlInitializeSizes initializes the states, sample
% times, state ordering strings (str), and sizes structure.
%==========================================================
function [sys,x0,str,ts] = mdlInitializeSizes
% Call function simsizes to create the sizes structure.
sizes = simsizes;
% Load the sizes structure with the initialization information.
sizes.NumContStates= 0;               %没有连续状态量
sizes.NumDiscStates= 0;               %没有离散状态量
sizes.NumOutputs= 1;                  %模块有一个输出
sizes.NumInputs=1;                    %模块有一个输入
sizes.DirFeedthrough=1;               %模块直馈,本例属于在 output 里直接输出 u
sizes.NumSampleTimes=1;               %所有任务使用一种采样周期
% Load the sys vector with the sizes information.
sys = simsizes(sizes);
%
x0 = [];                              % 无连续状态量,所以无需初值
%
str = [];                             % 预留
%
ts = [-1 0];                          % 继承 Simulink 的采样周期
% End of mdlInitializeSizes.
%==========================================================
% Function mdlOutputs performs the calculations.
%==========================================================
function sys = mdlOutputs(t,x,u)
sys = 2 * u;                          % 将输入的标量加倍后输出
% End of mdlOutputs.
```

将上述代码写入一个 M 文件,并命名为 timestwo1. m。双击图 7.7.8 中 S-Function 块打开对话窗,如图 7.7.9 所示。

注意,图 7.7.8 所示的 Simulink 模型文件和 timestwo1. m 文件最好在同一文件夹下,且此时 MATLAB 的 Current directory 要设置成上述存储路径。否则,需要向 MATLAB 指明 S 函数存储路径,才能仿真。

(2)连续状态的 S 函数仿真。本例可以仿真下式所示的线性时不变系统:

$$\left.\begin{aligned}\dot{\boldsymbol{x}} &= \boldsymbol{A}\boldsymbol{x} + \boldsymbol{B}\boldsymbol{u}\\ \boldsymbol{y} &= \boldsymbol{C}\boldsymbol{x} + \boldsymbol{D}\boldsymbol{u}\end{aligned}\right\} \tag{7.7.1}$$

与范例一类似,建立 Simulink 模型(见图 7.7.10)和编写 S 函数 M 文件(本例命名为

csFuncl.m)。

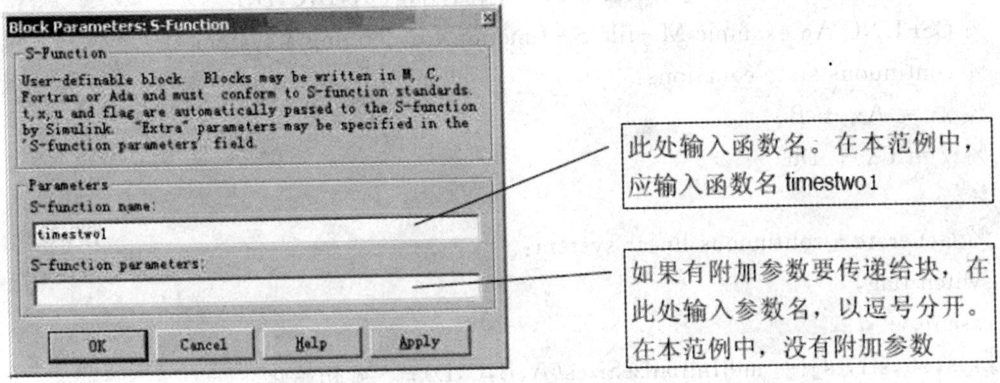

图 7.7.9　参数设置

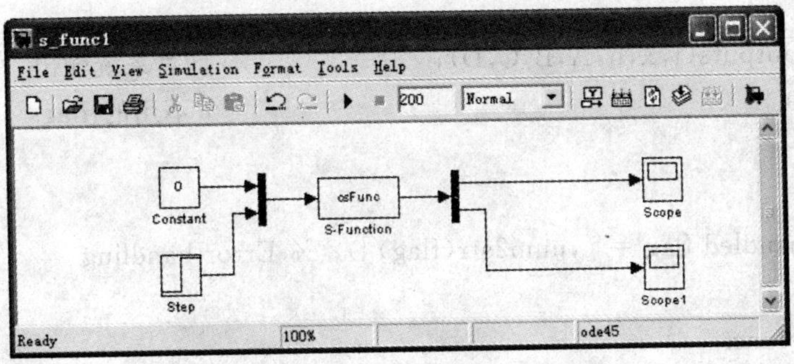

图 7.7.10　连续状态的 S 函数仿真

双击 csFuncl 模块，填写 S 函数文件名和需要传递给 S 函数的参数，如图 7.7.11 所示。本例中系统的 A，B，C，D 阵由外部作为参数输入到 S 函数。A，B，C，D 由用户在 workspace 中输入，或由其他程序赋值得到。本例中使用的 A,B,C,D 阵如下：

A = [−0.09　−0.01; 1　0];　B = [1　−7; 0　−2];

C = [0　2;1　−5];　D = [−3　0; 1　0]

显然，本系统是 2 输入，2 输出线性时不变系统。

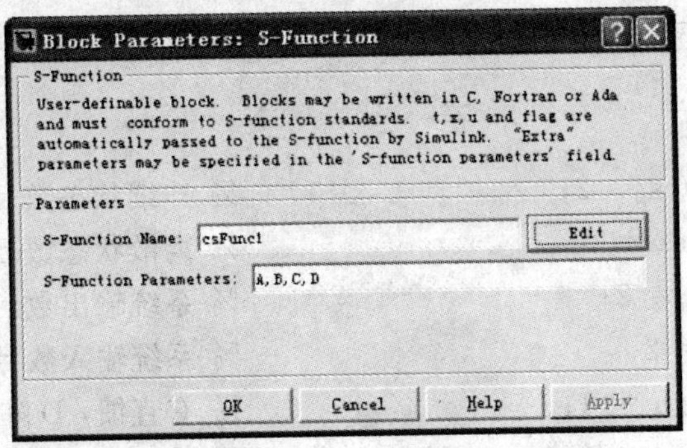

图 7.7.11　参数设置

以下是 S 函数 csFuncl. m 的 M 文件代码，由模板文件 sfuntmpl. m 修改而来：

```
function [ sys,x0,str,ts ] = csFunc1( t,x,u,flag, A,B,C,D )
% CSFUNC An example M - file S - function for defining a system of
% continuous state equations:
% x' = Ax + Bu
% y = Cx + Du
%
% Generate a continuous linear system:
switch flag,
case 0
[sys,x0,str,ts] = mdlInitializeSizes(A,B,C,D);  % 初始化
case 1
sys = mdlDerivatives(t,x,u,A,B,C,D);            % 计算微分
case 3
sys = mdlOutputs(t,x,u,A,B,C,D);                % 计算系统输出
case { 2,4,9 }                                   % 不用的 flags
sys = [ ];
otherwise
error(['Unhandled flag = ',num2str(flag)]); % Error handling
end
% End of csfunc.
%=====================================================
% mdlInitializeSizes
% Return the sizes, initial conditions, and sample times for the
% S - function.
%=====================================================
%
function [sys,x0,str,ts] = mdlInitializeSizes(A,B,C,D)
%
% Call simsizes for a sizes structure, fill it in and convert it to a sizes array.
%
sizes = simsizes;
sizes.NumContStates = 2;                    % 连续状态数目
sizes.NumDiscStates = 0;                    % 离散状态数目
sizes.NumOutputs = 2;                       % 系统输出数目
sizes.NumInputs = 2;                        % 系统输入数目
sizes.DirFeedthrough = 1;                   % 有直馈，D 阵非空
sizes.NumSampleTimes = 1;                   % 非多采样速率系统
sys = simsizes(sizes);
```

```
%
% Initialize the initial conditions.
%
x0 = zeros(2,1);% 状态量初始化
%
% str is an empty matrix.
%
str = [];
%
% Initialize the array of sample times; in this example the sample time is continuous,
so set ts to 0 and its offset to 0.
%
ts = [0 0];                                          % 连续采样
% End of mdlInitializeSizes.
%
%==========================================================
% mdlDerivatives
% Return the derivatives for the continuous states.
%==========================================================
function sys = mdlDerivatives(t,x,u,A,B,C,D)
sys = A * x + B * u;% 计算微分结果 形如 ẋ=f(x,t)
% End of mdlDerivatives.
%
%==========================================================
% mdlOutputs
% Return the block outputs.
%==========================================================
%
function sys = mdlOutputs(t,x,u,A,B,C,D)
sys = C * x + D * u;% 计算系统输出
% End of mdlOutputs.
```

本例的运行结果如图 7.7.12 所示。将图 7.7.10 中的 S 函数模块换成 Simulink 中的标准连续系统状态空间模块，如图 7.7.13 所示，仿真后，可得到同样的结果。

S 函数的优势在于它的灵活性，上述 S 函数不仅可以仿真线性时不变系统，还可以作为建立一个时变系统或非线性状态空间系统仿真的基础。

(3)范德蒙(Vandermonde)方程仿真。范德蒙方程如下式所示，是一种典型的非线性系统：

$$\ddot{y}+(y^2-1)\dot{y}+y=0 \tag{7.7.2}$$

为了使用S函数对其进行仿真，首先需要选定状态量，并将其写成 $\dot{x}=f(x,t)$ 形式。选择

如下状态变量：$x_1=\dot{y}, x_2=y$。于是式(7.7.2)可以写成以下形式：

$$\left.\begin{aligned}\dot{x}_1&=x_1(1-x_2^2)-x_2\\ \dot{x}_2&=x_1\end{aligned}\right\}\tag{7.7.3}$$

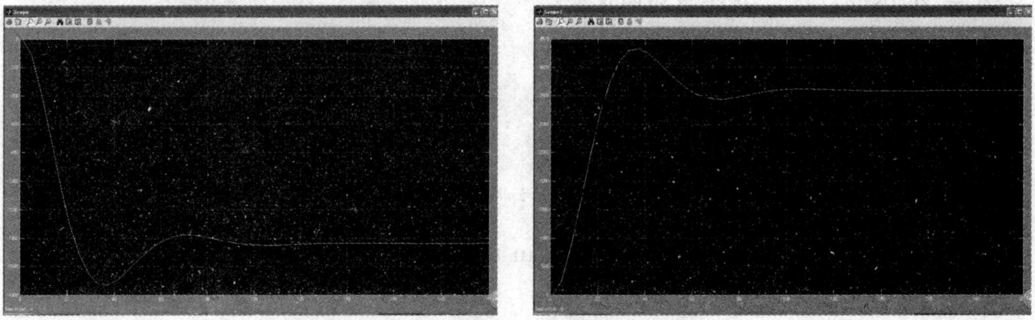

图 7.7.12　连续状态的 S 函数仿真结果

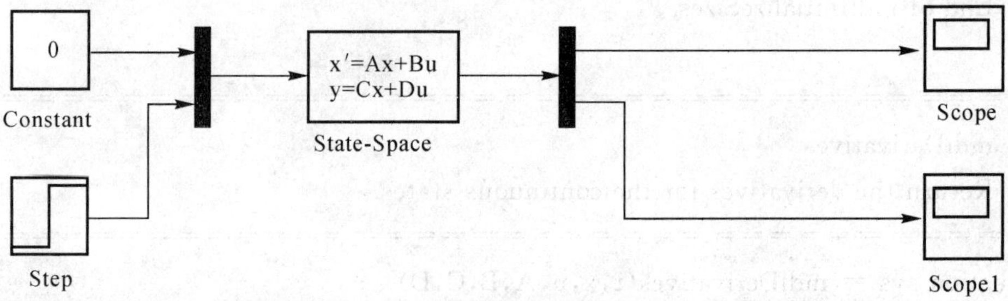

图 7.7.13　状态空间仿真

由式(7.7.3)可知，该系统有两个状态变量，将系统的输出就设定为等于状态变量，因此可以编写如下的文件名为 new_vdTest 的 S 函数：

```
function [sys,x0,str,ts] = new_vdTest(t,x,u,flag)
% Dispatch the flag. The switch function controls the calls to
% S-function routines at each simulation stage.
switch flag,
case 0
[sys,x0,str,ts] = mdlInitializeSizes;      % 初始化
case 1,
sys=mdlDerivatives(t,x,u);    % 计算微分
case 3
sys = mdlOutputs(t,x,u);    % 输出计算函数
case {2, 4, 9 }
sys = [];      % Unused flags
otherwise
error(['Unhandled flag = ',num2str(flag)]);     % flag 出错处理
end; % End of function new_vdTest.
```

```
%
%=============================================
% mdlInitializeSizes
% Return the sizes, initial conditions, and sample times for the S-function.
%=============================================
%
function [sys,x0,str,ts]=mdlInitializeSizes
%
% call simsizes for a sizes structure, fill it in and convert it to a
% sizes array.
%
sizes = simsizes;
sizes.NumContStates  = 2;
sizes.NumDiscStates  = 0;
sizes.NumOutputs     = 2;
sizes.NumInputs      = 0;
sizes.DirFeedthrough = 0;
sizes.NumSampleTimes = 1;                %1种采样时间
sys = simsizes(sizes);
%
% initialize the initial conditions
%
x0  = [0.25;0.25];
%
% str is always an empty matrix
%
str = [];
%
% initialize the array of sample times
%
ts  = [0  0];              % 连续采样时间
% end mdlInitializeSizes
%
%=============================================
% mdlDerivatives
% Return the derivatives for the continuous states.
%=============================================
%
function sys=mdlDerivatives(t,x,u)
```

```
sys(1)=x(1)*(1-x(2)^2)-x(2);          %由式(7.7.3)计算微分输出
sys(2)=x(1);
% end mdlDerivatives
%
%==============================================================
% mdlUpdate
% Handle discrete state updates, sample time hits, and major time step
% requirements.
%==============================================================
%
function sys=mdlUpdate(t,x,u)
sys = [];
% end mdlUpdate
%
%==============================================================
% mdlOutputs
% Return the block outputs.
%==============================================================
%
function sys=mdlOutputs(t,x,u)
sys = x;                                   % 状态量作为系统输出
% end mdlOutputs
%
%==============================================================
% mdlTerminate
% Perform any end of simulation tasks.
%==============================================================
%
function sys=mdlTerminate(t,x,u)
sys = [];
% end mdlTerminate
```

在 Simulink 中建立如图 7.7.14 所示的模型，以观察范德蒙方程的输出。

按照前文介绍的方法设置好参数后，仿真可得如图 7.7.15 所示的结果(XY Graph 的输出)。

读者可以在图 7.7.14 所示的 Simulink 编辑环境中，基于积分模块搭建式(7.7.3)描述的系统，得到与图 7.7.15 一致的仿真结果。

或者直接调用 MATLAB 的 ode45 求解器。首先，编写如下的 M 函数，并命名为 vd. m：

```
%ven der pol equation
function dy = vd(t,y)
```

```
dy=zeros(2,1);
dy(1)=y(1)*(1-y(2)^2)-y(2);
dy(2)=y(1);
end
```

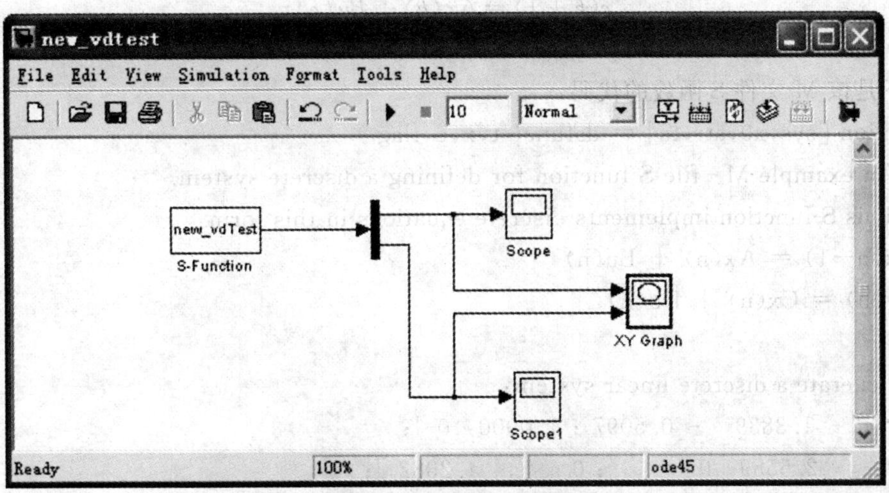

图 7.7.14　范德蒙方程仿真模型

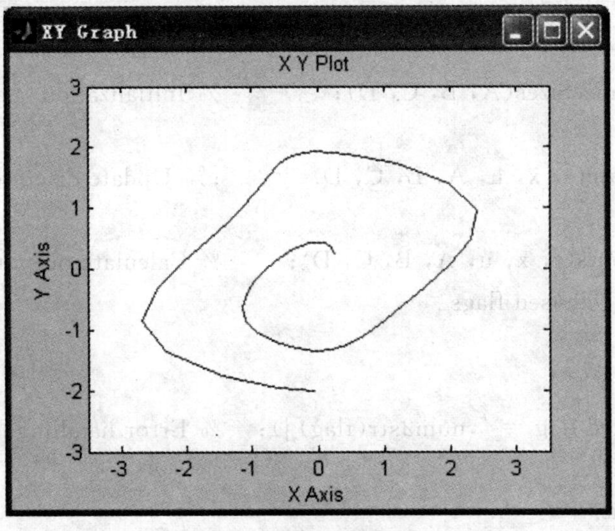

图 7.7.15　范德蒙方程仿真结果

在 MATLAB workspace 中键入如下指令(Current Directory 路径包含上述 M 文件)，求解 van der pol 并绘出结果与图 7.7.15 比较：

```
ts=[0 10];x0=[0.25 0.25];
[t,x]=ode45('vd',ts,x0);
plot(x(:,1),x(:,2));
```

(4)离散状态的 S 函数仿真。本例是通过 S 函数模拟的离散状态系统的范例。该函数与连续状态系统的范例 csfunc1.m 十分相似，唯一的区别是在该函数中，调用的是 mdlUpdate，而不是调用 mdlDerivatives。当 flag = 2 时，mdlUpdate 更新离散状态。注意，对于一个单速率离散 S 函数而言，Simulink 只在采样点调用 mdlUpdate，mdlOutputs，以及 mdlGetTimeOfNextVarHit(如果需要)。离散系统方程如下：

$$\left.\begin{aligned} x(k+1) &= Ax(k) + Bu(k) \\ y(k) &= Cx(k) + Du(k) \end{aligned}\right\} \tag{7.7.4}$$

以下是该 M 文件 S 函数的代码：

```
function [sys,x0,str,ts] = dsfunc( t,x,u,flag )
% An example M - file S-function for defining a discrete system.
% This S-function implements discrete equations in this form:
% x(n+1) = Ax(n) + Bu(n)
% y(n) = Cx(n) + Du(n)
%
% Generate a discrete linear system:
A = [ - 1.3839   - 0.5097 ; 1.0000   0 ];
B = [ - 2.5559   0        ; 0        4.2382 ];
C = [ 0          2.0761   ; 0        7.7891 ];
D = [ - 0.8141   - 2.9334 ; 1.2426   0 ];
switch flag,
case 0
sys = mdlInitializeSizes(A, B, C, D);           % Initialization
case 2
sys = mdlUpdate(t, x, u, A, B, C, D)            ;% Update discrete states
case 3
sys = mdlOutputs(t, x, u, A, B, C, D);          % Calculate outputs
case {1,4,9} % Unused flags
sys = [ ];
otherwise
error(['unhandled flag = ',num2str(flag)]);     % Error handling
end
% End of dsfunc.
%=====================================
% Initialization
%=====================================
function [sys, x0, str, ts] = mdlInitializeSizes( A, B, C, D )
% Call simsizes for a sizes structure, fill it in, and convert it to a sizes array.
sizes = simsizes;
sizes.NumContStates = 0;
sizes.NumDiscStates = 2;
```

```
sizes.NumOutputs = 2;
sizes.NumInputs = 2;
sizes.DirFeedthrough = 1;                    % Matrix D is non-empty.
sizes.NumSampleTimes = 1;
sys = simsizes(sizes);
x0 = ones(2,1);                              % Initialize the discrete states.
str = [];                                    % Set str to an empty matrix.
ts = [1 0];                                  % sample time: [period, offset]
% End of mdlInitializeSizes.
%=========================================
% Update the discrete states
%=========================================
function sys = mdlUpdates( t, x, u, A, B, C, D )
sys = A * x + B * u;
% End of mdlUpdate.
%=========================================
% Calculate outputs
%=========================================
function sys = mdlOutputs( t, x, u, A, B, C, D )
sys = C * x + D * u;
% End of mdlOutputs.
```

与连续系统类似，该 S 函数也可以作为建立时变系统或非线性离散状态空间系统的基础。

(5)混合系统 S 函数仿真。本例通过 S 函数模拟混合系统（组合了连续和离散状态）。S 函数通过参数 flag 来控制对系统中的连续和离散部分调用正确的 S 函数子程序。混合系统 S 函数（或者任何多速率系统 S 函数）的一个特点就是在所有的采样时间上，Simulink 都会调用 mdlUpdate，mdlOutputs，以及 mdlGetTimeOfNextVarHit 程序。这意味着在这些程序中，必须进行测试以确定正在处理哪个采样点以及哪些采样点只执行相应的更新。

本例模拟一个连续积分器及随后的离散的单位延迟。按照 Simulink 方块图的形式，该函数的功能如图 7.7.16 所示。

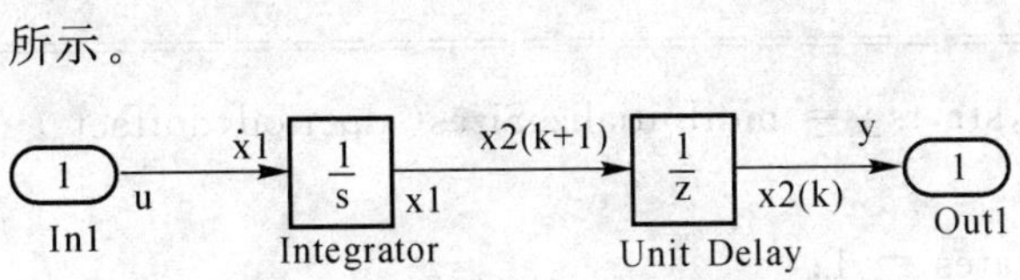

图 7.7.16　混合系统 S 函数功能示意

根据图 7.7.16，选择系统的积分输出作为连续状态量，记为 x_1，选择单位延迟模块输出作为离散状态量，记为 $x_2(k)$，则显然有如下关系成立：

$$\left.\begin{aligned}\dot{x}_1&=u\\x_2(k+1)&=x_1\\y&=x_2(k)\end{aligned}\right\}\qquad(7.7.5)$$

根据方程式(7.7.5)设计 S 函数,代码如下:

```
function [sys,x0,str,ts] = mixedm( t,x,u,flag )
% A hybrid system example that implements a hybrid system
% consisting of a continuous integrator (1/s) in series with a
% unit delay (1/z).
%
% Set the sampling period and offset for unit delay.
dperiod =0.2;                          % Sample period
doffset = 0;
switch flag.
case 0 % Initialization
[sys,x0,str,ts] = mdlInitializeSizes(dperiod,doffset);
case 1
sys = mdlDerivatives(t,x,u);                          % Calculate derivatives
case 2
sys = mdlUpdate(t,x,u,dperiod,doffset);               % Update disc states
case 3
sys = mdlOutputs(t,x,u,doffset,dperiod);              % Calculate outputs
case { 4,9 }
sys = [ ],% Unused flags
otherwise
error(['unhandled flag = ',num2str(flag)]);           % Error handling
end
% End of mixedm.
%
%==========================================
% mdlInitializeSizes
% Return the sizes, initial conditions, and sample times for the S-function.
%==========================================
function [sys,x0,str,ts] = mdlInitializeSizes( dperiod,doffset )
sizes = simsizes;
sizes.NumContStates = 1;
sizes.NumDiscStates = 1;
sizes.NumOutputs = 1;
sizes.NumInputs = 1;
sizes.DirFeedthrough = 0;
sizes.NumSampleTimes = 2;
sys = simsizes(sizes);
x0 = ones(2,1);
```

```
str = [ ];
ts = [ 0, 0;                                    % sample time
dperiod, doffset ];
% End of mdlInitializeSizes.
%
%==========================================================
% mdlDerivatives
% Compute derivatives for continuous states.
%==========================================================
%
function sys = mdlDerivatives( t,x,u )
sys = u;          % 参考方程式(7.7.5),此时 sys:=> ẋ1
% end of mdlDerivatives.
%
%==========================================================
% mdlUpdate
% Handle discrete state updates, sample time hits, and major time step requirements.
%==========================================================
%
function sys= mdlUpdate( t,x,u,dperiod,doffset )
% Next discrete state is output of the integrator.
% Return next discrete state if we have a sample hit within a
% tolerance of 1e-8. If we don't have a sample hit, return [] to
% indicate that the discrete state shouldn't change.
%
if abs(round((t-doffset)/dperiod) -(t-doffset)/dperiod) < 1e-8
sys = x(1);          % 参考方程式(7.7.5),此时,sys:=>x2(k+1)
else
sys = [];       %This is not a sample hit, so return an empty matrix to indicate that
                %the states have not changed.
end
% End of mdlUpdate.
%
%==========================================================
% mdlOutputs
% Return the output vector for the S-function.
%==========================================================
%
function sys= mdlOutputs( t,x,u,doffset,dperiod )
```

```
% Return output of the unit delay if we have a sample hit within a tolerance of 1e-8.
%If we don't have a sample hit then return [] indicating that the output shouldn't
%change.
%
if abs(round((t - doffset)/dperiod)-(t - doffset)/dperiod) < 1e-8
sys = x(2);        % 参考方程式(7.7.5),此时,sys:=>y
else
sys = [];        %This is not a sample hit, so return an empty matrix to indicate that
                 %the output has not changed
end
% End of mdlOutputs.
```

(6)S函数动画。基于S函数的动画就是一个由没有状态函数、没有输出变量的S函数生成的动画。因此它们只能作常规显示。这种S函数有两个主要部分:初始化部分和更新部分。

·在初始化过程中要创建图形窗口及动画对象;

·在更新过程中,动画对象的属性将作为S函数模块的输入函数,且它的变化导致动画对象的运动可能会以其他形式变化。

1)动画的初始化。S函数动画的初始化包括S函数的初始化和图形的初始化。采样时间应设置为较小的数值,以便动画可以看起来更加连续。但同时也不能太小,因为那会使得仿真过程运行起来太慢。

首先需要检验与当前S函数模块相联系的动画图形是否已打开。这里使用的方法是将当前模块的路径保存到图形的 UserData 参数中。此时使用 gcb 函数是一种比较安全的方法,因为在S函数的执行过程中,gcb 总会返回S函数模块的路径。完成此任务的 MATLAB 命令可为如下形式:

```
if(findobj('UserData',gcb))
%若模型已经打开,则不做任何事
else
{……}  %初始化图形
end
```

其中的初始化图形语句可由 figure 命令实现,例如:

```
h_fig=figure('Position',[x_pos,y_pos,width,height]…
```

然后,将当前S函数模块的路径保存到图形 UserData 中,这样对图形的存在性检验才会正常工作。下面的语句可以用来设置 UserData:

```
set(h_fig,'UserData',gcb);
```

使用 MATLAB 绘图命令绘制动画图形。接着保存这些图形元素的句柄。例如,要绘制由向量 x_array 和 y_array 定义的曲线,使用下面的语句:

```
hdl=plot(x_array,y_array);
```

图形初始化的最后一步是保存这些仿真元素的句柄。这里使用的方法是将这些元素成组地保存到一个 MATLAB 变量中,并把此变量保存到S函数模块的 UserData 中。UserData 中可以保存 MATLAB 的任何变量,包括单元数组和结构。假设要绘制两个图形元素的动画,而它们的句柄名分别为 hd1 和 hd2，下面的语句会把它们保存到一个结构中。

```
t_data.hd1=hd1;
t_data.hd2=hd2;
set_param(gcb,'UserData',t_data);
```

2)动画的更新。由于设置采样时间为正数，所以动画 S 函数可以被看成是离散模块。Simulink 将以 flag=2 在采样时间执行 S 函数。更新函数会从 S 函数模块 UserData 中读取即将改变的图形对象的句柄。例如，如果句柄以结构变量的形式储存，则它们可以写成如下形式：

```
T_data=get_param(gcb,'UserData');
hd1=T_data.hd1;
hd2=T_data.hd2;
```

然后计算改变的对象属性的新值，并使用 set 命令更新属性。

```
set(handle,propertyName,propertyValue);
```

其中 handle 为对象的句柄，propertyName 为由即将改变的对象属性的对象名构成的 MATLAB 字符串，propertyValue 为新的属性值。

例 7.7.1　创建一个在半球形槽内往复滚动的圆盘的动画。

分析　假设圆盘在槽内作无滑动的滚动，则系统的运动方程为

$$\ddot{\theta}=\frac{-g\sin\theta}{150(R-r)} \tag{7.7.6}$$

式中，$R=12$，$r=2$，g 为重力加速度，θ 为圆盘圆心与半球形槽的圆心的连线与铅垂线(见图 7.7.18 中的虚线)的夹角，逆时针旋转为正，单位为弧度。Ψ 和 θ 的动力学关系为(Ψ 为圆盘上的 index mark(图 7.7.18 所示圆盘上的竖线，用于显示圆盘的转动)相对于圆盘铅垂面的角度)

$$\Psi=\theta\frac{R-r}{r} \tag{7.7.7}$$

图 7.7.17 所示为此系统运动方程的 Simulink 模型，它用一个动画 S 函数模块来显示圆盘运动。其中 K 的增益取 $\frac{-g}{150(R-r)}$，积分环节 theta 取初值 $\pi/4$。

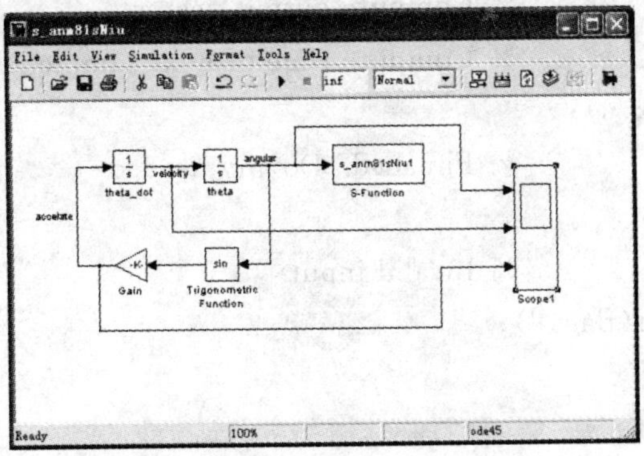

图 7.7.17　动画 Simulink 模型

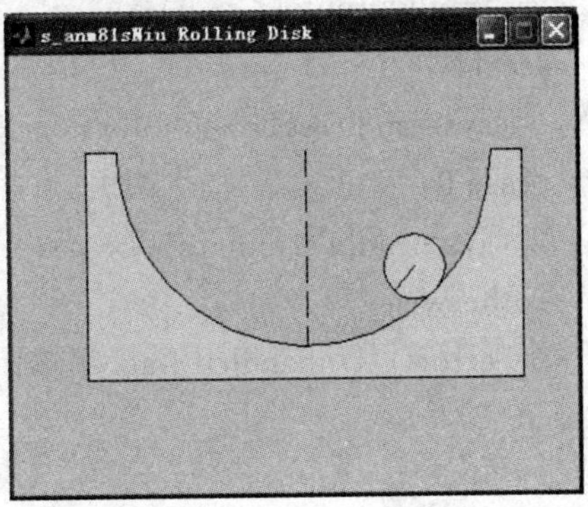

图 7.7.18　动画 S 函数运行结果

S 函数为一个 M 文件，其程序代码如下，执行后的动画图形如图 7.7.18 所示，可以看到

圆盘在圆槽里来回滚动。双击图 7.7.17 中的 Scope1,可以得到圆盘运动的位置、速度、加速度,如图 7.7.19 所示。

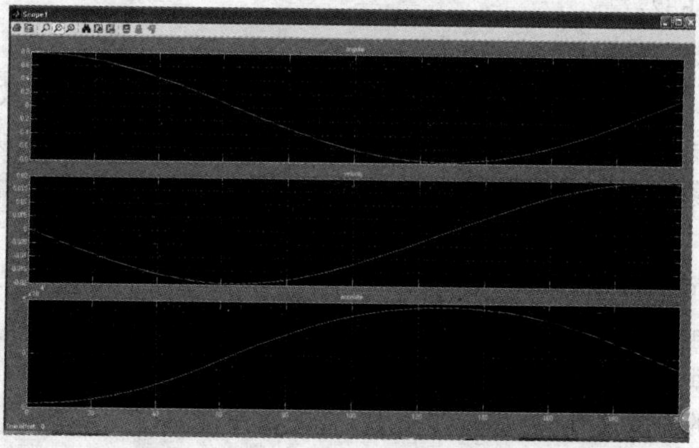

图 7.7.19　圆盘的位置、速度、加速度

```
function [sys,x0,str,ts] = s_anm81sNiu1(t,x,u,flag)
%    S-file animation example 1
%    This example demonstrates buidling an animation
%    using a single S-file with no callbacks.
%
switch flag,
  case 0,                     % Initialization
    [sys,x0,str,ts]=mdlInitializeSizes;
  case 1,                     % Derivatives
    sys=mdlDerivatives(t,x,u);
  case 2,
    sys=mdlUpdate(t,x,u);
  case 3,
sys=mdlOutputs(t,x,u);                        % Compute output vector
case 4,                                       % Compute time of next sample
    sys=mdlGetTimeOfNextVarHit(t,x,u);
  case 9,                                     % Finished. Do any needed
    sys=mdlTerminate(t,x,u);
  otherwise                                   % Invalid input
    error(['Unhandled flag = ',num2str(flag)]);
end

%*************************************************************
%*                  mdlInitializeSizes                       *
%*************************************************************
```

```
function [sys,x0,str,ts]=mdlInitializeSizes()
% Return the sizes of the system vectors, initial
% conditions, and the sample times and offets.
sizes = simsizes;        % Create the sizes structure
sizes.NumContStates  = 0;
sizes.NumDiscStates  = 0;
sizes.NumOutputs     = 0;
sizes.NumInputs      = 1;
sizes.DirFeedthrough = 0;
sizes.NumSampleTimes = 1;
sys = simsizes(sizes);
x0  = [];                              % There are no states
str = [];                              % str is always an empty matrix
ts  = [0.25 0];                        %initialize the array of sample times.
                                       %Update the figure every 0.25 sec

% Initialize the figure
% The handles of the disk and index mark are stored
% in the block's UserData.
if(findobj('UserData',gcb))
    % Figure is open, do nothing
else
   h_fig = figure('Position',[200 200 400 300], ...
                  'MenuBar','none','NumberTitle','off', ...
                  'Resize','off',...
                  'Name',[gcs,' Rolling Disk']) ;
set(h_fig,'UserData',gcb) ; % Save name of current block
                            % in the figure's UserData.
                            % This is used to detect
                            % that a rolling disk figure
                            % is already open for the
                            % current block, so that
                            % only one instance of the
                            % figure is open at a time
                            % for a given instance of the
                            % block.

   r = 2 ;
   R = 12 ;
   q = r ;
```

```
    thp = 0:0.2:pi ;
    xp = R * cos(thp);
    yp = -R * sin(thp) ;
    xp = [xp,-R,-(R+q),-(R+q),(R+q), (R+q),R] ;
    yp = [yp,0,0,-(R+q),-(R+q),0,0] ;
    cl_x = [0,0] ;
    cl_y = [0,-R] ;
    % Make the disk
    thp = 0:0.3:2.3 * pi ;
    xd = r * cos(thp);
    yd = r * sin(thp) ;
    hd = fill(xp,yp,[0.85,0.85,0.85]);              % Draw trough
    hold on ;                                       % So it won't get erased
    set(hd,'erasemode','none');
    axis('equal');axis('off');
    hd0 = plot(cl_x,cl_y,'k-');                 % Draw the centerline
    set(hd0,'erasemode','none');
    % During this initialization pass, create the disk (hd2) and the index mark (hd3)
    theta = 0 ;
    xc = (R-r) * sin(theta);                    % Find center of disk
    yc =- (R-r) * cos(theta) ;
    psi = theta * (R-r)/r ;
    xm_c = r * sin(psi) ;                       % Relative position of index mark
    ym_c = r * cos(psi) ;
    xm = xc + xm_c ;                            % Translate mark
    ym = yc + ym_c ;
    hd2 = fill(xd+xc, yd+yc,[0.85,0.85,0.85]);            % Draw disk and mark
    hd3 = plot([xc,xm],[yc,ym],'k-');
    set_param(gcb,'UserData',[hd2,hd3]) ;
end
%* * * * * * * * * * * * * * * * * * * * * * * * * * * * * * * * * * * *
%*                    mdlDerivatives                          *
%* * * * * * * * * * * * * * * * * * * * * * * * * * * * * * * * * * * *
function sys=mdlDerivatives(t,x,u)
% Compute derivatives of continuous states
sys = [];                                   % Empty since no continuous states
%* * * * * * * * * * * * * * * * * * * * * * * * * * * * * * * * * * * *
%*                    mdlUpdate                               *
%* * * * * * * * * * * * * * * * * * * * * * * * * * * * * * * * * * * *
```

```
function sys=mdlUpdate(t,x,u)
% Compute update for discrete states.
sys = [];                          % Empty since this model has no states
% Update the figure
r = 2 ;
R = 12 ;
q = r ;
userdat = get_param(gcb,'UserData') ;
hd2 = userdat(1) ;
hd3 = userdat(2) ;
theta = u(1) ;                     % The sole input is theta
xc = (R-r) * sin(theta);           % Find center of disk
yc = -(R-r) * cos(theta) ;
psi = theta * (R-r)/r ;
xm_c = r * sin(psi) ;              % Find relative position of index
ym_c = r * cos(psi) ;
xm = xc + xm_c ;                   % Translate mark
ym = yc + ym_c ;
thp = 0:0.3:2 * pi ;
xd = r * cos(thp);
yd = r * sin(thp) ;
% Move the disk and index marks to new positions
set(hd2,'XData',xd+xc);
set(hd2,'YData',yd+yc);
set(hd3,'XData',[xc,xm]);
set(hd3,'YData',[yc,ym]);
%* * * * * * * * * * * * * * * * * * * * * * * * * * * * * * * * * * *
%*                 mdlOutputs                 *
%* * * * * * * * * * * * * * * * * * * * * * * * * * * * * * * * * * *
function sys=mdlOutputs(t,x,u)
% Compute output vector
sys = [];
%* * * * * * * * * * * * * * * * * * * * * * * * * * * * * * * * * * *
%*                 mdlGetTimeOfNextVarHit                 *
%* * * * * * * * * * * * * * * * * * * * * * * * * * * * * * * * * * *
function sys=mdlGetTimeOfNextVarHit(t,x,u)
sys = [];
%* * * * * * * * * * * * * * * * * * * * * * * * * * * * * * * * * * *
%*                 mdlTerminate                 *
```

```
%*********************************
function sys=mdlTerminate(t,x,u)
% Perform any necessary tasks at the end of the simulation
sys = [];
```

7.7.3 自定义库

在 Simulink 中,各类自带组件与模型使用 Library 形式显示以供用户使用,每一个 Library 的组成结构实现,主要通过一组模型描述文件(slblocks. m)与模型库文件(. mdl)实现。

slblocks. m 文件主要包含了库的描述信息,通过返回描述库的 blkstruct 结构体变量来为 MATLAB/Simulink 提供信息,该结构体主要包含的属性及意义如下:

(1)blkstruct. Name:Simulink 中模块集的名称。

(2)blkstruct. OpenFcn:打开模块集或者工具箱时模块调用的 M 函数。

(3)blkstruct. MaskDisplay:设置模块在 Simulink 界面显示格式的命令,用以设置图标的显示效果等。

(4)blkstruct. Browser:用来描述每一个需要显示的模型库的结构体。它包括:Library 属性,记录了该库指向的. mdl 库文件名称;Name 属性,记录了该库在 Simulink 中显示的名称。

. mdl 库文件记录了用于形成库的模型信息,具体包含了库中模块的模型结构、数学逻辑等详细内容,是 Simulink 库的实体。将需要重用模块封装成“输入-参数-输出”的形式,存储为. mdl 库文件,可以十分方便地转换成 Simulink 库模块。

具体步骤如下:

(1)创建自定义库。在 Simulink Library Browser 窗口中,选择菜单 File | New → Library,加入所需的常用模块,并保存(例如:mySimLib. mdl)。

(2)新建一个 slblocks. m,其内容如下:

```
function blkStruct = slblocks
Browser.Library = 'mySimLib';
Browser.Name   = 'My_Library';
blkStruct.Browser = Browser;
```

说明:

mySimLib 为自定义库文件的文件名。

My_Library 为将在 Simlink Library Browser 窗口中显示的名称。

注意:不要加任何注释,否则有可能不成功。

(3)将 mySimLib. mdl 和 slblocks. m 放在同一个目录下,然后在 MATLAB 主窗口中选择菜单 File | Set Path...,将该目录添加到 MATLAB 搜索路径中,保存,退出。

(4)在 Simulink Library Browser 窗口中,按 F5 按键或选择菜单 View | Refresh Tree View,即可看到自定义库的名称(本例为 My_Library)出现在库浏览器中。

7.7.4 Simulink 的命令行仿真

Simulink 与 MATLAB 的数据交互是能够使用命令行进行数字仿真的前提。用户除了可以使用前面章节介绍的使用 Simulink 的图形建模方式建立动态系统的模型之外,也可以使用命令行方式建立系统的仿真模型。总的来说,使用命令行方式进行系统建模使用得不多,这里仅仅给出命令行方式建模的命令,感兴趣的读者可以通过在线帮助了解各个命令的使用方法。Simulink 中建立系统模型的命令见表 7.7.3 。

表 7.7.3 命令行方式建立 Simulink 模型指令

命 令	功 能
new_system	建立一个新的 Simulink 系统模型
open_system	打开一个已经存在的 Simulink 系统模型
close_system,bdclose	关闭一个 Simulink 系统模型
save_system	保存一个 Simulink 系统模型
find_system	查找 Simulink 系统模型、模块、连线及注释
add_block	在系统模型中加入指定模块
delete_block	从系统模型中删去指定模块
replace_block	替代系统模型中的指定模块
add_line	在系统模型中加入指定连线
delete_line	从系统模型中删去指定连线
get_param	获取系统模型中的参数
set_param	设置系统模型中的参数
gcb	获得当前模块的路径名
gcs	获得当前系统模型的路径名
gcbh	获得当前模块的操作句柄
bdroot	获得最上层系统模型的名称
simulink	打开 Simulink 的模型库浏览器

使用命令行方式,用户可以编写并运行系统仿真的 M 文件来完成对动态系统的仿真,在 M 文件中,用户可以反复对同一系统在不同的仿真参数或不同的系统模块参数下进行仿真,这样就不需多次打开 Simulink 图形窗口,使用 Start Simulation 命令进行仿真。特别是当需要分析某个参数对系统仿真结果的影响时,用户可以很容易地使用循环自动修改参数值。这样可以方便、快速地分析不同参数值对系统性能的影响。

一、使用 sim 命令进行动态系统仿真

1. 调用格式

sim 命令是使用命令行方式进行动态系统仿真分析最常用的命令。其完整的调用格式为

[t,x,y]=sim(model,timespan,options,ut)

[t,x,y1,y2,…,yn]=sim(model,timespan,options,ut)

实际使用时，用户可以省略 sim 命令中的某些设置，MATLAB 对省略的设置采用默认的参数。

sim 命令实现对 model 指定的系统模型按照给定的仿真参数和系统模型参数进行仿真。

2.参数说明

仿真过程中所使用的参数包括所有仿真参数对话框设置的参数、MATLAB 工作空间的输入输出选项卡中的设置及采用命令行方式设置的参数和系统模块参数。

sim 命令中，只有参数“model”是必需的，其他的仿真参数均允许设置为空矩阵，此时 sim 命令对不设置的仿真参数使用系统框图决定的默认参数进行仿真计算。sim 命令中设置的参数具有较大的优先级，设置过的参数将取代模型默认的参数。用户需使用 sim 命令中的 options 参数设置所需的参数，下面是各个参数的详细说明。

(1)t：返回仿真时间向量。

(2)x：返回仿真的状态矩阵，排列次序是先连续状态，后离散状态。

(3)y：返回仿真的输出矩阵，其中每一列对应着一个根层次的输出端口(即顶层系统)。排列顺序对应端口数字。如果输出端口的结果是向量信号，则它相应地占有合适的列数。

(4)y1，y2，…，yn：返回模型中 n 个根层次输出端口的输出。

(5)model：需进行仿真的系统仿真模型框图名称。

(6)timespan：系统仿真时间范围(起始时间至终止时间)，可以取如下形式：

tFinal：设置仿真终止时间。仿真起始时间默认为 0。

[tStart tFinal]：设置仿真的起始时间(tStart)和终止时间(tFinal)。

[tStart OutputTimes tFinal]：设置仿真的起始时间(tStart)和终止时间(tFinal)，并且设置仿真返回的时间向量[tStart OutputTimes tFinal]，其中 tStart，OutputTimes 和 tFinal 必须递增排列。

(7)options：由 simset 命令设置的除了仿真时间外的仿真参数，是一个结构体变量。

(8)ut：表示系统顶层模型的外部可选输入。ut 可以是 MATLAB 函数。可以使用多个外部输入 ut1，ut2，…。其格式必须符合输入信号的要求。具体要求同由 MATLAB 工作空间传递信号至系统模型的格式。

二、sim 命令应用实例

回忆本章例 7.4.2 所示的汽车速度 PID 控制系统，如果要讨论 PID 控制器中比例系数 Kp 对系统控制系能的影响，则可以编写以下 M 文件，并将其与例 7.4.2 所示的 Simulink 方框图模型(见图 7.4.5)文件存于同一路径下，命名为“CarPID. m”。

```
%命令行 Simulink 仿真实例
clear all;
mass=500;
Km=1/mass;          % 在 workspace 建立 Simulink 模型需要的参数变量并赋值
% Kp 对系统的影响
Ki=0.75;            % 在 workspace 建立 Simulink 模型需要的参数变量并赋值
Kd=75;              % 在 workspace 建立 Simulink 模型需要的参数变量并赋值
Ts=0.1;             % 在 workspace 建立 Simulink 模型需要的参数变量并赋值
index=1;
```

```
figure('name','参数 P 对速度 V 的影响');
for Kp=10:10:100   % 在 workspace 建立 Simulink 模型需要的参数变量并动态修改
    sim('motorexample',200);          % 命令行调用 Simulink 模型运行
    h(1,index)=plot(tout,vout); hold all;
    str{1,index}=(['Kp=',num2str(Kp)]);   %把一个字符串作为一个元素组成 cell
    index=index+1;
end
legend(h(1,:),str);grid;
xlabel('time(sec.)');
ylabel('speed(m/s)');
hold off
```

在 MATLAB 工作空间里输入“CarPID”，运行命令行仿真，可以得到在不同 Kp 下系统的阶跃响应，如图 7.7.20 所示。由仿真结果可见，PID 控制器在积分和微分系数一定时，Kp 增大，系统的响应速度加快，同时由于增大了前向通道增益，还可以有效抑制系统中的非线性因素。读者还可以基于本例的代码讨论 Ki，Kd 等参数变化时对系统控制系能的影响，从而更深入地理解 PID 控制器。如果令 Km 变化，还可以讨论系统存在结构不确定性时，控制器的鲁棒性问题。

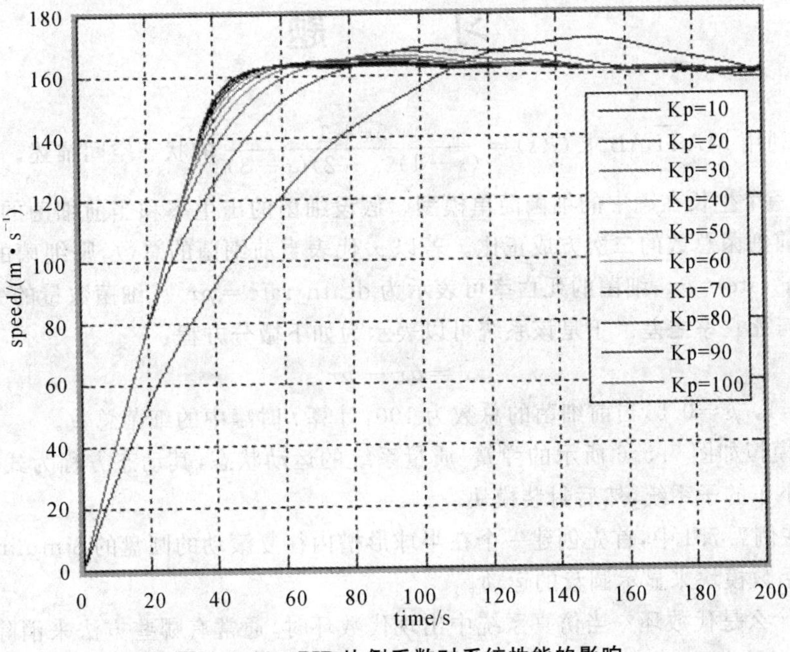

图 7.7.20　PID 比例系数对系统性能的影响

总之，使用脚本文件进行仿真非常方便。表现在以下几个方面：能够自动重复地运行仿真，在仿真过程中可以动态地调整参数，亦可以方便地分析不同输入信号作用下系统的响应。由于这几方面的便利，对实际的工程系统进行调参和仿真分析时使用脚本文件对系统进行命令行仿真是很有效的方法。

本章小结

高性能、低成本以及短周期的更新换代是当今科学研究和工业生产企业的一大特点，而研究对象的模型化、模型的模块化是满足这些要求的基本条件之一。MATLAB 和 Simulink 为用户提供了一个强大的、具有友好界面的建模和动态仿真的环境。并且 Simulink 借助 MATLAB 在科学计算、图形和图像的处理、甚至各类建模和仿真的代码生成这些优势，可以非常方便地为用户创建和维护一个研究对象的模型、评估各类设计原理和方法，大大缩短科学研究的时间，加快企业产品的开发进程。

本章向读者介绍了 Simulink 的部分基本知识和操作，包括建模方法、子系统和子系统的封装、回调和 S 函数，同时还向读者介绍了一些具体的应用实例。读者通过本章的学习和实际使用 Simulink 演算本章给出的算例，不但可以进一步掌握计算机仿真的基本概念和理论，也可以初步学会使用 Simulink 去真正地运用仿真技术解决科研和工程中的实际问题。但是限于篇幅和 Simulink 本身内容的丰富，本章所介绍的仅仅是 MATLAB 和 Simulink 的部分入门知识。目前关于 MATLAB 和 Simulink 的书籍很多，感兴趣的读者可以学习参考。

习　题

7-1　利用 MATLAB 求 $G(s)=\dfrac{5s+1}{(s-1)(s-2)(s-3)}$ 的状态空间描述。

7-2　一个生长在罐中的细菌简单模型。假设细菌的出生率和当前细菌的总数成正比，死亡率和当前细菌总数的二次方成正比。若以 x 代表当前细菌的总数，则细菌的出生率可以表示为 birth_rate $=bx$，细菌的死亡率可表示为 death_rate $=px^2$。细菌数量的变化率可以表示为出生率与死亡率之差。于是该系统可以表示为如下微分方程：

$$\dot{x}=bx-px^2$$

假设 $b=1$，$p=0.5$，当前细菌的总数为 100，计算 t 时罐中的细菌总数。

7-3　模拟如图 7.5.6 所示的弹簧-质量系统的运动状态，其动态方程为式(7.5.1)。试先建立单个小车的子系统，然后封装模块。

7-4　在例 7.7.1 中，首先创建一个在半球形槽内往复滚动的圆盘的 Simulink 模型，然后利用动画 S 函数模块来显示圆盘的运动。

7-5　什么是代数环？当仿真系统中出现代数环时，通常有哪些方法来消除代数环？利用 Simulink 仿真例 4.4.4，利用几种不同的方法消除代数环，并比较。

7-6　在 Simulink 中，有哪些微分方程的解法？试总结它们的算法，并按单步法、多步法、定步长、变步长进行分类。

7-7　建立下面各个框图给定的控制系统 Simulink 模型，并在适当的时间范围内，选择合适的算法对它们进行仿真分析，并绘制出不同阶跃输入幅值下的输出曲线。

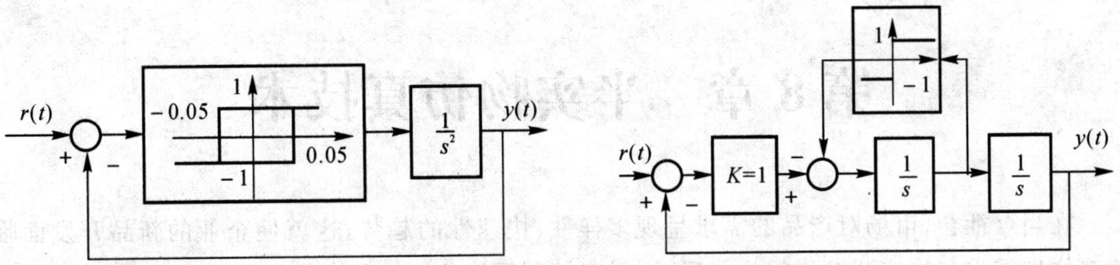

习题 7-7 图

7-8　用 Simulink 建立下面的时变系统模型，并对数值进行仿真分析。

$$\begin{bmatrix}\dot{x}_1\\ \dot{x}_2\end{bmatrix}=\begin{bmatrix}0 & t\\ 0 & e^{-at}\end{bmatrix}\begin{bmatrix}x_1\\ x_2\end{bmatrix}$$

第8章　半实物仿真技术

在当今社会，市场对产品的需求呈现多样性、快速性的趋势，这就使企业的新品开发面临着多样性需求与快速开发之间的矛盾；同时对控制系统鲁棒性及可靠性的要求也日益增加；另外并行工程（即：设计、实现、测试和生产准备同时进行）也被提上了日程。对于进行控制算法研究的工程师而言，最头疼的莫过于没有一个方便而又快捷的途径，可以将他们用控制系统设计软件（如 MATLAB/Simulink）开发的控制算法在一个实时的硬件平台上实现，以便观察与实际的控制对象相连时，控制算法的性能；而且，如果控制算法不理想，还能够很快地进行反复设计、反复试验直到找到理想的控制方案。

对一些大型的科研应用项目，如果完全遵循过去的开发过程，由于开发过程中存在着需求更改、软件代码甚至代码运行硬件环境不可靠（如：新设计制造的控制单元存在缺陷）等问题，最终导致项目周期长、费用高，缺乏必要的可靠性，甚至还可能导致项目以失败告终。这就要求在开发的初期阶段就引入各种试验手段，并有可靠性高的实时软/硬件环境做支持。另外，产品型控制器生产出来后，测试工程师又将面临一个严重的问题：由于并行工程的需求，控制对象可能还处于研制阶段，或者控制对象很难得到，用什么方法才能在早期独立地完成对控制器的测试呢？本章将解答上述问题。

8.1　半实物仿真机理

8.1.1　实时半实物仿真原理

半实物仿真系统最显著的特点就是与外部硬件相结合，是将控制器（实物）、传感器（实物转台）与在计算机上的仿真模型连接在一起组成控制闭环进行实验的技术。可以在控制器尚未安装到真实系统之前，通过半实物仿真实验来验证控制器静态、动态性能是否满足设计要求，因此半实物仿真是提高工程设计效率、降低研制风险、节约研发成本、缩短研制周期的重要技术手段。图 8.1.1 所示是某光电稳定平台半实物仿真系统的实例。系统由实时仿真机（运行一体化仿真环境，如 SWB）、两轴转台、I/O 数据采集板、控制器板及相应通信、互连设备组成。其中，实时仿真机、两轴转台、I/O 数据采集板、控制器板组成半实物仿真控制闭环（图 8.1.1中实线箭头所连接部分），SWB 仿真软件运行计算机负责对实验过程中产生的各种数据进行监测、分析，对仿真过程状态数据的二维（性能曲线）、三维（视景）可视化；另外，还可以执行控制器目标代码下载、模型参数在线修改等功能。半实物控制闭环各设备及 SWB 软件运行计算机之间的通信采用实时以太网数据传输通道，保证系统的实时性。针对实际的半实物仿真系统需要，在上述核心设备的基础上根据实际功能需求可以进行应用层软件的二次开发。

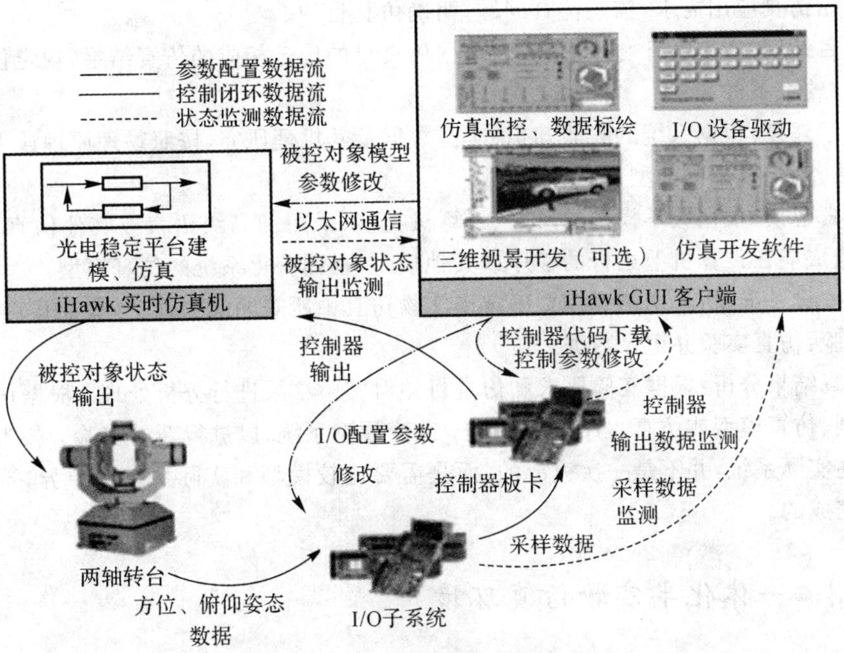

图 8.1.1　实时半实物仿真原理图

8.1.2　半实物仿真流程

如图 8.1.2 所示，实时半实物仿真的一般过程可以表述如下：

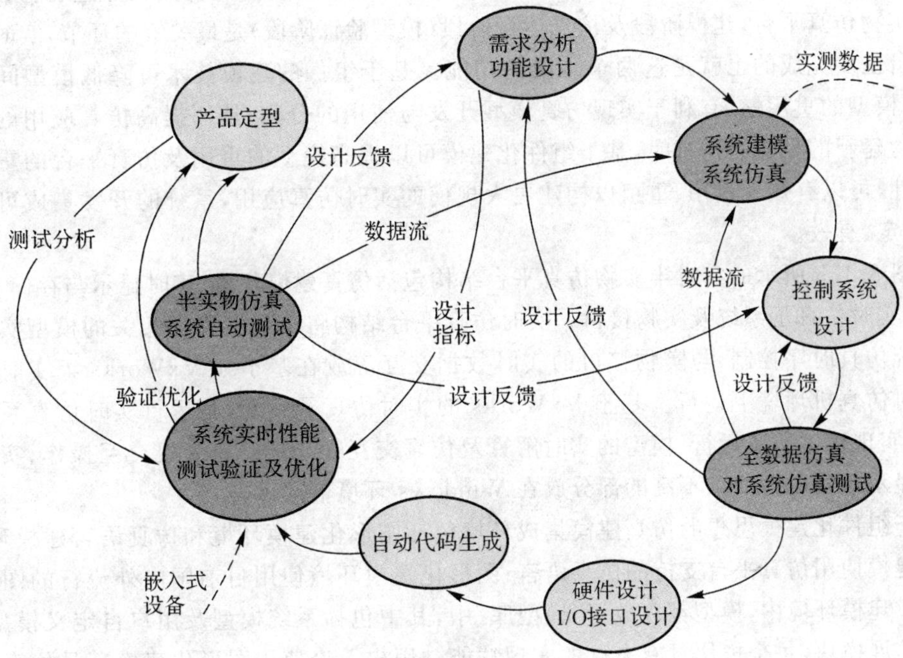

图 8.1.2　半实物仿真流程

(1)根据仿真应用需求，描述仿真问题，明确仿真目的。

(2)项目计划、方案设计与系统定义：根据仿真目的确定相应的仿真结果，规定仿真系统的边界条件与约束条件。

(3)数学建模：根据系统的先验知识、实验数据及其机理研究，按照物理原理或者采取系统辨识的方法，确定模型的类型、结果及参数。

(4)仿真建模：根据数学模型的形式、计算机类型、采用的高级语言或其他仿真工具，将数学模型转换成能在计算机上运行的程序或其他模型，也即获得系统的仿真模型。

(5)硬件设备准备：根据仿真模型确定半实物仿真中所需的实物设备，购置并安装设备。

(6)实验：仿真实验并记录数据。

(7)仿真结果分析：根据实验要求和仿真目的对实验结果进行分析处理。根据仿真结果修正数学模型、仿真模型或仿真程序，或者修正/改变原型系统，以进行新的实验。模型是否能够正确地表述实际系统，并不是一次完成的，而是需要比较模型和实际系统的差异，不断地修正和验证而完成的。

8.1.3 一体化半实物仿真环境

一体化半实物仿真环境是集模型设计、模型编制、模型检验、编写及验证仿真程序、准备模型及输入数据、分析模型并输出数据、设计及执行模型的实验为一体的仿真建模平台。简单地说，根据实时仿真流程及特点，一体化仿真环境可分为：①分析准备阶段，包括仿真应用问题描述、根据仿真问题确定仿真方案及硬件设备准备；②建模阶段，包括仿真系统描述、建立系统数学模型及仿真数学模型；③模型验证阶段，即仿真的运行阶段，这个阶段的反馈值即可体现仿真方案、模型的建立、仿真程序的运行正确与否，进而对方案、模型、仿真程序进行修改。对于实时半实物仿真平台，建模阶段及仿真运行阶段(模型验证阶段)是最关键的环节，实时半实物仿真平台主要完成的也就是这两个阶段的功能。基于组件的建模技术可降低模型间的耦合度，改善模型的重用性，有利于实现仿真模型开发与使用的分离，从而提高仿真应用的开发效率。在构建新的半实物仿真时，基于组件化建模可以提高模型的重用及仿真平台的重用化及可扩展性，可以有效地重用、重组以构建更大规模的实时仿真应用，系统的开发集成可以更加快捷、稳定、有效。

如图 8.1.3 所示的实时半实物仿真平台结构包括仿真建模环境、实时显示与存储、人机交互环境、实时仿真子系统及实物接口。实时仿真平台结构将与仿真密切相关的模型实时计算和全系统仿真时序控制，与实物接口的实时数据交互等放在基于如 VxWorks 等实时操作系统的实时仿真机环境下运行。基于 VxWorks 的实时仿真子系统，是运行实时仿真系统的主体，负责实现控制仿真运行、模型的实时解算及仿真交互等功能。将人机交互操作、实时数据记录和显示等实时性要求不高的部分放在 Windows 环境下运行。

基于组件化建模思想的仿真建模集成环境包括图形化建模环境和仿真语言建模环境，仿真语言建模使用仿真平台支持的仿真语言；图形化建模环境使用目前国内外流行的图形化建模工具。建模环境中，模型都存放于“模型库”中，其中包括系统模型及用户自定义模型，是系统功能扩展模块，每个模块具有自己的实现功能。用户无论使用图形化建模还是仿真语言建模，都可以建立仿真模型并保存到模型库中，也可以使用模型库中系统提供的模型或者用户自定义模型建立更大的系统仿真模型。在建模阶段，将功能需要的模块按仿真应用需求进行连接，建立大的仿真模型供仿真平台调用以完成仿真运行。

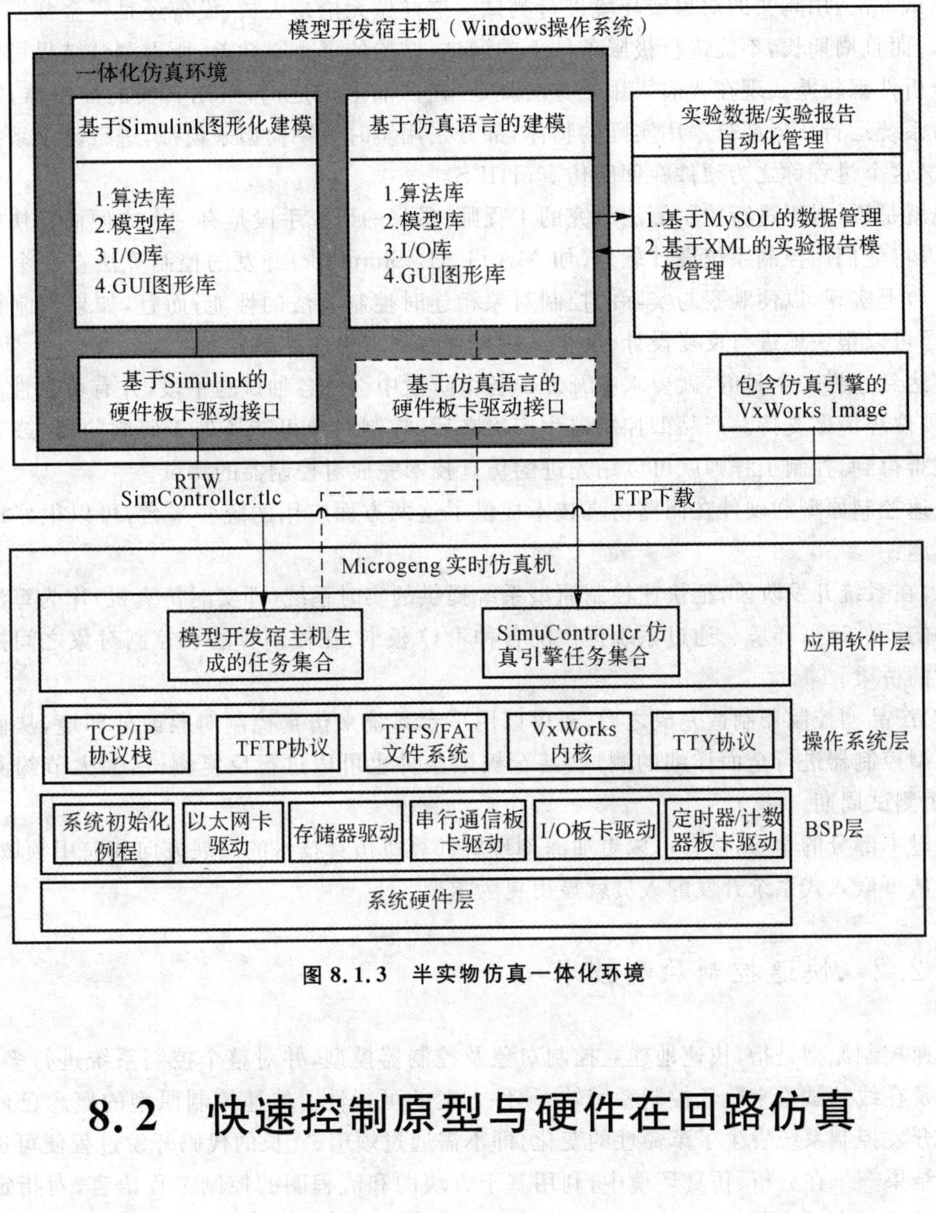

图 8.1.3　半实物仿真一体化环境

8.2　快速控制原型与硬件在回路仿真

8.2.1　概述

对一些大型的工程项目，如果完全遵循过去的开发过程，由于开发过程中存在着需求的更改，软件代码甚至代码运行硬件环境的不可靠原因（如：新设计制造的控制单元存在缺陷），最终会导致项目周期长、费用高，缺乏必要的可靠性，甚至还可能导致项目以失败告终。

这就是工程技术人员所面临的两个应用问题：一是在开发的初期阶段，快速地建立控制对象及控制器模型，并对整个控制系统进行多次的、离线的及在线的试验来验证控制系统软、硬件方案的可行性。这个过程称之为快速控制原型(Rapid Control Prototyping,RCP);第二个问题就是已设计完的控制器投入生产后,在投放市场前必须对其进行详细的测试。如果按传统的测试方法,用真实的对象或环境进行测试。这样做无论是人员、设备还是资金都需要较大的投入,而且周期长,不能进行极限条件下的测试,试验的可重复性差,所得测试结果可记录性及可分析性都较差。现在普遍采用的方法就是:在产品上市之前,采用真实的控制器,被控对象或者系统运行环境部分采用实际的物体,部分采用实时数字模型来模拟,进行整个系统的仿真测试,这个过程称之为硬件在回路仿真(HILS)。

也就是说,对于进行控制算法研究的工程师,最好的研究手段是有一个方便而又快捷的途径,可以将他们用控制系统设计软件(如 MATLAB/Simulink)开发的控制算法在一个实时的硬件平台上实现,以便观察与实际的控制对象相连时控制算法的性能;而且,如果控制算法不理想,还可以很快地进行反复设计、反复试验直到找到理想的控制方案。

要达到这样一个目的,就要求在开发的各个阶段中引入各种试验手段,并有可靠性高的实时软/硬件环境做支持。产品型控制器生产出来后,控制对象可能还处于研制阶段,或者控制对象很难得到,控制工程师就可以用先进的仿真技术完成对控制器的测试。

快速控制原型和硬件在回路仿真技术提供了这两方面应用的统一平台,可以很好地解决上述问题:

(1)在系统开发阶段,把快速控制原型系统提供的实时系统(即实时仿真机)作为算法及逻辑代码的硬件运行环境。通过系统提供的各种 I/O 板卡,在控制算法和控制对象之间搭建一座实时的桥梁。

(2)产品型控制器制造完成之后,还可以用平台系统来仿真控制对象或外环境,从而允许对产品型控制器进行全面详细的测试,甚至极限条件也可以进行反复测试,大大节约测试费用,缩短测试周期。

经过本部分的学习,读者可以更加深刻理解计算机仿真技术的发展方向和应用领域,尤其是对于从事嵌入式系统开发的人员就显得更为重要。

8.2.2 快速控制原型技术

快速控制原型是指,快速地建立控制对象及控制器模型,并对整个控制系统进行多次的、离线的及在线的试验来验证控制系统软、硬件方案的可行性。快速控制原型的概念已使得在实验室开发控制系统发生了革命性的变化,即不需通过烦琐、冗长的代码开发过程便可迅速得到实验结果——在分析、仿真环境中,利用基于方块图和流程图的控制工程语言,对指定的对象方便地进行实时控制、算法验证、参数优化、代码生成等。

要实现快速控制原型,必须有集成良好、便于使用的建模、设计、离线仿真、实时开发及测试工具,如图 8.2.1 所示。快速控制原型技术关键为:

· 建模、设计、仿真环境:在这一环境中,允许快速建模,反复修改设计,进行离线及实时仿真,从而将错误及不当之处消除于设计初期,使设计修改费用减至最低。目前一般都使用 MATLAB/SimuLink 作为建模、设计、仿真环境。

· 控制算法代码的硬件运行环境:这是一实时控制系统,用快速原型硬件系统提供的各种 I/O 板卡,在原型控制算法和控制对象(实际设备)之间搭建起一座实时的桥梁,进行设计方案实施和验证，从而开发出最适合控制对象或环境的控制方案。

· 代码生成/下载及试验/调试交互环境：RCP的关键就是代码的自动生成和下载，只需鼠标轻轻一点就可以在几秒钟内完成设计的更改。试验/调试提供了在线监测、在线修改、实时分析、参数优化等功能，充分体现其快速性。最终可得到产品型控制器的代码。

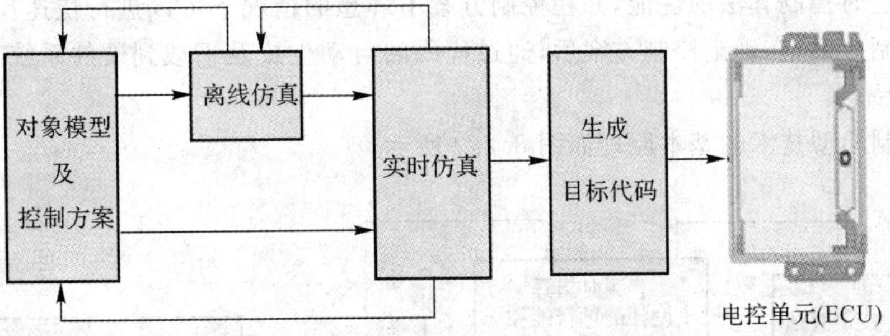

图8.2.1　快速控制原型结构

使用RCP技术，可以在费用和性能之间进行折中，可在最终产品硬件投产之前，仔细研究诸如离散化及采样频率等的影响、算法的性能等问题。通过将快速原型硬件系统与所要控制的实际设备相连，可以反复研究使用不同检测单元及驱动机构时系统的性能特征，从而逐步完成从原型控制器到产品型控制器的顺利转换。

快速原型化是系统实时仿真中最普遍采用的设计思想，计算机辅助软件设计和面向对象的设计思想是快速原型化思想的基础，快速原型设计旨在以设计控制系统和控制策略作为整个研究工作的中心，尽可能减少专业涉及面，同时保证研究工作的质量和进度。与传统控制器设计流程相比较，快速原型设计具有如下特点：

(1)可重复利用：不同的控制目标其系统的设计有所差异，根据这些设计需求形成的控制系统的硬件环境也存在差异。通过构造具有通用接口形式的硬件平台，快速原型设计可以适应不同控制研究的需要，从而大幅削减后续硬件及改型的成本，并极大地加快研制进度。

(2)结构简单：快速原型设计在系统规模上有较大的简化。用高置信度的物理模型、低成本的计算机系统进行解算，依然满足控制实时仿真的各种技术需求。

(3)开发速度快：传统开发过程由于涉及的专业面较宽，不同专业的交流缺乏整体的交互性，导致开发效率低、返工率高、周期长。快速原型设计的最显著特点之一，就是“快”。由于提供良好的交互环境，设计人员和设计平台之间具有良好的沟通性，甚至许多控制参数的调整，都可以在线实时修改。

(4)成本低：由于采用当今主流的计算机系统作为开发平台，配以成熟的软件平台，设计过程中没有大规模的硬件设计，所以整个仿真系统不仅组成简单，而且实现成本较低。

快速控制原型技术的重要性体现在“从概念到硬件”，即从产品的概念、设计到实现的一体化过程。快速原型是20世纪80年代后期国际上出现的新技术，它引发了技术和生产效率的变革，是近20年来科技领域的一次重大突破。

8.2.3　快速控制原型开发原理

传统的开发过程基本上是一个串行的过程，由于专业涉及面过宽，一旦出现问题后影响较大,并且发现错误的阶段越晚造成的影响越大。当检测到错误或测试的结果不满足设计要求时,传统开发过程必须重新开始进行设计和实现,从而造成开发周期太长。

利用快速控制原型技术可以在产品开发的初期,将工程师开发的算法下载到计算机硬件平台中,通过实际I/O与被控对象实物连接,用实时仿真机与实物相连进行半实物仿真,来检测与实物相连时控制算法的性能,并在控制方案不理想的情况下可以进行快速反复设计以找到理想的控制方案;在确定控制方案后,通过代码的自动生成及下载到硬件系统上,形成最终的控制器产品。

快速控制原型技术的基本原理如图8.2.2所示。

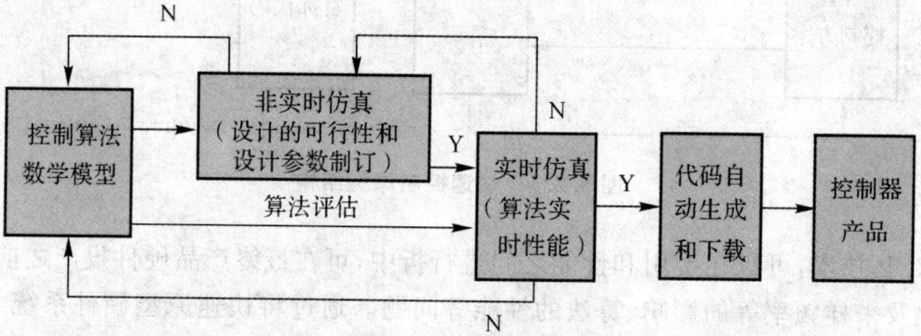

图8.2.2 快速控制原型技术基本原理

快速控制原型的整个开发过程呈螺旋形(见图8.2.3)。在这种设计过程中,工程师的设计思想和方法贯穿了整个产品的开发过程,另外也由于在整个产品开发阶段都使用相同的模型和工具,因此可实现各个阶段之间快速的重复过程,即很容易返回到上一阶段甚至上几个阶段。

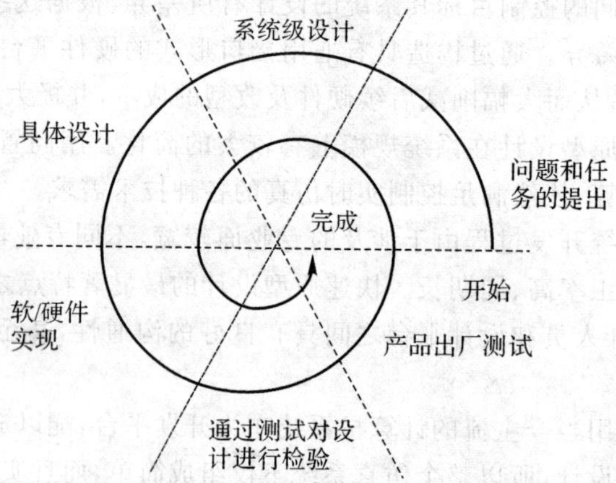

图8.2.3 快速控制原型开发过程

因此,快速控制原型能够有效地缩短产品开发周期,降低开发成本,能设计出高品质的产品,具有“更快、更好、更便宜”的优点。

按照RCP系统总体设计方案,RCP系统由建模仿真平台、RCP开发网络平台和硬件设备组成。对于总体方案中的各个软、硬件平台,需要将之整合为RCP系统,并通过算法设计、原型验证、硬件仿真一系列的过程逐步来实现。

1. V 形开发模式

V 形开发模式是针对控制器产品的特点设计的一套从产品设计到标定/测试的研发方案。V 形开发模式分为 5 个阶段，即功能设计、原型设计、代码生成和硬件制作、硬件在回路仿真及标定/测试，如图 8.2.4 所示。

(1)在功能设计阶段，在计算机上建立一个被控对象的数学模型并对它仿真，然后再把控制系统有关部件模型加到仿真中并进行控制器的优化设计与数学仿真等。这一阶段建立控制系统和被控对象模型，对整个设计进行仿真分析，确定设计的可行性和参数的大致范围。这一阶段的仿真是非实时的。

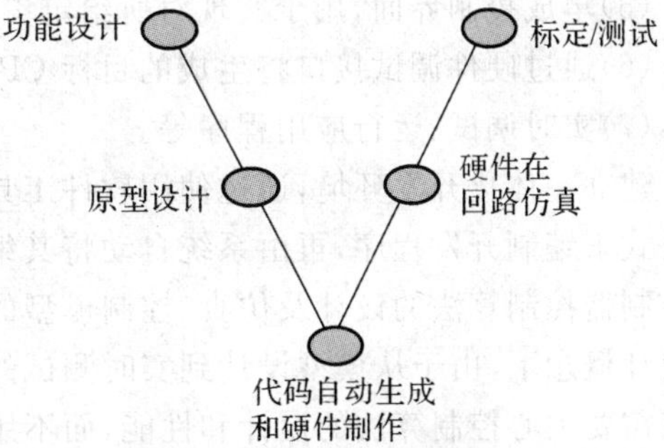

图 8.2.4　V 形开发模式

(2)在原型设计阶段，考虑到以后可能会对控制器进行修改，往往不希望用硬件实现，而用实时仿真机来代替真实的控制器，将控制方案框图自动生成代码并下载到仿真机上，与被控对象模型或实物连接进行实时仿真。该阶段的仿真是实时仿真，仿真过程允许与实际的设备连接在一起，并包括各软件及硬件中断等实时特性。

(3)在产品代码生成和硬件制作阶段，将原型设计阶段的代码自动编译生成为标准芯片的代码并自动下载到产品硬件上。将模型转换为产品代码是开发过程中最关键的一步。过去这种转换完全是通过手工编程来实现的，现代开发方法则不同，产品代码的大部分是自动生成的。对大多数工程师而言，如果能够加快开发速度，损失代码的部分实时运行效率是可以接受的，如：自动生成代码的运行效率不低于手工代码的 10%，内存占用量不超过手工代码的 10%。

(4)有了控制系统的初样，并不意味着计算机辅助设计工具(软件/硬件)就没有用了。相反，现在由于控制系统所完成的功能日渐复杂，对其进行全面综合的测试，特别是故障情况和极限条件下测试就显得尤为重要。但如果用实际的控制对象进行测试，很多情况是无法实现的，抑或要付出高昂的代价。如对汽车电控单元的测试就包括不同车型、不同路况、不同环境(雨、雪、风、冰等)下的测试，如果用真实的汽车，必然要花费相当长的时间，付出高昂的测试费用。但如果用计算机辅助设计工具对控制对象进行实时仿真，就可以进行各种条件下的测试，特别是故障和极限条件下的测试，而这正是传统开发方法所不具备的。

(5)在标定/测试阶段，在实际使用环境下对控制器进行测试，并对控制参数行标定。

2. 一体化开发环境

随着计算机技术的发展，针对传统控制系统设计方式的不足，有学者提出了使用先进的计算机软件和硬件组成所谓的控制系统一体化开发环境，即从一个控制器的概念设计到数学分析和仿真，从实时仿真试验的实现到试验结果的监控都集成在一套平台中来完成。目前许多大公司都推出了相应的一体化开发平台，如 Mathwork 公司的基于 MATLAB/Simulink 的快速控制代码生成、dSpace®、iHawk SimBox® 等。基于 MATLAB/RTW 的一体化快速控制原型开发环境方案如图 8.2.5 所示，其内容包括：

(1)提供控制操作界面，建立控制模型；

(2)集成 MATLAB/Simulink 进行仿真建模；

(3)集成 RTW 对 Simulink 所构建的模型进行自动代码生成；

(4)集成编译器、链接器、调试器等对生产的代码进行交叉编译和调试，从而对目标 CPU 进行控制；

(5)集成控制界面，用于实现对所给定参数的测试和优化；

(6)通过硬件调试接口将生成的目标 CPU 的机器代码下载到硬件平台；

(7)实时调试、运行应用程序等。

建立一体化开发环境，通过使用软件工具的图形化界面的模型方框图，输入计算公式、经验公式来编制开发程序，再由系统自动将其编译成目标代码的方式可以提高效率。在这样的从控制器控制算法的设计及仿真、控制模型的程序代码皆是在同一个开发环境下完成的控制器设计概念下，由于从模型设计到实时测试的一系列过程都是在同一环境下完成的，因此，用户只需要关心控制算法的设计和性能，而不用过多考虑实现过程。

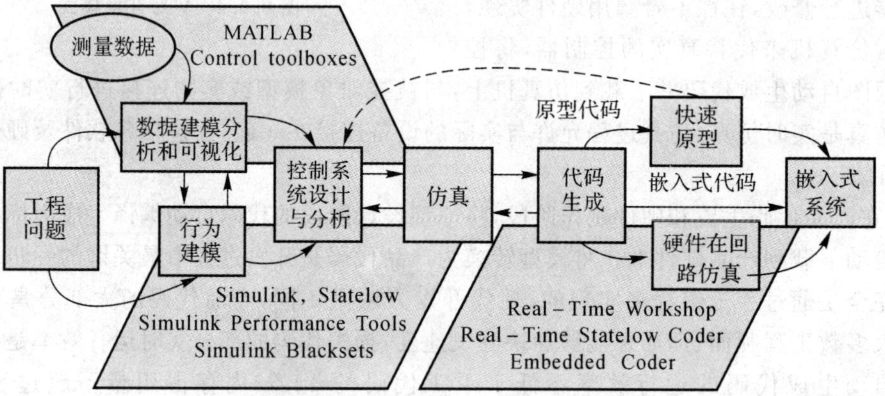

图 8.2.5 基于 MATLAB 的一体化快速控制原型

8.2.4 硬件在回路仿真

当一个新型控制系统设计结束，并已制成产品型控制器时，就需要在闭环下对其进行详细测试。但由于种种原因考虑，有时这样的全物理闭环实验无法进行，如：

· 实际的被控对象还未生产出来，无法构成闭环系统；

· 真实环境中测试需要高昂的费用或风险很大等，使闭环测试难以进行；

· 真实的使用环境难以建立，如在积雪覆盖的路面上进行汽车防抱死刹车系统(ABS)控制器的测试就只能在冬季有雪的天气进行；

· 有时为了缩短开发周期，甚至希望在控制器运行环境不存在的情况下(如：控制对象与控制器并行开发)，对其进行测试。

解决这些矛盾的最好方法是采用半物理仿真，即硬件在回路仿真(HIL)，尤其是对于从事大型复杂控制器设计的人员来讲，HIL 的仿真试验是非常重要的。

现在，许多控制工程师都把 HIL 仿真作为替代真实环境或设备的一种典型工程方法。在 HIL 仿真中，实际的控制器和用来代替真实环境或设备的仿真模型一起组成闭环测试系统。

在这个闭环测试系统中,那些难以建立数学仿真模型的部件(如液压系统)也可以作为实际物理部件保留在闭环中。这样就可以在实验室环境下完成对控制器部件(ECU)的测试,从而可以大大降低开发费用,缩短开发周期,甚至完成那些实际全物理仿真都难以做到的测试。

利用 HIL 技术,控制器设计的工程师可以对控制器进行全面综合的测试,特别是在故障情况和极限条件下测试就显得尤为重要了。

HIL 仿真的特点一般有:

(1)不需要实际被控对象存在就可以完成 ECU 的硬件和软件的测试;

(2)可以在实验室条件下完成许多极端环境条件下 ECU 的硬件和软件的测试;

(3)完成敏感元件、执行机构、计算机在全系统下的故障测试,以及研究故障对系统的影响;

(4)可以在极端和危险的工作条件下进行控制器的试验和工作测试;

(5)具有试验的可重复性;

(6)可以在不同的人机界面下完成对控制器的试验;

(7)降低控制器的开发费用和缩短开发时间。

下面介绍一个应用 HIL 的示例,该例描述了一个用于测试防抱死刹车系统(ABS)的工业型 HIL 测试台,即汽车的硬件在回路仿真——ABS 控制器测试试验台,如图 8.2.6 所示。

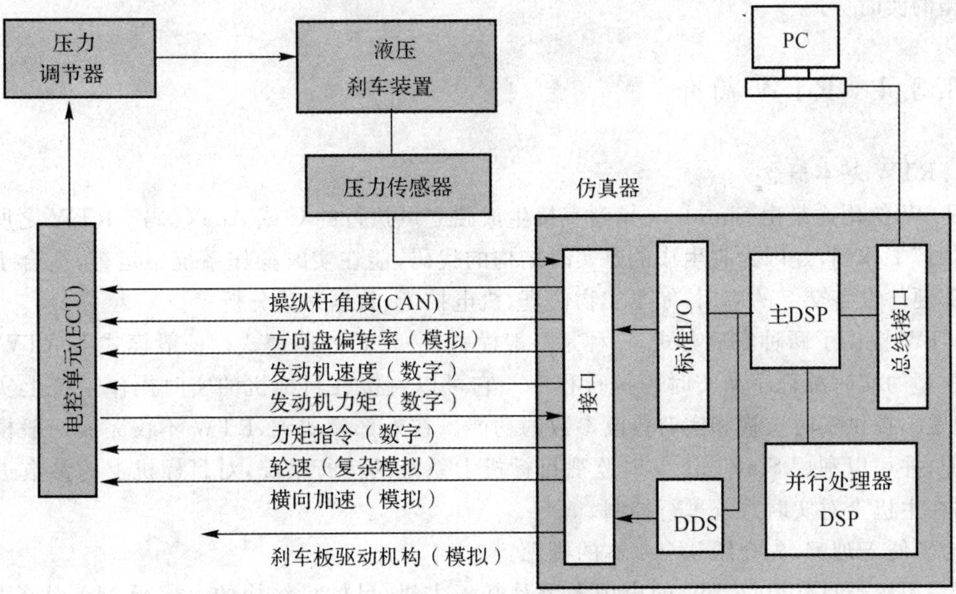

图 8.2.6　基于 HIL 仿真技术的测试防抱死刹车系统结构

对现代汽车而言,汽车的舒适性、效率及安全性相当依赖于实现动力系控制、防抱死刹车系统、牵引控制等的电控单元的性能。ECU 的软件也越来越复杂,以至于在开发的早期就需进行详细测试。如果用真实的汽车对新的 ECU 进行测试既昂贵又消耗时间,特别是进行一些极限环境下的测试,如:积雪覆盖的路面上的小摩擦测试就只能局限于冬季的几个月。而且用真实汽车进行测试存在可重复性差、不能复现同一测试条件等缺点。硬件在回路仿真这种技术允许在测试台上重复进行测试,从而可以比较产品型 ECU 及原型 ECU 的各种特性。

为了在达到期望的准确性的同时保证模型的实时可执行性,Audi 公司的 HIL 测试工作台使用了 TESIS(Munich,Germany)开发的 ve-DYNA 三维汽车动力学模型。由于在闭环控制中液压刹车系统的非线性及快速动态特性使得给其建立模型非常困难,所以在 ve-DYNA 仿真模型中没有实现刹车液压系统的动力学模型,而是将真实的 Audi A8 型液压刹车系统和 Audi A8 Quattro 四轮驱动的液压刹车系统置于一测试架上,该测试架与 ABS 控制器和 ve-DYNA 模型同时相连。为了像真实的汽车一样给 ECU 提供 I/O 信号,整个模型的仿真必须在 1ms 步长内执行完毕(小于 ABS 控制器的采样时间)。

8.3 MATLAB/RTW 实时仿真工具箱

MATLAB 作为一种功能强大的数学计算软件,具有数值计算、数据可视化功能和易于使用的编程环境,典型的应用包括工程计算、算法开发、建模和仿真、数据分析和可视化应用程序开发等。它还可用于实时系统仿真和产品的快速原型化,这一点是通过特殊应用工具箱——实时工作间(Real - Time Wokrshop,RTW)来实现的。RTW 是 Mathwork 公司提供的 MATLAB 工具箱之一,是 Simulink,Stateflow 和通信工具箱的一个补充功能模块,可用于各种类型的实时应用。

8.3.1 RTW 简介

1. RTW 基本概念

RTW 的用途是由 Simulink 模型直接生成独立可执行的 C 或 Ada 代码。RTW 之所以称为“实时”工作间,是因为它生成的是实时结构的代码,能在实时操作系统中运行,适合于模型与外部硬件设备交互的应用,如半实物仿真、机电控制、数据采集分析等。

RTW 提供了两种实现方式,一种是一般模式,一种是外部模式。一般模式下 RTW 自动生成模型的实时源程序和实时可执行程序。它可以直接在目标机的实时操作系统上实时运行,但是不提供实时监视和实时修改参数的功能。在外部模式下,RTW 不仅完成一般模式下的功能,并可以利用 Simulink 实时监视目标机上系统的运行情况,对目标机上的参数进行修改,并在主机上对实时系统进行控制。

为了便于理解,先介绍几个基本的概念。

(1)主机与目标机:RTW 的应用多数是基于主机/目标机结构的。运行 MATLAB 的机器称为主机,运行 RTW 生成的代码的机器称为目标机。之所以采用主机与目标机结构,原因是多数情况下的目标机是嵌入式系统,不适合运行 MATLAB。当然,也可以在同一台机器上产生、运行代码,这时主机和目标机是同一台机器,但我们仍使用主机、目标机的称谓。

(2)目标代码、目标环境与目标:RTW 生成的代码因在目标机上运行而被称为目标代码,目标代码的运行环境(包括软件环境和硬件环境)称为目标环境。目标代码、目标环境统称为目标。

(3)外部模式:是 Simulink 的一种运行模式。在这种模式下,模型不在 Simulink 环境中运行,而是以独立可执行代码的形式运行。在外部模型下,使用 Simulink 中的控制面板工具,可以通过网络连接控制模型的启动、停止、数据回传、调整模型运行参数等。该外部模式是开放的，许多其他第三方软件利用该接口，实现自己的界面控制实时仿真模型的运行。

RTW 生成的代码有两个特点：

(1)适应多种应用。如果目标系统是嵌入式系统，可以用 RTW 生成 ERT(Embedded Real Time)目标代码。这种代码体积小，运行快，占用内存少，且静态分配内存，相应地，它没有参数在线调节和实时数据监视功能。因此，这种代码在嵌入式系统开发中的调试很不方便。幸好，RTW 还能生成 GRT(Generic Real Time)目标代码。这种代码功能齐全，能在非实时操作系统下运行，是最常用的一种代码类型，也是初学者的首选。如果机器的内存紧张，还有一种 MRT(Malloc Real Time)代码类型可供选择。这种代码类型与 GRT 很相似，只不过 GRT 代码是在编译时静态分配内存，而 MRT 代码是在运行时动态分配内存。RTW 中还有 SRT (S－function Real Time)代码类型，这种代码遵循 S 函数与 Simulink 的接口规范，能编译成动态链接库，从而作为大模型中的一个模块。这样做有三个好处：加快 Simulink 仿真的速度；提高模型的重用性；模型以二进制代码形式发布，可以保护知识产权。如果目标系统是 Tornado，DOS 或 Windows，RTW 也能生成相应的目标代码。

(2)适应多种平台。RTW 生成的代码是标准 C 代码，并将平台相关部分与平台无关部分分离。使用相应的编译器，可以使目标代码在 Windows，UNIX，VxWorks，DOS 等多种操作系统以及 x86，DSP，MC68K，ARM 等多种硬件平台上运行。

2. RTW 的主要功能

在快速控制原型技术中，RTW 起到了关键性的纽带作用。一般的过程项目设计采用 Mathworks 工具集进行系统设计的过程可能不完全相同，但大部分项目的产品设计流程都是首先从 Simulink 环境下建模开始，然后在 MATLAB 下进行仿真分析。在得到较为满意的仿真结果后，用户可将 RTW 与一个快速原型化目标联合使用。该快速原型化目标与用户的物理系统连接在一起。用户可使用 Simulink 模型作为连接物理目标的接口，完成对系统的测试和观测。生成模型后，用户可使用 RTW 将模型转化为 C，Ada 代码或者其他嵌入式产品的代码，并使用 RTW 将扩展的程序创建和下载过程生成模型的可执行程序，再将其下载到目标系统中。最后，使用 Simulink 的外部模式，用户可以在模型运行在目标环境下的同时进行实时的监控和调整参数。

从功能上讲，RTW 具有以下 5 个基本功能：

(1)Simulink 代码生成器：能自动地从 Simulink 模型中产生 C 和其他不同微处理器的代码。

(2)创建过程：可扩展的程序创建过程使用户产生自己的产品级或快速原型化目标。

(3)Simulink 外部模式：外部模式使 Simulink 与运行在实时测试环境下的模型之间或在相同计算机上的另一个进程进行通信成为可能。外部模式使用户将 Simulink 作为前向终端进行实时的参数调整或数据观察。

(4)多目标支持：使用 RTW 捆绑的目标，用户可以针对多种环境创建程序，包括 Tornado 和 DOS 环境。通用实时目标和嵌入式实时目标为开发个性化的快速原型环境或产品目标环境提供了框架。除了捆绑的目标外，实时视窗目标或 XPC 目标使用户可以将任何形式的 PC 变成一个快速原型化目标，或者中小容量的产品级目标。

(5)快速仿真：使用 Simulink 加速器、S 函数目标或快速仿真目标，用户能以平均 5～20

倍的速度加速仿真过程。

为了实现上述功能,RTW 具有如下重要特征:

(1)基于 Simulink 模型的代码生成器。

· 可生成不同类型的优化和个性化的代码(大致可分为嵌入式代码和快速原型化代码两种类型)。

· 支持 Simulink 所有的特性,包括 Simulink 所有的数据类型。

· 所生成的代码与处理器无关。

· 支持任何系统的单任务或多任务操作系统,同时也支持“裸板”环境。

· 使用 RTW 目标语言编译器(TLC)能够对所生成的代码进行个性化。

· 通过 TLC 生成 S 函数代码,可将用户手写的代码嵌入到生成代码中。

(2)基于模型的调试支持。

· 使用 Simulink 外部模式可将数据从目标程序上传到模型框图的显示模块上,进而对模型代码的运行情况进行监视,而不必使用传统的 C 或 Ada 调试器来检查代码。

· 通过使用 Simulink 的外部模式,用户可通过 Simulink 模型来调节所生成代码。当改变模型中的模块参数时,新的参数值下载到所生成代码中并在目标机上运行,对应的目标存储区域也同时被更新。不必使用嵌入式编译器的调试器执行上述操作,Simulink 模型本身就是调试器用户界面。

(3)与 Simulink 环境的紧密集成。

· 代码校验。用户可从模型中产生代码并生成单机可执行程序,可对所生成代码进行测试,生成可包含执行结果的 MAT 数据文件。

· 所生成代码包含了系统/模块的标识符,有助于辨识源模型中的模块。

· 支持 Simulink 数据对象,可按需要实现信号和模块参数与外部环境的接口。

(4)具有加速仿真功能。

通过生成优化的可执行代码,RTW 提供了几种加速仿真过程的方法。

(5)支持多目标环境。

· 基于 RTW 可生成多种快速原型化的解决途径,能极大地缩短设计周期,实现重复设计的快速转向。

· RTW 提供了多个快速原型化目标范例,有助于用户开发自己的目标环境。

· 从 Mathworks 公司可得到基于 PC 硬件的目标环境。这些目标能将快速、高质量和低造价的 PC 变为一个快速原型化系统。

· 支持多种第三方硬件和工具。

(6)扩展的程序创建过程。

· 允许使用任何类型的嵌入式编译器和链接器,使其可与 RTW 结合使用。

· 可将手工编写的监管性或支持性的代码简单地链接到所生成的目标程序中。

(7)RTW 嵌入式代码生成器提供如下功能。

· 能生成具有个性化、可移植和可读的 C 代码,直接嵌入到嵌入式产品环境中。

· 使用内嵌化的 S 函数并且不使用连续时间状态,所生成代码更为有效。

· 支持软件在回路中的仿真。用户可生成用于嵌入式应用系统的代码,同时还可返回到 Simulink 环境中进行仿真校验。

· 提供参数调整和信号监视功能，可以很容易地对实时系统上的代码进行访问。

(8) RTW 的 Ada 代码生成器提供如下功能。

· 能生成个性化、可读的和高效的嵌入式 Ada 代码。
· 由于必须采用内嵌化的 S 函数，因而可生成比其他 RTW 目标更有效的代码。
· 提供参数调整和信号监视功能，可以很容易地对实时系统上生成的代码进行访问。

8.3.2 RTW 程序创建过程和代码结构

1. RTW 程序创建过程

RTW 程序创建过程能在不同的主机环境下生成用于实时应用的程序。该过程使用高级语言编译器中的工具链来控制所生成源代码的编译和链接过程。RTW 使用一个高级的 M 文件命令控制程序创建过程，具体包含如下 4 个步骤：

(1)分析模型。RTW 的程序创建过程首先从对 Simulink 模块方框图的分析开始，主要包括：计算仿真和模块参数；递推信号宽度和采样时间；确定模型中各个模块的执行顺序；计算工作向量的大小。

本阶段，RTW 首先读取模型文件（model. mdl）并对其进行编译，形成模型的中间描述文件。该中间描述文件以 ASCII 码的形式进行存储，其文件名为 model. rtw，该文件是下一步的输入信息。

(2)目标语言编译器（TLC）生成代码。目标语言编译器（Target Language Compiler）将中间描述文件转换为目标指定代码。它是一种可以将模型描述文件转换为指定目标代码的解释性语言。目标语言编译器执行一个由几个 TLC 文件组成的 TLC 程序，该程序指明了如何根据 model. rtw 文件，从模型中生成所需代码。

(3)生成自定义的联编文件（makefile）。建立过程的第三阶段是生成自定义联编文件，即 model. mk 文件。其作用在于：指导联编程序如何对模型中生成的源代码、主程序、库文件或用户提供的模块进行编译和链接。RTW 根据系统模板联编文件（System Template Makefile），即 system. tmf 生成 model. mk，该模板联编文件为特定的目标环境而设计。RTW 提供了许多系统模板联编文件，可用于多种目标环境和开发系统。

(4)生成可执行程序。创建可执行程序的最后一个阶段是生成可执行程序，在上一阶段生成 model. mk 文件后，程序创建过程将调用联编实用程序，而该程序对编译器进行调用。为避免对 C 代码文件进行不必要的重编译，联编使用程序. object 文件和 C 代码文件的从属关系进行时间检查，只对更新的文件进行编译。该段过程是可选的，如果定制的目标系统是嵌入式微处理器或 DSP 板，可以只生成源代码。然后使用特定的开发环境对代码进行交叉编译并下载到目标板中。

图 8.3.1 详细地列出了基于 RTW 的快速控制原型基本过程。

可以看出，利用 RTW 实现快速原型仿真法，模型从设计到实现是一个可循环的过程。

首先，利用 MATLAB 和 Simulink 生成系统模型 simple. mdl，在模型确认后，就可以利用 RTW 生成对应的 C 源程序 simple. c，并从 C 源程序生成实时可执行程序 simple. o，随后，就可以将实时可执行程序下载到目标机上运行。这时在主机上就可以利用 RTW 的外部模式进行监视和控制。

利用 RTW 实现快速原型仿真法的过程可以分为几个部分:Build 过程;调用 TLC 编译过程;Make 过程;如果使用了自定义 S 函数,还有调用 S 函数过程。

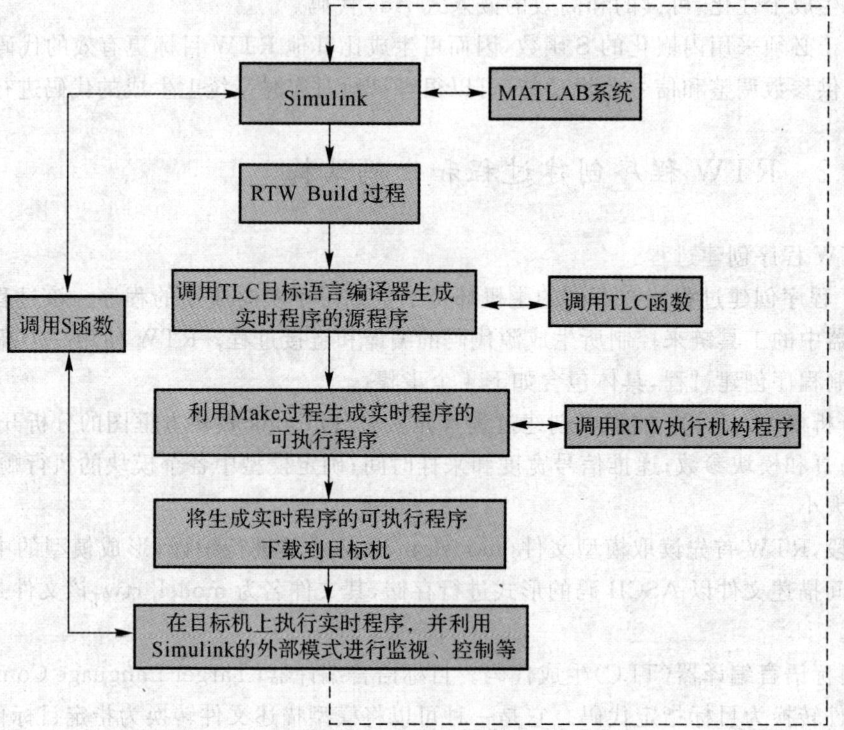

图 8.3.1 基于 RTW 的快速控制原型的基本过程

2. 代码结构

完整的模型代码分为两部分:固定框架部分和生成部分。前者是由系统提供的,后者是由模型生成的。框架中定义了函数接口,生成的代码是这些函数的实现。假设模型为 simple. mdl,目标为 GRT 时,生成的文件及作用见表 8.3.1。

表 8.3.1 生成文件列表

文件名	作 用
simple_dt. c	定义与数据类型转换有关的变量并初始化
simple_common. h	类型定义(模型输入/输出数据结构 BlockIO、参数结构 Parmaeters 及数据类型结构 D_Work 等)
simple. h	常量定义(模型参数,如模型输入/输出数目、采样时间等)
simple_prm. h	全局变量定义(参数结构变量 rtP,模块输入/输出变量 rtB,数据类型变量 rtDWork 以及最重要的 SimStruct 结构 rtS 等,并初始化 rtP)
simple. c	实现接口函数 MdlOutputs,MdlStart,MdlUpdate,MdlTerminate 等
simple_reg. h	定义模型初始化函数 MdlInitializeSizes,MdlInitializeSmapleTimes 和 rt,作用是初始化 rtS
simple_export. h	定义外部数据与函数

固定框架部分包括：

(1)主函数文件 grt_main.c：定义模型的执行流程（当以 VxWorks 为目标平台时，主函数文件为 rt_main.c；目标为 DOS 时，主函数文件为 drt_main.c）。

(2)通信程序模块 ext_svr.c 等：处理模型与 Simulink 的通信。

(3)数据记录模块 rtwlog.c 等：将部分仿真输出数据写入 mat 格式的文件。

3.实时代码与非实时代码

Real－Time Workshop 生成的代码既可在实时操作系统(RTOS)下运行，也可在非实时操作系统(NRTOS)下运行。但在这两种操作系统下运行的代码，虽由同一个模型生成，却是不同的代码。例如，在非实时操作中，生成的代码与主函数文件 grt_main.c 联编；在实时操作系统 VxWorks 中，生成的代码与 rt_main.c 联编。但在两种操作系统下运行的代码结构相同，代码执行顺序也相同，因此一般情况下会得到相同的仿真结果。模型在实时与非实时环境下的运行情况比较见表 8.3.2。

表 8.3.2　模型在实时与非实时环境下的运行情况比较

运行环境 / 比较项目	RTOS	NRTOS
帧长	与真实时间一致	等于各帧的计算时间
定时	依赖于 RTOS 的定时函数	依赖于 RTOS 的定时函数
运行效果	不与硬件交互时，两者仿真效果相同	

4.单任务与多任务

任务的概念来自于操作系统。在嵌入式操作系统中，任务是单线程序列指令形成的一个无限循环，在系统程序中用函数表示：

```
void Task (void)
{
while(true) {
        Run Application-specfic codes;
        Wait for event by ealling a sevrice provided by the kernel;
        Run Application－specific codes:
        }
}
```

每个任务包含一段固定的代码和数据空间，操作系统通过任务控制块对它的执行、通信、资源等情况进行控制。实时操作系统中的任务与 Linux，Windows NT 下的进程不同，而与线程类似。任务没有自己独立的代码段和堆，只有独立的动态栈。任务中的地址即真正的物理地址。由于不需要进行地址空间映射以及共享代码段和堆，任务切换时的上下文切换时间大大减少。

代码段与堆的共享减少了上下文切换时间，却带来了共享代码的可重入性问题。如 1 个函数被 2 个任务所调用，当其中包含对全局、静态变量等从堆中分配空间的函数进行访问时，就有可能产生冲突，从而引发错误。解决方法是使用局部变量(从栈中分配空间)或使用信号量对临界代码进行监控。

RTW中的任务沿用了上述的任务概念。先来看模型的采样时间与任务的关系。在Simulink中，只有离散的模型才能生成实时代码，即必须设置模型的采样时间。在Simulink中，模块的采样时间不能小于模型的采样时间，并且必须是模型采样时间的整数倍。没有设置采样时间的模块的缺省采样时间等于模型采样时间。

如果Simulink模型中每个模块的采样时间都等于模型的采样时间，即系统中只有一个采样时间，我们说这种系统是单任务系统，因为它可以用单个循环来实现。

如果Simulink模型中某个模块的采样时间不等于模型的采样时间，即系统中有多个采样时间，我们说这种系统是多任务系统，因为它要用多个循环来实现，每个循环对应一个采样时间。

5.实时与非实时的多任务系统实现

实时系统与非实时系统中多任务系统的实现方法不同。实时系统中的多任务系统，用一个整数表示的任务号(tid)来区分不同的任务。tid相同的任务有相同的采样时间，tid越小，表示采样时间越短，任务的优先级越高。优先级高的任务即为快系统，优先级低的任务即为慢系统。RTW中，tid等于0的任务称为基本任务，其他任务称为子任务。

在非实时系统中，多任务用两个嵌套的循环实现：

```
while (仿真结束时间未到)  {
/＊执行基本任务 ＊/
MdlOutputs(tid=0);   /＊ 计算模块输出 ＊/
MdlUpdate(tid=0);    /＊ 更新模块状态 ＊/
/＊执行子任务 ＊/
for(i=1; i<最大任务号; i++) {
    MdlOutputs(tid=i);   /＊计算模块输出 ＊/
    MdlUpdate(tid=i);    /＊更新模块状态 ＊/
}
}
```

函数MdlOutPuts和MdlUpdate中的代码根据tid被分成几段，例如：

```
Void MdlOutputs(int_T tid)
{
    if (ssIsSampleHit(rtS, 0, tid))   ＊/如果任务0的采样时间到＊/
        任务0的代码段;
    if (ssIsSampleHit(rtS. 1, tid))   ＊/如果任务1的采样时间到＊/
        任务1的代码段;
……
}
```

由此看出，非实时系统中，快慢系统在一个while循环中计算各个仿真帧。假设系统有两个采样时间，快系统的帧计算时间是1 s，慢系统的帧计算时间是2 s。

在实时系统中，每个任务作为一个线程运行，线程之间用信号量实现同步。实现多任务的代码结构如下：

```
/＊基本任务 ＊/
While (仿真结束时间未到) {
        MdlOutPuts (tid=0);
        MdlUpdate (tid=0);
        /＊允许子任务执行 ＊/
        for(i=l; i<最大任务号; i++) {
                if (任务 i 的采样时间到)
                sem_post (semList[i]);  /＊释放信号量 ＊/
        }
}
/＊子任务函数 ＊/
Void tSubRate(int_T  tid)
{
while(l) {
                sem_get(semList[tid]);  /＊等待信号量 ＊/
                /＊执行任务号为 tid 的任务 ＊/
                MdlOutPuts(tid);
                MdlUpdaet(tid);
        }
}
```

假设系统有两个采样时间，快系统的帧计算时间是 1 s，帧长是 1 s，慢系统的帧计算时间是 2 s，帧长是 2 s，则整个系统的最小帧长可为 2 s。

慢系统的每一帧被分解为计算量相等的两帧，每帧计算时间 $T'=T''=1$ s，这是由基于优先级的调度策略的实时操作系统实现的。

为防止出现重入问题，采样时间不同的两个模块不允许直接连接，中间应加入“单位延迟”或“采样保持”模块。

6. 外部模式

外部模式(external mode)是 RTW 提供的一种仿真模式，可实现两个独立系统(服务器和目标机)之间的通信。这里服务器是指运行 MATLAB 和 Simulink 的计算机，而目标机是指运行 RTW 所生成的可执行程序的计算机。

外部模式是 RTW 提供的一种仿真模式，用于实现 Simulink 模型框图与外部实时程序之间的通信。使用外部模式，可以通过 Simulink 模型框图对外部模式进行实时监视，即 Simulink 不仅是图形建模和数值仿真环境，还可以成为外部实时程序的图形化控制台。外部模式可以实现两个独立的系统(宿主机和目标机)之间的通信。在外部模式下宿主机的 Simulink 向目标传送请求信息，使目标机接收改变的参数或更新的信号数据，目标机则对请求作出反应。这就实现了在线情况下不需要重新编译目标程序就可以直接调整参数，如图 8.3.2 所示。外部模式的通信是基于客户/服务器的体系结构，这里 Simulink 作为客户机，而目标机是服务器。

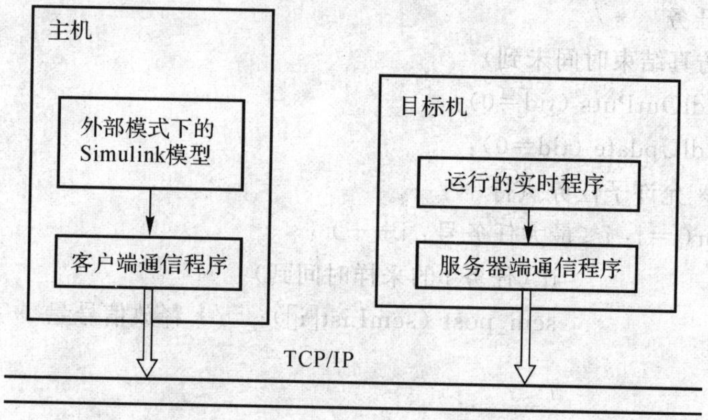

图 8.3.2　RTW 外部模式的经典配置

可以说，能使用外部模式进行仿真是 RTW 的一个特色。外部模式具有以下功能：

(1)实时地修改调整参数。在外部模式下，Simulink 在模型中的参数发生改变时自动将其下载到正在执行的目标程序中。该功能可使用户实时地调整参数，而无须对模型进行重新编译。

(2)对多种类型模块或子系统的输出进行观察和记录。在外部模式下，用户可以直接监视或记录正在执行的目标程序中的信号数据，而无须编写特殊的接口代码。在外部模式下，用户可以定义数据从目标机上传到宿主机的条件。

(3)外部模式工作的前提是建立 Simulink 和 RTW 所生成代码之间的通信途径，该途径通过底层传输层实现，Simulink 与 RTW 所生成的代码都与该传输层无关。底层传输代码与该层传输代码被具有一定功能的独立模块隔离，这些模块的作用是格式化、传输和接收数据包。这种设计方法允许不同的目标使用不同的传输层，如 Tornado，GRT 目标支持宿主机/目标机的 TCP/IP 协议通信，而目标系统一般同时支持 RS232 和 TCP/IP 协议的通信，Real - Time Windows 目标则通过共享内存实现外部模式通信。

8.4　RTW 嵌入式代码在 VxWorks/Tornado 环境下实现

MATLAB 和 VxWorks 是当今工业流行的仿真软件和嵌入式操作系统，二者之间的结合极大地方便了程序在嵌入式平台上的仿真。本节介绍如何应用 RTW 生成基于 VxWorks 操作系统的代码，如何对 RTW 中的相关文件进行配置。

8.4.1　RTW 中相关文件的配置

1. 配置模板联编文件

在创建程序之前，必须要配置 VxWorks 模板联编文件 tornado. tmf 来指定使用 VxWorks 的具体环境信息，主要修改如下：

(1) VxWorks 配置。为提供 VxWorks 所需要的信息，必须指定目标及目标机所用 CPU 的类型。其中目标类型用于为系统指定正确的交叉编译器和链接器，CPU 类型则用于定义 CPU 宏信息。

该信息位于具有如下标志的部分：

//－－－－－ VxWorks　Configuration －－－－－－－－－

需要编辑修改如下的选项，进行配置：

VX_TARGET_TYPE ＝ arm

CPU_TYPE　　　＝ ARMARCH4

所定义的目标类型和 CPU 类型，必须与 VxWorks 中 BSP 板级支持包所对应的目标类型和 CPU 类型一致，否则编译将发生错误。

(2)下载配置。为在程序创建过程能够执行自动下载功能，必须指定 Tornado 目标服务器工作所需的目标名和宿主机名。为此需要修改如下的宏：

//－－－－－－－－ Macros for Downloading to Target －－－－－－－－－－

TARGET ＝ target

TGTSVR_HOST ＝ ltty

TARGET 名应与 VxWorks 目标板的相同名称一致（相应的设置在 BSP 包中的 bootconfig.c 中），TGTSVR_HOST 则要和 Tornado 里的 target sever 名称一致。

(3)指定工具位置。为确定程序创建过程中所用到的 Tornado 工具的位置，还要在环境变量中或模板联编文件中替换如下的宏，定义一些编译器、目标模板等工具的路径：

//－－－－－－－－－－－ Tool Locations －－－－－－－－－－－－

WIND_BASE　　　＝ C:/Tornado2.2forarm

WIND_REGISTRY　＝ LTTY

WIND_HOST_TYPE ＝ x86－win32

以上定义了 Tornado 开发环境的安装目录，以及宿主机目标名称和计算机类型。

#－－－－－－－－－－ Macros read by make_rtw －－－－－－－－－－

MAKECMD ＝ C:/Tornado2.2forarm/host/x86－win32/bin/make

该宏则定义了 RTW 所使用的 make 编译器的位置，此项一定选择在 Tornado 下的 make 工具路径，其他路径会造成编译失败。

#－－－－－－－－－－ Tornado target compiler includes Configuration －－－－－

－I$(GNUROOT)/lib/gcc－lib/arm－wrs－VxWorks/2.9－010413/include

该宏定义了 Tornado 目标链接器宏的路径。

2.创建程序

在生成 Simulink 模块图，对模板联编文件配置好后，就可以开始创建和初始化创建过程。

设置实时创建选项需对 Simulation Parameters 对话框中的 Solver，Real－Time 以及 Tornado Target 选项卡进行配置。

(1)在 Solver 选项卡中，设置参数如图 8.4.1 所示。

Start time：0.0。Stop time：由系统运行时间决定。Solver options：设置 Type 为 Fixed－step，并选择 ode5(Dormand－Prince)算法，对于纯离散时间模型，应设积分算法为 discrete。Fixed-step size：根据用户需要设定。

(2)在 Real - Time Workshop 选项卡中，在“System Target file”中点击“Browse…”按键选择正确的 Tornado. tlc，再配置 Generate makefile 选项：

· Make command——make_rtw

· Template makefile——tornado. tmf

配置完成后如图 8.4.2 所示。

(3)最后设置 Tornado Target 选项卡。因为需要使用外部模式对系统进行仿真，所以要选中 External mode 并对 MEX - file 参数进行配置：192. 168. 12. 139 是目标板定义的 IP 地址；对冗余级别的选项为默认的无信息 0(冗余级别用于控制在数据转移过程中显示的细节程度)；配置 TCP/IP 的服务器端口号，为默认值 17725，为了避免端口冲突，也可设定在 0～65 535之间的一个数字，根据目标板情况，选择合适的选项即可。如图 8.4.3 所示。

最终完成了所有参数配置后，点击 Apply 按键。

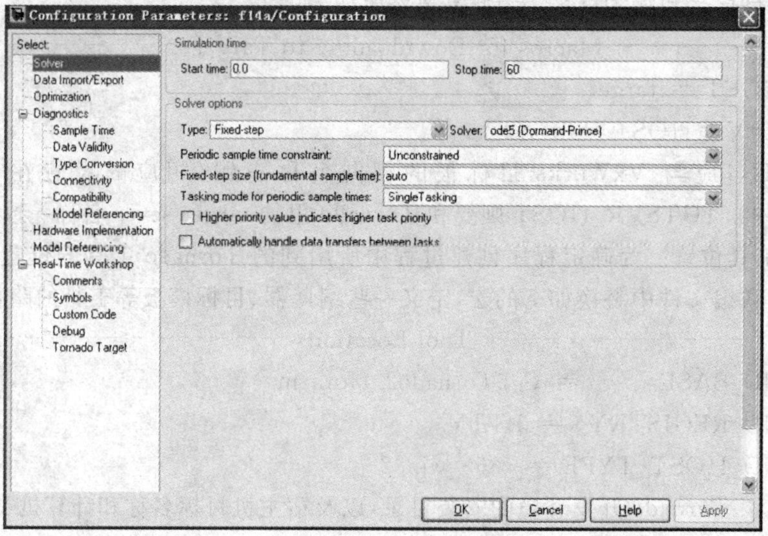

图 8.4.1　Solver 参数配置

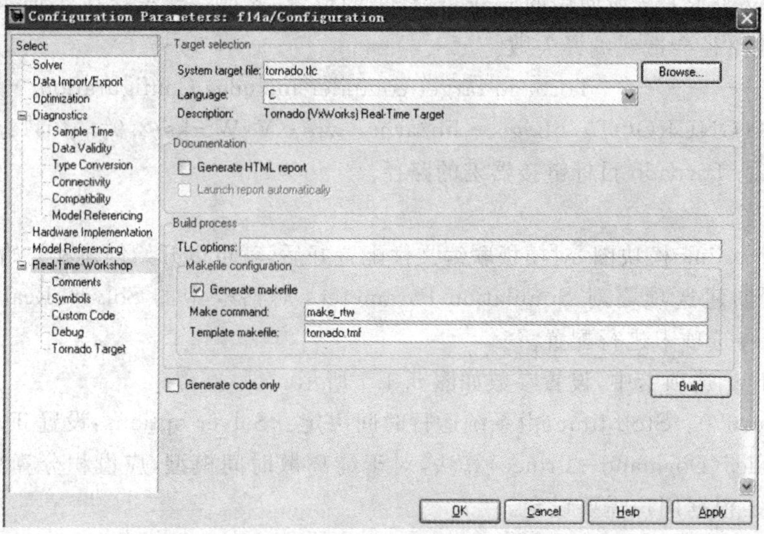

图 8.4.2　Real - Time Workshop 配置

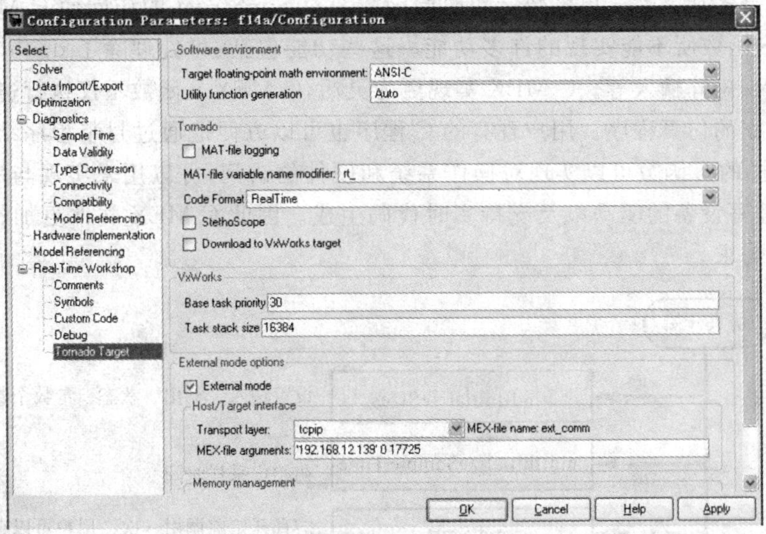

图 8.4.3　Tornado Target 配置

3. 初始化创建过程

单击 Simulation Parameters 对话框的 Real - Time Workshop 选项卡上的 Build 按键，开始创建程序。所生成的目标文件以扩展名. lo 命名（代表 loadable object）。该文件是由创建文件指定的交叉编译器针对目标处理器进行编译的。编译成功后会在 MATLAB 的 Command windows 下显示：

＃＃ Successful completion of Real - Time Workshop build procedure for model：xx

4. 下载并交互运行

在开发调试阶段一般都选用手动下载模型映像后仿真，主要是因为控制律的设计需要根据结果作一定的修改；另外 VxWorks 的参数配置选项也要不断地发生变化，有很多不确定因素。程序基本确定后，将模型映像直接编译到 VxWorks 操作系统中，开机后直接运行。

主要包含 3 个步骤：

(1)在宿主机和 VxWorks 目标机之间建立通信连接。因为 RTW 需要通过 VxWorks 的网络功能与目标机通信，所以在这里 VxWorks 的映像中必须含有网络组件。

(2)将目标文件从宿主机转移到 VxWorks 目标机上。方法为在宿主机与目标机通过网络建立连接后，在 Tornado 环境下打开 Shell 工具，将生成的. lo 映像下载到目标机上。

(3)运行程序。在映像下载成功后运行-> sp(rt_main，模型名称，"- tf 50 - w"，" * "，0，30，17725)，生成的实时代码映像就开始在目标机上工作了。

8.4.2　S 函数的硬件接口技术实现方法

半实物仿真需要和外部设备进行数据交互，Simulink 方框图需要能够访问硬件板卡的寄存器，即需要在模型中包含硬件驱动。回忆本书 7.7.2 节内容，S 函数可以通过 M 文件或者 C MEX 文件来实现。两种实现方法有各自的优缺点。M 文件实现的优点是开发速度快，开发 M 文件的 S 函数避免了开发编译语言的编译、链接、执行所需的时间开销。C MEX 文件实现的主要优点是多功能性。更多数量的回调函数及对 SimStruct 的访问使 C MEX 函数可实现 M 文件的 S 函数所不能实现的许多功能。这些功能包括：可处理除了 double 之外的数据类型、复数输入、矩阵输入等。C MEX 实现更为灵活，C MEX S 函数不仅执行速度快，而且可以用来生成独立的仿真程序。用户现有的 C 程序也可以方便地通过封装程序结合到 C MEX S 函数中。这样的 S 函数可以实现对操作系统和硬件的访问，可以用来实现与串口或网络的通信，还可以编写设备的驱动以及支持实时代码生成。因此 C MEX 文件更加符合实时半实物仿真应用的需求。

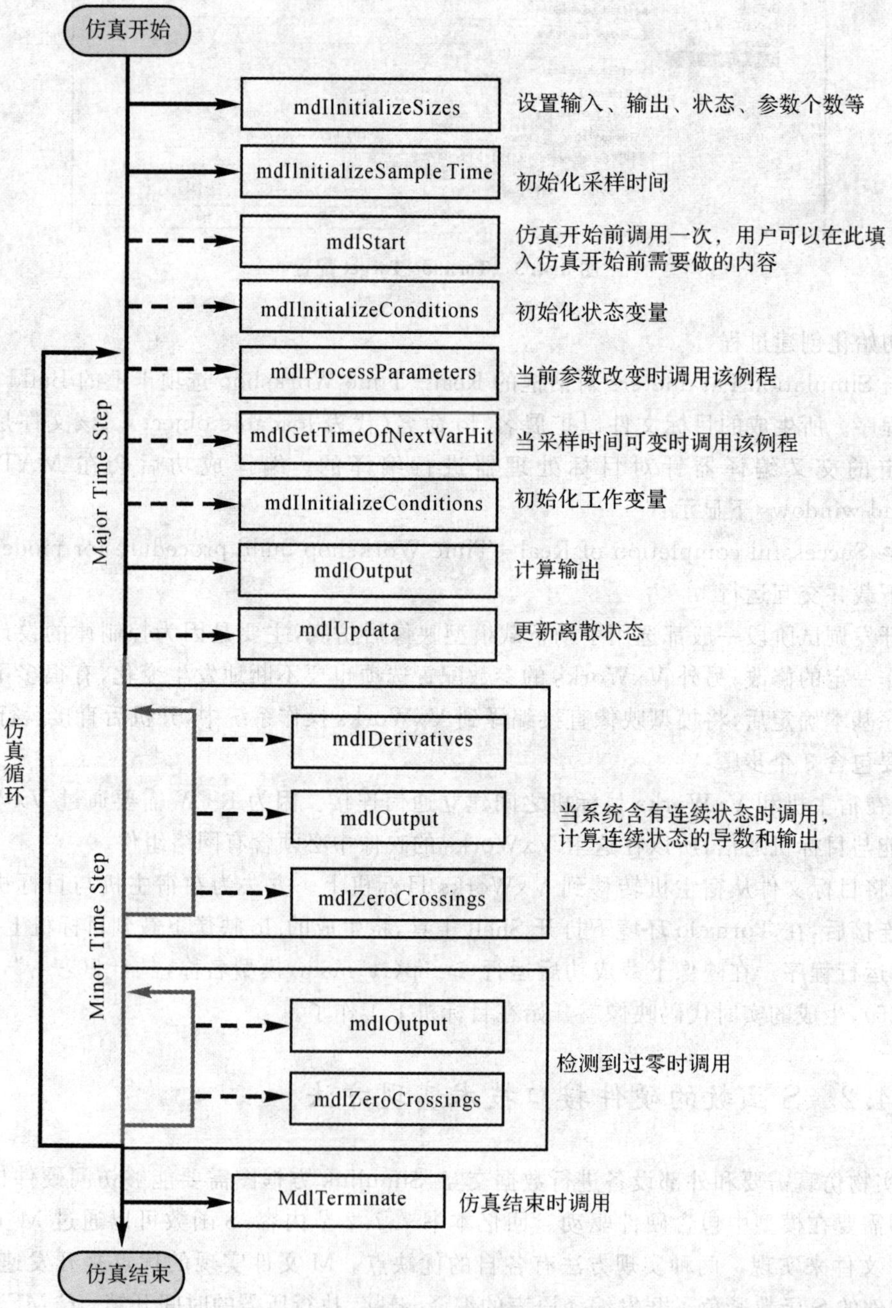

图 8.4.4　C MEX S 函数回调函数的过程

Simulink 引擎调用 C MEX S 函数回调函数的过程如图 8.4.4 所示。图中并没有列出全部的 S 函数回调函数，尤其是初始阶段远比图中所示复杂。几个必需的例程在图中用实线表示，其他用虚线表示。

1. 初始化

C MEX S 函数的初始化部分包含下面 3 个不同的例程函数：

(1) mdlInitializeSizes：在该函数中给出各种数量信息。

(2) mdlInitializeSampleTimes：在该函数中给出采样时间。

(3) mdlInitializeConditions：在该函数中给出初始状态。

mdlInitializeSizes 通过宏函数对状态、输入、输出等进行设置。工作向量的维数也是在 mdlInitializeSizes 中确定的。表 8.4.1 列出了 mdlInitializeSizes 常用的初始化宏函数。

表 8.4.1　mdlInitializeSizes 常用初始化宏函数

宏函数	功　能
ssSetNumContStates(S, numContState)	连续状态个数
ssSetNumDiscStates(S, numDiscState)	离散状态个数
ssSetNumOutputs(S, numOutput)	输出维数
ssSetNumInputs(S, numInputs)	输入维数
ssSetDirectFeedthrough(S, dirFeedThru)	是否存在直接前馈
ssSetNumSampleTimes(S,numSamplesTime)	设置采样时间数目(用于多采样速率系统)
ssSetNumInputArgs(S, numInputArgs)	S 函数输入参数个数
ssSetNumIWork(S,numIWork)	设置各种工作向量的维数，实际上是为各个工作向量分配内存提供依据
ssSetNumRWork(S,numIWork)	
ssSetNumPWork(S,numIWork)	

2. 计算输出

在 C MEX S 函数中，同样可以通过描述该 S 函数的 SimStruct 数据结构对输入/输出进行处理。表 8.4.2 列出了输入/输出相关宏函数。在 C MEX S 函数中，当需要对一个输入进行处理时，通过指针访问该信号。

在仿真循环中，可通过下面语句访问输入信号：

InputRealPtrsType uPtrs = ssGetInputPortRealSignalPtrs(S, portIndex)；

uPtrs 是一个指针数组，其中 portIndex 从 0 开始，每个端口对应一个。要访问信号的元素，必须使用 * uPtrs[element]。

同理，可以通过下面函数得到输出信号：

real_T * y = ssGetOutputPortSignal(S,outputPortIndex)；

表 8.4.2　I/O 端口访问相关宏函数

宏函数	功　能
ssGetInputPortRealSignalPtrs	获得指向输入的指针(double 类型)
ssGetInputPortSignalPtrs	获得指向输入的指针(其他数据类型)

续 表

宏函数	功 能
ssGetInputPortWidth	获得指向输入信号宽度
ssGetInputPortOffsetTime	获得输入端口的采样时间偏移量
ssGetInputPortSampleTime	获得输入端口的采样时间
ssGetOutputPortRealSignal	获得指向输出的指针
ssGetOutputPortWidth	获得指向输出信号宽度
ssGetOutputPortOffsetTime	获得输出端口的采样时间偏移量
ssGetOutputPortSampleTime	获得输出端口的采样时间

3. 使用参数

使用用户自定义参数时，在初始化中必须说明参数的个数。为了得到指向存储参数的数据结构的指针，以及存储在这个数据结构中指向参数值本身的指针，使用宏：ptr＝ssGetSFcnParam(S, index)。

4. 使用状态

如果S函数包含连续的或离散的状态，则需要编写mdlDerivatives或mdlUpdate子函数。若要得到指向离散状态向量的指针，使用宏：ssGetRealDiscStates(S)；若要得到指向连续状态向量的指针，使用宏：ssGetContStates(S)。在mdlDerivatives中，连续状态的导数应当通过状态和输入计算得到，并将SimStruct结构体中的状态导数指针指向得到的结果，这通过下面的宏完成：* dx＝ssGetdX(S)，然后修改dx所指向的值。

总之，C MEX S函数实际就是通过一套宏函数获得指向存储在SimStruct中的输入、输出、状态、状态导数向量的指针来引用输入/输出状态等变量的，从而完成对系统的描述。S函数编写完成后通过S函数包装程序(MEX S函数 Wrappers)可以集成到Simulink框图模型中，在建模过程中直接使用。

8.5 光电稳定平台速度回路控制系统半实物仿真实例

本书选择的是某光电稳定平台速度回路控制系统半实物仿真实验。光电稳定平台广泛用于海、陆、空、天的军事与民用领域的探测、跟踪等任务，并发挥了重要作用。在诸如战斗机、武装直升机、军舰的近防系统和地面车辆火控系统中，由光电稳定平台组成的光电瞄准系统已经成了不可分割、十分重要的组成部分，如图8.5.1所示。而在安全监控、高空探测等领域，搭载探测设备的光电稳定平台也得到了广泛应用。

光电稳定平台由内外框架、光电轴角编码器、导电环、执行电机、侦查设备、控制器等部件组成。其中，控制器为光电稳定平台的控制核心，内外框架和电机等为光电稳定平台的动作执行机构，光电轴角编码器为反馈传感器，侦查设备为工作部件。在光电稳定平台正常工作时，光电稳定平台检测光电轴角编码器获知当前框架的状态，经过控制器进行数据处理和控制计算，按照一定的控制律控制执行电机，带动内外框架及搭载的侦测设备运动到一定的角度，保持侦查设备对目标的稳定跟踪。

图 8.5.1　长弓阿帕奇的光电跟踪瞄准系统

光电稳定平台产品的研究、设计与生产的主要目的，主要是针对光电稳定平台研究部件进行数据采集与辨识建模，根据实际需要设计光电稳定平台控制算法，以开发高质量的光电稳定平台产品，并对设计好的产品进行性能分析和测试，进而改进产品性能。而在实际的光电稳定平台产品的研发和生产中，为了选择较为合适的控制律，设计合适的控制器，调试平台至较为满意的状态，往往需要对光电稳定平台反复地进行全数字仿真和半实物仿真，验证控制算法是否合理，控制器参数是否较优，产品性能是否满足任务要求。

本实验使用的光电稳定平台速度回路系统纯数字仿真模型如图 8.5.2 所示。如图所示，虚线框内为直流力矩电机模型，内置电枢电流环反馈，以提高系统刚性（即负载变化后，转速下降尽可能小）。电流环控制器一般采样频率非常高，因此用模拟电路实现。系统的外反馈环是速度反馈环，电机的带载转速，通过光纤陀螺敏感成电压信号，并经过数字低通滤波后，与设定转速比较，误差作为速度环控制器的输入，控制器根据控制策略，计算产生电机电枢电压调整信号，使角速度跟随设定转速。

本实验是基于快速控制原型（见本章 8.2 节）的半实物仿真实例，即被控对象（电机及陀螺）为真实系统，速度环控制器和陀螺数字滤波为待调试系统，由 Simulink 建模，并通过 RTW 生成目标代码，运行于实时仿真机。这样，速度控制器的计算输出信号，需要通过相应硬件板卡（如 D/A 转换器）加载到电机电枢，而光纤陀螺的输出信号，需要通过相应硬件板卡（如 A/D 转换器）送给实时仿真机。

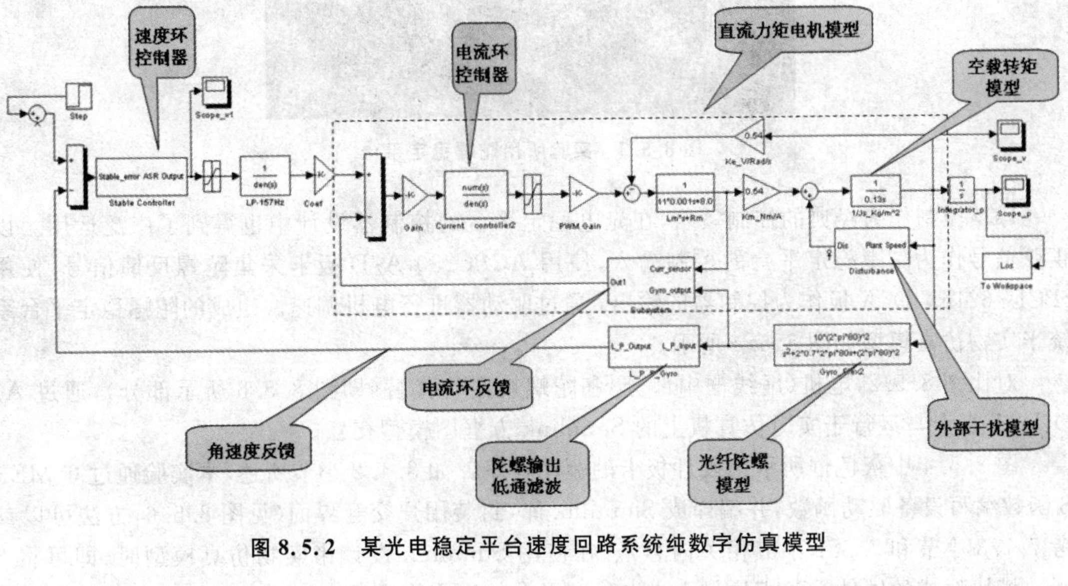

图 8.5.2　某光电稳定平台速度回路系统纯数字仿真模型

本实验使用凌华科技公司 CPC-3414B 作为半实物仿真的实时计算机，该机机箱具有 14 个垂直方向 3U cPCI 插槽，内置 2 个 250W cPCI 冗余电源和 8 个 40mm 风扇，提供较强的硬件扩展能力；计算核心硬件采用 cPCI-3965 低功耗双核单板电脑(Intel core2 2.2Hz CPU，2×1GB SODIMM 内存)，提供高效的计算能力。光电稳定平台的半实物仿真计算机使用 VxWorks 内核作为操作系统，该操作系统实时性良好，内核高效，结合半实物仿真的硬件设备，能满足仿真计算的实时性要求。其扩展的 cPCI 数据采集板卡实现光电稳定平台中的实验对象(如电机、陀螺)与实时仿真机连接。本书设计的光电稳定平台半实物仿真环境用到的 cPCI 板卡名称及功能见表 8.5.1。

表 8.5.1　光电稳定平台半实物仿真部分 cPCI 板卡

板卡名称	板卡功能	性能简介
cPCI-7432	数字输入/输出(DIO)	32 通道隔离数字输入 32 通道隔离数字输出
ACPC330	模拟输入(AI)	32kHz，16 位分辨率
cPCI-6216V	模拟输出(AO)	16 位 16 通道
MIC-3612	串口通信卡	RS-232/422/485

本章使用由 SWT4-1 型 MEMS 陀螺及 QT3832-A 型直流力矩电机组成的一种典型的陀螺稳定平台作为技术验证平台开展实验，如图 8.5.3 所示。

图 8.5.3　实验所用陀螺稳定平台

PID 控制作为经典的控制策略，在光电稳定平台的控制器设计中也得到了广泛运用。以正弦信号作为陀螺稳定平台的控制输入，使用 ACPC330 A/D 板卡采集陀螺反馈信号，使用 cPCI-6216V D/A 板作为控制器的输出，通过驱动器进行电机调速。组成的陀螺稳定平台系统半实物仿真模型如图 8.5.4 所示。

对比图 8.5.2，电机(虚线框中部分)和陀螺被实物代替(即图 8.5.5 所示部分)，通过 A/D、D/A 板卡与运行于实时仿真机上的 Simulink 方框图模型交互。

图 8.5.4 中灰色框所示为硬件板卡的驱动程序。如 8.4.2 小节所述，本实验通过 C MEX S 函数编写设备驱动函数，并编译成 Simulink 库，封装用户交互界面(见图 8.5.6，方法可以参考 7.7.3 小节和 7.5.2 小节相关内容)。在使用 Simulink 设计半实物仿真模型时，即可将 S 函数模块形式的硬件设备模块加入光电稳定平台的半实物模型中。

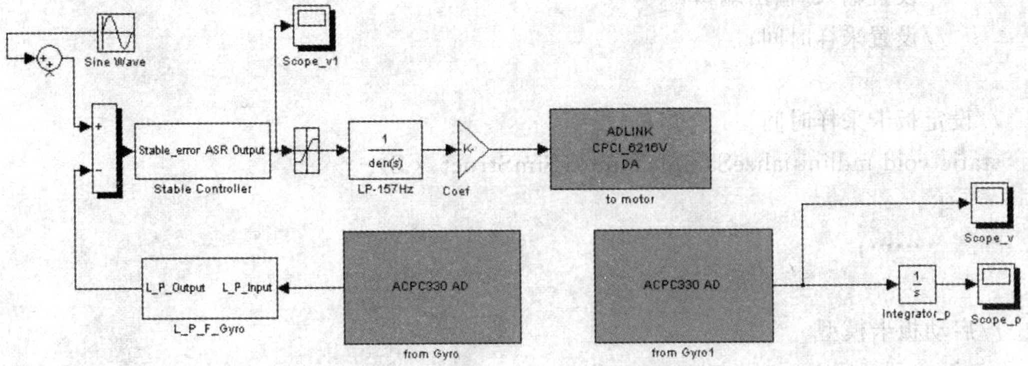

图 8.5.4　光电陀螺稳定平台系统半实物 Simulink 仿真模型

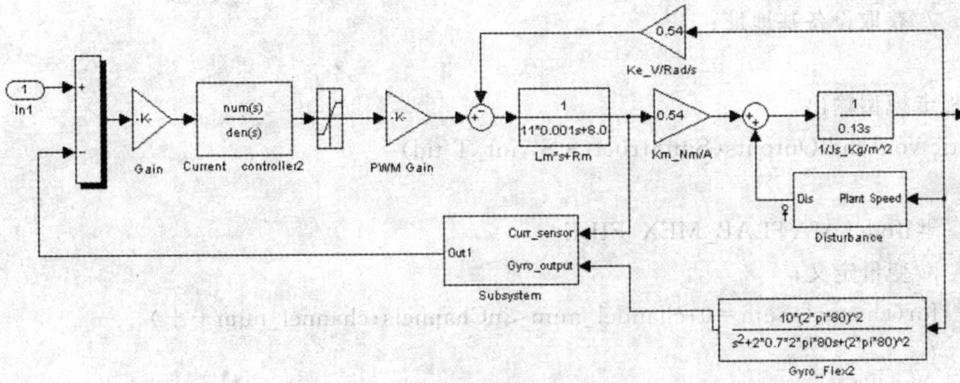

图 8.5.5　被实物代替的 Simulink 模型

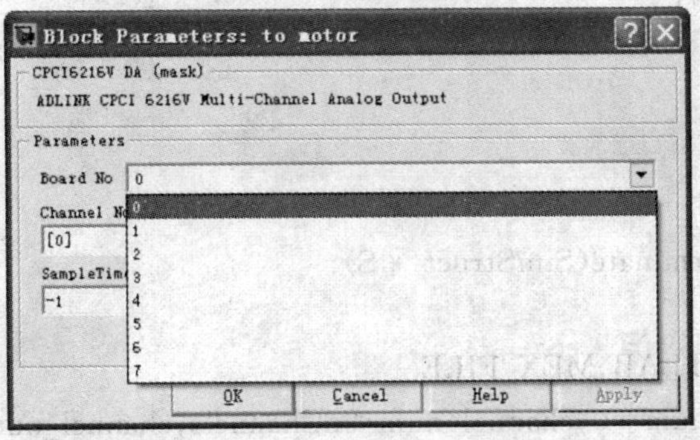

图 8.5.6　S 函数 D/A 卡驱动程序用户交互界面

cPCI 板卡的 S 函数伪代码如下：

```
//初始化板卡模型
static void mdlinitializeSizes(SimStruct * S)
{
    //进行参数匹配检查;
```

```
    //设置输入/输出端口；
    //设置采样时间；
}
//设定板卡采样时间
static void mdlinitializeSampleTimes(SimStruct *S)
    {
      ……；
    }
//启动板卡模型
static void mdlStart(SimStruct *S)
{
    //cPCI设备寻址；
    //获取设备基地址；
}
//板卡模型输出
static void mdlOutputs(SimStruct *S ,int_T tid)
{
    #ifndef MATLAB_MEX_FILE
    //变量定义；
    for(channel_num=0;channel_num<nChannels;channel_num++)
    {
      //获取通道号；
      //进行数据转换；
      //写入数据；
    }
    #endif
}
//终止
static void mdlTerminate(SimStruct *S)
{
    #ifndef MATLAB_MEX_FILE
    for(channel_num=0;channel_num<nChannels;channel_num++)
      {
            //各通道复位；
      }
    #endif
}
```

为了使用 VxWorks 实时操作系统完成光电稳定平台半实物仿真模型的计算，首先需要按照目标计算平台的代码规范将半实物仿真模型转换为可执行代码。MATLAB RTW

(Real - Time Workshop)是 MATLAB 提供的一款可用于模型代码生成的工具,可将仿真模型编译成代码模型。RTW 生成代码模型需要经过 RTW 中间文件生成、TLC 模型编译两个主要阶段,需要 TLC 描述文件与 GCC 编译器的参与。RTW 按照 TLC 描述文件的格式调用 GCC 编译器编译.rtw 模型,生成目标机模型代码。

光电稳定平台的半实物仿真机上运行的是 VxWorks 操作系统,并不能直接执行.C,.H 文件形式的半实物仿真代码模型。为了将目标机半实物仿真代码模型转换成可执行程序,需要借助 Makefile 文件(.mk)将仿真代码模型编译、链接成 VxWorks 平台下的可执行程序。此外,VxWorks 程序的制作还需要依靠模板联编文件来控制编译。MATLAB 为 VxWorks 操作系统目标的 Makefile 文件制作提供了一个模板联编文件(tornado.tmf)。本书按照光电稳定平台半实物仿真机的实际需求,对 tornado.tmf 文件进行修改,主要修改内容有:

(1)VxWorks 操作系统配置:VX_TARGET_TYPE 修改为“PENTIUM”,CPU_TYPE 修改为“PENTIUM4”;

(2)源文件设置:修改为“PROGRAM = $(MODEL).out”;

(3)删除不必要的语句。

完成修改后,使用 make 工具即可生成光电稳定平台半实物仿真计算机的 VxWorks 可执行代码。

完成了目标机代码的生成后,还需要将可执行代码传递给 VxWorks 执行。VxWorks 系统具有 TCP/IP 通信功能,通过 WFTPD 软件进行 FTP 连接配置,设置登录用户名、密码以及目标机的 IP 地址,进而将光电稳定平台半实物仿真中的半实物仿真机与其他计算机组网。建立与半实物仿真计算机的 FTP 连接后,通过向半实物仿真计算机传递可执行模型及相关命令,即可控制光电稳定平台半实物仿真。VxWorks 启动界面如图 8.5.7 所示。

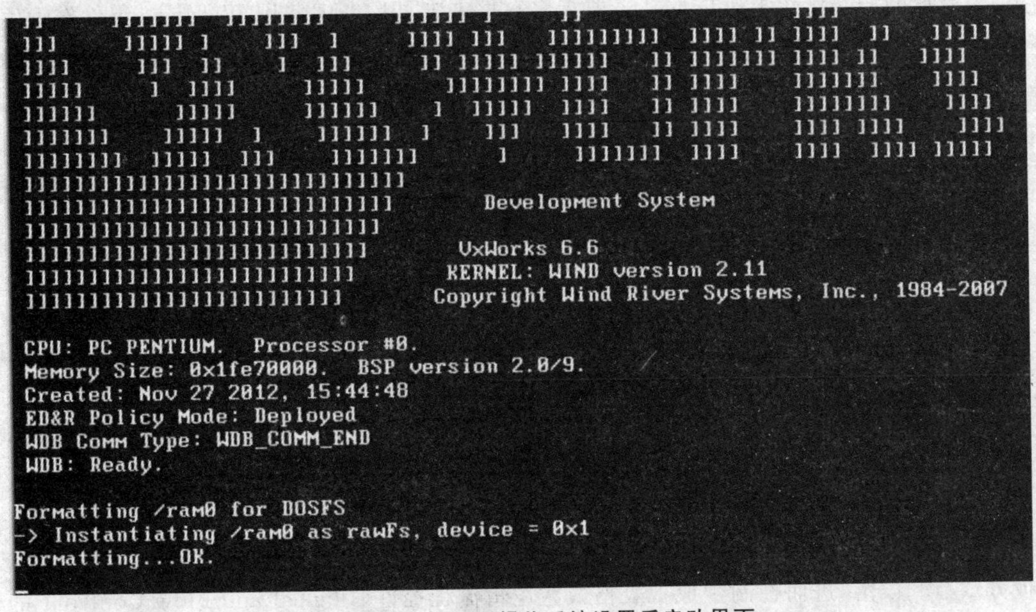

图 8.5.7　VxWorks 操作系统设置后启动界面

在 Simulink 外部模式下,在 Scope 显示端也会根据系统实时执行情况,对数据进行显示。

系统对正弦机理信号的角速度响应如图 8.5.8 所示。在运行过程中,如果发现数据或控制规律产生问题,可以马上修改系统模型的参数,重新编译后继续在线调试。

还可以将示波器连接至 MEMS 陀螺的输出接口,捕捉到的波形图如图 8.5.9 所示(通道二,蓝线),可见,与在 PC 直接运行如图 8.5.2 所示的纯数字模型结果相比,两者一致,说明了半实物仿真的正确性。

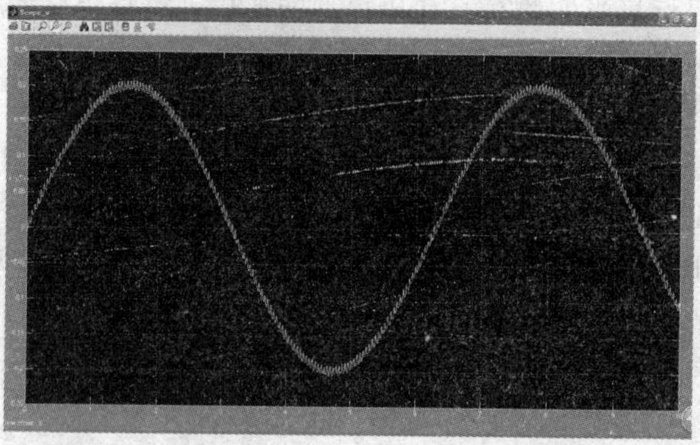

图 8.5.8　光电平台正弦速度跟踪半实物仿真结果

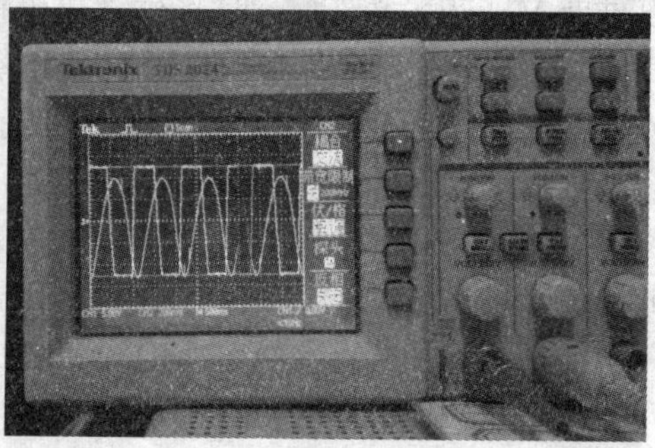

图 8.5.9　陀螺输出信号

8.6　MATLAB 环境下仿真报表的生成

完成仿真实验后,往往需要针对仿真实验填写各类报告,用来记录仿真活动的内容和仿真结果,为后续的产品优化提供依据。当前大多数报表工具均考虑使用 Windows 组件作为生成控制接口完成报表的填写生成,这种报表生成方式对于仿真常用的 MATLAB 环境并不友好,缺乏与仿真模型深入的交互,无法为仿真设计提供较为充足的模型与数据记录支持。因此本节介绍一种 MATLAB 环境提供的 Report Generator 组件,以仿真报表常用的 Word 文档作为载体,设计并实现基于 Simulink 仿真的自动报表生成程序。

8.6.1　基于 MATLAB Report Generator 组件的报表模板设计

MATLAB Report Generator 工具箱针对 MATLAB/Simulink 的数据处理和仿真等工作流程,提供了用来编辑报表模板的集成开发环境 Report Explorer,以.rpt 模板作为报表模板载体,如图 8.6.1 所示。Report Explorer 采用控件的形式集成了大量常用报表功能组件,包括格式控件、图像控件、逻辑流程控件、MATLAB 控件、报表控件、需求控件、Simulink 控件、Simulink 模块控件、Simulink 代码控件、有限状态机控件等。

其中,格式控件(Formatting)用来进行报表的整体格式控制,可按照报表格式要求对.rpt 模板分章节和段落,进而控制生成报表格式。逻辑流程控件(Logical and Flow Control)的作用类似于计算机语言里的逻辑字符,用来控制.rpt 模板字段的循环、与、非等,实现条件控制。MATLAB 控件和 Simulink 控件提供了丰富的用以与 MATLAB 和 Simulink 进行数据交互的控件,是实现报表记录的基础控件。通过使用合理的分隔顺序和逻辑控制组合控件,形成控制报表生成的.rpt 模板文件。.rpt 模板通过与仿真对象的交互,获得需要记录进报表的信息,按照.rpt模板的格式控制生成所需要的.rtf,.html,.doc 或.pdf 格式的报表文件。

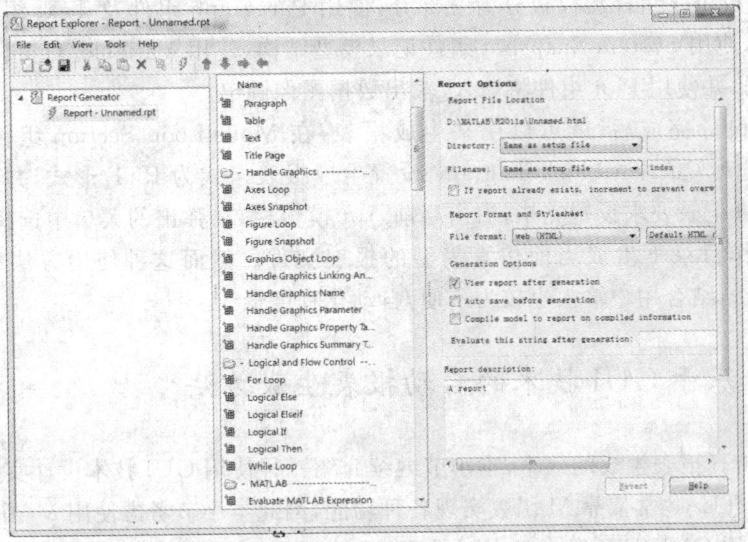

图 8.6.1　MATLAB 提供的 Report Explorer 报表设计环境界面

一般地,完成仿真设计后,在进行仿真报表分析时,关心较多的内容主要集中在仿真环境、仿真模型及仿真计算、模型分析这三个方面。这三方面既存在与软件环境和模型仿真计算的相关内容,也存在需要人工参与的相关内容(如仿真评价等)。因此在进行仿真报表模板的设计时有必要将信息自动获取与用户输入结合。在 Report Explorer 环境中可以按照以上三部分内容进行模板搭建,结果如图 8.6.2 所示。

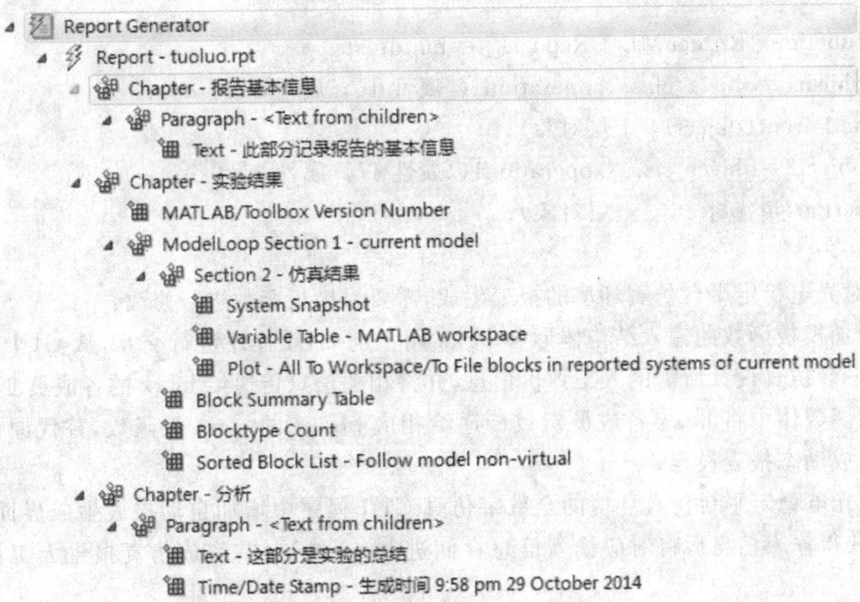

图 8.6.2　仿真报表模板文件结构

上述三部分分别记录了仿真实验的活动描述(用户、时间、地点、摘要等)、仿真详细内容(仿真模型、参数、计算设置等)和仿真结果及仿真分析(输入/输出、图像、表格等)。主要构件方法为:使用 Chapter 组件将模板分为三部分,使用 Paragraph 组件及 Text 组件为每部分增加文字性叙述,使用 System Snapshot 组件记录模型结构,使用 Variable Table 组件记录仿真输入/输出数据,并使用 Plot 组件将输入/输出数据图像画出。

.rpt 模板设计完成后,就可以用来生成报表:在 ModelLoop Section 组件中,将 Model Name 下拉框选为 Current block diagram,设置生成报表格式为 RTF 形式,并将其他各组件按照实验的仿真记录要求设置完毕,右击当前.rpt 模板栏,在弹出的菜单中选择 report 选项,即可在当前工作目录下生成当前仿真模型的报表文件。然而这种使用方法每次均需启动 Report Explorer,结合用户输入也较为不便,自动化程度低。

8.6.2 基于 GUI 技术的自动报表生成方法

为了提高仿真报表生成的效率,本小节继续介绍一种使用 GUI 技术设计实现报表生成程序的方法。MATLAB 常依靠 M 函数实现各种功能,因此本小节考虑使用 M 函数作为报表生成模板载体,使用 GUIDE 开发人工交互界面,通过调用 M 函数完成光电稳定平台仿真环境的报表生成。

在获得 8.6.1 节设计的仿真报表模板后,使用 Generate MATLAB File 功能将.rpt 模板转化为 M 函数,生成的模板函数名为 buildtest,结构为无形参,函数返回值为 RptgenML_CReport1,即返回当前模板对象;函数体中 object 为当前模板对象变量,class 为当前模板的组成结构段,operation 代表了组成结构段的相关属性类,括号内为属性类的相关属性设置;setParent 设置了当前对象的所属关系,以形成模板的层次结构。该函数的主要结构伪代码如下:

```
function [RptgenML_CReport1] =buildtest
object1=object_class1.operation1('属性 1','属性 2',……);
setParent(object1, 上层对象);
object2=object_class2.operation1('属性 1','属性 2',……);
setParent(object2, 上层对象);
…….
```

再针对光电稳定平台仿真环境的报表生成,需要对模板函数进行修改:

(1)增加模板函数的输入结构体形参 bgxx 用于与 GUI 程序进行交互,从 GUI 程序获得光电稳定平台仿真设计所需的人工评价信息,并将相关信息传递给 bgxx 的各成员变量;

(2)在函数体中将 bgxx 各成员参数传递给相应 object 的 class 类函数,替代原函数的默认输入,形成动态报表设定;

(3)在光电稳定平台仿真环境的全数字仿真 GUI 程序中增加自动报表生成界面,通过输入框组件获得输入信息后将对应输入信息存储进 bgxx 结构体,完成仿真报告人工评价内容的撰写;

(4)在需要报表生成时,将 bgxx 结构体的参数传递进 buildtest 函数并运行该函数,即可完成当前设计的光电稳定平台仿真模型的报表自动生成。

本 章 小 结

本章研究了半实物仿真技术的实现机理、快速控制原型和硬件在回路仿真的概念及原理。以某光电稳定平台为例，给出了快速控制原型仿真实验的实现过程。最后，对 Simulink 仿真设计中模型共享和报表生成的问题提出了模型库的建立与共享方法和仿真报表自动生成方法。

习　　题

8-1　简述快速控制原型开发原理。

8-2　什么是 V 形开发模式？讨论其过程及优势。

8-3　简述硬件在回路仿真的概念和实施过程。

8-4　快速控制原型与硬件在回路仿真有什么区别与联系？讨论它们各自的适用范围。

8-5　MATALB/RTW 实时仿真工具箱有哪些主要功能？

8-6　如何利用 MATALB/RTW 实施快速控制原型及硬件在回路半实物仿真？

第 9 章　现代仿真技术

在本书的前 8 章，已向读者系统地介绍了计算机仿真的基本原理、方法和仿真软件。在 20 世纪 80 年代，对复杂大系统的分析与设计的需要，以及计算机技术的突飞猛进和周边学科的某些理论与技术问题的突破，使得计算机仿真这一学科得以迅速发展，其应用领域也在日益拓宽和加深。为使读者能更好地了解仿真技术的一些最新发展，以及今后能在仿真领域作进一步的研究，或将仿真技术应用于一些比较复杂的系统之中，本章将向读者介绍仿真技术的新思想、新概念和新方法。由于篇幅有限，涉及问题均是基本的，有兴趣的读者可以参考有关文献。

9.1　面向对象仿真技术

9.1.1　面向对象的概念和特点

面向对象的方法是一种在分析和设计阶段独立于程序设计语言的概念化过程。它不仅仅是一种程序设计技术，更重要的它是一种新的思维方式。它能够帮助分析者、设计者以及用户清楚地描述抽象的概念，使相互之间容易进行信息交流。在面向对象的设计方法中，对象(object)和消息(message)分别是表现事物及事物间相互联系的概念；类(class)和继承(inheritance)是适应人们一般思维方式的描述范式；方法(Method)是允许作用于该类对象上的各种操作。

1. 对象

客观世界中的任何事物在一定的前提下都可以成为认识的对象。一个人可以是一个对象，一个学校也可以是一个对象。对象不仅仅是物理对象，还可以是某一类概念实体的实例。例如操作系统中的进程、室内照明的等级等。可见，世界上的任何事物都是对象，或是某一个对象类的一个元素。复杂的对象可由相对比较简单的对象以某种方法组成，甚至整个客观世界可认为是一个最复杂的对象。

为了研究对象，必须用某种形式来表示对象。在面向对象的系统中，对象是基本的运行实体，它有两个方面的内容需要表示，一是对象的种类所属，即属性，二是对象的行为活动。属性和活动是相互影响的，属性界定了对象的可能活动，而活动又能改变对象自身的属性状态，同时对象之间存在相互作用与依存关系。因此，对象表示包括 3 个方面，即属性、活动、关联关系。在计算机内部，对象通常可用三元关系来表示：

对象::=＜接口，数据，操作＞

其中接口描述对象与其他对象的关系，数据描述对象的属性，操作描述对象的行为活动。

2. 消息

消息是描述对象间的相互作用的一种方法。在面向对象方法中，对象间的相互作用用对象间的通信——收发消息来实现。当一个消息发送给某个对象时，该消息包含要求接收对象去执行某些活动的信息，接到消息的对象经过解释，然后予以响应，这种通信机制称为消息传递。程序的执行是由对象间传递消息来完成的。发送消息的对象称为发送者，接收消息的对象称为接收者。消息中只包含发送者的要求，它告诉接收者需要完成哪些处理，但并不指示接收者应该怎样完成这些处理。发送消息的对象不需要知道接收消息的对象如何对请求予以响应。

3. 类

类是一组相似对象的集合，它描述了该组对象的共同行为和属性。例如，Integer 是一个类，它描述了所有整数的共有性质（包括整数的大小和算术运算）。3,4,5 等具体的整数都是类的对象，都具备算术运算和大小比较能力。类是在对象之上的抽象，有了类以后，对象则是类的具体化，是类的实例。对象在软件运行过程中由其所属的类动态生成。一个类可以生成多个不同的对象，这些对象虽然外部特性和内部实现都相同，但它们可以有不同的内部状态值。

4. 方法

方法是指在对象中被定义的过程，即对类的某些属性进行操作以达到某一目的的过程。它的实现类似于非面向对象语言中的过程和函数，它是与类的属性封装在一起的。如果一个类的公有方法可用在许多领域，这个类就可作为重复利用的软件组件。

5. 继承性

一个类可以有父类和子类，继承性描述了它们之间的关系，是父类和子类之间共享数据和方法的机制。一个类能继承其父类的全部属性与操作，在定义和实现一个类时，可以在一个已存在的类的基础上进行，把这个已存在的类所定义的内容作为自己的内容，并加入若干新的内容。一个类如果只从一个父类得到继承称为单继承，如果有两个或两个以上的父类，则称为多继承。继承性是面向对象程序设计语言不同于其他语言的最主要的特点，是其他语言所没有的。

6. 封装性

将一个对象的数据和操作过程组合起来，然后将其封装并限定在一严格的范围内，只能被同类中的操作过程直接访问，不允许其他类的对象的介入，这称为封装。封装可以理解为一个模块的内部状态和实现方法完全隐藏在模块内部，模块间的依赖性很小，或者说封装的方法就是把应用程序分解为较小的功能组件。

7. 多态性

在收到消息后，对象要予以响应，不同的对象收到同一消息可产生不同的结果，这一现象称为多态性。应用多态性，用户可以发送一个通用的消息给多个对象，每个对象按自身的情况决定是否响应和如何响应，这样，同一消息就可以调用不同的方法。

8. 动态联编

在面向对象程序设计语言中，消息的传递用过程调用的方式来实现。联编是把过程调用和响应调用的执行码结合在一起的过程。在一般的程序设计语言中，这个过程在编译时进行，叫作静态联编，而面向对象程序设计语言采用动态联编的方式，即在运行过程中进行联编。这是由类的继承性和多态性决定的，面向对象程序难以静态地确定要执行的代码，而只能在运行过程中动态找到响应方法，并把它和代码加以结合。

9.1.2 统一建模语言 UML

20 世纪 80 年代末 90 年代初，在相关文献中提出的 OOA/OOD 方法或 OO 建模语言有 50 种以上，这些面向对象方法各自有一套概念、定义、表示法、术语和使用的开发过程，它们之间的细微差别使人无从选择。从 1994 年开始，美国 Rational 软件公司的 G. Booch，J. Rumbaugh和 L. Jacobson 把他们各自提出的方法统一并吸收了许多其他面向对象的方法，于 1997 年 9 月推出了 UML 1.1 并提交到 OMG(Object Management Group)，同年 11 月被 OMG 采纳。

统一建模语言(Unified Modeling Language，UML)是一个通用的可视化建模语言，用于对软件进行描述、可视化处理，以及构造和建立软件产品的文档。UML 适用于各种软件开发方法、软件生命周期的各个阶段、各种应用领域以及各种开发工具，是一种总结了以往建模技术的经验并吸收当今优秀成果的标准建模方法。

UML 的概念模型包括三方面的内容：UML 的基本构造块、支配这些构造块如何放在一起的规则和一些运用于整个 UML 的公共机制。本书简单介绍 UML 的基本构造块的内容，感兴趣的读者可参考有关 UML 的书籍。

UML 有 3 种构造块：事物、关系和图。事物是对模型中最有代表性的成分的抽象，关系把事物结合在一起，图聚集了相关的事物。

1. 事物

在 UML 中的事物有 4 种：结构事物(structural thing)、行为事物(behavioral thing)、分组事物(grouping thing)和注释事物(annotational thing)。

结构事物：通常是模型的静态部分，描述概念或物理元素，包括类、接口、协作、用况、主动类、构件和节点这 7 种元素。

行为事物：是 UML 模型的动态部分，描述了跨越时间和空间的行为，共有 2 类行为事物：交互和状态机。前者由在特定语境中共同完成一定任务的一组对象之间交换的消息组成，后者描述了一个对象或一个交互在生命周期内响应事件所经历的状态序列。

分组事物：是 UML 模型的组织部分，是一些由模型分解成的“盒子”，最主要的分组事物是包。

注释事物：是 UML 模型的解释部分，这些注释事物用来描述、说明和标注模型的任何元素。

2. 关系

UML 中有 4 种关系：依赖(dependency)、关联(association)、泛化(generalization)和实现(realization)。

依赖是两个事物间的语义关系，其中一个事物(独立事物)发生变化会影响另一个事物(依赖事物)的语义；关联是一种结构关系，描述对象之间的连接；泛化是一种特殊/一般关系，特殊元素(子元素)的对象可替代一般元素(父元素)的对象；实现是类元之间的语义关系，其中的一个类元指定了由另一个类元保证执行的契约。

3. 图

UML 最常用的图有 9 种：类图、对象图、用例图、顺序图、协作图、状态图、活动图、构件图、实施图。

(1) 类图(class diagram)：类图描述系统中类的静态结构，不仅定义系统中的类，表示类之间的联系如关联、依赖、聚合等，也定义类的内部结构(类的属性和操作)。类图描述的是一种静态关系，在系统的整个生命周期都是有效的。图 9.1.1 所示为自动柜员机(ATM)系统的取钱使用案例的类图。

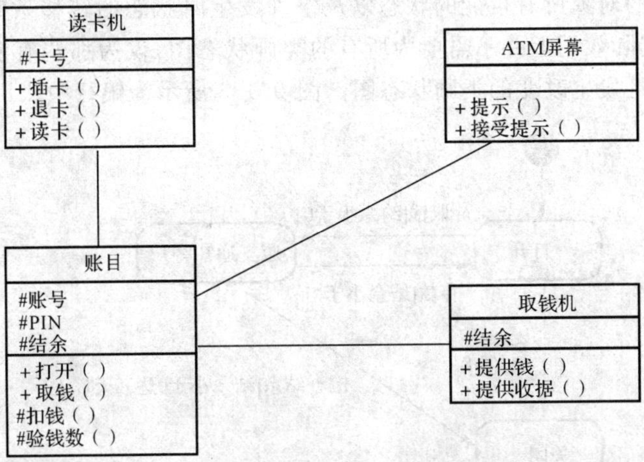

图 9.1.1　自动柜员机(ATM)系统的取钱使用案例的类图

(2)对象图(object diagram)：对象图是类图的实例，几乎使用与类图完全相同的标识。它们的不同点在于对象图显示类的多个对象实例，而不是实际的类。一个对象图是类图的一个实例。由于对象存在生命周期，因此对象图只能在系统某一时间段存在。

(3)用例图(use case diagram)：它显示用例与角色及其相互关系，从用户角度描述系统功能，并指出各功能的操作者。图 9.1.2 表示了自动柜员机(ATM)系统的用例图。

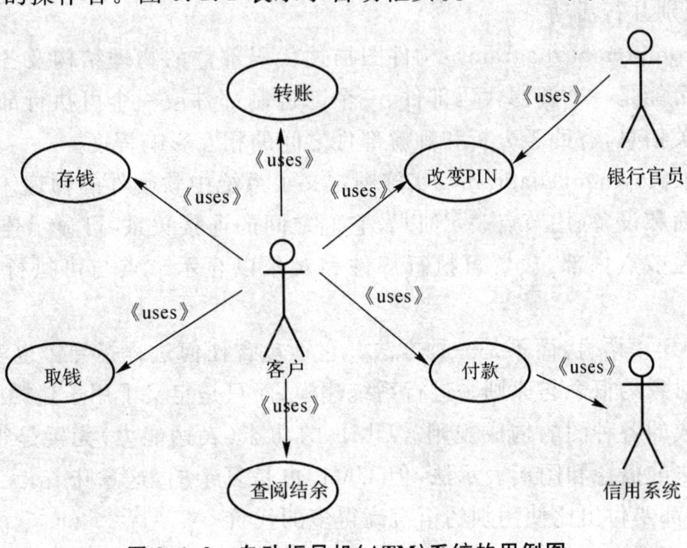

图 9.1.2　自动柜员机(ATM)系统的用例图

(4)顺序图(sequence diagram):顺序图显示对象之间的动态合作关系,它强调对象之间消息发送的顺序,同时显示对象之间的交互。

(5)协作图(collaboration diagram):协作图和顺序图相似,显示对象间的动态关系。除显示信息交换外,协作图还显示对象以及它们之间的关系。如果强调时间和顺序,则使用顺序图;如果强调上下级关系,则选择协作图。

(6)状态图(statechart diagram):状态图在 UML 中也称状态机。它表现一个对象或一个交互在整个生存周期内接受刺激时的状态序列以及它的反应与活动,附属于一个类或一个方法。状态图描述类的对象所有可能的状态以及事件发生时状态的转移条件。通常,状态图是对类图的补充,在实际效用上并不需要为所有的类画状态图,仅为那些有多个状态、其行为受外界环境的影响并且发生改变的类画状态图。图 9.1.3 所示为银行中账目的状态图。

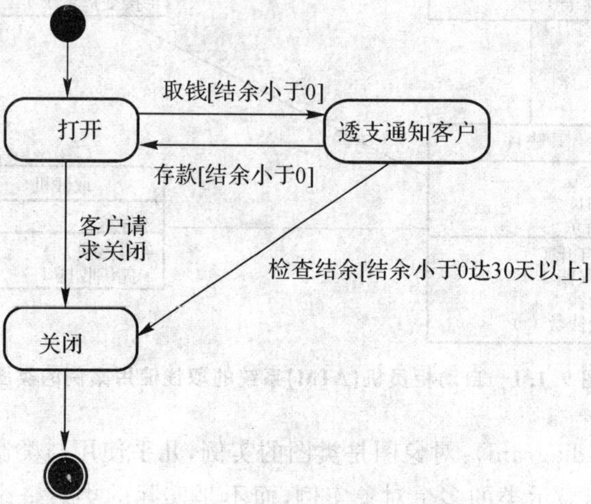

图 9.1.3　银行中账目的状态图

(7)活动图(activity diagram):活动图描述满足用例要求所要进行的活动以及活动间的约束关系,有利于识别并行活动。

(8)构件图(component diagram):构件图描述代码部件的物理结构及各部件之间的依赖关系。一个部件可能是一个资源代码部件、一个二进制部件或一个可执行部件。它包括逻辑类或实现类的有关信息,有助于分析和理解部件之间的相互影响程度。

(9)实施图(deployment diagram):实施图定义了系统中软硬件的物理体系结构。它可以显示实际的计算面和设备(用节点表示)以及它们之间的连接关系,可显示连接的类型及部件之间的依赖性。在节点内部,放置可执行部件和对象以显示节点与可执行软件单元的对应关系。

UML 是一种建模语言,而不是一种方法。它不包含任何过程指导。也就是说,它并不讲述如何运用面向对象的概念与原则去进行系统建模,而只是定义了用于建模的各种元素,以及由这些元素所构成的各种图的构成规则。UML 的功能(表达能力)无疑是很强的,它吸取了多种面向对象方法的概念和图形表示法,但 UML 也是复杂的,这意味着,无论是学习它还是在工程中使用它,都要付出比使用别的语言高得多的代价。

9.1.3　面向对象的建模与仿真

传统仿真软件主要提供仿真运行的机制和通用的数据结构和函数。建模的任务就是把实际系统中对象之间的相互作用关系转换成在数据结构内部对数据的操作。不同的仿真软件使用不同术语、概念，采用不同的仿真建模策略，具有不同的语义和语法。因此使用这些软件进行研究就必须利用软件提供的设施来建立仿真模型。面向对象的仿真试图消除这种过程，使用户能够以应用领域熟悉的直观的对象概念来建立仿真模型，建模观念与人们认识现实世界的思维方式一致，因此不需要多少概念上的转换。

在面向对象的仿真系统中，系统中的对象往往与现实世界的实际对象一一对应，建模的主要任务就是把系统类库中提供的对象进行适当的修改与组合形成仿真模型，而且用户也可以根据问题的需要自己建立适当的对象，并可以保存在系统类库中。这种方法既具有利于预定义对象的方便性，也具有用户建立对象的灵活性。

在面向对象的仿真中组成系统的对象是仿真的主要成分。Shannon 清楚地描述了仿真对象的概念，指出："仿真模型的目的就是用一组杂乱无章的对象及其相互关系组织成一个系统的整体，而这个整体将显示这些关系相互作用的效果"。Booch 研究了面向对象的分解与功能分解之间的区别，认为在许多情况下，面向对象分解是更为自然的分解，并提出了面向对象建模的一般步骤：

(1)确定构成系统的各个组成部分和它们的属性；

(2)确定每个对象的操作和功能；

(3)确定每个对象相对于其他对象的可见度；

(4)确定每个对象的接口；

(5)实现每个对象。

具体地说就是，第一步，把系统分解成在问题空间活动的实体或对象，这些对象应当是系统中的活动实体，相似的对象可以分组成对象类。第二步，定义对象的操作，用以刻画对象或对象类的行为特征。操作的定义确定了对象的静态语义，通过定义每个对象必须遵守关于时间和空间上的约束，可以确定每个对象的动态行为。第三步，确定对象或对象类之间的静态关联性，即确定每个对象需要与哪些对象进行通信。第四步，确定对象的接口。接口是对象与外界进行通信的唯一通道，它确定了对象之间以及对象与仿真环境进行通信的形式。最后一步是为每个对象选择一种适当的表达，并实现上一步确定的接口。

面向对象的仿真为仿真人员提供了开发模块化可重用的仿真模型的工具。它把系统看成由相互作用的对象所组成，而对象则往往表示现实系统中的真实实体，从而提高了仿真模型的可理解性、可扩充性和模块性，并且便于实现仿真与计算机和人工智能的结合。其优点体现在以下几方面。

1. 可理解性

面向对象仿真对设计者、实现者以及最终用户来说都改进了仿真的可理解性。因为仿真系统中的对象往往直接表示现实系统中的真实实体，这些实体在面向对象的仿真系统中可以用外观上类似人们熟悉的实际系统的对象的图形或图像来表示。用户可以通过图形界面与仿真模型进行交互，利用图形或图像来直接建立仿真模型，这对于熟悉实际系统的用户来说是很容易理解的。

2.可重用性和可扩充性

在面向对象的仿真中,可以建立起一个模型库,用以保存以前建立的模型。模型库中的模型可以作为建立新模型的可重用构件,通过面向对象技术内在的继承机制可以容易地和系统地修改现有的对象(类)以建立新的对象,并且可以加入现有的类库中。类库提供了仿真建模所需要的一般设施,通过修改现有的类,可以建立各种应用中所需要的特殊对象。

3.模块性

面向对象的仿真是模块化的,对象作为模型,已知对象的所有信息都保存在该模块中,因此不需要特殊的过程来寻找相应的信息。这种信息的封装意味着容易改变一个对象的含义或修改其性能,而且不会影响其他的对象。

4.图形用户界面

面向对象仿真系统中的对象往往表示实际系统中的真实实体,在系统中可以用相似的图形或图像来表示,因此更便于建立非常直观的图形用户界面。用户可以直接在屏幕上建立系统的图形描述,直观地构造仿真模型。在仿真过程中利用动画显示仿真模型的运行过程,各种仿真统计数据也可以利用图形来显示。这种图形表达能力对于用户了解仿真过程、理解仿真结果都有很大帮助。

5.仿真与人工智能的结合

在面向对象的仿真中,对象封装了它们的功能,而功能可以包含智能,因而利用人工智能与专家系统的方法可以在功能中嵌入智能,使对象也具有决策与学习能力。仿真与人工智能的结合可以增强仿真的能力。在基于知识的仿真系统和专家仿真系统方面,许多学者已进行了广泛的研究,表明了人工智能与专家系统在辅助仿真建模、仿真结果的解释和仿真模型灵敏度分析等方面的重要作用。

6.并行仿真

面向对象的仿真是在多处理器上并行执行的。仿真封装了所有的信息,因而每个对象都能按分配给自己的处理程序执行它的功能。这样,对象在某种程度上可以相对独立地运行。正是由于对象之间的这种相对独立性,产生了并行仿真执行的可能性。仿真的并行执行可以极大地降低仿真时间,允许仿真更多的对象,能够实现更详细的仿真。

离散事件系统仿真是面向对象方法最适合的应用领域之一,这是因为面向对象的离散事件系统仿真和面向对象的程序设计一样都是以对象为基础建立系统的结构,面向对象与仿真的一致性在这里得到很好的体现。离散事件系统仿真目前主要应用在制造系统,因为制造系统的物理组成部分很容易直观地用对象来进行描述。

由于连续系统的模型通常是用微分方程来描述的,仿真算法主要是数值积分法及离散相似法,它与离散事件系统的模型及算法有很大的不同,所以在应用面向对象方法上,也有所不同。对连续系统进行面向对象建模,可以把常用的模块化建模看作是一种广义的面向对象的方法,即将一个复杂的系统划分成许多模型块,每个模型块又可划分成若干个子模型,直到不能再(或不必)分为止,最基本的子模型被称为模型元素或基本模型。这样,建模过程就变成对各种基本模型进行定义,然后利用模型拼合技术将它们组成模型块(称为拼合模型);若干个下层模型块又可拼合成上层模型块,直到形成整个系统。显然,这里的模型块与面向对象方法中的对象类有许多相似之处,它同样具有封装、继承等性质。需要指出的是,拼合模型与基本模型之间的关系是一种组合关系，不能生搬硬套地将拼合模型看成父类，而将基本模型看作是子类。

在建模和仿真的不同阶段，如仿真建模、仿真实验、动画输出等，面向对象的方法都已获得了应用，比如面向对象的交互式图形技术、人工智能技术和数据库技术，特别是利用面向对象的方法建立各种复杂系统的模型，如大型军用系统、柔性制造系统和计算机网络系统等，已取得了许多实际成果。例如，美国 NASA 的软件工程实验室(SEL)已将面向对象技术成功地用于 11 个项目的开发中，面向对象技术的采用使这些项目的代码重用率从 20%增至 80%，同类新项目开发费用降低 2/3，开发周期减少一半，修改与出错率仅为原来的 1/10，被他们称之为到目前为止最有影响的方法；由 CAE - Link 公司为 Johnson 太空中心开发的 Freedom 空间站验证与训练设备(SSVTF)是一项源代码超过 180 万行的大型仿真项目，该项目主要为空间站宇航员和地面飞行控制者提供全面训练，从基本操作、任务规划到决策验证，计划将面向对象建模方法与软件重用技术贯穿于需求分析、设计、编码全过程；McDonnell Douglas Aerospace 将面向对象技术用于导弹制导系统的实时仿真及任务规划；Hewlett - Packard 采用面向对象分析和设计方法开发了 16 个商业项目；Rand 公司成功开发了“兰德面向对象仿真系统(ROSS)”；等等。

9.1.4　面向对象仿真举例

面向对象的仿真意味着用户也变成一种语言的设计者。用户不仅可以利用语言中预定义的对象，还可以利用一组工具建立自己新的对象；用户不仅要知道如何使用对象，而且必须知道如何描述对象与实现它们。一旦建立了对象类库，建模工作就很简单，任务就是创建、控制与删除对象，用以模拟实际系统的活动。

在面向对象设计的阶段，要确定组成系统的对象、对象的属性和功能，以及对象间的关系。在实现阶段，就要用某种程序语言来实现仿真设计模型。当然，不用面向对象的语言，也能够实现面向对象的仿真。但使用面向对象的语言，实现起来较为容易。由于 C++语言较好地兼顾了 C 语言和面向对象语言的特点，因而成为目前使用最广泛的面向对象语言。下面以微分方程组的 4 阶龙格-库塔解法为例，用 Borland C++简要说明面向对象设计仿真算法过程。

在龙格-库塔算法中，为了符合人们的思维习惯和体现人类的习惯写法，引入了两个类：向量类和微分方程组类。向量类具有两个私有状态，即向量的值与向量的维数，重载了“+”“×”等操作，其定义如下：

```
class Vector {
private:
        float * v          //向量的值
        int     sz      //向量的维数
public:
Vector();
Vector (int s);
Vector (int s, float * a);
Vector(const Vector &.a);           //以上皆为构造函数
```

```
    ~'Vector();//析构函数
    Vector operator + (const Vector &.)      //向量与向量相加
    Vector operator +(const float &.)        //向量与实数相加
    Vector operator * (const float &.)       //向量与实数相乘
    float &. operator [] (const int &.)      //向量各分值
    Vector &. operator = (const Vector);     //等式重加载
};
```

微分方程组类把微分方程组的共性抽象出来，例如步长、起始时间、方程组初值、方程组维数等，其定义如下：

```
class DiffEqutions {
private:
    float Step,T0,* Inn;  // Step:步长,T0:起始时间,Inn:微分方程组初值
    int StepNum,Dim;   // StepNum:仿真时间,Dim:微分方程组维数
    virtual Vector Equtions( Vector YY. float a );//虚函数,微分方程组
    Vector Runge(Vector Yin, float t);//龙格-库塔算法
public:
    DiffEqutions (float Sl,float Tl,int StepNum1,int Dim1,float * In);//构造函数
    ~ DiffEqutions ( );//析构函数
    void SlvRg( )
};
```

对于微分方程组表达式的操作，定义为虚函数；在具体求解一个微分方程组时，把这个微分方程组类作为父类，具体的微分方程组作为导出类，重新定义微分方程组这个操作，那么这个导出类就继承了父类型微分方程组类的数据操作，这就是继承性。

采用上述方法求解微分方程组 $\dot{y}_1=\frac{1}{y_2}$，$\dot{y}_2=-\frac{1}{y_1}$，初值为 $y_1(0)=1.0$，$y_2(0)=1.0$，初始时间 $t=0$，仿真时间为 10 s，仿真步长为 0.1 s。用龙格-库塔法求解的源程序如下：

```
//DiffEqu. hpp
#ifndef DiffEqu_HPP
#define DiffEqu_HPP
#endif
//The defination of Vector Class 向量类的定义
class Vector {
private:
  float   * v;
  int     sz;
public:
  Vector();
  Vector (int s);
  Vector (int s, float * a);
```

```
    Vector(const Vector &. a);
    ~'Vector ( );
    Vector operator + (const Vector &);
    Vector operator +(const float &);
    Vector operator * (const float &);
    float & operator [](const int &);
    Vector & operator =(const Vector &);
};
//The defination of DiffEqutions Class 微分方程组类的定义
class DiffEqutions
{
private:
    float Step,T0, * Inn;
    int StepNum, Dim;
    virtual Vector Equtions( Vector YY. float ac ){return (YY );};
    Vector Runge(Vector Yin, float t);
public:
    DiffEqutions (float Sl, float Tl. int StepNum1, int Dim1, float * IN);
    ~ DiffEqutions ( );
    void SlvRg( );
};
//DiffEqu. cpp
 #ifndef DiffEqu_HPP
 #include "DiffEqu. hpp"
 #endif
 #include <iostream. h>
//The members of Vector Class 向量类成员函数
Vector::Vector( ) { }
Vector::Vector (int s,float * a)
{
    sz==s;
    v=new float[s];
    for(int i=0;i<s;i++) v[i]=a[i];
}
Vector::Vector(int s)
{
    sz=s;
    v=new float[s];
}
```

```
Vector::Vector(const Vector &a)
{
  sz==a. sz;
  v=new float[sz];
  for(int i=0;i<s;i++) v[i]==a. v[i];
}
Vector::Vector( )
{
  delete v;
}
Vector Vector::operator+(const Vector &an)
{
  Vector temp(sz);
  for(int i=0;i<sz;i++) temp. v[i]=v[i]+an. v[i];
  return temp;
}
  Vector Vector::operator+(const float &an)
{
  Vector temp(sz);
  for(int i=0;i<sz;i++) temp. v[i]=v[i]+an;
  return(temp);
}
Vector Vector::operator * (const float &an)
{
  Vector temp(sz);
  for(int i=0;i<sz;i++) temp. v[i]=v[i] * an;
  return (temp);
}
  float &Vector::operator[](const int &i)
{ return v[I];};
Vector & Vector::operator=(const Vector&a)
{
  sz=a. sz;
  v=new float [sz];
  for(int i=0;i<sz;i++) v[I]=a. v[I];
  return * this;
};
//The members of DiffEqutions Class
DiffEqutions::DiffEqutions(float Sl,float Tl,int StepNum1,int Dim1,float * IN)
```

```
{
  Step=S1;
  T0=t1;
  Dim=Dim1;
  StepNum=StepNum1;
  INN=newfloat[Dim];
  for(int i=0;i<Dim;i++)INN[i]=IN[i];
};
DiffEqutions::~DiffEqutions ( )
{
  delete INN;
}
Vector DiffEqutions::Runge(Vector Yin, float t)
{
  Vector Kl, K2. K3. K4, Yout;
  Kl=Equtions(Yin, t) * Step;
  K2=Equtions(Yin+Kl *.5, t+Step *.5) * Step;
  K3=Equtions(Yin+K2 *.5, t+Step *.5) * Step;
  K4=Equtions(Yin+K3, t+Step) * Step;
  Yout=Yin+(K1+K2 * 2. +K3 * 2. +K4) * (1/6.);
  return (Yout);
};
void DiffEqutions ::SlvRg( )
{
  float h,t;
  Vector YIN (Dim,INN);
  for(int i=0, i<StepNum, i++)
  {
    t=TO+I * Step;
    YIN=Runge(YIN,t);
    for(int j=0, j<Dim, j++)
    {
      h=YIN[j];
      cout<<YIN[j];
    }
    cout<<endl;}
}
//tl.cpp
#include "tl.hpp"
```

```
Vector tl::Equtions(Vector Yin, float t)
{
  Vector TEMP (2),
  TEMP[0]=l./Yin[1];
  TEMP[l]=-l./Yin[0];
  return(TEMP);
}
#ifndef Tl_HPP
#define Tl_HPP
#endif
//tl.hpp
#ifndef DIFFEQU_HPP
#include "DIFFEQU.HPP"
#endif
class tl:public DiffEqutions
{
public:
  t1(float Sl, float Tl, int StepNum1, int Dim1, float * IN)
  :DiffEqutions(Sl, Tl, StepNum1, Dim1, IN) { };
  virtual Vector Equtions(Vector Yin, float t);
};
//Main program
#include "tl.hpp"
void main ( )
{
  float a[3]={1.1,0.9};
  t1 CC(0.1,0.1,10,2,a);
  CC.SlvRg();
}
```

9.2 分布交互仿真技术

9.2.1 分布交互仿真的发展历程

分布交互仿真(Distributed Interactive Simulation, DIS)是“采用协调一致的结构、标准、协议和数据库,通过局域网、广域网将分布在各地的仿真设备互连并交互作用,同时可由人参与交互作用的一种综合环境”。它以计算机网络作为支撑,将分散于不同地域的相对独立的各类仿真器互连起来，构成一个大规模、多参与者协同作用的综合虚拟环境，以实现含人平台、非含人平台间的交互以及平台与环境间的交互。分布交互仿真在军事方面的应用主要有：

(1)在新型武器系统开发早期对其功能作先期演示验证；

(2)开发新的战术和作战概念；

(3)规划、推演和重演作战任务；

(4)在一个虚拟环境中训练大规模兵力并进行武器系统效能评估。

分布交互仿真技术的发展主要经历了 3 个阶段：DIS 阶段、ALSP 阶段和目前的 HLA 阶段，可以用图 9.2.1 表示其发展过程。

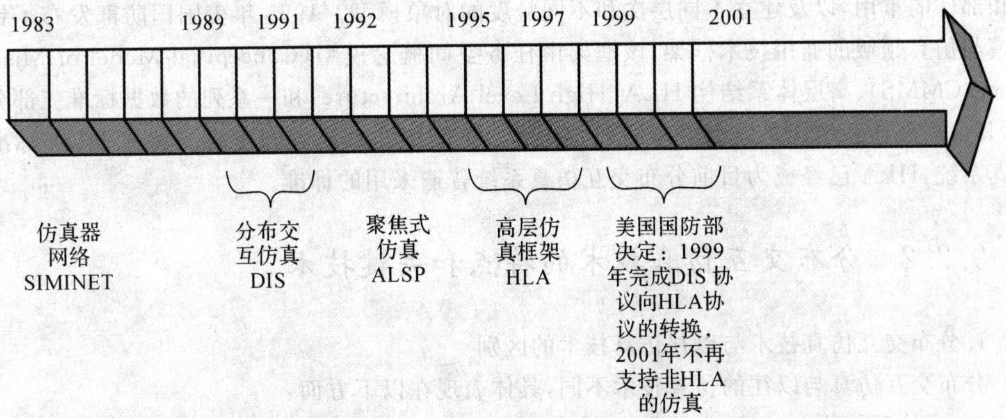

图 9.2.1　分布交互仿真技术的发展历程

1983 年美国国防部高级研究计划局(DAPAR)正式提出了 SIMNET(Simulation Networking)研究计划，并得到美国陆军的支持。该计划的最初目的是希望将分散于各地的多个地面车辆(坦克、装甲车等)训练模拟器用计算机网络联结起来，进行各种复杂任务的综合训练。到 20 世纪 80 年代末，SIMNET 计划结束时，已形成了约 260 个地面车辆仿真器和飞机仿真器，以及指挥中心和数据处理设备等的综合仿真网。SIMNET 的成功应用使美国军方充分认识到这一技术的潜在作用。

1989 年在美国陆军、建模与仿真办公室 DMSO 和 DARPA 的共同倡导和支持下，正式提出了分布交互仿真的概念，并制订了一套面向分布式仿真的标准文件，以使这一技术向规范化、标准化、开放化的方向发展。美国陆军的 CATT 计划、WARSIM 2000 计划、NPSNET 计划、STOW 计划等都采用了 DIS 标准。基于 DIS 标准的分布交互仿真系统的基本思想是通过建立一致的标准通信接口来规范异构的仿真系统间的信息交换，通过计算机网络将位于不同地理位置上的仿真系统联结起来，构成一个异构的综合作战仿真环境，满足武器性能评估、战术原则的开发和演练以及人员训练等的需要。异构的仿真系统间的互操作是建立在标准的协议数据单元(PDU)基础上的。

20 世纪 80 年代末，美国国防部开始研究使用聚合级作战仿真为联合演习提供支持。所谓聚合级仿真是指挥团、营、连等部队单元级的构造仿真，而不是单个作战人员和实体的仿真。按 DIS 标准构成的仿真系统用于平台级实时连续系统的描述，聚合级仿真协议 ALSP(Aggregate Level Simulation Protocol)用于分布的聚合级以离散事件为主的作战仿真系统，它实质上是“构造仿真”。构造仿真的时间管理不同于 DIS 系统，它不一定与实际时钟直接联系，而是采用时间步长、事件驱动等方法，它只要保证聚合级仿真系统中时间对所有仿真应用是一致的，而且保证事件的因果关系正确。1990 年 1 月，美国高级研究计划署提出了聚合级仿真协议的概念，主要研究聚合级的分布构造仿真系统的体系结构、标准和相应的关键技术，并将基于 ALSP 标准的分布交互仿真系统应用于 1992 年、1994 年和 1996 年的军事演习，使 ALSP 标准得到了改进和完善。

在 DIS 和 ALSP 的基础上，为消除 DIS 在体系结构、标准和协议等方面的局限和不足，又发展了新的分布交互仿真体系结构 HLA，它能提供更大规模的，将构造仿真、虚拟仿真、实况仿真集成在一起的综合环境，实现各类仿真系统间的互操作、动态管理、一点对多点的通信、系统和部件的重用，以及建立不同层次和不同粒度的对象模型。1995 年美国国防部发布了针对建模与仿真领域的通用技术框架，该框架由任务空间概念模型（Conceptual Model of Mission Space，CMMS）、高层体系结构 HLA（High Level Architecture）和一系列的数据标准三部分组成，其中高层体系结构是通用框架的核心内容。美国国防部已宣布不再支持非 HLA 标准的仿真系统，HLA 已经成为目前分布交互仿真系统普遍采用的标准。

9.2.2 分布交互仿真技术的特点和关键技术

1. 分布交互仿真技术与以往仿真技术的区别

分布交互仿真与以往的仿真技术不同，具体表现在以下方面：

(1)在体系结构上，由过去的集中式、封闭式发展到分布式、开放式和交互式，构成在互操作、可移植、可伸缩及强交互的协同仿真体系结构。

(2)在功能上，由原来的单个武器平台的性能仿真，发展到复杂环境下，以多武器平台为基础的体系与体系对抗仿真。

(3)在手段上，从单一的构造仿真、实况仿真和虚拟仿真，发展成集上述多种仿真为一体的综合仿真系统。

(4)在效果上，由只能从系统外部观察仿真的结果或直接参与实际物理系统的测试，发展到能参与到系统中，与系统进行交互作用，并可得到身临其境的感受。

2. 分布交互仿真技术的特点

分布交互仿真是计算机技术的进步与仿真需求不断发展的结果，其特点主要表现在 5 个方面，即分布性、交互性、异构性、时空一致性和开放性。

(1)分布性：分布式交互仿真的分布性表现为地域分布性、任务分布性和系统的分布性。地域分布性是指组成仿真系统的各个节点处于不同的地域。它们可以同处于一个局域网中，也可以处于不同的局域网中；可以处于同一个城市，也可以处于不同的城市甚至不同的国家。任务分布性是指同一个仿真任务可以由几台计算机共同协同完成。比如一个实时仿真结点的任务包括网络的通信、大量的模型解算和图形的绘制等，其中每一项都需要大量的计算。为了保证该结点的实时性，可以配置多台计算机来分担其任务。这种同一任务由多台计算机来协同完成的现象就是任务分布性。系统的分布性是指同一个仿真系统可以分布在不同的计算机上。这些计算机可以处于同一地域，也可以处于不同的地域。

(2)交互性：分布交互仿真的交互性包括人机交互和作战时的对抗交互。所谓人机交互是指参与作战演习的人员通过计算机将其对仿真系统的命令传达给仿真系统。比如指挥人员通过计算机下达系统暂停命令等。所谓对抗交互是指参与作战的对抗双方相互之间交互作战信息。比如红方向蓝方进行了一次射击，则红方应该将射击 PDU 发送给系统中的蓝方，以保证作战环境的时空一致性。

(3)异构性：分布交互仿真的另一个突出的特点是对已有系统的集成。如何将这些地域上分散、不同的制造厂商开发、系统的硬件和软件配置各不相同、实体表示方法与精度各异的仿真结点联结起来并实现互操作，就成为研究人员待解决的问题，也是 DIS 技术中的关键。

(4)时空一致性：在分布交互仿真系统中，人是通过计算机生成的综合环境的各种真实的感受来作出响应而形成“人在回路”的仿真，所以 DIS 系统必须保证仿真系统中的时间和空间与现实世界中的时间和空间的一致性。时空一致性是指 DIS 各结点或各软件对象的行为根据所模拟的时空关系，按严格规定的时序进行，以使用户产生逼真的时空感受。为此必须建立统一的时间和空间基准。时空一致性原则要求 DIS 网上各结点在交互作用时，其状态信息应具有统一的几何和时间表达。

(5)开放性：开放性是指体系结构的开放性，其目的是建立一种具有广泛适用性的系统结构框架，在这一框架下可以实现各类系统或子系统的集成，以构建大规模的和多用途的作战仿真。主要的集成包括平台级作战仿真器、聚合级作战仿真模型、评估和预测类分析模型、C^4I 系统和实际武器系统等。

分布交互仿真系统还有实时性的要求，即要求实体状态必须是实时更新的、实体间的信息必须是实时传播的、图形显示必须是实时生成的等。另外，在分布交互仿真系统中没有中央计算机控制整个仿真演练。以往的仿真系统使用一个中央计算机来维护整个虚拟世界的状态，并计算每个实体的行为对其他实体和环境的影响。而 DIS 系统中，通过分布式仿真方法来实现各实体的互操作，由通过网络互连的主机上的仿真应用软件来完成每个实体状态的计算。当新的主机连接到网络上时，它带来了自己的资源。

3. 分布交互仿真的关键技术

(1)合理的分布式结构。合理平衡的计算和网络传输功能是一切分布式计算系统设计所需要解决的矛盾之一。从本质上讲，这意味着在给定可用资源(CPU 计算速度、磁盘存储容量、I/O 吞吐率、链路带宽、路由器转发缓存容量、应用程序、敏感信息等)及其代价的情况下，如何在网络上合理分配以保证系统性能及设计约束(如某些信息只能置于某处或必须置于某组织监控之下等)，解决方案直接体现于系统的体系结构。

(2) 信息交换标准。为了生成时空一致的仿真环境，并支持仿真实体间的交互作用，必须制定相应的信息交换标准。目前，DIS 中普遍采用的是 IEEE 1278 标准，主要包括信息交换的内容、格式的约定以及通信结构和通信协议的选取等。对协议数据单元(Protocol Data Unit，PDU)中的数据信息的格式和含义都进行了详细的规定，这些 PDU 在仿真应用之间，以及仿真应用与仿真管理程序之间进行交换。例如，实体状态 PDU 的组成如图 9.2.2 所示。

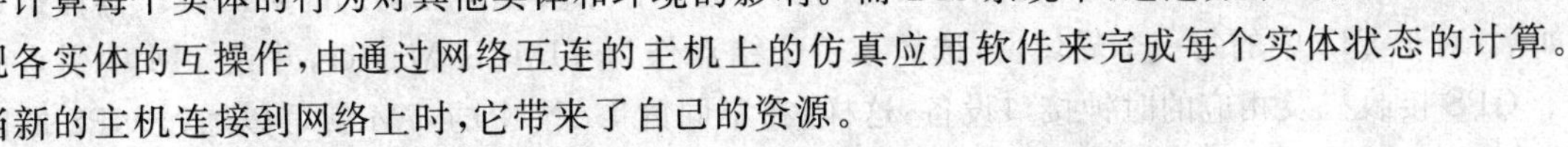

图 9.2.2　实体状态 PDU 的组成

(3) DR 技术。DR(Dead Reckoning)是 DIS 中普遍采用的一项技术，它可以在仿真精度和通信带宽之间进行很好的折中,即可以在一定的仿真精度要求的前提下,大大减少仿真结点之间的状态信息传递次数。DR 算法的基本思想可概括为以下三点:①仿真实体除有一个精确的运动模型外,还在本结点维护一个简单的运动模型(DR 模型);②在每个仿真结点中放入可能与之发生交互作用的其他结点的 DR 模型,并以这些模型为依据推算这些结点的状态,供本结点的有关功能模块使用;③当自身的精确模型输出与 DR 模型输出之差大于某一个给定阈值时,向其他结点发送自身状态的更新信息,同时更新自身 DR 模型的状态。

(4) 时钟同步技术。时间一致性和空间一致性是 DIS 系统中的典型问题,时空一致性是指 DIS 各仿真结点或各软件对象的行为所模拟的时空关系,按严格规定的时序进行,以给用户造成逼真的和符合实际的时空感受。作为一个分布式系统,导致 DIS 时空不一致性的因素包括:

· 各结点的本地时钟不同步(未校准于某同一时钟,即时间一致性问题);

· 网络阻塞导致仿真结点间的信息传递延迟;

· 消息接收顺序与发送顺序不一致。

在分布交互仿真系统中,时钟同步方法分为三类:

1)软件同步算法。完全利用软件完成分布式系统中各时钟的同步,但这种软件发生同步的工作量很大,且结点间的同步偏差容易积累,更重要的是,同步信息在广域网上传输时延迟大,且有很大的不确定性,这会使软件同步的效果不理想。

2)硬件同步。硬件同步往往是借助于全球定位系统(GPS)来实现的。但由于 GPS 硬件的价格昂贵,完全依靠 GPS 进行同步的成本很高,不现实。

3)分层式混合同步。采用硬件和软件同步一起工作来实现结点间的时钟同步。具体描述如下:对于 DIS 中的每一个局域网,选择某一个结点作为 TIMER Master,并在 TM 中引入一个 GPS 接收机及相应的时钟接口设备,这样,在不同的 LAN 中的 TM 就可以通过 GPS 的时间信号实现同步;在每一个 LAN 内部,各结点通过软件实现与该 LAN 的 TM 同步。

(5) 接口处理技术。由于分布交互仿真是对已有系统的集成,这些系统可以是不同的制造厂商生成、系统的硬件和软件结构配置各不相同、实体表示方法与描述精度各异的且在地域上也是分散的。通常这些仿真结点具有自己的仿真约定,而这些约定不一定遵从分布交互仿真协议。因此,要将这些结点纳入分布交互仿真环境中,就必须对其进行适当的修改和扩充。如果这些修改和扩充完全通过仿真结点来实现,将会给仿真结点造成很大的负担。此外,一旦结点脱离分布交互仿真环境独立运行,还需将上述改动复原,这就破坏了仿真结点各自的独立性。故这种方法通用性差,效率较低。引入接口处理器(Interface Processor,IP)的目的正是为了解决由于联网而附加给仿真结点的负担,从而减少对仿真结点所作的修改,最大限度地维护结点的独立性。换句话说,结点间的交互作用首先通过接口处理器进行预处理,从而将各个结点的差异封装起来。因此,接口处理器是不同仿真结点联网运行的必要装置,也是分布交互仿真中的一项关键技术。

(6) 虚拟环境技术。为了保证仿真的真实性,需要生成虚拟的天空、陆地、海洋等地理环境及风、雨、雷、电等自然现象。虚拟环境技术还包括计算机生成兵力 CGF(Computer Generated Forces)和计算机控制飞行器 CCA(Computer Controlled Aircraft)的智能技术。这对于构造时空一致的逼真的仿真环境是极为重要的。

(7) 仿真管理技术。DIS 中涉及大量的仿真结点,为了更好地使各结点在时空一致的仿真环境中运行，必须对仿真结点的运行过程（初始化、启动、暂停、终止）进行管理、协调和调度。

9.2.3　DIS 系统的体系结构和标准

仿真实体（simulation entity）、仿真结点（simulation node）、仿真应用（simulation application）、仿真管理计算机（simulation manager）、仿真演练（simulation exercise）和仿真主机（simulation host）是 DIS 系统经常遇到的几个概念。

仿真结点可能是一台仿真主机，也可能是一个网络交换设备。很多情况下，仿真结点和仿真主机并不严格区分，均指参与仿真演练的计算机。在一个 DIS 网络中，包含多个仿真结点；仿真应用包括软件和真实设备之间的计算机硬件接口，每一台仿真主机中都驻留有一个仿真应用；一个或多个互相交换的仿真应用构成一个仿真演练，参与同一仿真演练的仿真应用共享一个演练标识符；仿真实体是仿真环境中的一个单位，每一个仿真应用负责维护一个或多个仿真实体的状态；仿真管理计算机中驻留有仿真管理软件，负责完成局部或全局的仿真管理功能。

图 9.2.3 形象地表明了以上各概念的含义及它们之间的关系。

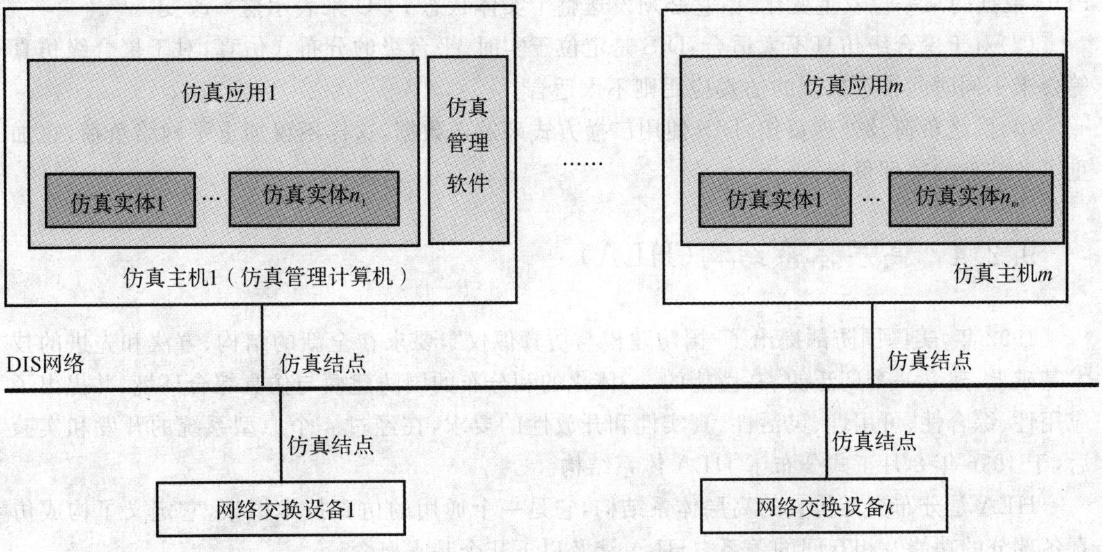

图 9.2.3　DIS 中的几个基本概念及其相互关系

DIS 在逻辑上采用的是一种网状结构，如图 9.2.4 所示。其中的每一个仿真结点都将本结点的实体数据发往网络中其他所有的仿真应用，同时又接收其他仿真应用的信息。按照 DIS 的原则，由接收方来决定所收到的信息是否对本结点有用，如果是无用信息，就将其放弃。

DIS 的体系结构特点可概括为：

- 自治的仿真应用负责维护一个或多个仿真实体的状态；
- 用标准 PDU 来传送数据；
- 仿真应用负责发送仿真实体的状态交互信息；
- 由接收仿真应用来感知事件或其他实体的存在；
- 用 DR 算法来减少网络中的通信负荷。

DIS 的这种网状逻辑结构从网络管理角度来说是比较容易实现的。通过规范异构的仿真结点间信息交换的格式、内容及通信规则，DIS 实现了分布式仿真系统间的互操作，构成一个仿真环境。然而，这种建立在数据交换标准之上的体系结构毕竟是一种低层次的随意的体系结构，这种体系结构对于处理具有复杂的逻辑层次关系的系统是不完备的。由于自治的仿真结点之间是对等的关系，所以每个仿真结点不仅要完成自身的仿真功能，还要完成信息的发送、接收、理解等处理。不同的仿真结点间的逻辑和功能的层次关系只是通过在 PDU 中增加某些信息来实现的。因此，随着 DIS 需求的发展，人们逐渐发现 DIS 结构存在一定的局限性，主要表现是：

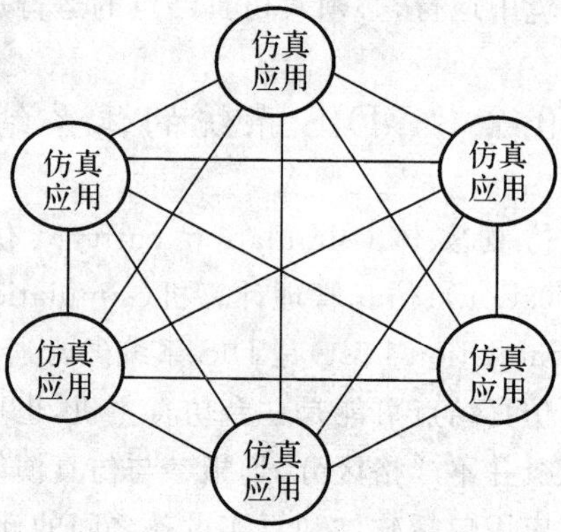

图 9.2.4　DIS 逻辑拓扑结构

(1)体系结构方面的缺陷：由于 DIS 把数据定义于结构之中，因而使得 DIS 协议不够灵活和高效，例如如果某实体要通知其他网络实体它的状态发生了变化，这一状态改变只需要 PDU 数据的某一位发生变化，但它必须发送整个实体状态 PDU 来表示这一改变。

(2)对于聚合级仿真不太适合：DIS 是定位于实时、平台级的分布式仿真，对于聚合级仿真等要求不同时间推进机制的仿真应用则不太适合。

(3)网络负荷及处理负担：DIS 使用广播方式来发送数据，这样不仅加重了网络负荷，也加重了各结点的处理负担。

9.2.4　高层体系结构(HLA)

1992 年，美国国防部提出了“国防建模与仿真倡仪”，要求在全新的结构、方法和先进的技术基础上，建立一个广泛的、高性能的、一体化的和分布的国防建模与仿真综合环境，并提出了应用性、综合性、可用性、灵活性、真实性和开放性的要求，在经过 4 个原型系统的开发和实验后，于 1996 年 8 月正式公布了 HLA 体系结构。

HLA 是分布交互仿真的高层体系结构，它是一个通用的仿真技术框架，它定义了构成仿真各部分的功能及相互间的关系。HLA 涉及以下几个基本概念：

联邦(federation)：为实现某种特定的仿真目的而组织到一起，并能够彼此进行交互作用的仿真系统、支撑软件和其他相关的部件就构成一个联邦，其执行过程称为联邦执行。

联邦成员(federate)：组成联邦的各仿真应用系统称为联邦成员。

对象(object)：对象在这里是指对某一应用领域内所要进行仿真的实体建立的模型。

图 9.2.5 所示是 HLA 框架下联邦组成的逻辑示意图。在 HLA 框架下，联邦成员通过 RTI 构成一个开放性的分布式仿真系统，整个系统具有可扩充性。其中，联邦成员可以是真实实体系统、构造或虚拟仿真系统以及一些辅助性的仿真应用。在联邦的运行阶段，这些成员之间的数据交换必须通过 RTI。

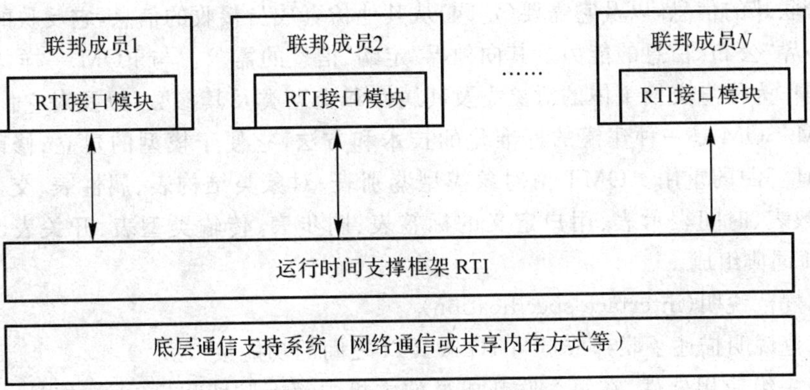

图 9.2.5　HLA 的逻辑拓扑

HLA 的基本思想就是利用面向对象的方法设计、开发和实现系统的对象模型来获得仿真联邦的高层次互操作和可重用。HLA 主要由三部分组成：

1. 规则(rules)

规则描述了 HLA 应遵循的基本原则，共包括 10 条基本规则。这些规则分为联邦(federation)规则和联邦成员(federate)规则两部分。

联邦规则主要概括为：

(1)在一个联邦中，每个对象的表现应限于联邦成员内，不应在 RTI 中；

(2)在一个联邦运行过程中，所有联邦成员内的联邦对象模型(Federation Object Model，FOM)数据交换必须经过 RTI；

(3)在一个联邦运行过程中，所有联邦成员与 RTI 间的接口必须符合接口规范；

(4)在一个联邦运行过程中，每个对象的属性在任何给定时刻必须从属于唯一的一个联邦成员；

(5)每一个联邦必须具有一个 FOM 来描述对象间的交互。

联邦成员规则主要概括为：

(1)每个联邦成员必须具有一个 SOM 来描述对象的属性；

(2)联邦成员应能够在 SOM 中更新和(或)接收对象属性，并能够发送和(或)接收外部对象的交互信息；

(3)联邦成员应能够在执行过程中动态地传递和(或)接收属性所有权；

(4)联邦成员应能够变化相应的条件值，以保证对象属性的更新；

(5)联邦成员应能够管理局部时间，以协调与联邦内其他成员的数据交换。

2. 对象模型模板(Object Model Template，OMT)

OMT 描述了建立 HLA 对象模型应遵守的书写规范。

OMT 是对仿真中的对象、对象属性和对象间信息交互的格式和内容进行定义的标准化描述。HLA 中的 FOM 和仿真对象模型 SOM(Simulation Object Model)是通过 OMT 来描述的，FOM 借助于 OMT 提供的标准化的记录格式，为一个特定的联邦中各联邦成员之间需交换的数据的特性进行描述，以便各联邦成员在联邦的运行中正确、充分地利用这些数据进行互操作。FOM 中的数据主要包括：联邦中的作为信息交换主体的对象类及其属性，交互类及其参数，以及对它们本身特性的说明。SOM 描述的是各个仿真成员在联邦运行过程中可以提供(公布)给联邦的信息,以及它需要(定购)从其他仿真成员接收的信息,它反映的是仿真成员具备的向外界"公布"信息的能力及其向外界"定购"信息的需求。与 FOM 一样,SOM 中包含的数据也是作为信息交换主体的对象类及其属性和交互类及其参数,以及对它们本身特性的说明。FOM/SOM 是一种建模的标准化的技术和方法,它便于模型的建立、修改、生成与管理,便于仿真资源的重用。OMT 由对象模型鉴别表、对象类结构表、属性表、交互类结构表、参数表、维数表、时间表示表、用户定义的标签表、同步表、传输类型表、开关表、数据类型和 FOM/SOM 词典组成。

3. 接口规范说明(interface specification)

接口规范说明描述了联邦成员与 HLA RTI 之间的功能接口。

RTI 是一组应用软件,在每个联邦成员的主机中都有驻留程序,可看作是一个分布式的操作系统。它作为分布式仿真的运行支撑系统,用于实现各类仿真应用之间的交互操作,是连接系统各部分的纽带,是 HLA 仿真系统的核心。联邦成员在开发过程中遵守相应的规则和与 RTI 的接口规范,在运行过程中也只与本机中的 RTI 驻留程序进行直接交互,其余的交互任务全部由 RTI 来完成。可见,HLA 系统的通信任务实际上是在分布的各个 RTI 部件之间完成的。

RTI 为多种类型的仿真间的交互提供了通用服务,这些服务主要包括如下 6 个方面:

(1)联邦管理(federation management):对联邦执行的整个生命周期的活动进行协调。

(2)声明管理(declaration management):提供服务使联邦成员声明它们能够希望创建和接收的对象状态和交互信息,实现基于对象类或交互类的数据过滤。

(3)对象管理(object management):提供创建、删除对象,以及传输对象数据和交互数据等服务。

(4)所有权管理(ownership management):提供联邦成员间转换对象属性所有权服务。

(5)时间管理(time management):控制协调不同局部时钟管理类型的联邦成员(如 DIS 仿真系统、实时仿真系统、时间步长仿真系统和事件驱动仿真系统等)在联邦时间轴上的推进,为各联邦成员对数据的不同的传输要求(如可靠的传输和最佳效果传输)提供服务。

(6)数据分布管理(data distributed management):通过对路径空间和区域的管理,提供数据分发的服务。允许联邦成员规定它发送或接收的数据的分发条件,以便更有效地分发数据。

HLA 采用对称的体系结构。所谓对称的体系结构,是指在整个仿真系统中,所有的应用程序都是通过一个标准的接口形式进行交互作用的。共享服务和资源是实现互操作的基础。一方面,HLA 将分布仿真的开发、执行同相应的支撑环境分离开,这样可以使仿真人员将重点放在仿真模型及交互模型的设计上,在模型中描述对象间所要完成的交互动作和所需交互的数据,而不必关心交互动作和数据交换是如何完成的;另一方面,RTI 为联邦中的仿真提供一系列标准的接口(API)服务,用以满足仿真所要求的数据交换和交互动作的完成,同时还要负责协调各个方面各个层次上的信息流的交互,使联邦能够协调执行。联邦成员在对象模型中声明的要求传输给相应的成员,并完成相应的网络操作,从而实现将变化的信息传输到需要的地方,这样可以大量减少网络负载,而不像 DIS 那样采用广播的方式将所有信息传输到所有结点。

在 HLA 的体系下,由于 RTI 提供了较为通用的标准软件支撑服务,具有相对独立的功能,可以保证在联邦内部实现成员及部件的即插即用(plug and play),针对不同的用户需求和不同的目的，可以实现联邦快速、灵活的组合和重配合，保证了联邦范围内的互操作和重用。此外，防止同其支撑环境分离，通过提供标准的接口服务，隐蔽了各自的实现细节，可以使这两部分相对独立地开发，而且可以最大程度地利用各自领域的最新技术来实现标准的功能和服务，而不会相互干扰。这就使分布交互仿真的发展与计算机技术、网络技术和仿真技术的发展保持同步。

HLA 的体系结构特点可概括为：

(1)仿真应用之间不直接通信，所以网络通信功能集中由 RTI 实现。

(2)向 RTI 发出某种接口服务的功能调用，RTI 根据各个仿真应用的需要，调动系统中的数据分布。

(3)判断服务请求所要求的通信机制，最后按照所要求的通信机制与相应的仿真应用通信。

作为 HLA 核心的仿真运行支撑系统 RTI 的开发是 HLA 研究的重点。RTI 实际上是一个中间件，它提供 HLA 接口规范中定义的标准接口调用，按照 HLA 规则开发的各类仿真应用能够方便地“插到”RTI 之上，并通过 RTI 提供的服务完成各类仿真应用之间的互操作。目前，较有名的 RTI 有美国国防部推出的 DMSORTI、瑞典 PITCH 公司的 pRTI 和美国 MARK 公司推出的 MARKRTI，国内也有国防科技大学推出的 KDRTI。

9.3　虚拟现实技术

9.3.1　虚拟现实技术的基本概念

近十年来，计算机技术的发展进入了虚拟世界的领域，虚拟现实(virtual reality)技术是发展最快的一项多学科综合技术，“虚拟现实是在计算机技术支持下的一种人工环境，是人类与计算机和极其复杂的数据进行交互的一种技术”，它综合了计算机图形技术、计算机仿真技术、传感技术、显示技术等多种学科技术。虚拟现实系统具有向用户提供视觉、听觉、触觉、味觉和嗅觉等感知功能的能力，人们能够在这个虚拟环境中观察、聆听、触摸、漫游、闻赏，并与虚拟环境中的实体进行交互，从而使用户亲身体验沉浸虚拟空间中的感受。

虚拟现实通常是指头盔显示器和传感手套等一系列新型交互设备构造出的一种计算机软硬件环境，人们通过这些设施获得自然的技能、听觉及触觉等多种感官反馈。

现阶段，虚拟现实技术已不仅仅是那些戴着头盔显示器和传感手套的技术，而且还应包括一切与之有关的具有自然模拟、逼真体验的技术与方法。它要创建一个酷似客观环境又超越客观时空、能沉浸其中又能驾驭其上的和谐人机环境，也就是一个由多维信息所构成的可操纵的空间。它的最重要的目标就是真实的体验和方便自然的人机交互，能够达到或部分达到这样目标的系统就称为虚拟现实系统。

从概念上讲，任何一个虚拟现实系统都可以用 3 个“I”来描述其特性，这就是“沉浸(Immersion)”“交互(Interaction)”“想象(Imagination)”，如图 9.3.1 所示。这 3 个“I”反映了虚拟现实系统的关键特性，就是虚拟现实系统中人的主导作用，其表现是：

(1)人能够沉浸到计算机系统所创建的环境中,而不是仅从计算机系统的外部去观测计算处理的结果。

(2)人能够用多种传感器与多维化信息的环境发生交互作用,而不是仅通过键盘、鼠标与计算环境中的单维数字化信息发生交互作用。

(3)人可从定性和定量综合集成的环境中得到感性和理性的认识从而深化概念和萌发新意,而不仅从以定量计算为主的结果中得到启发和对事物的认识。

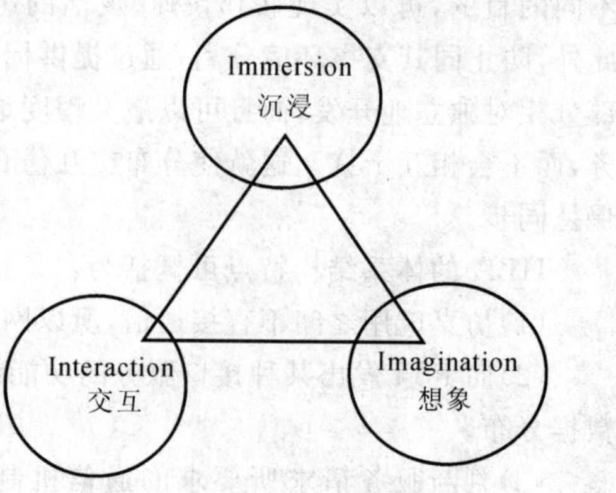

图 9.3.1　3I 图

构建一个虚拟现实系统需要软、硬件的支持,硬件方面主要有:

(1)高性能计算机。虚拟现实系统必须有运算速度高、图形处理能力强的计算机硬件支持,以实时处理复杂的图像并缩短参与者的视觉延迟。例如,SGI 公司的 InfiniteReality™ 系统的纹理填充可达到每秒 20.6GB 像素,纹理下载速度是 336MB/s,每秒可以处理 244MB、5 像素×5 像素的 RGBA 图像。

(2)头盔显示器。头盔显示器提供一种观察虚拟世界的手段,通常支持两个显示源及一组光学器件。这组光学器件将图像以预先确定的距离投影到参与者面前,并将图形放大以加宽视域。

(3)跟踪定位系统。为了与三维虚拟世界交互,必须感知参与者的视线,即跟踪其头部的位置和方向,这需要在头盔上安装头部跟踪传感器。为了在虚拟世界中移动物体或移动参与者的身体,必须跟踪观察者的手位和手势,甚至于全身各肢体的位置,此时参与者需要穿戴数据手套和数据服装。另外,也可使用三维或六维鼠标和空间球等装置与虚拟世界进行交互。

(4)立体声音响和三维空间定位装置系统。借助立体声音响可以加强人们对虚拟世界的实际体验。声音装置采集或合成自然声音信号,并利用特殊处理技术使这些信号在 360°球体中空间化,使参与者即使头部在运动也能感觉到声音保持在原处不变。

(5)触觉/力量反馈装置。触觉反馈装置使参与者除了能接收虚拟世界物体的视觉和听觉信号外,同时还能接收其触觉刺激,如纹理、质地感;力量反馈装置则可以提供虚拟物体对人体的作用力,或虚拟物体之间的吸引力和排斥力的信号。

在软件方面,虚拟现实系统除一般所需的软件支撑环境之外,主要是需要提供一个产生虚拟环境的工具集或产生虚拟环境的“外壳”。它至少具有以下功能:

·能够接收各种高性能传感器的信息,如头盔的跟踪信息;

·能生成立体的显示图形;

·能把各种数据库(如地形地貌数据库、物体形象数据库等)、各种 CAD 软件进行调用和集成。

具有典型代表性的虚拟现实系统软件有虚拟世界工具箱 World Tool Kit(WTK),MultiGen Creator,Vega,Maya,IRIS Performer,VTree,Open GVS 等。

典型的虚拟现实系统由效果产生器、实景仿真器、应用系统和几何构造系统组成。

(1)效果产生器。效果产生器是完成人与虚拟环境交互的硬件接口装置,包括能产生沉浸感的各类输入装置(例如头盔显示器、立体声耳机等),以及能测定视线方向和手指动作的输出装置(例如头部方向探测器和数据手套等)。

(2)实景仿真器。实景仿真器是虚拟现实系统的核心部分,它由计算机软硬件系统、软件开发工具及配套硬件(如图形和声效卡)组成,接收或发送效果产生器产生或接收的信号。

(3)应用系统。应用系统是面向具体问题的软件部分,描述仿真的具体内容,包括仿真的时态逻辑、结构,以及仿真对象之间和仿真对象与用户之间的交互关系。应用软件的内容直接取决于虚拟现实系统的应用目的。

(4)几何构造系统。几何构造系统提供了描述仿真对象的物理属性(外形、颜色、位置等)信息,虚拟现实系统的应用系统在生成虚拟世界时需要使用和处理这些信息。

实物虚化、虚物实化和高效的计算机信息处理是虚拟现实技术的 3 个主要方面。

实物虚化是将现实世界的多维信息映射到计算机的数字空间生成相应的虚拟世界,主要包括实体建模、空间跟踪、声音定位、视觉跟踪和视点感应等关键技术。这些技术将现实世界中的各种事物的多维特性映射到计算机的数字空间生成虚拟世界中的对应事物,并使得虚拟环境对用户操作的检测和操作数据的获取成为可能。

虚物实化是使计算机生成的虚拟世界中的事物所产生的对人的感官的各种刺激尽可能逼真地反馈给用户,从而使人产生沉浸感,主要是视觉、听觉、力觉和触觉等感知技术。

高效的计算机信息处理,包括信息获取、传输、识别、转换,涉及理论、方法、交互工具和开发环境,是实现实物虚化和虚物实化的手段和途径。一般来说,虚拟现实中计算机信息处理需要高计算速度、强处理能力、大存储容量和强实时联网特性等特征,主要涉及数据管理技术、图形图像生成技术、声音合成与空间化技术、模式识别以及分布式和并行计算等关键技术。

9.3.2　分布式虚拟现实系统

分布式虚拟现实系统(Distributed Virtual Reality,DVR)是单用户虚拟现实系统网络化、多用户化的发展。传统的虚拟现实系统实现了单个用户在虚拟环境中的漫游、与虚拟环境及其中的物体进行交互。分布式虚拟现实系统旨在将不同的局部虚拟环境通过空间关联以构造大范围的虚拟环境,并与之进行交互。分布式虚拟现实系统又称为分布式虚拟环境(Distributed Virtual Environment,DVE)或分布式虚拟现实环境(Distributed Virtual Reality Environment,DVRE)。

DVR 应具备下列关键特性:

(1) DVR 允许一组分布在不同地理位置上的用户进行实时交互。这个用户组能同时容纳几千个用户,甚至更多。例如,一个正在演播室中演奏的音乐家应该可以“走进”一个虚拟的音乐会场中,与正在听他演奏的数万名世界各地的观众见面。

(2) DVR 所构造出的虚拟环境对用户的视觉和听觉来说都应该是三维的。当用户在虚拟环境中漫游时,用户的视觉和听觉透视效果也会同时发生变化。与视频会议系统不同,所有的 DVR 用户被封装在同一个虚拟世界中。例如,他们同坐在一个房间的会议桌周围,或同在一个虚拟建筑物内走动。

(3) DVR 的每个用户在计算机环境中都以替身的形式出现,这个替身或者是一个自定义的图形描述,或者是用户的视频,或者是两者的组合。

(4) 用户除与其他用户交互之外,还可以与其他计算机仿真的虚拟生物交互。虚拟世界的一个最吸引人的地方在于它允许用户超越现实的局限,允许现实中不存在或不能存在的一些事情发生。

(5) 用户能够相互交流,也能与计算机生成的虚拟生物或对象交流,虚拟生物也能作出反应。

总之,"动态、交互、沉浸、分布化"四个词应该能在一定程度上总结 DVR 所应具备的特性。

目前,在 DVR 中,虚拟环境的分布主要有两种结构:集中式和复制式。集中式是把虚拟环境存放在中心服务器中,对虚拟环境的实时操纵和协同处理都是由中心服务器来管理的,用户需要更新或获取虚拟环境中的信息时,向中心服务器申请,由中心服务器响应申请后得到用户所需要的信息并传输给用户。复制式是在多个地点放置虚拟环境与虚拟环境的管理系统,每个参加者只与应用系统的局部备份进行交互。

集中式虚拟环境一般具有统一的局部数据库,也就是说组成虚拟世界的所有对象(数据库)是完全相同的,虽然不同的用户可以看到虚拟空间的不同部分,但是在局部数据库中装入的是相同的对象。这样结构简单,易于实现,但是由于输入和输出都广播给其他所有结点,因而对网络通信带宽有较高的要求,且稳固性较差。

复制式虚拟环境可以使用统一的局部数据库,也可以使用不同的局部数据库。复制式虚拟环境结构较复杂,但由于每个参与者只与应用系统的局部备份进行交互,所需网络带宽较小且交互效果好,其缺点是当系统有多个备份时,需要有控制机制来保证每个用户得到相同的输入事件序列,因此维护信息和状态一致性较困难。

9.3.3 虚拟现实技术的应用

由于虚拟现实在技术上的进步与逐步成熟,其应用在近几年发展迅速,应用领域已由过去的娱乐与模拟训练发展到包含航空、航天、铁道、建筑、土木、科学计算可视化、医疗、军事、教育、娱乐、通信、艺术、体育等广泛领域。下面介绍几种典型的应用。

1. 飞行模拟器(fight simulator)

飞行模拟器由仿真计算机、视景系统、运动系统、操作负载系统、音响系统和模拟座舱组成。仿真计算机解算描述飞行动力学、机载系统特性的数学模型。视景系统利用计算机图像实时生成技术,产生座舱外的景象,包括机场与跑道、灯光、建筑物、田野、河流、道路、地形地貌等。视景系统应模拟能见度、云、雾、雨、雪等气象条件,以及白天、黄昏、夜间的景象,视景系统使飞行员有身临其境的感觉。运动系统给飞行员提供加速、过载等感觉。音响系统模拟发动机噪声、气流噪声等音响效果。模拟座舱具有与真实飞机座舱一样的布局,其中仪表显示系统实时显示飞机的各种飞行参数和机载系统的运行状态。

飞行员在模拟座舱内根据窗外景象信息、舱内仪表显示信息等做出决策,通过驾驶杆、舵对飞机进行操纵,操纵量经过转换输入仿真计算机,解算飞行动力学数学模型,获得相应的飞行高度、飞行速度、飞机姿态等飞行参数,更新窗外视景和仪表显示。通过飞行模拟器训练飞行员是一条经济、安全、可行和有效的途径。

2. 虚拟战场 (virtual battlefield)

传统的实战演习需要耗费大量的资金，且安全性、保密性差。通过建立虚拟战场环境来训练军事人员，同时可以检验和评估武器系统的性能，这使军事演习在概念上和方法上有了一个新的飞跃。在虚拟战场环境中，参与者可以看到在地面行进的坦克和装甲车，在空中飞行的直升机、歼击机和导弹，在水中游弋的潜艇；可以看到坦克前进时后面扬起的尘土和被击中坦克的燃烧浓烟；可以听到飞机或坦克的隆隆声由远而近，从声音辨别目标的来向和速度。武器平台(坦克、装甲车、歼击机、直升机、导弹等)由仿真器实现，它们可以分布在不同地区，通过广域网连接进行数据通信。虽然武器平台不在同一地区，距离相隔很远，但虚拟战场环境描述的是在同一空间、同一地域和同一时间。前面所述的分布式虚拟现实技术主要用于虚拟战场的开发。图 9.3.2 所示为一个虚拟指挥中心。

图 9.3.2　虚拟指挥中心

3. 虚拟样机(virtual prototyping)

虚拟样机是一种基于仿真的设计(design based on simulation)，包括几何外形、传动和连接关系、物理特性和动力学特性的建模与仿真。与传统的设计方法相比，采用虚拟技术建立的虚拟样机，易于修改和优化设计方案，使产品设计满足高质量、低成本、短周期的要求，提高产品的更新换代速度和市场的竞争力。虚拟样机技术将对产品的传统设计方法产生变革。一个典型的成功例子是美国波音 777 飞机采用虚拟技术实现了无图纸设计和生产。波音公司利用 SGI 计算机系统成功地创建了波音 777 飞机的虚拟样机，使设计师、工程师们能穿行于这个虚拟飞机中，审视飞机的各项设计。波音 777 飞机由 300 万个零件组成，计算机系统能够调出其中任何一个零件，进行修改设计。

4. 虚拟制造(virtual manufacturing)

虚拟制造是实际制造过程在计算机上的本质体现，即采用计算机仿真与虚拟技术，通过仿真模型，在计算机上仿真生产全过程，实现产品的工艺规程、加工制造、装配和调试，预估产品的功能、性能等方面可能存在的问题。虚拟制造从本质上讲就是利用计算机生产出“虚拟产品”。

5. 信息可视化 (information visualization)

科学计算可视化主要解决如何通过虚拟现实的手段生动地表现科学数据的内部规律与计算过程，如天气云图的运动规律、空气湍流的特性等。而信息可视化则更进一步，主要用于表现系统中信息的种类、结构、流程以及相互间的作用等。信息可视化能有效地揭示复杂系统内部的规律，解决无法定量，而定性又很难准确表达的问题。

6. 虚拟现实技术与其他技术结合的应用

虚拟现实技术与医疗技术结合实现医生远程做手术，医生在远地通过虚拟现实技术观察病人的身体，医生进行手术的动作通过通信技术传输到远地的病人处，由一个机械手真正地实施手术，结果再传输到医生处，并通过虚拟现实技术表现给医生。这样，医生便能够像在本地一样观察病人、实施手术，看到手术的结果，并重复上述过程动作，以完成一个完整的手术。

虚拟现实技术与影视技术结合建立虚拟演播室、电影特技、虚拟广告等。

虚拟现实技术与艺术的结合产生了虚拟文化遗产保护系统。人们利用虚拟现实技术把这些文化遗产数字化。数字化的文化遗产具有可以多份拷贝、可以支持人们在远地浏览等优点，对保护文化遗产具有一定的支持作用。

虚拟现实技术与通信技术相结合产生分布式虚拟现实、协同虚拟现实与虚拟空间会议系统等。

总之，虚拟现实已由过去只有一些政府特殊部门才能用得起的技术，发展到很多领域，甚至已渗入到人们的日常生活中。但是应该看到，这项技术还有更广泛的应用前景，通过与互联网技术结合，应该可以构造出一个更加完美的虚拟世界，人们可以在虚拟世界中聊天、购物、逛街、旅游、工作，如同是在现实世界一样。但要实现这一目标，还有大量的技术需要研究。比如廉价的图形加速器、无须戴在头上的立体显示器、虚拟环境的快速建模技术，甚至无须三维建模实现虚拟场景的生成与自由漫游等。

9.4 建模与仿真的 VV&A 技术

9.4.1 概述

仿真是基于模型的实验，在建模过程中不可避免会忽略掉一些次要因素和不可观察的因素，且对系统作了一些理论假设和简化处理，因此模型是对所研究的系统的近似描述，继而又利用各种仿真算法开发出仿真模型并给出仿真结果。对于上述建模与仿真过程，必然存在所建立的概念模型是否正确地反映了仿真需求，所采用的数学模型是否合理，仿真程序的设计和实现是否正确，仿真结果与真实系统输出的一致性程度怎样等问题。这些问题都是仿真开发者、仿真用户和决策管理人员关心的问题，它们由建模与仿真的校核、验证和确认(Verification，Validation and Accreditation，VV&A)来回答。

美国国防部指令 5000.61 中对 VV&A 的定义是：

校核是确定仿真系统是否准确地代表了开发者的概念描述和设计的过程。

验证是从仿真系统应用目的出发，确定仿真系统代表真实世界的准确程度的过程。

确认是官方正式地接受仿真系统能够为专门的应用目的服务的一种资格认可。

VV&A 是 3 个既相互联系又相互区别的过程，它们贯穿于建模与仿真的全生命周期中，目的是为了提高和保证模型和仿真的精度和可信度，使仿真系统满足可重用性、互操作性等仿真需求。

国外早在 20 世纪 60 年代就开始对模型的有效性问题进行了研究，并在概念和方法性研究方面取得了许多重要成果，例如美国国防部成功地对“爱国者”导弹半实物仿真模型进行了确认，还有 BGS(Battle Group Simulation)，LDWSS(Laser Designator/Weapon System Simulation)等武器仿真系统都经过了确认和验证；美国宇航局(NASA)对 TCV(Terminal Configured Vehicle)仿真系统进行了专门的确认；美国国防部对“星球大战”计划及其后续的“战区导弹防御计划”中的仿真项目都拟订并实施了相应的 VV 计划。

美国国防部明确提出有必要提高国防部建模与仿真的正确性和仿真结果的可信性，并于 1991 年成立了“国防建模与仿真办公室(DMSO)”负责此项工作，而且 DMSO 于 1993 年春天成立了一个基础任务组，以制定一个关于仿真 VV&A 的国防部指南；美国各军种，包括陆、海、空和潜水部队，以及弹道导弹防御办公室 BMDO，都先后制定了适合各自实际要求的 VV&A 细则，美国国防部 5000 系列指令提出了关于国防部武器装备采购的新规范和要求，其中国防部指令 5000.59《关于国防部建模与仿真的管理》，5000.61《国防部建模与仿真 VV&A》明确规定了国防部在建模与仿真应用方面的一系列政策，要求国防部所属的各军兵种制订其建模与仿真主计划(modeling and simulation master plan)和仿真系统的 VV&A 规范，并在仿真系统开发过程中大量推广应用有关的 VV&A 的活动，以提高仿真系统的可信度水平。另外，美国国家标准和技术机构(NIST)于 1992 年发表了一个适应性较广的 VV&A 标准；美国交通部和核管理委员会都有相应的 VV&A 准则；计算机仿真学会(SCS)的标准技术机构在 1993 年成立了一个 VV&A 委员会。

1996 年，DMSO 建立了一个军用仿真 VV&A 工作技术支持小组，该小组负责起草国防部 VV&A 建议规范(VV&A recommended practice guides)，小组参考了国防部关于建模与仿真及其 VV&A 方面的指令规范、各种 VV&A 工作情况总结和大量的学术论文和会议纪要，于 1996 年 11 月完成了建议规范的第一版，2000 年公布了第二版，这是目前关于仿真系统的 VV&A 最为全面的工具书。另外，IEEE 也于 1997 年通过了关于分布交互仿真系统 VV&A 的建议标准 IEEE1278－4，这是关于分布交互仿真系统 VV&A 的一个比较全面的指导。

在我国，建模与仿真的 VV&A 技术也日益受到广大仿真工作者和管理者的重视，发表了许多关于仿真系统 VV&A 与可信度评估问题的文章。比如，关于仿真算法所引起的仿真精度研究，有关采用灰关联度、谱分析等方法对导弹、鱼雷模型进行的验证研究等。但是有关 VV&A 的概念、理论和标准的研究还有待进一步深入。

9.4.2　VV&A 技术与方法

VV&A 技术与方法是在仿真系统 VV&A 过程中为完成 VV&A 工作各阶段目的而采用的各种技术、工作策略等的总称。仿真系统是融合了建模技术、系统科学、软件工程和其他有关专门领域知识的复杂系统，因此仿真系统的 VV&A 应该充分吸收有关领域成功的测试与评估方法。美国国防部公布的 VV&A 建议规范总结了 76 种校核与验证方法，分为非形式化方法、静态方法、动态方法和形式化方法四大类，其中动态方法中包括了 11 种统计技术，从非形式化方法到形式化方法，其理论性越来越强而难度也越来越大。下面介绍一些常用的技术和方法。

一、非形式化方法

非形式化方法是最常用的方法。非形式化方法和工具十分依赖人的主观因素，没有严格的数学形式化描述，但是这些方法在使用过程中并不缺少结构和形式的指导原则，在实践中往往能够发挥重要作用。

1.桌面检查

桌面检查是指由软件开发人员检查自己编写的程序，对源程序代码进行分析、检验，并补充相关的文档，目的是发现程序中的错误。检查项目有：变量的交叉引用表、标号的交叉引用表、子程序、宏、函数、常量以及等价性、标准和风格等方面。由于程序员熟悉自己的程序及其程序设计风格，可以节省很多的检查时间，但应避免主观片面性。这种检查应在软件开发早期实施，最好在设计编码之后，系统测试之前使用。桌面检查的文档是一种过渡性的文档，不是公开的正式文档。通过编写文档，也是对程序的一种下意识的检查和测试，可以帮助程序员发现更多的错误。管理部门也可以通过审查桌面检查的文档，了解模块的质量、完整性、测试方法和开发人员的能力。

2.走查

在仿真开发过程中，程序走查是请某个机构对设计的某些元素及仿真实现进行审查。走查的目的是以有效的方式及时提供仿真开发过程的高质量反馈信息。为了满足这个要求，走查可以是个非正式的过程，开发人员打印相关源代码和设计文档，然后召集一些人进行检查。程序走查是一个双向信息交换的过程，检查人员可以为开发人员提供建议、意见和设计缺陷等。在检查过程中，将这些建议以一定形式记录或在信息丢失之前提供给开发人员。

在仿真开发过程中需要多次走查。例如，初次走查在设计完成之后，先于软件实现。这个早期的检查需要将不确切的假设和设计中的错误反馈给开发人员。它还能指出设计中的混浊概念和不必要的复杂性，简化实现过程并减少软件错误。当设计非常复杂或设计紧密依赖于有问题的数据和模型时，设计走查非常必要。如果设计相对简单并基于良好的物理模型，设计走查就没有必要了。在程序实现后、测试之前，也应该进行走查。开发人员已经发现和修正了许多设计和实现中的错误，但软件还有一些错综复杂的缺陷。这时，程序走查可以有效地定位开发人员没有发现的问题，从而避免测试中进行故障检测和隔离所需要的费用。

在仿真项目中，每一个开发人员都参与设计、实现不同组件的模型及外部环境的影响模型。将这些不同的模型分解为合理大小的组件非常重要。在每一个组件开发过程中，都应当进行程序走查。

3.审查

审查与走查概念类似，但它更为正式，且将管理作为它的一个组成部分。审查的目的是为管理者、用户和其他希望开发过程满足适当要求的人提供依据。在审查中，开发人员提供信息以说明开发是按预算和计划进行的，且产生了期望的结果。审查将功能放置在监督级，而不仅仅是技术级。审查更重视产品的质量，而不仅仅是验证其正确性。审查组常常关注开发策略和开发过程，以及合理的假设。审查还验证是否使用了合适的建模方法，以及结果模型的文档是否规范。

审查是与仿真用户沟通仿真开发状态和过程的最佳时间，审查重视满足用户的利益。如果用户确定某些领域需要在软件开发过程中被重视，审查小组就应该关注于这些问题。例如，用户可能认为建模太简单，希望建立更高真实度的模型，以满足他们的需要。

二、静态分析

静态分析关心的是基于源代码的特性的精度评估。静态分析不需要执行模型，应用很广，也有许多辅助工具，例如仿真语言编译器本身就是静态 VV&T 工具或 CASE 工具等。静态分析可以获得模型结构的许多信息，如模型内部的编码技术、数据流、控制流、集成精度、实现的内部或全局的一致性和完整性。

1. 因果关系分析

因果关系分析考查模型中的因果关系是否正确，它首先根据模型设计说明确定模型中的因果关系，用因果关系图表示出来，在图中注明产生这些因果关系的条件。根据因果关系图，就可以确定产生每一个结果的原因。借此可以创建一个决策表，并将其转化为测试用例，对模型进行测试。

2. 控制分析

控制分析包括调用结构分析、并发过程分析、控制流分析和状态转移分析。调用结构分析是通过检查模型中的过程、函数、方法和子模型之间的调用关系来评价模型的正确性。并发过程分析在多任务和分布式仿真中非常有用，这个分析可以确定在单个处理器或多个处理器上哪些处理线程是同时激活的。需要分析和确定处理时间需求以及在这些线程中进行通信的同步需求，以此来确定仿真是否运行良好。通过并发过程分析，可以发现诸如死锁等潜在的问题。控制流分析是建立一幅节点图，其中有条件分支节点，也有流汇合节点。这些节点由边连接，这些边描述的是顺序代码语句块。控制流分析通过检查每个模型内部的控制流传输顺序即控制逻辑来检查模型描述是否正确，在验证设计的正确性和不足之处时非常有用。当模型的控制算法可以用有限状态集表示时，常用状态转移分析法。在这种情况下，模型间状态转移的条件用状态转移图表示，它可以分析和确定设计正确与否、仿真实现与设计是否匹配。

3. 数据分析

数据分析包括数据流分析和数据相关性分析。这些方法可以保证仿真中用的数据对象是经过良好定义的，且具有恰当的操作。数据流分析通过构建数据流图以显示仿真中使用的数据对象。数据流在检测未定义和未使用的数据元素时非常有用，它可以帮助确定不一致的数据结构以及不合适的数据连接。数据相关性分析是确定某个数据与其他数据的依赖关系。这个分析在多线程和多处理器仿真时非常重要。在一个线程或一个进程存取数据元素之前、正在存取或存取之后，这个分析可以确定该数据元素的操作的一致性和正确性。

4. 接口分析

接口分析包括模型接口分析和用户接口分析。模型接口分析用于检验仿真模型中每一个模型的接口是否正确、完善和明确。作为这个分析的一个要素，每一个模块的输入、输出变量的单位必须明确定义。由于模型的接口早已在软件开发过程中定义了，因而模型接口分析应在全部模型开始开发前进行。用户接口分析用于检查用户使用的参数和任何其他设置，用户可能通过这些交互而影响模型行为，即检查仿真用户和仿真模型间的交互，其目标是确定用户与模型的交互功能是否会给系统引入一些错误。

5. 可追溯性分析

可追溯性分析确定模型中不同形式的元素与其他元素的匹配情况。例如，从需求定义阶段转换到设计阶段，再从设计阶段转换到实现阶段时，比较模型的需求规范和模型的实现代码，确定还没有实现的需求，并确定不符合需求的元素。

6. 语法和语义分析

语法分析在将源代码编译成目标代码时进行。这个分析保证源代码遵循编程语言规则。语义分析也在编译过程中进行,根据源代码确定软件开发人员的编程意图。在语法和语义分析中,利用编译器或其他自动源代码分析工具可以产生大量对仿真开发人员有用的信息,可以有效地避免软件错误,改善软件质量。

三、动态分析

动态分析需要执行模型,基于模型的运行行为进行评估。在可执行的模型中插入"探测器"以收集模型行为,探测器的位置由人工或自动根据对模型结构的静态分析结果来确定。自动探测由处理器来实现,处理器分析模型静态结构并把探测器放在合适的位置上。动态分析一般按以下 3 个步骤进行:第一步在程序模型或实验模型中加入探测器;第二步执行模型,由探测器收集模型行为信息;第三步分析模型输出,评估动态模型行为。

1. 图形比较

通过比较不同数据源的时域图形,检查曲线之间的在变化周期、曲率、曲线转折点、数值、趋势等方面的相似程度,对仿真结果进行定性分析。这种比较技术是比较主观的,只有熟悉系统的人实施时才很有效,通常该方法用作初始的校核与验证(V&V)手段。

2. 运行测试

运用具有分析和跟踪程序行为功能的软件工具进行测试。分析程序在仿真执行时,可以获得程序行为的高级信息,例如哪些源代码被执行了,每一个函数被调用了多少次等。一个分析程序可以收集每一个函数的运行时间等信息。跟踪是人工一条一条执行仿真程序的方法,通常在调试中使用这种方法。大多数高级程序语言开发环境提供具有源代码的单步执行能力,及确定和修改程序变量值的能力的调试工具,在跟踪过程中,软件开发人员执行每一条程序以检验其是否与期望值吻合。跟踪测试提供了一个验证软件运行正确性的早期测试方法。一个独立的模块也需要进行跟踪测试。这种测试应遍历源代码的所有分支,即运用调试器的能力,尽可能设计测试用况,使测试可以检验所有的程序。

3. 比较测试

比较测试是指对模型的多个版本或多个系统仿真进行测试时,对具有相同的输入的不同模型和仿真进行比较,比较彼此的输出,分析输出结果的误差,以确定是否在模型或仿真间存在很大的误差。如果发现有很大的误差,必须确定误差源并确定在两者中是否存在错误或不恰当的假设。由于 HIL 仿真常要求对系统模型进行简化和优化,以满足实时运行速度的要求,因此比较测试在进行 HIL 非实时仿真时非常有用,需要在两个仿真版本间进行仔细的比较测试,以确定仿真版本间的差异是否会对实时仿真精度产生影响。另外,一个通过了所有 V&V 测试的仿真可以认为是正确的版本,但不能保证它无错。

4. 回归测试

回归测试是用早期仿真版本的测试数据重复对新仿真版本进行测试,可以保证仿真中的变化不会引起系统误差并造成负面影响。由于在建立回归测试时,早期测试已定义了输入,因此当前测试过程不需要重新规定输入。早期测试得到的输出数据必须存储好,因为它是确定当前测试是否正确的基础。仿真项目的过程包括连续的变化以及对仿真模型增强,因此保持 V&V 过程的完整性是非常重要的。回归测试是在仿真发生变化时保持完整测试的最主要的工具。

5. β 测试

β 测试是在仿真早期由仿真用户而不是由开发人员实施的测试。这种测试是用户第一次通过仿真直接体验系统。随着用户实施仿真，他们会面临许多问题，并将这些问题反馈给开发人员。开发人员针对这些反馈意见对仿真软件与文档进行更新。β 测试是紧跟 α 测试阶段的，α 测试是由仿真开发者在最初版本完成之后对模型和仿真进行的测试。

6. 功能测试

功能测试也称黑盒测试，是评价模型输入-输出变换的正确性的方法。在功能测试中，将给定输入应用到模型中，用输出结果检验模型的正确性，且并不直接分析模型的实际处理过程。测试输入数据并不在多，但覆盖面要尽量广。实际上，对于大规模的复杂系统仿真来说，测试所有的输入/输出情况是不大可能做到的，功能测试的目的在于提高使用模型的信心，而不是验证模型是否绝对正确。

7. 结构测试

结构测试又称白箱测试，与功能测试不同的是，结构测试要对模型内部逻辑结构进行分析。它借助数据流图和控制流图，对组成模型的要素如声明、分支、条件、循环、内部逻辑、内部数据表示、子模型接口以及模型执行路径等进行测试，并根据结果分析模型结构是否正确。

8. 灵敏度分析

灵敏度分析是在一定范围内改变模型输入值和参数，观察模型输出的变化情况。如果出现意外的结果，说明模型中可能存在错误。通过灵敏度分析，可以确定模型输出对哪些输入值和参数敏感。相应地，如果提高这些输入值和参数的精度，就可以有效提高仿真输出的正确性。

9. 统计测试

统计测试是通过比较模型输出数据与系统输出数据的一致性达到模型验证的目的。利用统计技术的前提是模型与系统在相同的输入数据的情况下运行，且被建模的系统完全可观测，可以获得模型验证的所有数据。下面介绍几种常用于模型验证的统计技术。

(1) THEIL 不等式系数法。假设 $x_t(t=1,2,\cdots,n)$ 是实际系统运行时主要测量参数的时间序列，$y_t(t=1,2,\cdots,n)$ 是仿真系统仿真运行所产生的相应时间序列，THEIL 不等式系数定义为

$$\mu=\frac{\sqrt{\dfrac{1}{n}\sum_{t=1}^{n}(x_t-y_t)^2}}{\sqrt{\dfrac{1}{n}\sum_{t=1}^{n}x_t^2}+\sqrt{\dfrac{1}{n}\sum_{t=1}^{n}y_t^2}} \tag{9.4.1}$$

当 $x_t=y_t$ 对于所有的 $t=1,2,\cdots,n$ 成立时，$\mu=0$ 表示两个时间序列完全一样；而当 $x_t=-y_t$ 对于所有的 $t=1,2,\cdots,n$ 成立时，$\mu=1$ 表示两个时间序列完全不一样。μ 越接近于 0，则表示两个序列越一致；而 μ 越接近于 1，则表示两个序列越不一致。

(2) 灰色关联度法。定义 x_t 和 y_t 之间的灰色关联系数为

$$\rho_t=\frac{\min\limits_t|x_t-y_t|+\xi\max\limits_t|x_t-y_t|}{|x_t-y_t|+\xi\max\limits_t|x_t-y_t|} \tag{9.4.2}$$

当 $|x_t-y_t|\equiv C$(常数) 时，则定义 $\rho_t=1$。

$\xi\in(0,1)$ 称为分辨系数，ξ 的取值视具体情况而定，一般取 $\xi\in[0,1]$ 或 $\xi\in[0,0.5]$。

对于给定的ξ,ρ_t越大,则认为x_t和y_t之间的关联程度越高。可以证明:$0 \leqslant \rho_t \leqslant 1$。

由于关联系数与各个采样点有关,信息过于分散,不便于分析,因而有必要将各个时刻的关联系数集中在一起,该点的值就是灰关联度。

灰关联度的定义如下:

$$\gamma = \frac{1}{n}\sum_{t=1}^{n}\lambda_t \rho_t \tag{9.4.3}$$

若在ξ取值比较小的情况下仍能得到较大的γ(大于0.5),则认为仿真模型输出与参考输出之间具有较强的相关性,而且对于取定的ξ,γ越大,二者的关联性越强。

(3) 谱分析法。其原理是计算两个随机序列在频率域中的功率谱,通过比较功率谱的一致性来判断两个随机序列一致性的程度。

设上述两个时间序列的功率谱密度为$f_1(\omega)$和$f_2(\omega)$。对二者作古典谱窗估计,求谱密度函数估计值$\hat{f}_1(\omega)$和$\hat{f}_2(\omega)$。

$$\hat{f}(\omega) = \frac{1}{2\pi}\sum_{t=-T+1}^{T-1} w\left(\frac{t}{M}\right)\hat{\gamma}(t)\mathrm{e}^{-\mathrm{i}\omega t} \tag{9.4.4}$$

式中,$w\left(\frac{t}{M}\right)$为延迟窗;$\hat{\gamma}(t)$为自相关函数。

由谱估计的渐近性质,有$\nu\hat{f}(\omega)/f(\omega) \sim \chi_\nu^2$,其中$\nu$为等价自由度,且

$$\nu = 2T/(M\int_{-\infty}^{\infty} w(u)^2\mathrm{d}u) = 2T/(M\xi_w) \tag{9.4.5}$$

不同的窗函数ξ_w值不一样。

利用$\hat{f}(\omega)$的渐近分布可以对$f(\omega)$作区间估计。以$\chi_\nu^2\left(\frac{\alpha}{2}\right)$表示$\chi_\nu^2$分布的$\alpha/2$分位数,即$P\left(\chi_\nu^2 \leqslant \chi_\nu^2\left(\frac{\alpha}{2}\right)\right) = \frac{\alpha}{2}$。由式(9.4.5)可得,置信水平为$1-\alpha$的区间为

$$\chi_\nu^2\left(\frac{\alpha}{2}\right) \leqslant \nu\hat{f}(\omega)/f(\omega) \leqslant \chi_\nu^2(1-\alpha)$$

即

$$\nu\hat{f}(\omega)\left[\chi_\nu^2(1-\alpha)\right]^{-1} \leqslant f(\omega) \leqslant \nu\hat{f}(w)\left[\chi_\nu^2\left(\frac{\alpha}{2}\right)\right]^{-1} \tag{9.4.6}$$

按$1-\alpha$置信区间比较$f_1(\omega)$和$f_2(\omega)$,$f_1(\omega)/f_2(\omega)$可由下式给出:

$$\frac{\hat{f}_1(\omega)/\hat{f}_2(\omega)}{F_{\frac{\alpha}{2}}(\nu,\nu)} \leqslant f_1(\omega)/f_2(\omega) \leqslant \frac{\hat{f}_1(\omega)/\hat{f}_2(\omega)}{F_{1-\frac{\alpha}{2}}(\nu,\nu)} \tag{9.4.7}$$

式中,$F_p(\nu,\nu)$是分子、分母为ν个自由度的F分布的第p次百分比点。

如果置信区间上、下限包含$f_1(\omega)/f_2(\omega)=1$,则在该频率点上两个时间序列是相等的。要使两个时间序列相等,它们的频谱必须在所有频率ω_j($j=0,1,2,\cdots,n$)均相等。因此,如果在每个频率上置信度区间都包括1,则仿真结果得到确认。

这种古典谱窗估计方法在理论和算法上比较成熟,而且运算速度快,但在计算短序列、低信噪比的随机序列功率谱时存在一定的局限性,而最大熵谱估计等现代谱估计方法在计算该类功率谱时具有较高的分辨率。有关最大熵谱估计方法的研究请参见有关文献。

(4) 置信区间法。模型输出变量的精度用模型输出变量的均值$\boldsymbol{\mu}^m$与系统输出的变量的

均值$\boldsymbol{\mu}^s$之差的置信区间给出，用户给出模型的可接受精度$\boldsymbol{\varepsilon}$作为判断模型是否有效的标准，即$|\boldsymbol{\mu}^m-\boldsymbol{\mu}^s|\leqslant\boldsymbol{\varepsilon}$，其中$\boldsymbol{\mu}^m$,$\boldsymbol{\mu}^s$,$\boldsymbol{\varepsilon}$都是矢量，分量形式是$|\mu_j^m-\mu_j^s|\leqslant\varepsilon_j$，其中$\mu_j^m$,$\mu_j^s$分别为模型与系统输出变量$j$的均值，$\varepsilon_j$为用户要求变量$j$达到的精度。只有当所有模型输出变量的精度都满足时，模型才是有效的。

应用置信区间法时，若真实方差未知，仅能从测量结果估计方差，则要求大量的采样值以提高可接受的精度。在许多仿真情况下，由于测试费用和测试时间的限制，系统测试的采样样本量是有限的，因此置信区间法的应用将受到限制。

(5)假设检验法。假设检验法适于处理大样本情况下的静态性能数据，如鱼雷脱靶量、稳定航行的深度偏差信号等。在仿真数据与实际系统数据之间使用统计推理，根据样本中的信息来研究试验的典型统计量，是接受还是拒绝假设的决策取决于仿真输出数据与实际系统输出数据的接近程度，例如 Kilmogorov-Smirnov 检验、χ^2 检验等。假设检验法同样会受到诸如样本容量、独立同分布等条件的限制。

四、确认方法

确认是指由领域专家或决策部门对整个建模与仿真过程及其结果可信度进行综合性评估，从而认定仿真系统和仿真结果相对于特定的研究目的来说是否可以接受。确认可以是模型或仿真满足具体的应用的一种官方认证。

在国外，有专门的确认代理和确认权威共同完成确认工作。确认代理是对确认评估负主要责任的一个组织，它给确认权威提供确认报告，确认权威最终决定确认结果。VV&A 过程中，确认代理要检查和认可的工作有：

(1)建立建模与仿真(M&S)需求与可接受规范；

(2)对 M&S(或联邦)进行初始分类；

(3)检查中间结果；

(4)优先执行测试；

(5)在 M&S 完成后，给出结论。

确认权威的决策结论有以下几种：

(1)满足其应用目的的模型或仿真；

(2)需加以限制的模型或仿真；

(3)在使用前修改模型或仿真；

(4)需实施其他的校核与验证；

(5)不满足应用目的的模型或仿真。

后 3 个确认结果将会造成额外的费用并延迟项目验收，或可能造成项目计划的剧烈变化，因此 VV&A 计划中必须确定确认的权威性，确定代理或机构应该有能力分析 V&V 报告，确定仿真是否满足要求。

9.4.3　VV&A 的过程及基本原则

图 9.4.1 描述了贯穿于 M&S 全生命周期中的 VV&A 过程模型，主要包括以下步骤：

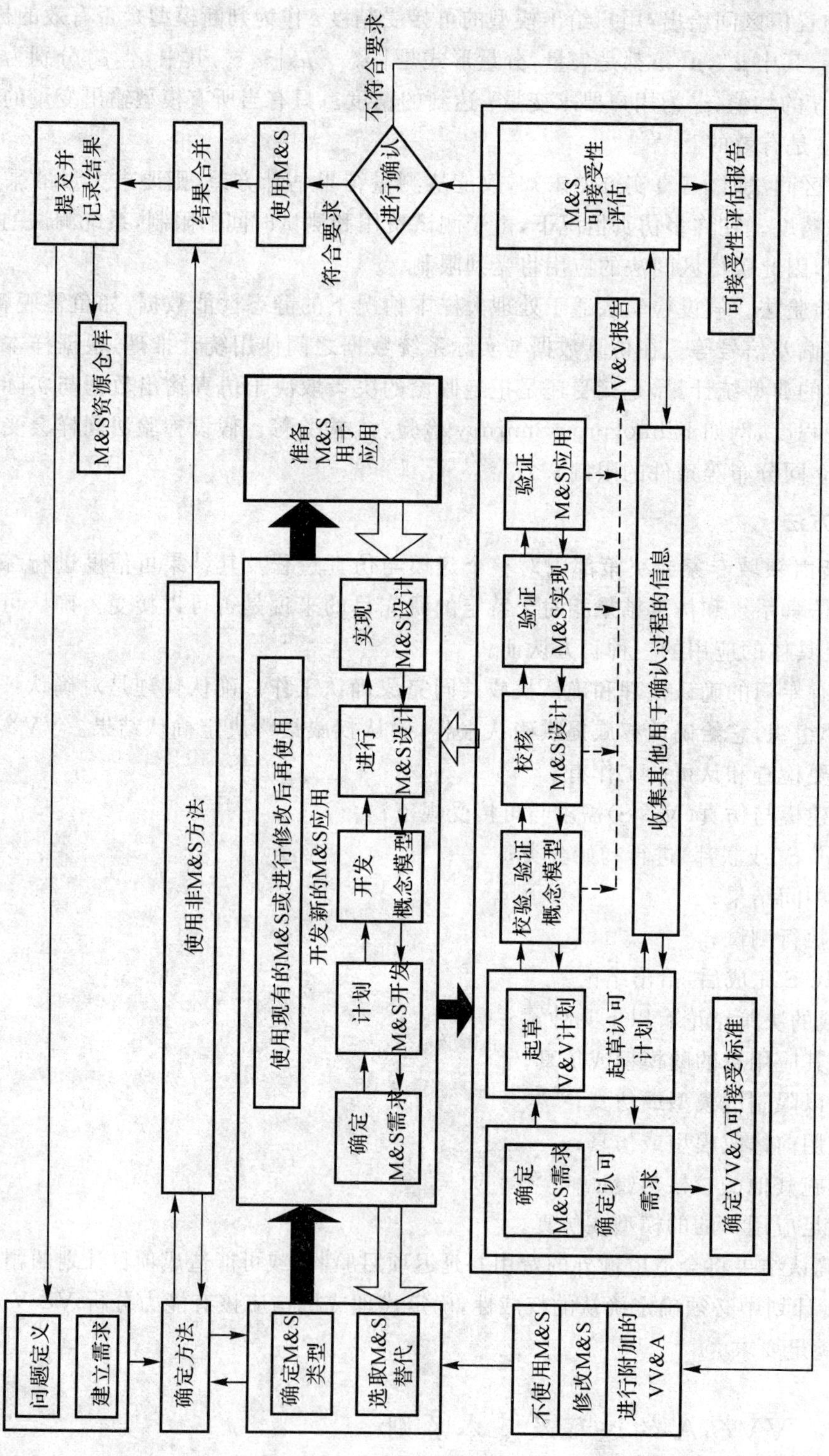

图 9.4.1 M&S全生命周期中的VV&A过程

(1)需求校核：仿真系统开发从对所研究问题的清晰的描述与定义开始，只有准确完整地定义了问题才可以确定系统需求，而需求又是确定VV&A评估标准的依据，因此定义问题和确定需求是整个仿真研究和VV&A活动最重要的阶段。需求校核的目的是保证仿真系统需求的正确性、完整性、一致性和可追溯性。需求分析是一个允许修改的过程，需求V&V结论反馈给仿真用户和仿真系统开发人员，在进行下一步开发之前仿真用户和仿真开发人员将需求中所有的不准确、不完整和不一致的内容加以修改和补充，最后的需求分析说明书是制订VV&A计划和执行VV&A过程的重要参考资料。

(2)制订VV&A计划：VV&A人员根据需求V&V的结果，设计仿真系统VV&A计划的草案。全面详细的VV&A计划并严格按VV&A计划执行V&V过程对于仿真系统的确认十分重要。IEEE标准1059中指出：计划的目标是有效地利用V&V资源，监督、控制V&V执行过程，明确VV&A参与者的作用与责任。仿真系统VV&A计划的设计应与仿真系统需求分析和开发计划设计阶段同步开始，并且延伸到概念模型V&V和设计校核阶段。

(3)概念模型V&V：概念模型V&V的目的是确保概念模型对满足仿真系统需求，达到预期应用目标是合理、恰当和正确的。其主要任务是：

1)校核概念模型是否与仿真系统需求相符合，是否包含了所有需求；

2)校核建模过程中的假设、算法以及约束条件是否正确，所用数据是否有效，模型结构等是否满足仿真系统应用目标的需求；

3)校核概念模型是否能满足仿真系统整体的性能指标要求；

4)验证概念模型是否满足仿真系统的可信度要求，确定模型可接受的标准；

5)校核概念模型与需求之间的可追踪性。

(4)设计校核：详细设计是进行系统构建的规划，主要工作是分析并设计系统元件、元素、函数等。对详细设计进行校核的目的是在开始软件编码和硬件实现之前，保证详细设计的内容符合概念模型，建立仿真系统设计和概念模型的对应关系图，保证两者之间的可追踪性。对于软件，需校核功能模块划分、数据、接口、网络方案等，校核软件测试计划和软件度量分析计划，确定计算机辅助软件工具和方法。对于硬件，检查硬件设计结构图、接口控制图、电气机械设计、动力、电气及机械接口兼容性和总体性能。

(5)仿真实现V&V：在仿真系统的实现阶段，VV&A人员与仿真系统开发人员协同工作，保证软件编码和硬件实现的正确性。主要工作是代码校核、硬件校核、初始数据校核和集成系统校核。

(6)仿真结果验证：仿真结果验证是VV&A工作中最重要的内容，仿真结果验证通常涉及仿真结果与真实世界的比较问题，往往需要真实世界数据的支持，通过全面的迭代测试和对所有功能、模型行为、仿真输出响应的分析，验证仿真系统和实际系统的一致性程度，说明仿真系统是否达到了预期应用目标。

(7)确认：确认是用户或由官方正式评估仿真系统的可用性。应当注意的是，确认不是在所有校核和验证任务完成后才开始，而是与需求校核和验证同步进行的，因为在需求V&V后就已经确定了仿真系统确认的标准。所有校核和验证完成后，对所有阶段性报告进行汇总，并综合考虑V&V结果、仿真系统开发和使用记录、仿真系统运行环境要求、配置管理以及仿真系统中存在的局限和不足，对照确认标准做出仿真系统是否可用的确认结论，并提交报告。

在VV&A实践中，人们总结了关于VV&A的一些基本原则和基本观点。如果能够深刻理解这些原则和观点，将有助于人们合理制订 VV&A 计划，指导 VV&A 工作的进行，提高工作效率。

·相对正确原则。由于在建模过程中不可避免地要进行假设和省略，因此模型是“先天不足”的，没有绝对正确的模型，也就没有绝对正确的仿真系统。另一方面，仿真系统的正确性是相对于其应用目的而言的，一个仿真系统对一个应用目的而言完全正确，而对另一个应用目的可能是完全不正确。因此，VV&A 的目的不是证明仿真系统完全正确，而是确保仿真系统针对某个特定的应用目标是可用的，可信的。

·有限目标原则。仿真系统 VV&A 的目标应紧紧围绕仿真系统的应用目标和功能需求，完全的 V&V 是不可能实现的也是不必要的，对于与应用目标无关的项目，可以不进行 V&V 活动，以减少 VV&A 的开支。

·全生命周期原则。VV&A 是贯穿仿真系统生命周期的一项工作，仿真系统生命周期中的每个阶段都应该根据其研究内容和对实现应用目标的影响安排合适的 VV&A 活动，或者说，VV&A 工作与仿真系统的设计、开发、维护等工作是并行的，以便尽早发现仿真系统可能存在的问题和影响。

·必要不充分原则。仿真系统的验证不能保证仿真系统应用结果的正确性和可接受性，即 VV&A 是必要的但不是充分的，因为如果仿真系统的目标和需求不够准确，VV&A 也就无法得到正确的结论。要尽量避免三类错误：第一类错误是仿真系统是正确的，但却没有被接受；第二类错误是仿真系统是不正确的，但却被接受；第三类错误是解决了错误的问题。

·条件性原则。由于仿真系统是针对一定的应用目标进行设计开发的，在建模和仿真过程中必然会根据其应用目标的需要采取必要的简化，因此仿真系统的确认是相对其预期应用目标而言的，也就是说，仿真系统对某个应用目标是可信的、可用的，而对于另外的应用目标来说必须重新进行评估。

·全局性原则。仿真系统的各子模型/模块/组件在目标范围内是可信的、正确的，并不能保证整个仿真系统的正确性，整个仿真系统的正确性还必须从系统的整体出发进行校核与验证。

·程度性原则。对仿真系统的确认得到的不是简单的接受或拒绝的二值逻辑问题，而是说明仿真系统相对其应用目标的可接受的程度如何。确认结论是要有翔实的校核和验证过程做基础的，随着仿真系统的不断扩大，层次越来越多，对仿真系统的确认更无法用非此即彼的结论。

·创造性原则。对仿真系统的 VV&A 需要评估人员具有足够的洞察力和创造力，因为仿真本身就是一门创造性很强的科学技术，对其评价更需要足够的创造力。VV&A 不是一个简单的选择和应用 V&V 技术的过程，它涉及系统工程、软件工程、计算机技术、仿真技术以及所研究的系统领域知识，并要进行创造性应用才能真正达到 VV&A 的目标。

·良好计划和记录原则。仿真系统的校核与验证必须做好计划和记录工作，良好的计划是 VV&A 成功的开始，整个 VV&A 过程要以标准格式进行记录和存档，这些文档既是对已完成的 VV&A 工作的总结，又是以后 VV&A 工作的基础。

·分析性原则。仿真系统 VV&A 不仅要利用系统测试所获得的数据，更重要的是要充分利用系统分析人员的知识和经验，对有关问题尤其是无法通过测试来检验的问题，进行细致深入的分析。系统分析人员必须参与 VV&A 工作，如制订 VV&A 计划、选择合适的 V&V

技术方法等，分析人员对仿真VV&A的成功将起重要作用。

· 相对独立性原则。仿真系统的VV&A要保证评估工作一定的独立性，以避免开发者对VV&A结果的影响。尤其是对大型复杂仿真系统的VV&A，虽然独立的VV&A会增加一定的费用，但是相对于大型仿真系统的应用风险来说，独立的VV&A是必需的。另外要注意的是，这种独立性不是完全的VV&A工作与仿真开发之间的过分独立，否则将导致一些工作的重复进行，不利于各自工作的顺利进行。

· 数据正确性原则。VV&A所需要的数据、数据库必须是经过校核、验证与确认、证明其正确性和充分性的。数据是VV&A工作中的关键因素之一，数据的不正确和不合适将会导致模型和仿真的失败，同时必然会影响VV&A的成功。

9.5 人工智能与仿真技术

9.5.1 概述

在过去的几十年时间里，作为研究智能本质，并试图建立实用系统的人工智能（Artificial Intelligence，AI）学科，在知识获取、知识表示、问题解答、定理证明、程序自动设计、自然语言理解、计算机视觉、多媒体技术、机器人学、机器学习和专家系统等方面，已取得了令人鼓舞的成果。各种用途的专家系统正在不断涌现，相应的理论和关键技术也已取得突破，并日益发展和完善。由于人工智能不仅在人类探索智能本质方面具有重大的科学价值，而且在帮助人们解决某些专门领域中的问题时具有重大的经济价值，因此，众多的学科和技术正在不断地受着人工智能的影响。

将人工智能、专家系统嵌入到仿真环境是减少仿真中的人力消耗，提高仿真自动化程度和仿真精度，拓宽一体化仿真规模的不可缺少的技术，也是仿真技术本身变革的外在动力之一。仿真工程师们普遍关注人工智能、专家系统学科的发展，并期望引入人工智能技术增强系统仿真、建模的能力，其主要表现在：

(1)引入知识表达及处理技术以扩大仿真模型的知识描述能力；

(2)在建模、仿真实验设计和仿真结果分析等阶段中，引入专家知识、自动推理和解释机制，以辅助领域工程师做各种决策；

(3)辅助模型的修正和维护；

(4)实现友好的人机界面（可视化技术、自然语言理解、多媒体技术）；

(5)建立智能化数据库以及辅助数据的管理维护。

AI技术在仿真中的应用，最近几年已有相当的发展，许多理论问题和技术难点已获得突破。随着计算机软、硬件的发展，智能化的仿真环境已成功地应用于许多领域。限于篇幅，在此仅介绍人工智能在仿真技术中的应用，以及讨论某些相关的问题，而不去研究智能化的仿真环境在具体领域中的应用问题。有兴趣的读者可以参看相关的文献。

9.5.2 人工智能在仿真技术中的主要应用

图 9.5.1 所示是目前经常用来描述人工智能与仿真技术在学科上的交叉图，它涉及仿真领域的各方面，在此仅讨论几个主要方面。

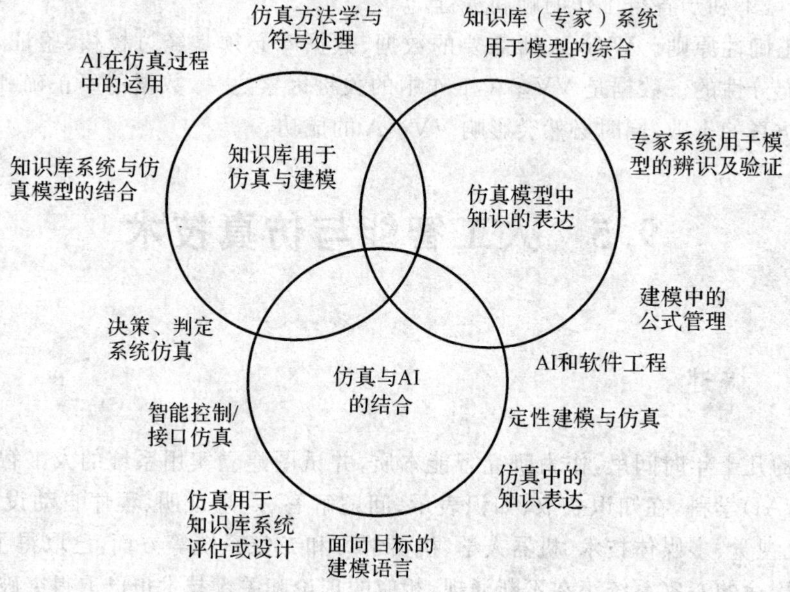

图 9.5.1 人工智能与仿真技术的交叉

一、知识库用于系统的建模与模型验证

人类的科学知识从低级、特殊到高级，一般有层次地积累起来，用脑力来完成这些与科学理论构造有关的知识的组织过程是困难的，这需要付出巨大的代价。对物理系统的建模就属于这样的工作，它不仅需要一定的数学、物理等知识，而且需要相当的实际经验，即领域知识，才能做好工作。而利用计算机适当地组织来自世界系统的信息，不仅对人机紧密结合的发展有所帮助，还对建立一个能彻底支持建模活动的信息库起了极大的作用。在这样一个建模活动中，知识库扮演着一个重要的角色。知识库用于建模与模型验证的基本课题是：在仿真研究的各个不同阶段上借助专家知识库辅助仿真工程师对仿真模型的建立、验证和综合进行咨询服务和决策。其主要应用项目是建模顾问专家系统。它用在建模过程中应用模型库选择模型元素并合成适当的模型，其中心问题是能够根据人类的经验，用规范的形式来综合描述物理过程。

二、仿真技术与人工智能技术的结合

在仿真与 AI 结合方面，一个重要的领域是 AI 对于大系统的计算机仿真，特别是用于决策系统的仿真。这时，要在一个信息不充分、不确定，甚至不正确的情况下去进行计划、调度和做出各种方案的假设。在这类系统的仿真研究中，AI 技术是十分适用的。由于这类系统的某些子过程主要表现为启发式或符号运算式，因此用一个专家系统来建模是很合适的。对于另一些子过程，它们具有确定的和连续的性质（如物理过程），因此可以按照一般动态系统建模方

法来建模。

另一方面，仿真可用于评估一个知识库系统。知识库系统的一个重要应用是控制生产过程，类似人在控制过程中所起的分析和支持作用。为了测试这样一个智能控制系统，有必要建立系统仿真模型。

若将仿真技术与最优化技术有机地结合起来，就可实现自寻最佳的结果。实现这种智能化仿真系统所存在的主要问题是在目标的合适形式、算法及硬件能力等方面。

目前的仿真基本上都是属于开环仿真，领域工程师要花大量的时间和代价去面对一大堆表示仿真结果的数据和图表，在仿真环境中引入知识和专家系统可用于仿真实验结果的分析和决策，并将结果反馈到建模阶段，再根据仿真结果和专家决策对仿真模型作综合分析。

三、仿真模型中知识的表达

在经典的建模与仿真方法中，主要存在的问题是，表达式模型结构的灵活性，扩展程序设计的能力，面向批处理的建模等。解决这些问题的方法之一，是采用 AI 的知识表达系统去表达仿真模型中的知识(知识库仿真)。具体而言，首先是要建立面向对象的仿真语言。这里的知识包括下述一些内容。

(1)系统中关于每个实体的不同事件。

(2)实体与实体之间关系的知识。

(3)实体与系统特性之间关系的知识。

(4)作用在系统上的外部影响关系的表达。总的特性诸如：模型在建立与改变过程中的交互性(知识表达具有灵活性和扩展性)，在建立模型过程中较少的程序设计工作量，相容性和完整性检查。

9.5.3　仿真专家系统

仿真专家系统是一个基于知识库及推理机制的仿真软件系统。它具有下述与常规仿真系统不同的特点：

(1)具有建模专家系统。

(2)在 AI 基础上建立数据库、知识库及控制结构。

(3)数据库中除数值数据外，还有大量的符号数据，它们用来描述有关事件、判断、规则及经验的知识。

(4)仿真模型包括数值/符号处理，算法/模式搜索，集成信息和控制/命令结构分离。

(5)具有智能化前端。

系统仿真的目的，就是用模型来产生用以拟合实际系统的行为数据的数据。在建模方法学中，有演绎建模法，也有归纳建模法。演绎法是人们把建模方法的经验总结出来提供给计算机系统，作为以后建模的依据。归纳法则是借助计算机系统去分析数据、抽取特征，归纳概括成有指导意义的规则。

不管哪种方法，要实现建模过程的自动化，都必须有一个完备的专家系统支持。特别对于非工程系统的研究领域，更需要一个庞大的仿真环境的支持。这是因为，在这些领域里，没有完善的公式，甚至很多问题不能用公式表达而只有对问题的非形式化描述。仿真系统应该能适应这种描述，理解其意义，并根据它来建立模型。例如，对排队系统的仿真，就应该有关于排队系统的基本常识和描述，这些描述很类似于人们日常的会话语言，而不是一串代数方程或FORTRAN代码。因此，计算机如何适应人的这种思维习惯(即模型的非形式化描述)，就成了仿真建模的一个重要问题。

计算机的功能应尽可能适应用户描述仿真问题的习惯，尽可能适应系统仿真本质的要求，作为人类认识世界和改造世界的有力工具。为此，必须建立对计算机的高一级控制功能，给计算机赋予一个"被仿真"系统的"世界观"，让计算机能理解用户描述的问题，并把这种模型转变为其内部的仿真计算机模型，以用户熟悉和易于理解的形式输出仿真结果。这样一个方便的人机友好的智能化仿真环境，能够让用户以更多的精力去了解客观世界的本身，而不限于具体的仿真实现上。由此可见，这种达到智能化仿真水平的系统是很有意义的。

目前，从事仿真技术的人们正在把更多的注意力转移到社会、经济、环境、生态等对象和系统上。计算机仿真越来越多地用于这类非工程系统的研究、预测和决策。由于非工程系统多数是复杂的大系统，具有"黑盒"的性质，故人们对系统的结构往往很难了解，只能根据其表现出来的行为实现建模和仿真。人们往往是根据观测的数据和经验来描述这些行为的，因此采用自然语言的交互形式，并且借助专家系统进行辅助分析，这对于建模和仿真是很有利的。所借助的专家系统应具有交互式的人机接口和用户存取知识库。此外，还应具有一定的逻辑推理能力，这样就可使计算机从单纯的数据处理变为有一定智能的推理机。

现在已开发出一些能实际应用的仿真专家系统。仿真研究涉及许多方面的专家知识。一个计算机仿真过程包括建立模型、分析解的存在性、选择仿真语言、编写仿真程序、实现仿真分析和优化等。在建模和辨识方面，需要统计学知识；在仿真方面，需要数值分析和概率论的知识。在这些方面，可建立相应的知识库和推理系统，从而给仿真研究提供一个决策咨询系统——仿真专家系统，用以实现仿真研究的自动化。

例如，1984年法国INRIA的C·戈梅斯(C. Gomez)发表的关于随机控制系统建模、仿真和优化的专家系统就是一种很有意义的探索。系统采用半自然语言对求解问题进行描述，然后自动地实现以下功能：

(1)选择和产生数学模型；

(2)进行理论分析；

(3)选择仿真算法；

(4)生成FORTRAN程序；

(5)编写和编辑报告。

这个用于辅助建模、仿真和优化的专家系统，采用LISP语言编写程序，并将程序嵌入MACSYMA系统中。

另一个例子是由美国NASA开发的仿真专家系统NESS，它能辅助用户对动态系统进行数学仿真，并能对仿真结果进行解释和说明。如果输出不满足性能要求，则NESS可自动加入一个合适的补偿器。NESS由两个子系统构成：专家子系统和数值计算子系统。系统中的知识采用框架结构来描述。

9.5.4 智能化仿真的研究与探索

随着人工智能技术的发展与完善，人们设想了第五代智能化建模与仿真环境。它将把面向建模与仿真方法学的知识或面向某种应用领域的知识装入环境，构成各种专家系统；将机器学习能力及面向目标的知识处理能力引入环境；将自然语言、图形及视像技术等用于人/机智能接口，从而构成高度智能化的面向用户、面向问题、面向实验的建模与仿真环境。它将使经典的仿真系统转变成新一代的专家仿真系统。

自20世纪80年代中期以来，人们已在专家系统及智能接口方面做了大量的探索工作，包括：①智能前端型、咨询式系统型、紧密结合型等各种建立系统数学模型的专家系统，用以辅助确定模型框架、结构特征化、参数估计、模型评价与检验、原系统实验设计等；②仿真模型建立及检验的专家系统；③仿真算法选择专家系统；④输出分析专家系统；⑤建模/仿真全过程专家系统；⑥智能接口（自然语言交互及动画视觉交互）。必须指出，国内学者也在这方面开展了不少工作。限于篇幅，在此不作介绍。

新的研究课题有：①自然语言、语音识别、视像系统、图形技术在环境中的应用；②新的建模、仿真方法学；③各种仿真专家系统；④仿真信息/知识库管理系统；⑤将机器学习能力引进环境；⑥扩展环境功能以适应智能系统模型的建立与仿真；⑦适合环境中各类用户软件的开发环境与工具；⑧认识仿真过程中的质量保证问题。

可以预见，随着计算机、软件工程、人工智能、控制论、系统论、建模/仿真技术的发展，新一代智能化建模与仿真环境终将成为现实。

9.6　仿真实验的计划制订和实施

所谓仿真应用技术就是利用仿真技术研究实际问题的方法。由仿真技术的基本概念可以看出，对一个实际系统进行仿真一般可分为两个阶段：问题的阐述和计划制订；仿真程序的设计和仿真实验实施。其中仿真实验实施如图9.6.1所示。由图中可以看出，仿真的各个阶段均具有明确任务的内涵，但各个阶段又是相互联系的。因此，仿真实验是一个循序渐进、反复迭代的研究过程，尤其是对一些复杂系统的仿真，本身就是一个系统工程。只有对整个仿真研究工作进行科学而周密的组织与设计，并采用有效的技术路线，才能最大限度地避免工作中的盲目性，减少仿真研究费用，缩短仿真实验周期。对于从事仿真实际应用的工程技术人员，掌握必要的仿真应用技术和仿真研究的组织方法是非常必要的。但需要指出的是，在实际应用中，所遇到的问题可能更复杂、更具体，其难度更高，需要读者在今后的实际工作中不断探索、不断总结，以充实在所研究领域中的仿真技术的知识。

9.6.1　问题的阐述和计划的制订

在开展系统的仿真工作之前，必须对所研究的系统作详细的调查和了解，明确所要研究的问题和研究的目标，以及描述这些目标的主要参数和衡量标准。同时要清晰地定义所研究系统的范围和边界。但需注意，该范围和边界一定要定义得恰当，不能希望什么问题都一次解决，但也应避免问题的过分细化。一般连续系统仿真所需研究的问题可概括为以下几个内容：

(1)方案论证：对设计方案进行论证，或对系统进行鉴定论证。

(2)系统分析：对已存在系统进行研究，或对系统故障进行仿真分析。

(3)辅助建立系统模型,选择合理的结构,优化设计参数。

(4)半实物实验:将系统的某一子部分接入计算机仿真系统,检验实际设计、加工效果。

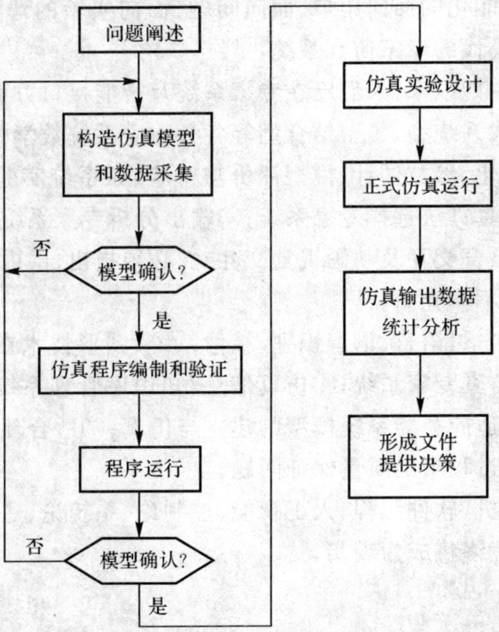

图 9.6.1 系统仿真的内容和步骤

上述问题通常由领域工程师提出,但由于他们对仿真技术不熟悉,不能合理地提出利用仿真技术所要解决的问题,因此仿真研究者,即知识工程师在这一阶段应和领域工程师紧密配合,共同研究,以便能提出清晰、正确的研究内容和目标,并形成书面文件。对于某些简单的问题,领域工程师和知识工程师可能同为一人,在这种情况下问题最容易解决。

此外,还应明确:

· 用户对仿真精度的要求,即模型精度、计算精度、仿真速度等。

· 在确定系统边界的基础上,应规定仿真的初始条件,以及对系统状态的影响。

· 估计仿真研究所需费用,以及用户是否能够承受。

· 制订仿真研究周期与计划。

· 确定仿真研究结果的内容与形式。

在一开始就把上述问题确定下来,有助于合理地安排仿真实验,有目的地记录、整理、分析仿真结果,以便在仿真实验完成后,形成符合用户要求的研究报告和工作总结。

9.6.2 仿真实验准备阶段

准备阶段包括数学模型的构造和确认、数据的采集、仿真程序的编制和验证等工作。

1.构造仿真模型

构造仿真模型具有其本身的特点。首先它是面向问题和过程的构模方式。在连续系统仿真建模中,主要是根据系统内部各个环节之间的因果关系,系统运行的流程,按一定方式建立相应的状态方程或微分方程来实现仿真建模。这些在 9.1 节中已做过阐述。其次,注意仿真模型与所选用的仿真语言和仿真程序的密切关系。除此之外，建模者还应考虑：

(1)将要建立的系统数学模型的形式。

(2)数学模型的精度。任何不必要的模型精度，意味着建模及仿真的费用增加、周期延长。

(3)尽量考虑研究、分析问题及建模的方便性。

(4)模型要具有易扩展性。

2. 数据采集

为了进行系统仿真，除了必要的仿真输入数据以外，还必须收集与仿真初始条件及系统内部变量有关的数据。这些数据往往是某种概率分布的随机变量的抽样结果，因此需要对真实系统的这些参数，或类似系统的这些参数作必要的统计调查，通过分析拟合、参数估计，以及假设检验等步骤，确定这些随机变量的概率密度函数，以便输入仿真模型，实施仿真。

3. 仿真模型的确认

在仿真建模中，所构造的仿真模型能否代表真实系统，这是决定仿真成败的关键。按照统一的标准对仿真模型的代表性进行衡量，这就是仿真模型的确认。然而，由于仿真模型确认和验证的理论与方法目前尚未达到完善的程度，仍有可能出现不同仿真模型都能得到确认的情况。因此改进仿真模型的确认方法使之更趋于定量化，仍然是系统仿真的一项研究课题。

4. 仿真程序的编制和验证

在建立仿真模型之后，就需要按照所选用的仿真语言编制相应的仿真程序，以便在计算机上做仿真程序运行实验。为了使仿真程序能够反映仿真模型的运行特征，必须使仿真程序与仿真模型在内部逻辑关系和数学关系方面具有高度的一致性，使仿真程序的运行结果能精确地代表仿真模型应当具有的性能。通常这种一致性由仿真语言在编程和建模的对应性中得到保证。但是，在模型规模较大或内部关系比较复杂时，仍需对模型与程序之间的一致性进行验证。通常均采用程序分块调试和整体程序运行的方法来验证仿真程序的合理性，也可采用对局部模块进行解析计算与对仿真结果进行对比的方法来验证仿真程序的正确性。

9.6.3　仿真实验与结果处理

这一阶段涉及实验运行、结果分析和实验研究报告的形成。

1. 仿真模型的运行

由于每次仿真运行仅是系统运行的一次抽样，多次独立重复的仿真运行才能得到仿真输出响应的分布规律。这种独立的、重复的仿真运行，应当是在相同的初始条件和相同的输入数据条件下，采用相互独立的随机数流进行仿真，从而模拟一种独立的抽样过程。在这种情况下才能采用古典的统计方法，由仿真结果对系统的总体性能做出正确的推断。

此外，进行系统仿真往往需要根据仿真的目的确定最主要的决策变量，从不同的决策变量取值的组合中，找出一种满意的方案。由于这种变量组合数往往随变量数的增加呈指数增长关系，为了用最少的仿真次数取得最必需的仿真输出数据，在做仿真运行之间还应做仿真实验设计，对决策变量的组合进行设计和安排，以提高仿真运行的效率。

2. 仿真输出结果的统计分析

对仿真模型进行多次独立重复运行可以得到一系列的输出响应和系统性能参数的均值、标准偏差、最大和最小数值及其他分布参数等。但是，这些参数仅是对所研究的系统做仿真实验的一个样本，要估计系统的总体分布参数及其特征，还需要在仿真输出样本的基础上，进行必要的统计推断。通常，用于对仿真输出进行统计推断的方法有：对均值和方差的点估计；满足一定置信水平的置信区间的估计；仿真输出的相关分析；仿真精度与重复仿真运行次数的关系以及仿真输出响应的方差衰减技术；等等。

3.仿真实验研究报告

实验结束后，要根据用户的要求对实验记录进行分析整理，形成正式的实验研究报告，它是整个实验研究工作的总结和提高，是最后提交的成果。实验研究报告包括以下几方面：

(1)题目页：研究项目名称、项目负责人、报告人或研究单位；

(2)报告正文：报告正文包括下述内容。

·研究目的及要求；

·对研究对象或系统的描述；

·实验研究所采用的数学模型；

·实验的具体内容(为达到研究目的做了哪些实验，采用了何种实验方法及实验条件)；

·分析及建议(对有效实验结果的分析及结论，改进系统的建议)。

(3)附录：包括仿真研究各个阶段的文档，例如，对问题的描述及系统定义的文字资料、有效的实验记录(数据与图标)等。总之，附录应包括所有支持仿真实验研究的资料。

本章小结

随着计算机技术、网络技术及其相关领域技术的发展，面向对象的仿真技术、分布交互仿真技术、虚拟现实技术和建模与仿真的VV&A技术等现代仿真技术得以快速发展，其理论体系不断完善，涉及国防和国民经济等诸多应用领域，已逐步成为一门新兴的学科。本章对上述现代仿真技术的基本概念、主要研究内容和应用情况进行了阐述，介绍了现代仿真技术的最新研究进展。通过本章的学习，大家能够了解现代仿真技术，为进一步学习和应用现代仿真技术奠定基础。

习　　题

9-1　说明你对面向对象方法的理解。

9-2　为什么说面向对象仿真方法适合于离散事件系统仿真和复杂大系统仿真？

9-3　试述分布交互仿真的特点、功能，并比较DIS和HLA技术的区别。

9-4　生活中你是否用到了虚拟现实技术？展望一下虚拟现实技术的发展前景。

9-5　选择你工作中或本书的仿真实例，写出仿真的VV&A计划，并为仿真设计一系列静态和动态验证测试，注意要确定用于校核和验证测试的数据源的正确性，保证这些测试可以覆盖系统运行和系统极端行为的所有模式。

附录　实验指导书

本附录的 6 个实验与本书相配套，可以根据课程的教学大纲做。每个实验的课内学时安排 1～2 个学时为宜。附录中仅给出了实验大纲，而与实验有关的计算机程序已组成一个程序包。该程序包不但可以供学生实验使用，也可供自学者和科研工作者使用。用户可以通过电子邮件 xuguangw@nwpu.edu.cn 向作者索取。

实验一　面向微分方程的数字仿真

一、实验目的

通过使用 4 阶龙格-库塔法对控制系统的数字仿真研究，使学生熟悉并初步掌握面向微分方程的控制系统计算机仿真方法，进一步学习计算机语言，学习微分方程的数值解法。

二、实验设备

个人计算机，Turbo C 编译程序，仿真程序包。

三、实验准备

(1)预习本次实验指导书以及程序使用说明。

(2)编写仿真主程序，标号必须以 main()开头。要求主程序的功能有：

1) 读入仿真参数 N, H, T_0, T_1。其中：

N—— 方程的阶数；

H—— 积分步长；

T_0—— 打印时间；

T_1—— 仿真时间。

2)读入状态的初值。

3)打印输出结果。

(3)选择仿真模型。

四、实验内容

(1)启动计算机，并调入 Turbo C 编译程序。

(2)用 LOAD 命令将实验程序装入内存。

(3)将主程序用键盘输入。

(4)在程序中编写计算微分方程右函数的子程序，按以下规格书写仿真模型：

$$y[0]=f(y[0],\cdots,y[n-1],u,t)$$

(5) 设仿真模型为

$$y_1=\frac{1}{y_2}$$

$$y_2 = -\frac{1}{y_1}$$

仿真参数为

$$n=2,\quad h=0.01,\quad t_0=0,\quad t_1=1$$

仿真结果为

$$\begin{array}{lll} t=0.1 & y_1=1.105\,17 & y_2=0.904\,84 \\ t=0.2 & y_1=1.221\,4 & y_2=0.818\,73 \\ \cdots\cdots & \cdots\cdots & \cdots\cdots \\ t=1.0 & y_1=2.718\,28 & y_2=0.367\,82 \end{array}$$

如果仿真结果不对，则检查主程序。

将仿真模型改为自己所选择的模型，并用不同的状态初值和仿真步长实验。例如，可选用范德蒙方程：

$$\dot{y}_1 = y_1(1-y_2^2)-y_2$$
$$\dot{y}_2 = y_1$$

五、实验报告

实验完成后，写出实验报告，内容包括：

(1)预习报告。

(2)画出主程序流程图，并附上程序。

(3)实验步骤及说明。

(4)分析实验内容的仿真结果，并写出由此可以得出什么结论。

实验二　连续系统的离散化仿真

一、实验目的

通过这次实验，要求加深理解离散相似法仿真的原理及特点，熟悉离散相似法仿真程序、仿真模型的实现和离散相似法仿真在控制系统分析和设计中的应用；进一步掌握控制系统的计算机仿真方法，研究和分析系统参数对系统的影响。

二、实验设备

个人计算机，Turbo C 编译程序，仿真程序包。

三、实验准备

(1)预习本次实验指导书以及仿真程序包的使用说明书。

(2)对被仿真的系统，画出仿真图，写好数据文件。

(3)拟定好实验方案。

四、实验内容

(1)启动计算机，并调入 Turbo C 编译程序。

(2)用 LOAD 命令将实验程序装入内存。

(3)输入环节参数和系统连接情况参数。

(4)运行后用键盘回答问话语句,输入以下参数:

N,R,L,L1,L2,N1,N2,N3,N4

其中,N 为系统的阶次;R 为阶跃输入的幅值;L 为仿真步长;L1 为显示次数;L2 为仿真次数(L * L2 是仿真的时间;L * L 是仿真多长时间输出一次数据);N1 为输出的模块数目;N2,N3,N4 为具体待输出的模块编号。

(5)运行程序后,记录输出结果。

(6)改变系统参数,研究环节参数的变化对系统性能的影响。

五、实验报告

实验完成后,写出实验报告,内容包括:

(1)预习报告。

(2)画出主程序流程图,并附上程序。

(3)实验步骤说明。

(4)认真总结实验结果,详细说明系统参数的变化和不同的非线性环节对系统性能的影响,并分析仿真结果与理论分析结果是否一致。

(5)实验报告应将仿真模型、数据文件、仿真结果附上。

(6)总结实验体会。

实验三　面向结构图的仿真

一、实验目的

通过这次实验,要求加深理解连续系统面向结构图仿真的原理及特点,熟悉 MCSS 仿真程序的使用方法、仿真模型的实现。进一步掌握控制系统的计算机仿真方法,研究和分析系统参数对系统的影响。

二、实验设备

个人计算机,Turbo C 编译程序,仿真程序包。

三、实验准备

(1)预习本次实验指导书以及程序使用说明书。

(2)选择本书第 4 章图 4.3.9 作为仿真模型,选择类型不同的非线性环节和无非线性环节的线性系统作为不同的仿真模型。

(3)分别画出上述不同系统的仿真图,并写出各个系统的仿真数据。

(4)拟定全部实验方案。

四、实验内容

(1)启动计算机,并调入 Turbo C 编译程序。

(2)装入仿真程序包。

(3)在规定的对话框中输入系统的仿真数据(各个不同的系统分别做)。

(4)按拟定的实验方案进行实验。

五、实验报告

(1)预习报告。

(2)画出主程序流程图,并附上程序。

(3)实验步骤及说明。

(4)认真总结实验结果,将不同系统的仿真结果进行认真比较,说明非线性环节的加入对系统性能的影响,以及所得仿真结果与理论分析结果是否一致,如不一致,则说明原因。

(5)实验报告要求包含有仿真图和数据块,并将制定的实验方案附上。

(6)总结实验收获和体会。

实验四　单纯型法参数寻优

一、实验目的

通过单纯型法参数寻优程序实验,使学生初步掌握使用计算机进行参数寻优的方法,了解在单纯型寻优中初始单纯型对寻优过程的影响,并进一步锻炼学生自己制定实验方案的能力。

二、实验设备

个人计算机,Turbo C 编译程序,仿真程序包。

三、实验准备

(1)预习本次实验指导书以及程序使用说明。

(2)选择多元函数方程作为寻优的代数方程,如有可能用解析方法求出该方程的极值点和极值。

(3)拟定实验方案。

四、实验内容

(1)启动计算机,并调入 Turbo C 编译程序。

(2)装入仿真程序包。

(3)按拟定的实验方案进行实验。

五、实验报告

认真总结实验结果,按照实验方案检查实验结果,如有与理论分析不符之处要说明其原因。实验报告要求将实验方案附上。

实验五　PID 调节器参数最优化仿真

一、实验目的

通过这次实验,要求加深理解利用优化技术对系统的 PID 调节器参数寻优的原理及特点,熟悉仿真程序的使用方法及寻优技术的程序实现;进一步掌握控制系统的计算机优化设计方法，研究和分析目标函数对系统 PID 控制器的影响。

二、实验设备

个人计算机，Turbo C 编译程序，仿真程序包。

三、实验准备

(1)预习本次实验指导书以及程序使用说明。

(2) 确定 PID 调节器的 K_p，T_i，T_d 的初始值。

(3)确定目标函数的类型，并写出仿真数据。

(4)了解 PID 调节器系统，如附图 1 所示。

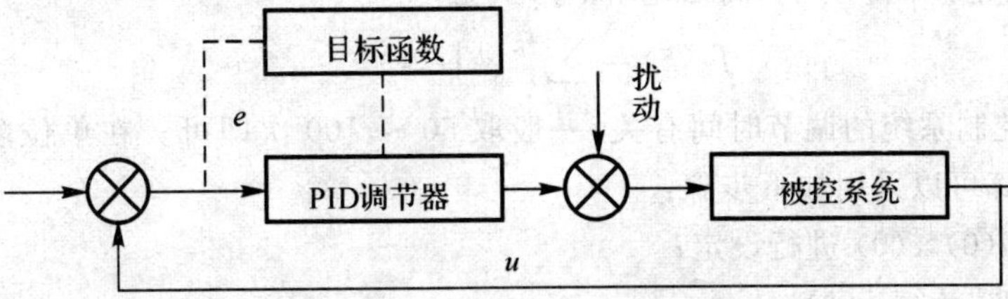

附图 1 PID 调节器系统

其中，被控对象为

$$W(s)=\frac{k\,e^{-\tau s}}{1+Ts}$$

式中，k 是系统的增益，T 是时间常数，τ 是系统的纯滞后时间。可以采用次最优降阶算法或阶跃扰动法得出上述带有纯时间延迟的 1 阶近似模型。

对于典型 PID 控制器，PID 调节器为

$$D(s)=K_p\left(1+\frac{1}{T_i s}+T_d s\right)$$

式中，K_p 是比例系数，T_i 是积分时间常数，T_d 是微分时间常数。则有 Ziegler－Nichols 整定公式

$$\begin{cases}K_p=1.2T/(k\tau)\\T_i=2\tau\\T_d=0.5\tau\end{cases}$$

上述公式可用于选取优化迭代的初值。

本次优化实验可分为如下步骤：

1. PID 算法离散化

选用增量式 PID 算法，其表达式如下：

$$u(k)=u(k-1)+K_p[e(k)-e(k-1)]+\frac{K_p}{T_i}e(k)+K_pT_d[e(k)-2e(k-1)+e(k-2)] \tag{附.1}$$

2. 被控对象的数学模型离散化

在采样周期 T 及保持器的形式(通常为零阶保持器) 确定以后，在 MATLAB 环境将被控对象的数学模型转化为差分方程模型，如下所示：

$$y(k)=-a_1y(k-1)-a_2y(k-2)-\cdots-a_{ma}y(k-m_a)+$$

$$b_1 u(k-m_c)+b_2 u(k-m_c-1)+\cdots+ub_{mb}(k-m_b-m_c+1) \tag{附.2}$$

式中，$a_1,a_2,\cdots,a_{ma},b_1,b_2,\cdots,b_{mb},m_a,m_b,m_c$ 为离散化数学模型参数，对于给定的数学模型，这些参数是确定的。

3.优化目标函数的确定

目标函数可选以下几种：

$$J_1=\int_0^{\infty}|e(t)|\mathrm{d}t \qquad J_2=\int_0^{\infty}t|e(t)|\mathrm{d}t$$

$$J_3=\int_0^{\infty}t^2|e(t)|\mathrm{d}t \qquad J_4=\int_0^{\infty}e(t)^2\mathrm{d}t$$

对其进行离散化，以 J_2 为例，离撒化后的形式为

$$J_2(k)=\sum_{k=0}^{k_m}k|e(k)| \tag{附.3}$$

k_m 的取值与控制系统的调节时间有关，一般取 50 ～ 100 次即可。在单位阶跃信号激励下，上述指标的计算可以采用如下步骤：

(1) 对 $y(0),u(0),e(0)$ 进行设定；

(2) 按式(附.2) 计算 $y(k)$；

(3) 计算 $e(k)=1-y(k)$；

(4) 按式(附.1) 计算 $u(k)$，如有必要，还需要限幅处理；

(5) 计算 $J=J+k|e(k)|$；

(6)$k=k+1$；

(7) 若 $k\leqslant k_m$，则返回步骤(2)；

(8) 输出目标函数 J。

4.使用第 6 章讲述的单纯型法解决上述优化问题

5.按照实验步骤拟定全部实验方案

四、实验内容

(1)启动计算机，并调入 Turbo C 编译程序。

(2)装入仿真程序包。

(3)在规定的对话框中输入系统的仿真数据(各个不同的系统分别做)。

(4)按拟定的实验方案进行实验。

五、实验报告

实验完成后，要写出实验报告，内容包括：

(1)预习报告。

(2)画出主程序流程图，并附上程序。

(3)实验步骤及说明。

(4)认真总结实验结果，将不同系统的仿真结果进行认真比较，说明各个不同的目标函数对 PID 调节器性能的影响；分析仿真结果与理论分析结果是否一致，如不一致，则说明原因。

(5)实验报告要求包含有仿真图和数据块，并将制定的实验方案附上。

(6)总结实验收获和体会。

实验六　基于M语言的S函数直线倒立摆控制系统仿真及动画

一、实验目的

通过这次实验，要求加深理解利用M语言S函数进行系统仿真以及利用S函数用动画演示控制效果的方法；进一步熟悉、掌握利用Simulink进行系统仿真的方法。

二、实验设备

个人计算机，MATLAB应用程序，仿真示例程序包。

三、实验准备

1. 一级直线倒立摆模型建立

一级直线倒立摆线性化后的数学模型可用如下微分方程表示：

$$\left.\begin{aligned}(J+ml^2)\ddot{\varphi}-mgl\varphi=ml\ddot{x}\\(M+m)\ddot{x}+b\dot{x}-ml\ddot{\varphi}=u\end{aligned}\right\}\tag{附.4}$$

式中，x为倒立摆小车的位移（向左为正），φ为摆杆与垂直向上方向的夹角（逆时针旋转为正），M为小车的质量，m为摆杆的质量，l为摆杆长度，J为摆杆转动惯量，b为小车阻力系数，g为重力加速度，u为控制器输出（物理意义为小车的调节力）。选$x,\dot{x},\varphi,\dot{\varphi}$为系统状态向量$\boldsymbol{x}$，则得到系统的状态方程为

$$\dot{\boldsymbol{x}}=\begin{bmatrix}0&1&0&0\\0&\dfrac{-(J+ml^2)b}{J(M+m)+Mml^2}&\dfrac{m^2gl^2}{J(M+m)+Mml^2}&0\\0&0&0&1\\0&\dfrac{-mlb}{J(M+m)+Mml^2}&\dfrac{mgl(M+m)}{J(M+m)+Mml^2}&0\end{bmatrix}\boldsymbol{x}+\begin{bmatrix}0\\\dfrac{J+ml^2}{J(M+m)+Mml^2}\\0\\\dfrac{ml}{J(M+m)+Mml^2}\end{bmatrix}u\tag{附.5}$$

式中，$\boldsymbol{x}=[x\quad\dot{x}\quad\varphi\quad\dot{\varphi}]^{\mathrm{T}}$。

选系统的输出为$\boldsymbol{y}=[x\quad\varphi]^{\mathrm{T}}$，则输出方程为

$$\boldsymbol{y}=\begin{bmatrix}1&0&0&0\\0&0&1&0\end{bmatrix}\boldsymbol{x}\tag{附.6}$$

将式(附.5)、式(附.6)所示的系统状态、输出方程重新写为

$$\left.\begin{aligned}\dot{\boldsymbol{x}}&=\boldsymbol{A}\boldsymbol{x}+\boldsymbol{B}u\\\boldsymbol{y}&=\boldsymbol{C}\boldsymbol{x}\end{aligned}\right\}\tag{附.7}$$

2. 倒立摆控制器设计

要求系统具有如下性能指标：调整时间约3 s，阻尼比为0.6左右。根据可控、可观性判据，系统是可控、可观测的。于是本实验采用状态反馈极点配置法进行控制器设计。根据系统的动态性能要求，可以将系统的主导极点配置在$s_1=-2+2\sqrt{3}\mathrm{j}$，$s_2=-2-2\sqrt{3}\mathrm{j}$处，其他两个极点配置得远离虚轴，以使其对系统的性能影响较小，但也不能太远，否则系统物理实现困

难。此处可以取 $s_3=-10, s_4=-20$，则此时的系统特征方程为

$$s^4+34s^3+336s^2+1\,280s+3\,200$$

用 Ackermann 公式，得

$$\boldsymbol{K}=[0\quad 0\quad \cdots\quad 0\quad 1][\boldsymbol{B}\quad \boldsymbol{AB}\quad \cdots\quad \boldsymbol{A}^{n-2}\boldsymbol{B}\quad \boldsymbol{A}^{n-1}\boldsymbol{B}]^{-1}\Phi(\boldsymbol{A})=$$
$$[0\quad 0\quad \cdots\quad 0\quad 1]\boldsymbol{M}^{-1}\Phi(\boldsymbol{A})$$

式中，$\Phi(\boldsymbol{A})$ 是矩阵 $\boldsymbol{A}$ 在期望特征值下的特征多项式。

利用上述公式求状态反馈矩阵 $\boldsymbol{K}$，首先计算矩阵的特征多项式 $\Phi(\boldsymbol{A})$，MATLAB 的 polyvalm 命令可完成这种功能，本例中有

$$\Phi(\boldsymbol{A})=\boldsymbol{A}^4+\alpha_3\boldsymbol{A}^3+\alpha_2\boldsymbol{A}^2+\alpha_1\boldsymbol{A}+\alpha_0\boldsymbol{I}$$

在 MATLAB 中，可以用命令计算 $\Phi(\boldsymbol{A})$：Phi=polyvalm(JJ,A)，JJ 是期望特征多项式系数组成的向量（降幂排列），本例中 JJ=[1　34　336　1 280　3 200]。

针对本实验，当倒立摆取参数 $M=1.096, m=0.109, b=0.1, l=0.25, J=0.003\,4, g=9.8$ 时，如下的 MATLAB 示例程序可用来求取状态反馈矩阵 $\boldsymbol{K}$：

```
    %Pole place forinvert pendulum
    A=[ 0      1.0000        0           0;
          0    -0.0883     0.6293          0;
          0         0          0        1.0000;
          0    -0.2357    27.8285          0];
B=[ 0; 0.5925; 0; -2.3566];
M=[B A*B A^2*B  A^3*B];
rank(M);
JJ=[1  34  336  1 280  3 200];
    Phi=polyvalm(JJ,A);
K=[0 00 1]*inv(M)*Phi
```

程序运行结果：

K = [-178.0607　-67.5888 -194.5244　-31.3834]

将 $u=-\boldsymbol{Kx}$ 带入方程式(附.7)，有

$$\left.\begin{aligned}\dot{\boldsymbol{x}}&=(\boldsymbol{A}-\boldsymbol{BK})\boldsymbol{x}\\ \boldsymbol{y}&=\boldsymbol{Cx}\end{aligned}\right\}\qquad(\text{附}.8)$$

3. 基于 S 函数的系统仿真和动画

复习本书第 7 章 7.7 节 S 函数部分。重点参考“连续状态的 S 函数仿真”和“S 函数动画”部分，完成本实验。

四、实验内容

(1)打开 MATLAB 仿真程序包中的 Simulink 工程文件 invert_p. mdl，如附图 2 所示。

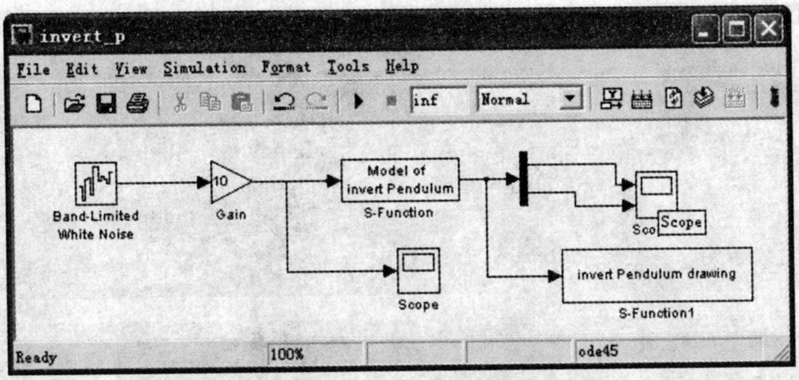

附图 2　倒立摆 Simulink 模型

该模型中有两个 S 函数,其中"Model of invert Pendulum"用来仿真直线倒立摆反馈控制系统,读者可以基于方程式(附.8),并结合本书 7.7 节"连续状态的 S 函数仿真"部分,阅读其代码,理解其运行机理;"invert Pendulum drawing"用于运行倒立摆演示动画,读者可结合本书 7.7 节"S 函数动画"部分,阅读其代码,理解其运行机理。

(2)双击附图 2 中的"Model of invert Pendulum"模块,可得到如附图 3 所示的参数输入界面。

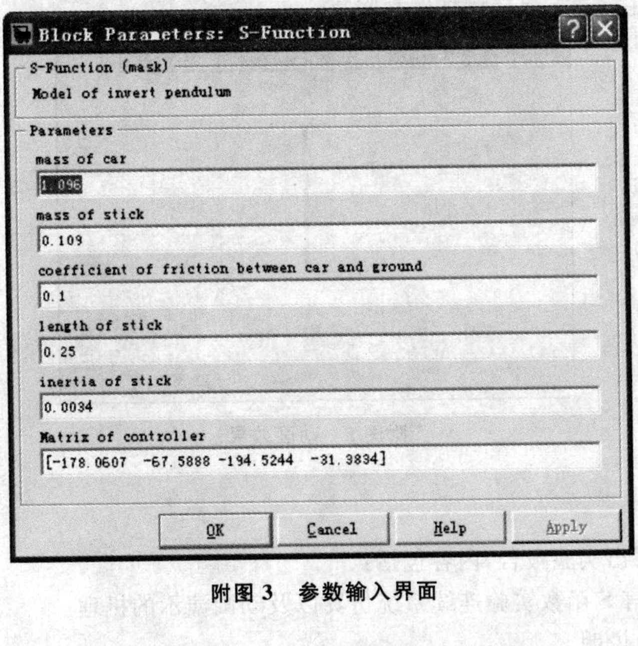

附图 3　参数输入界面

根据"实验准备"的"倒立摆控制器设计"部分,得到的参数 $M=1.096$, $m=0.109$, $b=0.1$, $l=0.25$, $J=0.0034$,以及 $\boldsymbol{K}=[-178.0607\quad -67.5888\quad -194.5244\quad -31.3834]$,填写上述参数。

(3)运行 Simulink 模型,在外部干扰的作用下,倒立摆仍可以保持稳定。其仿真结果如附图 4 所示。图中,上边的曲线表示小车的位置 x,下边的曲线表示倒立摆的摆角 φ。

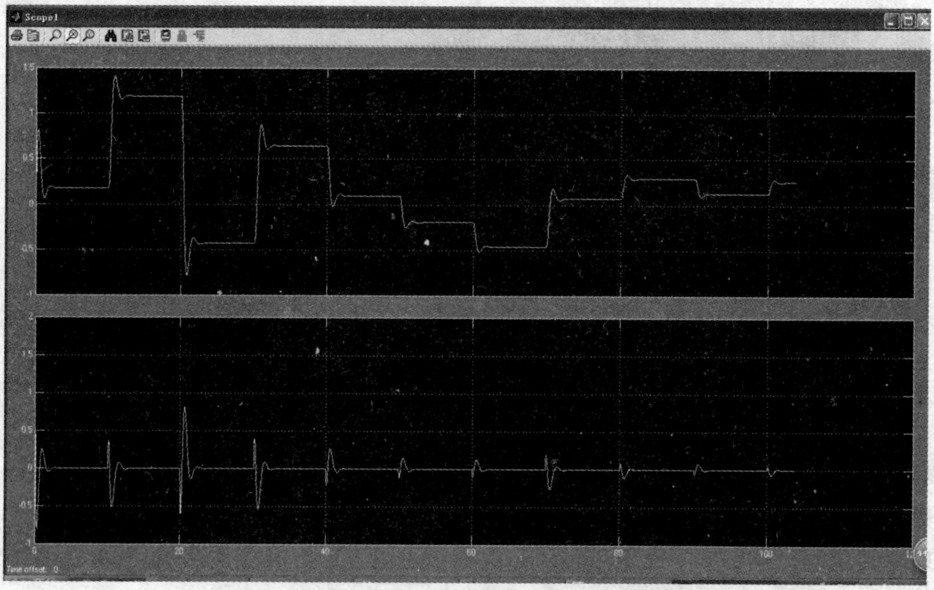

附图 4　倒立摆仿真结果

同时，可以得到倒立摆运行的动画演示效果，如附图 5 所示。虚线为惯性 y 轴，可见小车左右移动调整，以在扰动下保持摆杆倒立竖直。

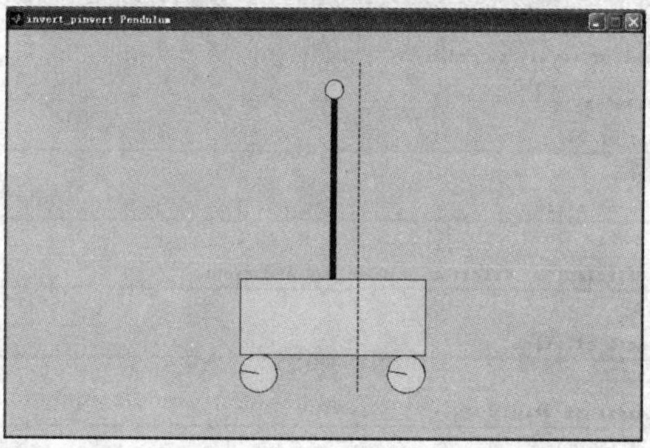

附图 5　动画效果

五、实验报告

实验完成后，写出实验报告，内容包括：

(1)叙述 M 语言 S 函数实验连续系统仿真以及动画演示的机理。

(2)实验步骤及说明。

(3)认真总结实验结果，尝试使用不同的期望极点位置设计控制器，将仿真结果进行认真比较；分析仿真结果及动画演示结果与理论分析结果是否一致，如不一致，则分析说明其原因。

(4)实验报告要求包含有仿真图和数据块，并将制定的实验方案附上。

(5)总结实验收获和体会。

参考文献

[1] 熊光愣.控制系统仿真.北京:清华大学出版社,1982.
[2] 涂健.控制系统的数字仿真与计算机辅助设计.武汉:华中工学院出版社,1985.
[3] 韩慧君.系统仿真.北京:国防工业出版社,1985.
[4] 任兴权,等.控制系统计算机仿真.北京:机械工业出版社,1987.
[5] 顾启泰.应用仿真技术.北京:国防工业出版社,1995.
[6] 王正中,等.现代计算机仿真技术及其应用.北京:国防工业出版社,1991.
[7] 斯普里特 J A,等.计算机辅助建模和仿真.北京:科学出版社,1991.
[8] 汪成为,等.面向对象分析、设计及应用.北京:国防工业出版社,1992.
[9] 熊光愣,等.先进仿真技术与仿真环境.北京:国防工业出版社,1997.
[10] 肖田元,张燕云,陈加栋.系统仿真导论.北京:清华大学出版社,2000.
[11] 康凤举.现代仿真技术与应用.北京:国防工业出版社,2001.
[12] 郭齐胜,张伟,杨立功.分布交互仿真及其军事应用.北京:国防工业出版社,2003.
[13] 汪成为,高文,王行仁.灵境(虚拟现实)技术的理论、实现及应用.北京:清华大学出版社,1996.
[14] 张茂军.虚拟现实系统.北京:科学出版社,2001.
[15] Grady Booch,James Rumbaugh,Ivar Jacobson. UML 用户指南.绍维忠,麻志毅,张文娟,等,译.北京:机械工业出版社,2001.
[16] Wendy Boggs,Michael Boggs. UML with Rational Rose 从入门到精通.邱仲潘,等,译.北京:电子工业出版社,2000.
[17] Jim Ledin.仿真工程.焦宗夏,王少萍,译.北京:机械工业出版社,2003.
[18] 杨惠珍.系统仿真精度与置信度评估方法研究[D].西安:西北工业大学,1998.
[19] 王沫然. MATLAB 与科学计算.北京:电子工业出版社,2004.
[20] 吴旭光.系统建模和参数估计——理论与算法.北京:机械工业出版社,2002.
[21] 吴旭光,王新民.计算机仿真技术与应用.西安:西北工业大学出版社,1998.
[22] STOCKUM L A, CARROLL G R. Precision stabilized platforms for shipboard electro - optical systems [J]. SPIE, 1984, 493:414 - 425.
[23] Donald Ruffatto, Donald Brown. Stabilized high - accuracy optical tracking system [J]. Proceedings of SPIE, 2001, 4365:10 - 18.
[24] 薛丹.光电稳定平台框架结构探讨[J].光机电信息, 2011,28(3):33 - 36.
[25] Xue D, Atherton D P. A suboptimal reduction algorithm linear systems with a time delay [J]. Int J Control,1994, 60(2):181 - 196.
[26] 易杰,俞斌.倒立摆系统的状态空间极点配置控制设计[J].电子测试, 2008, 25(8):17 - 22.